本书由

大连市人民政府资助出版

The published book is sponsored by The Dalian
Municipal Government

大跨度空间网格结构抗震性能与可靠度

柳春光　殷志祥　李会军　柳英洲　编著

科学出版社

北京

内 容 简 介

本书以大跨度空间结构地震响应分析、敏感性和可靠度为研究内容,对大跨度空间结构的抗震设计原理、震害特点、地震可靠性及抗震性能等内容进行阐述,并以实例形式详细介绍了大跨度空间结构抗震理论与计算方法、大跨度空间结构的非线性可靠度分析方法、大跨度空间结构的损伤破坏评定方法及双层球面网壳结构的失效机理和破坏过程等。本书将抗震分析理论和工程应用相结合,具有很强的先进性和实用性。

本书可供土木、建筑专业的工程技术人员阅读,也可作为高等学校相关专业本科生及研究生的参考书。

图书在版编目(CIP)数据

大跨度空间网格结构抗震性能与可靠度/柳春光等编著. —北京:科学出版社,2014.1
 ISBN 978-7-03-038871-1

Ⅰ.①大… Ⅱ.①柳… Ⅲ.①大跨度结构-空间结构-网格结构-抗震性能-研究②大跨度结构-空间结构-网格结构-结构可靠性-研究 Ⅳ.①TU311②TU399

中国版本图书馆 CIP 数据核字(2013)第 243982 号

责任编辑:周 炜 / 责任校对:刘小梅
责任印制:张 倩 / 封面设计:陈 敬

科学出版社 出版
北京东黄城根北街 16 号
邮政编码:100717
http://www.sciencep.com

北京凌奇印刷有限责任公司 印刷
科学出版社发行 各地新华书店经销
*
2014 年 1 月第 一 版 开本:B5(720×1000)
2014 年 1 月第一次印刷 印张:26
字数:504 000
POD定价: 108.00元
(如有印装质量问题,我社负责调换)

前　　言

大跨度空间结构的发展已成为衡量一个国家建筑科学技术水平的重要标志之一。与平面结构体系相比,大跨度空间结构具有受力合理、自重轻、抗震性能好、工期短等优点,且结构形式丰富多样,具有很强的艺术表现力。对位于地震区的大跨度空间结构,跨度的增大和结构形式的复杂化必然会带来一些不利因素,一旦倒塌,后果严重,因此对其进行抗震性能的研究具有重大意义。目前,大跨度空间结构在进行设计时,均将其物理参数和几何参数等视为确定性量来考虑,而实质上这些量均为随机变量,因此本书引入最新的可靠度和敏感性计算方法,着重阐述各种方法在大跨度空间结构中的适用性和优缺点。

本书结合国内外大跨度空间结构的最新研究进展,力求把这方面的最新研究成果纳入在内,全面、系统地介绍大跨度空间结构的抗震问题。但由于篇幅所限,对于有些问题不能进行详细阐述,在此只做简要介绍。本书共 13 章,第 1 章为绪论,阐述各种空间结构形式的发展趋势及需解决的问题,并介绍空间结构的震害、抗震设防及其构造措施。第 2 章对大跨度空间结构的分类问题和划分原则进行总结和归纳,并对最新的分类方法进行详尽的介绍和阐述。第 3 章介绍网架结构的分类和选型,阐述网架结构设计的一般原则。第 4 章阐述网架结构的计算方法,介绍空间杆系有限元法。第 5 章介绍网壳结构的分类和选型,阐述网壳结构设计的一般原则。第 6 章阐述网壳结构的计算方法,通过四个算例阐明其分析过程。第 7 章阐述空间网格结构抗震理论与计算方法,通过算例对一网壳结构进行动力失效分析。第 8 章阐述大跨度空间结构考虑多维多点输入的三种抗震计算方法,给出网壳结构虚拟激励多维多点随机振动分析的理论推导。第 9 章介绍几种常规的结构可靠度计算方法,通过算例阐述这些算法各自的优缺点。第 10 章给出响应敏感性方程,推导材料参数的位移敏感性方程、节点坐标的位移敏感性、荷载参数的位移敏感性方程,并通过实例说明。第 11 章将两种光滑材料模型、四种改进算法引入大跨度空间网格结构的非线性可靠度分析中,通过网壳结构的算例,讨论几种算法的优缺点及注意事项。第 12 章将功能度量法引入大跨度空间钢结构的可靠度计算中,通过算例表明功能度量法具有更高效、更稳定和较少依赖于随机变量的概率分布类型的特点。第 13 章将不同矢跨比的双层球面网壳作为研究对象,分析四种矢跨比网壳破坏的异同之处,通过最大变形、总应变能、塑性应变能、最大塑性应变、总塑性应变等多项指标对网壳结构的损伤破坏进行综合评定,揭示双层球面网壳在静、动力荷载作用下的失效机理和破坏过程。

　　本书采用理论基础知识和实际算例相结合的方式,全面、系统介绍了大跨度空间结构地震敏感性、可靠度和抗震性能分析等研究内容。

　　感谢大连市出版基金的资助。

　　限于作者水平,书中难免有疏漏及不妥之处,敬请读者批评指正。

作　者

2013 年 6 月

目　　录

第 1 章 绪　　论

1.1 引　　言

远古时代，人类或挖洞穴居或构木为巢，仅是为了争取一个生存的空间。随着人类社会的发展和社会文明的提高，人们对生存环境有了更多的要求，对大跨度大面积的公共空间需求日益增加。在过去，大多采用木材、砖石等作为建造材料，跨度可达 30 多米；随着水泥、钢材和膜材等新型材料的出现，动辄上百米的大跨度空间结构比比皆是。

大跨度空间结构是衡量一个国家或地区建筑技术水平的重要标志，其结构形式主要包括薄壳结构、网架结构、网壳结构、悬索结构、膜结构及各类组合空间结构。形态各异的空间结构在体育场馆、会展中心、影剧院、大型商场、工厂车间等建筑中得到广泛应用。在人类社会的发展历程中，更大跨度和空间的结构常常是人们的梦想和追求目标，空间结构的发展在很大程度上反映了人类建筑史的发展。

作为 20 世纪土建结构领域的一个重大进展，空间结构发展为解决人类社会生产和生活的需要提供了一条极为有效的途径。相对而言，较之平面结构体系，空间结构具有受力合理、刚度大、自重轻、抗震性能好、工期短、造价低等优点，且结构形式丰富多样、造型生动活泼，具有很强的艺术表现力。

1.2 大跨度空间结构的发展前景

大跨度结构的建造及其所采用的技术反映了一个国家的建筑技术水平，规模宏大、形式新颖、技术先进的大型空间结构已成为一个国家经济实力和建设技术水平的重要标志。

结构的"杂交"将是今后空间钢结构发展和创新的重要途径，它将不同类型的结构加以组合从而形成新的结构体系。例如，悬索、索网或膜利于受拉，拱、壳体或网壳利于受压，而梁、桁架或网架则利于受弯，如果利用其中某种类型结构的长处来避免或抵消另一种与之组合的结构的短处，就能大大改进结构的受力性能。杂交结构可采用多种多样的方法，其中主要的有刚性支撑与柔性支撑两种。所谓刚性支撑就是在建筑物中设置强大的支撑结构，并与周围的屋盖相组合。而柔性支撑是指以悬挂或斜拉的钢索作为屋盖的支点。

人类对建筑围护的使用要求越来越高,大跨度的空间被封闭起来以后,又期望一个接近大自然的露天环境。例如,体育场或人工海洋馆要求在晴好天气条件下屋盖能打开成为露天的,而遇到阴冷的天气,屋盖又能闭合成为室内的。这就要求从静止的结构变为可动的结构,这给大跨度结构带来了新的挑战,开闭结构便应运而生。这种结构基本分为以下两种形式:一种以钢骨架作为承重结构,以金属板、玻璃、塑料或膜材围护,屋盖以平移、旋转或上下叠合来进行开闭;另一种开闭结构采用可折叠膜材为屋盖,其折叠的方式视建筑物形状而定,如果为方形或矩形,膜材可平行或沿四周展开或收缩,如果为圆形,则可自中心支点或沿圆周伸缩。

在空间结构发展的过程中,不断有学者提出要建造超大跨度的建筑物,例如,富勒曾考虑建造直径 3200m 的穹顶将纽约的曼哈顿岛覆盖起来。日本巴组铁工所曾研究过建造以钢网壳穹顶作为大跨度围护结构,直径 1000m 的新都市空间为人们提供清洁而舒适的生活与工作环境。因此,一旦空间钢结构跨越了传统的建筑功能,步入巨型结构的行列,则跨度与面积就会有新的突破,跨度达到上千米、面积达到几千平方米。

预应力空间钢结构具有很多特点和优势,是空间结构发展的新趋势。未来预应力空间钢结构将会发挥其特色和活力,获得更广阔的应用和发展。

1.3　大跨度空间结构的发展趋势

早期研究更多偏重于静力作用下的结构形状和分析方法,如拟板法、差分法等。之后,逐渐从静力拓展到动力,从线性到非线性,以及网壳结构的静、动力稳定性,索膜结构找形分析,柔性结构的风振响应等。上述关键理论问题得到了深入研究,取得了大量的研究成果。

大跨度空间结构大多为关系国计民生的公共性建筑,同时也是标志性建筑,大量采用钢材、膜材、高强钢束等新型材料。环境的侵蚀、材料的老化、地基的不均匀沉降和复杂荷载、疲劳效应与突变效应等因素的耦合作用将不可避免地导致结构系统的损伤积累、抗力衰减,以及极端情况下的灾难性突发事件。重大工程和标志性建筑的倒塌对整个社会的影响是极大的,重大工程和城市安全是国家公共安全体系最重要的组成部分。

对大跨度空间结构工程施工全过程和使用运行情况进行现场实时健康监测,可以实现大型空间结构工程灾变现象的预测、预报,为提前采取防灾、减灾措施,避免或减少人民生命财产损失提供科学依据。综合以上分析,为进一步促进我国大跨度空间结构的发展应用,下面几个方面需进一步研究:

（1）空间结构风致效应、风振系数和流固耦合问题。

（2）空间结构抗震和控制、多维多点输入的抗震分析。

（3）空间结构的形体优化和创新。

（4）节点的破坏机理和极限承载力。

（5）各种形式空间结构的静、动力稳定性。

（6）索穹顶结构的开发、研究，重点面向索穹顶的施工，建造更大跨度的索穹顶结构。

（7）空间结构检测、诊断、评估和加固。

1.3.1 网架结构研究的发展趋势

相对于其他种类的空间结构，网架结构的理论研究和工程应用都已经比较成熟，但仍然存在一些重要问题亟待解决。

1. 水平抗震性能研究

平面杆系屋盖结构体系上受到的水平地震作用主要由屋盖的支撑系统承受，所以抗震设计主要针对竖向地震作用的计算。而网架结构多用于高大空旷的房屋，支撑系统要和网架共同承受水平地震作用，网架良好的空间刚度正好提供了这种可能，因此对网架结构体系在水平地震作用下的反应应给予足够重视。一般认为对网架结构的抗震设计主要应考虑竖向地震作用，这是针对网架结构本身而言的，对于整个结构体系来说，水平地震作用仍是不可忽视的。

在新疆乌恰影剧院 1985 年遭受强烈地震后，对其所进行的震害分析表明，由于在结构布置时，将舞台屋面大梁与网架同时放在由台口大梁支撑的圈梁之上，从而造成舞台屋面与网架上的大部分荷载都集中在同一水平位置上，但没有抗侧力支撑构件。在地面运动水平分量作用下，由于有钢筋混凝土板构成的舞台屋面有很大的质量，而其支撑结构却没有足够的抗侧刚度，只有通过网架上弦来传递强大的惯性力。而门厅一端是刚性较大的框架结构，不能相应地发生振动，致使网架上弦杆普遍产生较大的内力，尤其是靠近舞台口的上弦内力急剧增加。而网架端部上弦是静内力较小之处，按静力设计的原杆件截面也是较小的。因此，造成这部分杆件产生失稳破坏，导致杆件屈曲与支座脱落。

2. 疲劳性能研究

工业厂房中的网架结构一般设置悬挂吊车作为起重运输设备，因此，在悬挂吊车作用下网架结构的疲劳问题应予以重视。如何进行网架结构疲劳设计，国内现行规范及规程中尚无规定。

3. 网架结构的新体系

根据杆件布置方式的不同,网架结构有多种常用类型。在工程实践和理论研究中,应提倡新型网架形式的创新,并对其几何拓扑关系和基本力学性能展开研究,使网架结构得以不断丰富和发展,并增强网架结构的生命力。

将预应力技术引入网架结构,为网架的发展提供了又一片广阔空间。预应力网架结构是一种新型大跨结构,预应力的施加能够有效减小结构的挠度,降低内力峰值和用钢量。此类预应力网架结构的静、动力力学性能和不同预应力度对网架的卸荷效果、极限承载力和破坏形态的影响等问题值得进一步研究。

4. 网架结构的塑性设计

目前对网架结构静、动力受力分析仅限于弹性分析范围内。在一些荷载确定、跨度不大的网架中,可以尝试考虑塑性设计,应允许在一定条件下,网架杆件可以部分进入塑性。尤其在罕遇地震作用下,应进行网架结构的弹塑性动力分析。

1.3.2 网壳结构研究的发展趋势

1. 抗震性能研究

1) 结构多维随机振动分析方法与网壳结构多维地震响应研究

对于大跨网壳结构这类频率密集的复杂体系,传统的振型分解反应谱难以应用,因为不仅在参振振型的选取方面有困难,所采用的平方和开方法(square root of sum of squares,SRSS)也无法考虑各振型之间的相关性,虚拟激励法与完全平方根法(complete quadratic combination,CQC)等价,且计算远较 CQC 法快速。一些学者通过引用虚拟激励法思路,经过发展和改进,推广到多维地震作用的情形,推导出多维随机振动分析的虚拟激励理论方法。

2) 应用时程分析法研究网壳结构地震响应规律

时程分析法是研究网壳结构体系多维地震响应的有效方法。一些学者对单层球面网壳、柱面网壳和鞍形网壳的自振特性及地震荷载作用下的弹性响应规律进行了系统的参数分析,获得了规律性的结果。作为阶段性成果,最初对杆件由轴力引起的应力进行统计,得出了各类网壳不同参数变化下地震内力系数的分布规律,并给出了可供设计参考的地震内力系数建议取值。另外,应用时程分析法对网壳结构弹塑抗震性能进行研究是一个重要的研究内容。对更大跨度的网壳结构进行抗震分析,还应考虑地震的空间相关性。

3) 网壳结构强震下的延性及破坏机理研究

如何全面清晰地掌握网壳结构塑性发展的全过程,了解随着构件和结构的延性变化导致结构性能发生的根本改变,是研究网壳结构在高烈度强震作用下性能的核心问题。建立符合实际情况的网壳结构弹塑性本构关系,考虑结构的损伤累积问题,并揭示网壳结构的破坏机理等研究工作都是相当有挑战性的。

　　4) 网壳结构振动控制研究

　　主动的抗震策略是对结构施加控制系统,由控制系统和结构共同抵御地震作用,尽可能减轻对结构自身的损伤。目前,理论研究和工程应用均集中在多、高层或高耸建筑范围内,而对大跨度空间结构振动控制的研究成果不多。目前我国一些学者对网壳结构多重调频质量阻尼器(multiple tuned mass damper,MTMD)减振系统、黏滞阻尼器减振系统、黏弹阻尼器减振系统、替换阻尼杆件或可控制杆件的网壳被动和半主动控制等方面进行了理论和试验研究。

　　2. 稳定性能研究

　　稳定性是网壳结构,尤其是单层网壳结构设计中的关键问题。关于网壳结构静力稳定性已有较多研究成果,并有学者对这些成果进行了系统总结。目前稳定性能研究主要集中在弹塑性静力稳定性方面,网壳结构动力稳定性还需要进一步研究。

　　3. 抗风性能研究

　　网壳结构建造的跨度越来越大,结构也变得更加轻柔,刚度较弱,结构的自振周期较低,而且分布较密集,因此这类网壳结构的风振效应是设计中不应忽视的问题。另外一些体形复杂的网壳结构对风荷载也会比较敏感,需要对这些网壳结构进行必要的风振响应分析。近年来,由于计算机技术的飞速发展和计算流体力学方法的逐渐成熟,应用计算流体动力学(computational fluid dynamics,CFD)技术数值模拟各类网壳结构的风压分布来补充实际风洞试验,是一个很有前景的研究领域。

1.3.3　悬索结构研究的发展趋势

　　悬索体系采用的覆盖材料一般为自重较大的混凝土板材,虽然这样可以增加悬索结构的形状稳定性,但另一方面也增加了下部结构及抗拔基础的负荷。而 20 世纪 90 年代以后,人们更倾向于应用新型轻质板材以降低下部结构及基础的负担。但采用新型板材覆盖后,悬索结构的形状稳定性变差,其在风荷载及其他非均匀局部荷载作用下的变形会增加。这对刚性轻质板材的变形能力提出了挑战。直至 90 年代中后期,具有较高强度的柔性覆盖材料——建筑膜材的出现使上述问题迎刃而解。悬索结构的应用与发展就是预应力在结构中的应用,随着人们对预应力技术认识的更加深入,悬索结构正以索穹顶、索-膜结构、索承网壳、张弦梁、索拱体系、索支玻璃幕墙等新型组合体系的形式得到日益广泛的应用。

1.3.4 薄膜结构研究的发展趋势

薄膜结构的分析设计理论,施工技术和算法等方面都还不够成熟,需要进行以下几方面研究:

(1)今后应对薄膜结构承受极限荷载、局部荷载及强不均匀荷载时可能产生的局部折皱、松弛的强非线性状态进行研究。

(2)在我国,薄膜结构多应用于对使用功能要求较低的建筑小品、开敞式半永久建筑中,而且多采用骨架支撑体系,膜材用作覆盖材料,未能充分利用薄膜结构的造型优势,尚未出现具有地标性意义的创新之作。

(3)随着材料科学的进步,各类新型膜材不断出现和国产膜材性能的进一步提高,都会为薄膜结构的进一步发展提供机遇。

1.3.5 索穹顶结构的发展趋势

到目前为止,索穹顶结构的分析设计理论、施工成形技术和算法等方面都还不够成熟,结构形体还有创新空间。在许多重要的研究领域,如结构预应力模态及优化设计、极限承载能力、抗风和抗震性能等方面涉足的研究者还不多。

1. 结构形态及创新

索穹顶结构至今已有近 20 年的历史,从最初 Geiger 的肋环型索穹顶到 Levy 的三角化索穹顶,国外学者不断改进并创造出受力更合理、形状更美观的索穹顶结构。国内学者从网壳结构出发也提出了凯威特型索穹顶等新的结构形式。

2. 施工成形技术研究及全过程分析

目前,国内索穹顶结构初始平衡态和荷载态的分析技术较成熟,而施工模拟技术的模型较简单,且不能考虑张拉过程中桅杆的刚体位移,更没有经过实际工程的检验。另外,索穹顶结构初始放样形态的确定、部分拉索退出工作及拉索分级分批张拉的力学分析和控制技术等复杂问题还有待进一步研究和探讨。

3. 极限承载能力分析

索穹顶结构的极限承载能力分析是研究结构的极限状态及结构破坏前能承受的最大荷载,国内外索穹顶结构极限承载能力的研究尚处于起步阶段。

4. 抗风和抗震分析

目前,国内外对索穹顶结构风致动力响应的研究很少。由于索穹顶结构使用的索和膜具有较强的几何非线性,自振频率密集分布且相互耦合,传统的以振型分解法为基础的随机振动频域分析方法已经无法应用,这类结构的抗风分析有较大的理论难度。

1.4 大跨度空间结构震害与经验

根据历史资料,还没有见到大跨度屋盖在地震中破坏的记载,因此我们只有从近代大地震中有关较小跨度空旷屋盖结构来汲取经验。

1.4.1 1976 年唐山地震

震级达 7.8 级的大地震几乎使唐山市夷为平地,但其中也有个别建筑物屹立在废墟中,河北煤矿医学院食堂就是一例。该建筑物的屋盖采用 30m 梯形钢屋架,上为钢檩条及预制波纹瓦,在东西两端的节点间布置了钢支撑。下部承重为单层排架结构,钢筋混凝土柱的截面为 400mm×740mm,东西两端由砖砌山墙承重。柱基利用原有的旧基础,在基础上有一道圈梁。柱为现浇,与砖墙以两道圈梁相连接,设计时没有考虑抗震。

这是唐山震后存在建筑物中较完整的,破坏比较轻微。在所有窗台处出现水平裂缝,在窗间墙平面内两端砖墙压酥,以中部窗间墙较为严重,窗间墙上部也有水平裂缝。西山墙顶部向外推出约 100mm,支撑系杆与山墙连接处被拉脱,东山墙也向外推出。整个说来,西山墙裂缝较多,东山墙裂缝较少。

经分析,其震害较轻的原因如下:
(1) 平面简单规则,刚度均匀而且属于柔性,圈梁较多,提高了整体性。
(2) 窗间墙内有钢筋混凝土柱,提高了结构的抗弯承载力及延伸性。
(3) 屋面结构轻,支撑体系完整,柱与屋架的连接整体性好。

1.4.2 1985 年新疆乌恰地震

1985 年 8 月 23 日和 9 月 12 日,在我国新疆克孜勒苏柯尔克孜自治州乌恰县境内连续发生 7.4 级和 6.8 级地震。乌恰县城处于烈度 9 度区内,乌恰县影剧院正在施工中。在强烈的地震波冲击下,影剧院的主体结构及屋盖并未倒塌,但其下部的钢筋混凝土结构及网架屋盖局部发生了一定程度的损害。

乌恰县影剧院是由门厅、观众厅及舞台三部分组成的一个中小型影剧院。门厅的平面尺寸为 21.6m×9m,采用单跨二层钢筋混凝土框架。观众厅为 27m×24m 的矩形平面,其屋盖是高度为 2.667m 的正放四角锥网架,采用螺栓球节点。观众厅外墙由柱距为 6.0m 的钢筋混凝土柱和砖砌体组成,柱顶标高为 10.5m。舞台部分为 24m×10.8m 的矩形平面,屋盖采用钢筋混凝土屋盖大梁。大梁的一端支撑在舞台口大梁上的钢筋混凝土小立柱之上,另一端支撑(图 1.1)在设置了构造柱的砖砌山墙上。

地震发生时,建筑物的承重结构已完成,采用螺栓球节点的网架也已安装完毕,并已全部铺上了钢筋混凝土屋面板,但尚未做防水层。网架下弦已吊上木龙骨。所以主体结构已经完成,网架上的荷载已加上了将近一半。根据观察,网架结构发生的损害情况如下:

(1) 靠舞台侧网架第一个网格内垂直于台口大梁的上弦杆大部分弯曲(图 1.1),中间一根上弦杆的螺栓被弯断。

(2) 网架部分杆件松动,其中一根斜腹杆脱落。

(3) 网架靠舞台口一端的部分支座有较大程度的损坏;混凝土大块剥落,露出钢筋。

(4) 网架位于门厅一端的部分杆件有类似的损坏现象,但程度较轻。

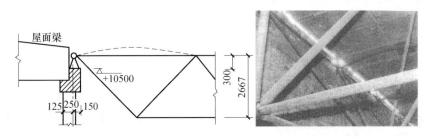

图 1.1　乌恰县影剧院网架杆件弯曲

1.4.3　1995 年日本阪神地震

1. 健身房预置壳板屋盖

健身房平面为 $29.5\text{m} \times 38\text{m}$ 的矩形,在中部设有箱形钢梁。一系列平行排列的预制圆柱形微弯壳板支撑在钢梁及周边的混凝土墙上。地震时,大部分壳板都倒塌(图 1.2),只有 4 根纵向沿墙连接的壳板还保持在原位。所有壳板的锚栓均被拉断(图 1.3),钢梁产生了很大的弯曲,其下的柱子也由于弯曲反力而产生裂

图 1.2　健身房壳板倒塌

图 1.3　壳板支座及锚栓破坏

缝。另外,在支撑预制壳板南北方向的墙壁上也发现许多裂缝,是受到南北方向很大的水平和竖向地震作用的结果。

2. 竞马场看台钢结构屋盖

阪神竞马场大跨度屋盖采用了东西对称的双层圆柱形网壳,覆盖三角形平面的空间(图1.4)。屋盖以龙骨梁为主体结构,北面部分的边长约230m。在地震中,破坏集中在管材接合处和周边的杆件。此外,在中部龙骨梁的 V 形支柱出现了弯折,可以看到支撑的管材从支座处脱落,而杆件自身由于失稳产生了很大的弯曲变形(图1.5),管材也有脱落的。东侧主拱的锚固支座发生了上浮,上面的螺栓被剪断(图1.6)。另外,北侧屋顶支座的螺栓也全部被剪断。从南面看过去,屋顶整体向逆时针方向转,向西约移动了200mm。造成网壳屋盖多处破坏的主要原因是地基下沉(图1.7)。

图1.4 竞马场看台屋盖

图1.5 杆件失稳和节点剪断

图1.6 锚固支座上浮

图1.7 竞马场地基下沉

3. 剧院钢网壳屋盖

建筑物的平面为长方形,如图1.8所示,屋盖是将部分圆柱面壳呈阶梯状连接起来而形成的。结构采用螺栓球节点双层网壳结构。如图1.9所示,破坏集中在最下段和倒数第二段的圆柱面壳上,网壳的破坏表现为支座处的杆件失稳、杆件中间部位剪断及杆件和节点连接部位的剪断等。在靠近支座的一排连接板上,也发现有杆件失稳。

　　　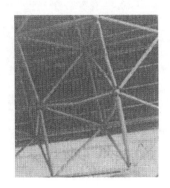

图 1.8　剧院钢网壳外貌　　　　　　图 1.9　网壳杆件破坏

4. 大跨度体育建筑网壳及网架屋盖

神户人工岛上的两座大跨度体育建筑都没有结构破坏,一座是平面 110m× 70m 的世界杯馆,它采用了中间为圆柱形、两端为半圆球的双层网壳;另一座是平面 100m×74m 的游泳馆,屋盖由两块折板形的网架组成。虽然在人工岛上发生了严重的地面下沉,但由于采用桩基,其结构未受影响。在世界杯馆中,由于悬吊钢索断裂,一个巨大的扬声器框架坠落在地上。在人工岛上,一座充气建筑以及作为神户港标志的双曲抛物面塔架均安然无恙。

空间结构由于其自重轻、刚度好,所受的震害要小于其他类型的结构,经受住了考验。通过阪神地震,有两点经验教训是值得汲取的:注意支撑部分的设计与施工,许多震害是由于支座螺栓或地基失效而造成的;保证屋盖吊顶或悬吊物的抗震性,许多公共建筑的屋盖结构本身无问题,但往往由于吊顶等塌落而影响使用。

1.5　大跨度空间结构抗震构造和措施

由于高次超静定的杆件布置和空间工作的受力特性,空间杆系结构抗震性能是较好的。虽然空间杆系结构地震反应较复杂,但是仍然能够找出规律,从而使该类结构的抗震设计更加经济合理。仅仅依靠增加杆件的强度来克服地震作用下空间杆系结构产生的很大的内力和位移,将付出昂贵的代价。因此,还应该研究和寻找能够减小结构地震反应的构造措施。

1.5.1　合理的支座构造

地震发生时,强烈的地面运动迫使建筑物基础产生很大的位移,这一作用通过与基础或支撑的连接使空间杆系结构产生很大的内力和位移,严重时将导致结构破坏或倒塌。显然,如果连接支座有一定的变形能力,将能够消耗一部分地震能量。根据结构动力学理论,结构变形能力的增加将导致结构基本周期加长。基本周期越长,离场地的卓越周期越远,地震影响系数将越小,从而降低空间杆系结构的加速度反应,减小节点位移和地震作用。因此,好的支座抗震构造应该在满足必要的竖向承载力的同时,尽量给结构提供较大的侧向位移能力。

1.5.2 合理的结构体系

由于空间结构多通过周边支撑与下部结构或基础连接,从而形成了一个整体空间工作体系。因此该体系的抗震性能好坏,不仅与空间杆系结构本身的空间工作性能、下部结构的抗侧移性能及支座抗变形能力有关,也与结构布置方案及各结构部件之间的连接构造有关。

1.5.3 结构减震控制

1. 结构减震控制方案

目前国外可见到的结构减震控制方案有以下几个。

1) 被动控制方案

被动控制方案通过人为附加隔离、阻尼、质量等装置,消耗、吸收震源传送给结构的能量。这种方案易实现,造价低,但其缺点是在设计上灵活性小,往往只能限于针对结构的低阶振型,阻尼介质的性能受环境温度影响较大。

2) 主动控制方案

主动控制方案利用计算机技术和现代自动控制理论的新成果,通过电动加力装置引入外来能源抑制结构振动变形。它的优点是设计上的灵活性大,可以对付处于宽广频率范围内的多种激振荷载作用;缺点是造价较高,在严重地震灾害情况下无法保证提供所需用的大功率电源。

3) 主-被动混合控制方案

主-被动混合控制方案兼有主动控制和被动控制两者的优点,其特点是:在某些被动控制装置(如基础隔震系统、黏弹性阻尼装置等)中引入只需用小功率驱动的可控部件,使被动控制的设计参数可随时通过主动控制方式加以调整,因其不需要大功率电源和性能设计上的灵活性而成为发展趋势。

2. 结构减震控制装置

1) 改变结构的质量或刚度

在结构上附加质量,或将某些杆件设计成可调刚度杆件,可以改变结构的质量或刚度,从而改变结构的自振周期,使结构自振周期远离建筑场地的卓越周期,可以有效地降低结构的加速度反应。

2) 改变结构的阻尼

利用黏性物质(如油)设计成黏性阻尼器,利用铅在外力作用下的塑性变形性能可做成铅挤压阻尼器,通过摩擦片与外筒内壁的摩擦耗能制成摩擦阻尼器等,将其设置于结构的连接部位,如基础、支座、节点等处,甚至可以做成阻尼杆件。阻尼越大,结构的能量消耗越大,结构的反应越小。尽可能地增大结构的阻尼,加大地震能量的消耗,从而降低结构的位移反应。

1.6 抗 震 设 防

1.6.1 三水准设防目标

近年来,国内外抗震设防目标的发展总趋势是要求建筑物在使用期间,对不同频率和强度的地震,应具有不同的抵抗能力,即"小震不坏,中震可修,大震不倒"。这一抗震设防目标亦为我国《建筑抗震设计规范》(GB 50011—2001)所采纳。三水准设防的要求如下。

第一水准。在遭受低于本地区规定的设防烈度的地震影响时,建筑物一般不受损坏或不需要修理仍可继续使用。这时结构尚处于弹性状态下的受力阶段,房屋还处在正常使用状态,计算可采用弹性反应谱理论进行弹性分析。此即为"小震不坏"。

第二水准。在遭受本地区规定的设防烈度的地震影响时,建筑物(包括结构和非结构构件)可能有一定损坏,但不致危及人民生命和生产设备的安全,经一般修理或不需要修理仍可继续使用。这时结构已进入非弹性工作阶段,要求这时的结构体系损坏或非弹性变形应控制在可修复的范围内。此即为"中震可修"。

第三水准。在遭受高于本地区设防烈度的预估罕遇地震影响时,建筑物不致倒塌或发生危及生命的严重破坏。这时结构将出现较大的非弹性变形,但要求变形控制在房屋免于倒塌的范围内。这条规定也表明我国的抗震设计要同时达到多层次要求。此即为"大震不倒"。

1.6.2 两阶段设计方法

根据上述三水准抗震设防目标的要求,在第一水准(小震)时,结构应处于弹性工作阶段,可以采用线弹性动力理论进行结构地震反应分析,以满足强度要求。在第二和第三水准(中震、大震)时,结构已进入弹塑性工作阶段,主要依靠其变形和吸能能力来抗御地震。在此阶段,应控制建筑结构的层间弹塑性变形,以避免产生不易修复的变形(第二水准要求)或避免倒塌和危及生命的严重破坏(第三水准要求)。因此,应对建筑结构进行变形验算。

在具体进行建筑结构的抗震设计时,为简化计算,《建筑抗震设计规范》(GB 50011—2001)提出了两阶段设计方法,即建筑结构在多遇地震作用下应进行抗震承载能力验算及在罕遇地震作用下应进行薄弱部位弹塑性变形验算的抗震设计要求。

第一阶段设计。首先按基本烈度相应的众值烈度(相当于小震,约比基本烈度低 1.55 度)的地震参数,用弹性反应谱法求得结构在弹性状态下的地震作用效应,然后与其他荷载效应按一定的原则进行组合,对构件截面进行抗震设计或验算,以保证必要的强度;再验算在小震作用下结构的弹性变形。这一阶段设计,用以满足第一水准的抗震设防要求。

第二阶段设计。在大震(罕遇地震,约比基本烈度大 1 度)作用下,验算结构薄弱部位的弹塑性变形,对特别重要的建筑和地震时易倒塌的结构除进行第一阶段的设计外,还要按第三水准烈度(大震)的地震动参数进行薄弱层(部位)的弹塑性变形验算,并采取相应的构造措施,以满足第三水准的设防要求(大震不倒)。

在设计中通过良好的构造措施使第二水准要求得以实现,从而达到"中震可修"的要求。

1.7　大跨度空间结构抗震验算中尚需解决的问题

大跨度空间结构动力性能与传统多、高层结构相比更复杂且有明显不同,目前各国均缺乏相应的抗震设计规范。因此,对大跨度空间结构的抗震性能进行系统研究,提出合理、有效的抗震设计方法是十分必要的。

1.7.1　多点输入尚需解决的问题

体育场馆、大型展厅等空间结构作为城市的标志性建筑和地震灾后的主要避难场所,其地震安全性一直是学术界和工程界所关注的重要课题。近些年空间结构的不断兴建和其跨度的不断增加,也对空间结构的抗震设计提出了许多新的理论课题,其中之一就是如何解决日臻完善的结构抗震分析方法与相对简单的一致地震动输入之间的矛盾。因此,在当前迫切需要根据大跨度空间结构特殊的结构形式,深入开展多点输入对空间结构地震反应影响问题的研究,为我国空间结构抗震理论的发展和完善提供科学依据。结合以上的文献综述和当前的研究背景,就空间结构中的多点输入问题研究提出以下的见解。

(1) 时程分析法、随机振动法和反应谱法三种方法在多点输入影响的研究计算中各有优缺点。由于多点输入问题的复杂性,到目前为止还没有一种令人满意的工程实际应用方法考虑多点输入的影响。因此,在空间结构领域中,以上述三种基本分析方法为基础,结合空间结构的特殊结构形式,提出简化且具有足够精度的实用计算方法。

（2）各种结构形式的考虑。大跨度空间结构的结构形式是多样的，包括索穹顶、空间索桁结构等的张拉结构，刚性的网架及网壳结构，柔性支撑的膜结构等。各种结构形式对多点地震输入的敏感程度是不同的，例如，张拉结构可能对不均匀的拟静力位移输入比较敏感，而刚性的网架网壳结构可能对不均匀的动力输入比较敏感。结合各种结构形式对空间结构中多点输入问题进行考察是非常必要的。

（3）各种边界条件的考虑。大跨度空间结构形式的多样性决定了空间结构的支撑条件也是多样的。即使对于相同的矩形平面网壳来说，在多点输入下，四周边支撑及两边支撑的不同边界条件也会对矩形网壳产生不同的地震反应影响。因此，各种边界条件的考虑对空间结构中多点输入问题的研究也是非常重要的。

（4）目前对多点输入问题的研究主要局限于理论研究，试验研究的结果还很少。应用当前的试验条件，进行多点输入条件下空间结构的试验研究，也将使得以往的理论研究结果更具有说服力，并推动多点输入研究问题的进一步发展。

（5）多点输入的考虑将会引起某些空间结构形式的扭转效应，而当前关于单层网壳、索穹顶等空间结构的扭转抗震性能的研究还很少，如何正确评价扭转效应对此类空间结构的地震作用也是空间结构领域中需要解决的问题之一。

（6）跨度大小的影响。一般来说，随着跨度的增加，多点输入的不均匀性也随之增加。如何正确考虑多点输入对超大跨度和超大面积空间结构的地震反应影响也值得深入研究。

（7）竖向地震作用的考虑。竖向地震作用在大跨度空间结构的抗震设计中是不可忽视的，而竖向地震动的多点输入对大跨空间结构地震反应的影响也是空间结构多点输入问题中需要关注的课题之一。

1.7.2　多维多点输入尚需解决的问题

经过近几十年的研究，各国的研究者已充分认识到对大跨度空间结构考虑地震动多维多点效应的重要性，从地震动的输入模型到大跨度空间结构的抗震计算方法都取得了长足的进步。但是目前还存在以下问题：

（1）不同的研究者在进行地震动各分量值的统计分析时采用的地震动种类和条数不同，得出的结论就不尽相同。为了得到符合我国《建筑抗震设计规范》（GB 50011—2001）的取值，应加强我国强震台网的建设，得到更多的不同场地条件下的地震记录，进行统计分析。

（2）虽然目前已提出很多地震动在时间和空间域内的模型，但还远未达到共识。不同模型的适用范围如何，还有待于实践检验。

（3）不同的抗震计算方法各有优缺点，在可以预见的将来，不存在哪一种方法可以完全替代其他方法的问题，应充分利用各方法的特点，在分析时灵活选用。

针对上述问题,当前迫切需要从以下两方面着手:一方面研究更合理模拟多维多点地震动的方法;另一方面完善结构的抗震分析算法,提高我国大跨度结构的抗震设计水平。近期开展以下几方面的研究将是有意义的。

(1) 多分量地震作用模型及相关性研究。地震动包括 3 个平动分量和 3 个转动分量,在考虑多分量联合作用时,对每个分量的模型形式、模型参数、各个分量间的相关性应该进行深入研究。

(2) 多维多点输入模型问题。虽然如前所述,有不少学者基于强震观测数据提出了若干简化模型,但如何真正有效地模拟地震波传播中时间和空间的综合变化,建立工程场址地震动时空分布场,并能考虑桩-土-结构相互作用影响,从而建立合理的多维多点的地震动输入模型,仍然是大型结构多维多点激励效应分析的难点和重点。

(3) 改进考虑多维多点地震输入的反应谱方法具有重要的实际意义。如何提高现行各种方法的计算精度并改善其计算效率,仍然是近年来这方面研究的一个热点。

(4) 继续开展关于随机振动方法的研究。虚拟激励法可以大幅度提高计算速度,但目前仅适合线性结构,如何将其推广到非线性结构中仍然有待于进一步研究。

(5) 综合考虑延性抗震、结构地基相互作用及结构非线性的影响。考虑多维多点对减隔震结构的影响,已经成为近来的一个研究热点。

(6) 继续研究不同结构体系、多维多点激励效应随结构参数的变化规律,对于在规范中引入多维多点激励效应,具有非常重大的现实意义。

(7) 结构多维多点的试验方法的研究。目前关于多维多点的研究仅仅局限于理论计算方法的探讨,如何用试验验证结构在多维多点下的反应特征,仍然是一个需要研究的课题。

1.7.3　多点地震输入反应谱分析方法尚需进一步研究的问题

国内外学者对多点地震输入反应谱分析方法进行了许多卓有成效的研究工作,取得了一系列建设性的研究成果。作为大跨度结构的工程实用抗震分析方法,多点输入反应谱法拥有其独特的优越性,并且具有广泛的应用前景。但是多点输入反应谱方法目前尚不成熟,还存在以下问题,需要进一步加以研究。

(1) 长周期反应谱的确定。随着工程经验的积累和设计理论的完善,空间结构的形式正逐步朝复杂化和大型化方向发展,其结构自振周期越来越长,而目前规范反应谱又不能满足长周期大跨度结构抗震分析的需要,因此迫切需要解决长周期反应谱的问题。

(2) 地震动多点输入问题。作为大跨度结构抗震分析最基础的问题,地震动的多点输入存在较大的误差和不确定性,从而降低了日臻完善的多点输入反应谱分析方法的实际作用,因此需要积极应用先进的试验条件并探索有效的试验手段深入开展地震动多点输入问题的研究。

（3）如何提高计算精度的问题。多点输入下大跨度结构的抗震分析是非常复杂的问题,作为工程实用算法的多点输入反应谱法在理论研究和实际应用方面取得了一定的进展,但目前这些方法的计算精度仍不能很好地满足工程需要,要完全进入实用阶段还有待进一步研究和完善。

（4）如何改善计算效率的问题。目前采用的一些方法过于复杂,只能作为科研手段,难以被工程设计人员所接受,而且组合公式中相关系数的计算效率低下也成为多点输入反应谱法实用化过程中的瓶颈问题之一,如何在保证计算精度的前提下改善现行各种方法的计算效率,仍然是近来这方面研究的一个热点。

（5）非线性因素的影响。多点输入反应谱法目前仅适用于线性系统,如何考虑非线性等因素的影响,以便将其正式纳入我国抗震设计规范,还需要进行大量的研究工作。

参 考 文 献

白凤龙,李宏男,王国新. 2008. 多点输入下大跨结构反应谱分析方法研究进展. 地震工程与工程振动,28(4):35-42.

董石麟. 2000. 我国大跨度空间钢结构的发展与展望. 空间结构,6(2):3-13.

董石麟. 2002. 预应力大跨度空间钢结构的应用与展望. 浙江建筑,111(增刊):1-10.

董石麟. 2010. 中国空间结构的发展与展望. 建筑结构学报,31(6):38-51.

董石麟,罗尧治,赵阳. 2005. 大跨度空间结构的工程实践与学科发展. 空间结构,11(4):3-15.

董石麟,马克俭,严慧,等. 1992. 组合网架结构与空腹网架结构. 杭州:浙江大学出版社.

董石麟,袁行飞. 2008. 索穹顶结构体系若干问题研究新进展. 浙江大学学报(工学版),42(1):1-7.

董石麟,赵阳. 2004. 论空间结构的形式和分类. 土木工程学报,37(1):7-12.

胡宁. 2003. 索杆膜空间结构协同分析理论及风振响应研究. 杭州:浙江大学博士学位论文.

蓝天. 2000. 当代膜结构发展概述. 世界建筑,19(9):17-20.

蓝天. 2001. 空间钢结构的应用与发展. 建筑结构学报,22(4):2-8.

蓝天. 2009. 中国空间结构六十年. 建筑结构,39(9):25-28.

蓝天,刘枫. 2002. 中国空间结构的20年//第十届空间结构学术会议论文集. 北京:中国建材工业出版社:1-12.

李元奇,董石麟. 2001. 大跨度网壳结构抗风研究现状. 工业建筑,31(5):50-53.

刘锡良. 2003. 现代空间结构. 天津:天津大学出版社.

刘锡良,董石麟. 2002. 20年来中国空间结构形式创新//第十届空间结构学术会议论文集. 北京:中国建材工业出版社:13-37.

全伟,李宏男. 2006. 大跨结构多维多点输入抗震研究进展. 防灾减灾工程学报,26(3):343-351.

沈世钊. 2002. 中国空间结构理论研究20年进展//第十届空间结构学术会议论文集. 北京:中国

　　建材工业出版社:38-52.

沈世钊,陈昕. 1999. 网壳结构稳定性. 北京:科学出版社.

沈世钊,支旭东. 2005. 球面网壳结构在强震下的失效机理. 土木工程学报,38(1):11-20.

苏亮,董石麟. 2006. 多点输入下结构地震反应的研究现状与对空间结构的见解. 空间结构,
　　12(1):6-11.

孙炳楠,倪志军,余雷,等. 2004. 膜结构找形分析的综合设计策略. 空间结构,10(4):27-30.

王志明,宋启根. 2002. 张力膜结构的找形分析. 工程力学,19(1):53-56.

武岳,沈世钊. 2003. 膜结构风振分析的数值风洞方法. 空间结构,9(2):38-43.

向阳,沈世钊,李君. 1999. 薄膜结构的非线性风振响应分析. 建筑结构学报,20(6):38-46.

邢佶慧,沈世钊. 2005. 网壳结构抗震设计方法探讨. 低温建筑技术,(5):27-29.

严慧,刘中华. 2002. 质量、事故、教训//第十届空间结构学术会议论文集. 北京:中国建材工业出
　　版社:857-863.

詹伟东,董石麟. 2004. 索穹顶结构体系的研究进展. 浙江大学学报(工学版),38(10):1298-
　　1307.

张其林,张莉. 2000. 膜结构形状确定的三类问题及其求解. 建筑结构学报,21(5):33-40.

张毅刚,薛素铎,杨庆山,等. 2005. 大跨空间结构. 北京:机械工业出版社.

Calladine C R. 1982. Modal stiffness of a pretensioned cable net. International Journal of Solids
　　and Structures,18(7):829-846.

Emmerich D G. 1963-04-10. Research of autotendants construction:French,1377290.

Emmerich D G. 1990. Self-tensioning spherical structure:Single and double layer spheroids. Inter-
　　national Journal of Space Structures,5(3&4):353-374.

Fuller R B. 1962-11-13. Tensile-integrity structures:US,3063521.

Geiger D. 1988-04-12. Roof structures:US,4736553.

Hanor A. 1992. Aspects of design of double layer tensegrity domes. International Journal of Space
　　Structures,7(2):101-113.

Ishii K. 1999. Membrane Designs and Structures in the World. Tokyo:Shinkenchiku-Sha.

Lalyani H. 1996. Origins of tensegrity:Views of emmerich,fuller and snelson. International Jour-
　　nal of Space Structures,11(1&2):27-55.

Motro R. 1990. Tensegrity systems and geodesic domes. International Journal of Space Struc-
　　tures,5(3&4):341-351.

Motro R. 1992. Tensegrity systems:The state of the art. International Journal of Space Struc-
　　tures,7(2):75-82.

Pugh A. 1976. An Introduction to Tensegrity. Berkeley:University of California Press.

Vilnay O. 1977. Structures made of infinite regular tensegric nets. IASS Bulletin,18(63):51-57.

Vilnay O. 1981. Determinate tensegric shells. Journal of the Structural Division,107(10):2029-
　　2033.

Wang B B. 1998. Definitions and feasibility studies of tensegrity systems. International Journal of
　　Space Structures,13(1):41-47.

第2章 大跨度空间结构的分类

空间结构是一种具有三维空间形体且在荷载作用下具有三维受力特性的结构,具有受力合理、自重轻、用料省、造价低、抗震性能好、跨越能力强及造型优美多样等特点。近二十多年来,我国的大跨度空间结构得到了迅猛发展,结构形式不断得到创新,尤其在2008年北京奥运会和2010年上海世博会推动下,各种空间结构形式广泛应用于体育场、展览馆、会展中心、飞机场候机大楼、火车站候车厅、影剧院、歌剧院、车站、大型商场等大型公共建筑当中。

空间结构种类众多,其划分方式也没有统一标准。通常将空间结构分为薄壳结构、空间网格结构、张力结构和混合结构四大类;也有文献根据结构刚性差异将空间结构分为刚性空间结构、柔性空间结构和杂交空间结构。但将所有由不同结构单元或不同材料组合而成的空间结构均列为杂交结构或组合结构(习惯上将由不同单元构成的结构称为杂交结构,不同材料构成的称为组合结构)显得过于笼统。董石麟等(2004)从新的角度,即空间结构的基本组成单元出发,对空间结构进行了分类。

通常将空间结构按形式分为四大类,即薄壳结构(包括折板结构)、空间网格结构(如网架结构和网壳结构)、张力结构(如悬索结构、索膜结构和索穹顶结构)和混合结构(如斜拉网格结构、弦支穹顶结构),称为四大空间结构,如图2.1所示。其中,索膜结构可分为充气膜结构和支撑膜结构,前者又可分为气囊式膜结构和气撑式膜结构,后者又可分为刚性支撑膜结构和柔性支撑膜结构。

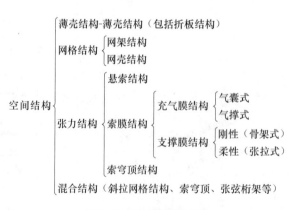

图 2.1 空间结构的分类

2.1　基于刚性差异分类

完海鹰等(2004)将空间结构按照刚性差异分为三大类,见表 2.1,即刚性空间结构、柔性空间结构、杂交空间结构。

表 2.1　基于结构刚性差异分类

分　类	典型结构	结构特点
刚性空间结构	薄壁空间结构	薄壳、折板和空间拱的钢筋混凝土结构
	网架结构	一般为平面状、高次超静定空间杆系结构
	网壳结构	曲面状空间网格结构
柔性空间结构	悬索结构	拉索按一定规律组合并悬挂于支撑构件上的结构
	充气结构(分为低压和高压体系)	利用薄膜内外空气压力差来承受外荷载的结构
	张拉整体结构	少量孤立的压杆存在于拉索的海洋中
	薄膜结构	利用钢索或刚性支撑结构向膜内预施加张力从而形成具有一定刚度、能够覆盖大空间的结构体系
杂交空间结构	拉索预应力空间结构	由拉索和空间网格结构组合而成
	斜拉空间网格结构	通常由塔柱、拉索和空间网格结构组合而成
	拱支空间网格结构	由拱和空间网格结构组合而成
	索桁结构	由桁架和悬索组合而成
	拱支悬索结构	在悬索结构中央设置支撑拱形成

2.2　基于主要受力构件分类

张毅刚等(2005)将空间结构按照主要受力构件不同分为四大类,见表 2.2,即实体结构、网格结构、张力结构、混合结构。

表 2.2　基于结构主要受力构件分类

分　类	典型结构	结构特点
实体结构	薄壳结构	薄壳外形的混凝土结构整体受力
	折板结构	折板外形的混凝土结构整体受力
网格结构	网壳结构	曲面状空间网格结构,构件以轴向力为主
	网架结构	平面状高次超静定空间网格结构,构件以轴向力为主
张力结构	悬索结构	拉索按一定规律组合并悬挂于支撑构件上的结构
	索网结构	两组曲率相反的正交索直接叠交形成的索网
	充气膜结构	利用薄膜内外空气压力差来承受外荷载的结构
	张拉膜结构	预应力膜材承担外部荷载的结构
	索穹顶	由钢索、膜材及少量的压杆组合而成的结构
混合结构	张弦梁(桁架)结构	实腹式或格构式刚性构件代替双层索系中的稳定索
	弦支网壳	将索穹顶的上层索改用刚性杆件
	斜拉空间网格结构	通常由塔柱、拉索和空间网格结构组合而成

2.3　基于有限元方法分类

　　董石麟等(2004)认为常规分类方法难以涵盖近年来空间结构发展中出现的新型结构,也难以充分反映新结构的结构构成及其特点,他按空间结构组成的基本单元对空间结构进行归类,归纳出33种具体的空间结构形式,如图2.2所示。

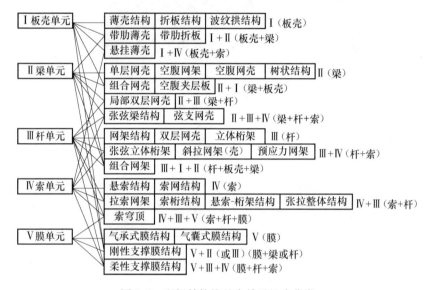

图2.2　空间结构按基本单元组成分类

　　对空间结构按基本单元分类的几点说明如下。

　　(1) 空腹网壳是指不设斜腹杆的双层网壳结构,这类结构由梁单元集成。典型的空腹网壳结构如国家大剧院屋盖,该结构形式为肋环型双层空腹椭圆形网壳,如图2.3所示。

图2.3　国家大剧院空腹网壳模型

　　(2) 树状结构是空间仿生结构的一种,属建筑仿生结构范畴。这种结构是德国的Otto在20世纪60年代提出的一个重要的结构形态概念。它是一种比较新颖的结构形式,具有合理的传力路径,承载力较高,支撑覆盖范围广,可以用较小的杆件形成较大的支撑空间。因此,对于树状结构,主要是从仿生学的角度去研究结构的受力,寻求合理的空间形式,以解决实际工程问题。树状结构在国外有较多的应用,其中最典型的是斯图加特机场候机楼,它的结构形态是Otto主持下的轻型研究所经过多年试验研究最终确立的。树状结构在国内的应用还不是很广泛,目前主要有新长沙火车站(在建)、武汉火车站(在建)及深圳文化中心"黄金树"、香港迪斯尼乐园"泰山树屋"、深圳湾体育中心钢网壳。

国内比较知名的树状结构是深圳文化中心的"黄金树",如图 2.4 所示,建筑师巧妙地赋予其建筑树的想象,结构设计也是按照树的生长机理,由下至上按照主干、粗枝、中枝和端枝组成结构体系,多根杆件以不同的角度汇于一点,组成树形的空间三维体系。该结构采用了树形钢结构,整个"黄金树"由 2 个树林组成,呈镜面对称状态,每个树林由 4 棵相对独立的树连成一体。每棵树由树干、粗枝、中枝和端枝组成。树干为 $\phi1200mm\times25mm$ 钢管外包钢筋混凝土的劲性混凝土柱,树枝为 $\phi450mm\times22mm$、$\phi350mm\times22mm$ 和 $\phi350mm\times19mm$ 等不同直径的钢管杆件,由不同高度(14.4～39.3m)的铸钢节点连接,每个铸钢节点均连接多根(3～10根)不同直径、不同角度的钢管杆件,从而形成结构新颖、空间角度复杂的独特的空间三维树形结构。图 2.5 为某火车站树状支撑顶棚。

图 2.4   深圳文化中心的"黄金树"结构   　　图 2.5   某火车站树状支撑顶棚

而在国外,树状结构已有较多应用。其中,德国斯图加特机场候机楼是最典型的大规模树状结构建筑。候机大厅内部采用大型的树状支撑结构体系,呈三级分叉,如图 2.6 所示。大厅由于支撑众多、横向分枝深远,有助于防止整体结构的水平失稳。

（a）斯图加特机场候机楼大厅　　　　　　　　（b）斯图加特机场候机楼内景

（c）树状柱仰视图　　　　（d）斯图加特机场入口处

图 2.6　德国斯图加特机场候机楼树状支撑

　　由著名英国建筑大师诺曼·福斯特设计的伦敦第三机场——斯坦斯特德机场新航站楼中央大厅,结构柱采用 36m×36m 的网格,屋面是一扁拱壳体,屋顶距离地面 15m,其支撑结构为 4 根钢管柱组合而成的树状柱和管簇结构,在水平方向斜杆伸出达 4m,从而有效地减小了结构跨度,将其减至 18m。屋面所有的采暖、通风、照明和采光设备均在钢柱构成的大"树"中。此选型避免了笨重烦琐的梁、檩等结构构件,再加上扁拱壳体中央优美的采光玻璃图案,整个屋顶轻盈、玲珑剔透。特别是晚上光线突然从下面照射在它的表面上时,更加引人注目,其内景如图 2.7 所示。

图 2.7　英国斯坦斯特德机场新航站楼中央大厅内景

　　图 2.8 所示为国外某航站楼,采用了仿生的树状钢结构。设计师以钢管为材料,仿照树梢的造型设计大厅的柱子和屋盖支撑体系,由于采用了仿生结的树状结构,不但大大地减轻了上部结构的质量,而且使旅客大厅雅致飘逸,充分体现了建筑设计以人为本的宗旨。

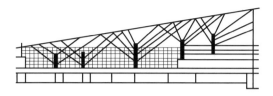

图 2.8　国外某航空站

　　图 2.9 所示建筑是美国著名建筑师凯文·诺奇设计的美国纽约世界博览会 IBM 展馆,在混凝土制成的蛋状物中心是一个电影放映厅,在树林状钢结构覆盖下有各种展示游乐设施。树林状钢结构上的屋面以灰绿色透明塑料制成。电影厅的整个座位区

图 2.9　美国纽约世界博览会 IBM 展馆

可以升降,观众于底部入座后,全部梯级座位沿着两侧轨道被顶升至位于“树”上的蛋形放映厅内。

　　由卡拉特瓦设计的葡萄牙里斯本东方火车站(Orient Station,图 2.10),通过用树状结构在里斯本北面海边的工业废地上创造出一片城市的沃土,一片真正的绿洲。通过在现有铁路上建车站,卡拉特瓦将一道以往分割居住区与工业区的河堤变成了两者的联络线。它把车站站台建在离地面 11m 的桥梁结构上,让原本与铁路垂直的一条大道从铁路下面通过,并与整个建筑有机地连接起来。这条大道穿过铁路后又延长了 3125m。从视角上加强了各种交通工具之间转换的方便性。卡拉特瓦的设计能够引起人们很多的联想。站台像绿洲又像森林,也像地中海式的露天市场。钢和玻璃的棕榈树按照 17m 的柱网排列,覆盖着 8 条铁道,给旅客带来新的体验。

（a）里斯本东方火车站外景

（b）里斯本东方火车站内景

图 2.10　葡萄牙里斯本东方火车站

　　意大利米兰新国际展览中心(Fiera Milano,图 2.11)采用树状钢管柱支撑玻璃曲面壳体,由著名设计大师福克萨斯(Fuksas)设计而成,造型独特,外部结构以铝合金和玻璃作为主要材料。该展览中心总投资为 7.5 亿欧元,占地面积约为

200 万 m²,历时 2 年半建成,于 2005 年 3 月 31 日举行了落成仪式。米兰新国际展览中心展览总面积达 40.5 万 m²,其中室内展览面积 34.5 万 m²,室外展览面积 6 万 m²。展览中心共有 8 个大型展馆,被分为 20 个展区,每个展区都有接待、餐饮、会议等配套设施,都可以独立举办展览会。

图 2.11　意大利米兰新国际展览中心

(3) 张弦梁结构是近年发展起来的一种大跨度空间结构形式,其上弦为承受弯矩和压力的梁,下弦为高强度拉索,中间设撑杆。上海浦东国际机场航站楼 82.6m 跨度的办票厅屋盖,采用了我国目前跨度最大的张弦梁结构。

若将上弦梁改为立体桁架,张弦梁结构便成为带拉索的杆系张弦立体桁架,可使结构计算及构造得到简化。广州国际会议展览中心(图 2.12)就采用了上弦为倒三角形断面钢管立体桁架的张弦桁架结构,跨度达 126.6m。黑龙江国际会议展览体育中心主馆屋盖结构也采用了类似的张弦立体桁架,跨度达 128m。图 2.13 为某张弦梁结构。

图 2.12　广州国际会议展览中心

(4) 悬索-桁架结构(图 2.14)和索桁结构比较容易混淆,两种结构均是由索、杆单元集成的空间结构。悬索-桁架结构实际上是一种横向加劲的单层悬索结构体系,在平行布置的单层悬索上设置与索方向垂直的横向桁架,并通过桁架两端强制支座向下变位的方法使悬索产生预应力并保持其稳定性,也有文献称其为横向加劲单曲悬索结构。长六边形平面尺寸为 72m×53m 的安徽体育馆就采用了这种结构,于 1989 年建成。

图 2.13　某张弦梁结构

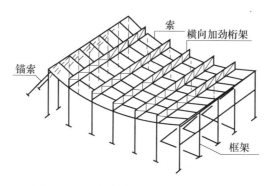

图 2.14　悬索-桁架屋盖结构体系示意图

　　而索桁结构实际上是一种双层悬索体系，上、下弦均为索，其中下凹的称承重索，上凸的称稳定索，索间的撑杆是劲性杆或构成纵向桁架。承重索和稳定索可以位于同一竖向平面内，也可以交错布置。

　　由于这类结构的外形和受力特点类似于承受横向荷载的传统平面桁架，因此也称为索桁架图。1986 年建成的吉林滑冰馆在我国最早采用了这种索桁结构（图 2.15），平面尺寸 59m×77m，上、下弦索错开设置。索桁结构还可进一步拓展为大型环状的空间索桁结构体系，特别适用于大型体育场的挑篷结构。例如，韩国釜山体育场，其各根沿径向布置的索桁架的外端支撑在直径 228m 的圆形环梁上，并由 48 根人形混凝土柱支撑；索桁架的内端与 152m×180m 椭圆形平面的上、下内环索相连，从而形成中间大开口的环状结构。该体育场屋面采用膜材，1999 年建成，如图 2.16 所示为其外景。

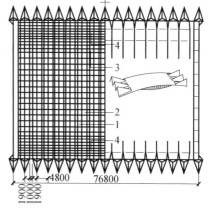

图 2.15　吉林滑冰馆索桁结构

图 2.16　韩国釜山体育场

2.4　基于大跨度空间结构骨架类型的分类方法

荣彬等(2008)通过总结现有大跨度空间结构骨架的形体和受力特点,将现有大跨度空间结构的三维骨架归纳为 10 种基本类型,进而又可以将现有大跨度空间结构分成 5 种基本结构,见表 2.3。

表 2.3　5 种基本结构类型和 10 种骨架类型

结构类型	骨架类型	典型结构	骨架形体特点	骨架受力特点
薄壁结构	薄壳骨架	混凝土壳	实体曲面骨架	存在薄膜作用,构件内力以薄膜内力为主
	空间板骨架	混凝土折板	实体折板骨架	薄膜作用较弱,受力类似于受弯的梁和受压的板
网格结构	网壳骨架	网壳	曲面形网格骨架	较强环箍作用,构件内力以轴力为主
	网架(空间桁架)骨架	网架空间桁架	平板形或微弯形的网格骨架	环箍作用较弱,构件内力以轴力为主
空间刚架结构	空间实腹拱骨架	拱支结构	由实腹拱和辅助构件组成的空间网格骨架	实腹拱抗弯和抗压,辅助构件以侧向支撑为主
	树状骨架	树状结构	由直线形梁、柱构件和辅助构件组成的空间骨架	梁、柱构件抗弯和抗压
索结构	空间拱形索骨架	悬索结构	理想的空间拱骨架	悬索内力为拉力
	空间桁架形索骨架	索桁架结构	理想的空间桁架骨架	悬索内力为拉力,压杆内力为轴压力
	网壳形索骨架	索穹顶	理想的网壳骨架	悬索内力为拉力,压杆内力为轴压力
膜结构	薄壳形膜骨架	充气膜结构张拉膜结构	理想的实体薄壳骨架	张拉膜处于全张力状态

2.5　空间结构新分类

　　为实现最优的建筑空间和最轻的结构,王仕统(2008a,2008b,2008c)提出了新的分类观点,该划分方法基于力学准则和结构理论。他将空间结构广义地分为两大类:一是屋盖空间结构,即轴力结构(图 2.17);二是三维体空间结构,即弯矩结构。二者的共同点是结构工程师发挥结构选型的力学智慧,实现建筑结构形体的艺术美,既安全又经济,有利抗震。不同点是屋盖空间结构的曲面厚度相对于长、宽尺寸要小得多,结构以三维轴向传力为主。设计难点是结构工程师把减少结构用钢量视为结构设计水平的最高境界,三维体空间结构的三维几乎为同一个数量级,并且控制水平侧移和扭转(舒适度),最有效地提高结构的抗推刚度、抗扭刚度和延性(表 2.4)。

（a）准张拉整体体系
（准tensegrity）

（b）富士馆
（高压气囊式膜）

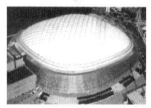
（c）日本东京穹顶
（低压气囊承式膜）

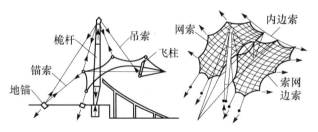
（d）德国慕尼黑奥林体育中心体育场主看台（索网结构）

（e）麻省理工学院
礼堂（混凝土薄壳）

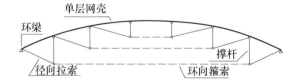
（f）张弦网壳穹顶,即弦支穹顶（suspen dome）

图 2.17　屋盖空间结构(轴力结构)

表 2.4　两类空间结构的共同点和不同点

分　类	屋盖空间结构(轴力结构)	三维体空间结构(弯矩结构)
共同点	① 正确选择结构方案,实现结构形式与建筑空间(功能、美学)相结合; ② 巧妙布置构件,使空间传力路线最短; ③ 节点小型化,传力明确; ④ 利用现代主动、被动控制技术	
不同点	① 形成有边缘构件的曲面空间状三维轴力结构; ② 按照少费多用的结构哲理:以最少的结构提供最大承载力的向量系统以实现大跨度钢结构屋盖轻量化,有利竖向抗震	① 巧选各类抗侧移结构体系,其中之一,将主要为梁-柱构件传力转变为主要轴向传力,提高三维体的空间抗推、抗扭刚度; ② 提高结构延性(大震耗能、不倒)

　　图 2.18 所示为 RC(reinforced concrete)结构的一、二、三维传力结构。梁、板为弯矩结构[图 2.18(a)],薄壳主要为轴力结构[图 2.18(b)]。虽然扁壳的跨度为梁、板结构的 10 倍,然而,扁壳的厚度仍比梁、板小得多。可见,屋盖空间结构是一种由于形状而产生效益的结构,因此又称为形效结构。自然界中的生物为生存而斗争,创造了许多安全、轻巧、适用、美观的空间结构,如贝壳——薄壳结构[图 2.19(a)];蜂巢——网格结构[图 2.19(b)];蜘蛛网——索网结构[图 2.19(c)];肥皂泡——充气结构[图 2.19(d)]等。因此,屋盖空间结构又被称为仿生结构(bionics)。

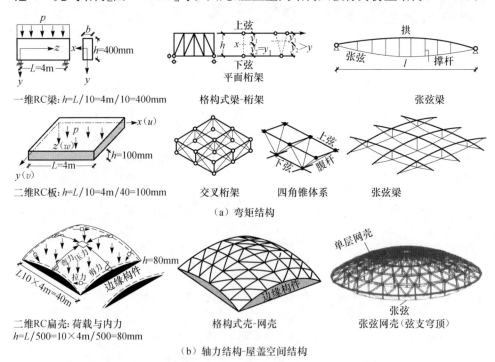

（a）弯矩结构

（b）轴力结构-屋盖空间结构

图 2.18　一、二、三维传力结构体系

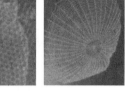

（a）海螺、贝壳　　　　　（b）六角形蜂巢　　（c）风中蜘蛛网　　　（d）肥皂泡

图 2.19　生物造空间结构

如图 2.20 所示为六个屋盖空间结构,图 2.20(a)为巴黎国家工业与技术展览中心(RC 薄壳),其跨厚比为:$L/h=206m/0.18m=1144.4$,而鸡蛋壳跨厚比约为:$L/h=40mm/0.4mm=100$,该结构充分体现了薄壳结构的受力合理性和人类伟大的智慧;图 2.20(b)为日本名古屋穹顶,其结构形式为单层网壳,跨厚比为 $D/h=187.2m/0.65m=288$;图 2.20(c)是美国雷里斗技场,为马鞍形柔性索网结构,其直径达 $D=91.5m$,用钢量仅为 $30kg/m^2$;图 2.20(d)为莫斯科中心体育馆,属劲性索网结构,平面形状呈椭圆形,平面尺寸为 $224m×183m$,用钢量为 $106kg/m^2$;图 2.20(e)是 1996 年第 26 届奥运会的美国佐治亚穹顶,属准张拉体系,呈椭圆形,平面尺寸为 $240.79m×192.02m$,用钢量仅 $30kg/m^2$;图 2.20(f)为 2008 年第 29 届奥运会北京工业大学羽毛球馆,该结构属弦支穹顶结构,其直径 $D=93m$,用钢量为 $63kg/m^2$。该六个屋盖空间结构具有三大特点——曲面空间状(有封闭边缘构件)、三维轴力结构、用料经济。

（a）巴黎国家工业与技术展览中心（RC薄壳）　　　（b）日本名古屋穹顶（单层网壳）

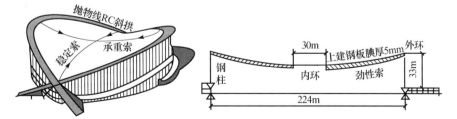

（c）美国雷里斗技场（马鞍形柔性索网结构）　　　（d）莫斯科中心体育馆（劲性索网结构）

（e）美国佐治亚穹顶（准tensegrity）　　　　（f）北京工业大学羽毛球馆（弦支穹顶）

图 2.20　六个屋盖空间结构

图 2.21 所示为八个屋盖弯矩结构。图 2.21(a)为湛江电厂干煤棚,属四点支撑八面坡水平板网架,其平面尺寸为 113.4m×113.4m,柱距达 79.8m,用钢量为 70.3kg/m²;图 2.21(b)为佛山岭南明珠体育馆,最大直径为 128.4m,用钢量达 256.7kg/m²;图 2.21(c)为深圳大运会体育中心,属折面肋杆体系,椭圆尺寸为 285m×270m,由 20 个格构单元组成,悬挑达 51.9～68.4m,用钢量约为 160kg/m²;图 2.21(d)为鸟巢(Bird's Nest),本质为平面桁架结构,其椭圆尺寸为 332.3m× 297.3m,开洞大小为 185.3m×127.5m,用钢量达 4.1875 万～5.2 万 t,即 710～ 881kg/m²;图 2.21(e)为广州歌剧院,由 101 个多面格栅结构组成,投影面积达 1.7 万 m²,耗钢 1 万 t,用钢量达 588kg/m²;图 2.21(f)为广州白云机场 10♯机库,结构形式为格构式格体系,平面基本尺寸为:(100m+150m+100m)×84m,用钢量 250kg/m²;图 2.21(g)为国家游泳中心水立方(Water Cube),平面尺寸为 177m×177m,比赛大厅尺寸为 126m×117m,用钢量 0.6 万 t,即 128kg/m²; 图 2.21(h)为国家体育馆,属二维张弦梁体系,平面尺寸为 144.5m×114m,用钢量为 0.2 万 t,即 121.4kg/m²。该八个结构共同点是耗钢量巨大。原因为结构选型不合理,有些结构设计过于复杂,最"简单"的结构往往才是一个"最好"的结构(构件布局简明、传力路线短捷、节点小型化等)。

（a）湛江电厂干煤棚（四点支撑八面坡水平板网架）　　（b）佛山岭南明珠体育馆

（c）深圳大运会体育中心（折面肋杆体系）　　　　（d）鸟巢（平面桁架结构）

（e）广州歌剧院（101个多面格栅结构）

（f）广州白云机场10#机库（格构式格体系）

（g）水立方

（h）国家体育馆（二维张弦梁）

图 2.21　屋盖弯矩结构

　　对中、小跨度的屋盖结构来说，选择弯矩结构是理所当然的，为了提高结构的承载力和刚度，采用"材料远离中和轴"原则和"格构化"原则等，为明智之举。设计大跨度屋盖结构必须发挥结构工程师结构选型的力学智慧，选出屋盖空间结构的最优结构方案。

参 考 文 献

鲍广鑑，谭钟毅. 2002. 深圳文化中心黄金树安装技术. 施工技术，31(5)：6-8.

鲍广鑑，周忠明. 2002. 深圳文化中心黄金树铸钢节点焊接技术. 施工技术，31(11)：18-20.

陈俊，张其林，谢步瀛. 2010. 树状柱在大跨度空间结构中的研究与应用. 钢结构，25(3)：1-5.

董石麟. 2003. 空间结构. 北京：中国计划出版社.

董石麟，赵阳. 2004. 论空间结构的形式和分类. 土木工程学报，37(1)：7-12.

冯·格康. 2010. 德国斯图加特机场 3 号航站楼. 城市建筑，(4)：46-49.

刘锡良. 2003. 现代空间结构. 天津：天津大学出版社.

刘锡良. 2005. 2008 年北京奥运会场馆建设近况及一些值得思考的问题∥第五届全国现代结构工程学术研讨会. 工业建筑(增刊)：1-9.

刘锡良. 2007. 北京 2008 年奥运会场馆屋盖结构设计与施工科技创新∥第七届全国现代结构工程学术研讨会. 工业建筑(增刊)：1-10.

罗永赤. 2005. 钢管树状柱的有限元分析. 工程设计，20(6)：46-49.

钱若军，杨联萍. 2003. 张力结构的分析、设计与施工. 南京：东南大学出版社.

丘利铭，玉帆，秦柏源. 2007. 张力结构的自平衡体系∥第七届全国现代结构工程学术研讨会. 工业建筑(增刊)：1109-1114.

荣彬，陈志华，刘锡良. 2008. 基于三维骨架类型的大跨度空间结构分类∥第八届全国现代结构工程学术研讨会. 工业建筑(增刊):73-81.

沈世钊,徐崇宝,赵臣,等. 2006. 悬索结构设计. 第二版. 北京:中国建筑工业出版社.

谭钟毅. 2002. 树状结构施工技术研究与应用. 重庆:重庆大学硕士学位论文.

完海鹰,黄炳生. 2004. 大跨空间结构. 北京:中国建筑工业出版社.

王明贵,颜峰. 2006. 钢管树状结构设计. 钢结构,21(6):47-49.

王仕统. 1996. 大跨度空间结构的进展. 华南理工大学学报(自然科学版),24(10):17-24.

王仕统. 2003. 衡量大跨度空间结构优劣的五个指标. 空间结构,19(1):60-64.

王仕统. 2008a. 简论空间结构新分类. 空间结构,14(3):13-21.

王仕统. 2008b. 空间结构新分类,实现大跨度钢结构屋盖轻量化//第八届全国现代结构工程学术研讨会. 工业建筑(增刊):54-72.

王仕统. 2008c. 空间结构新分类与屋盖钢结构轻量化//第四届粤港澳可持续发展研讨会论文集. 广东:广东科技出版社:419-428.

王仕统. 2009. 钢结构的核心价值与全钢结构设计//第九届全国现代结构工程学术研讨会. 工业建筑(增刊):64-68.

王仕统,姜正荣,金峰,等. 1999. 索-桁结构的静力分析与动力特征研究. 建筑结构学报,20(3):227.

王仕统,姜正荣,谢京. 2001. 索-桁结构的设计参数探讨. 建筑结构学报,22(5):59-61.

王仕统,肖展朋,杨叔庸,等. 1996. 湛江电厂干煤棚四柱支撑(113.4m×113.4m)屋盖网架结构. 空间结构,2(2):42-46.

王小盾,余建星,陈质枫,等. 2002. 树状结构//第二届现代结构工程学术研讨会. 工业建筑(增刊):553-555.

许乙弘,洪斐莉. 2007. 浅析当代航站楼建筑设计中的结构因素. 新建筑,(5):115-120.

约翰·奇尔顿. 2004. 空间网格结构. 高立人,译. 北京:中国建筑工业出版社.

曾晓红. 2000. 斯图加特机场. 世界建筑导报,(Z1):116-121.

张金铭,陈思作,蔺俊强. 2009. 钢管树状支撑结构的形态分析. 武汉大学学报(工学版),42(2):240-243.

张金铭,蔺俊强,陈思作. 2007. 空间树状结构设计//第七届全国现代结构工程学术研讨会. 工业建筑(增刊):439-443.

张毅刚,薛素铎. 2005. 大跨度空间结构. 北京:机械工业出版社.

Lin T Y, Stotesbury S D. 1999. 结构概念和体系. 第二版. 高立人,方鄂华,钱稼茹,译. 北京:中国建筑工业出版社.

第3章 网架结构

平板型网架结构或者简称为网架结构,是以多根杆件按照一定规律组合而成的网格状高次超静定空间杆系结构。绝大部分网架结构是采用钢管或型钢材料制作而成的,只有个别网架结构是采用钢筋混凝土、木材、竹材或塑料杆件制作的。网架结构因具有空间刚度好、用材经济、工厂预制、现场安装、施工方便等优点而得到广泛应用。

木材很少用来建造空间网格结构,但也有一些工程实例就是用这种很少被用于大跨度建筑物的圆木杆建成的。1986年建于荷兰莱利斯达的16.2m×10.8m的设备储存库房(图3.1)是一座支撑在11根木柱上,用100mm直径的落叶松树干装配成的空间网架屋顶。该库房4×6共24个开间的上下偏置方形网格用的是一种6mm厚的镀锌圆钢板节点和260mm×90mm×6mm的接头板,其镀锌钢板节点如图3.2所示。

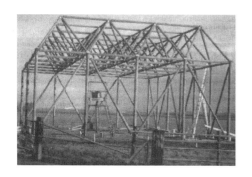 

图3.1 荷兰莱利斯达16.2m×10.8m库房　　图3.2 镀锌圆钢板节点和接头板

3.1 网架结构概述

3.1.1 网架结构的优越性

网架结构的优点和特点,大致可归纳如下:

(1)结构组成灵活多样,有高度的规律性,便于采用,并适于各种建筑方面的要求。

(2)节点连接简便可靠。

(3)分析计算成熟,已采用计算机辅助设计。网架结构的杆件一般均为钢杆件,主要受轴心力作用,对于这种杆件的设计在理论上已十分成熟。

（4）加工制作机械化程度高,并已全部工厂化。

（5）用料经济,能用较少的材料跨越较大的跨度。

（6）适应建筑工业化、商品化的要求。

但目前网架结构还存在以下问题:节点用钢量较大,加工制作费较平面桁架高;当跨度较大或很大时,该类结构耗钢量变得不经济。

3.1.2　国内外网架结构应用概况

我国自 1964 年建成第一幢平板型网架结构——上海师范学院球类房屋盖以来,大量网架结构广泛用于体育场馆、俱乐部、食堂、影剧院、候车厅、飞机库、工业车间和仓库等建筑中。例如,1966 年建成的首都体育馆,平面尺寸为 99m×112.2m,是我国矩形平面跨度最大的网架结构。2000 年建成的沈阳博览中心(室内足球场),平面尺寸为 144m×204m,成为我国跨度最大、单体覆盖建筑面积最大的网架结构。1996 年建成的首都四机位机库,平面尺寸为 90m×(153m+153m),采用了三层网架。由瑞士赫尔佐格-德梅隆建筑事务所与中国建筑设计研究院联合提出的鸟巢形国家体育场是 2008 年北京奥运会的中标方案,其屋盖主体结构实际上是两向不规则斜交的平面桁架系组成的约为 332.3m×296.4m 椭圆平面网架结构。网架外形呈微弯形双曲抛物面,周边支撑在不等高的 24 根立体桁架柱上,每榀桁架与约为 140m×70m 长椭圆内环相切或接近相切,如图 3.3 所示,不妨称其为鸟巢形网架。图 3.4 为国家游泳馆水立方,其平面尺寸为 177m×177m。

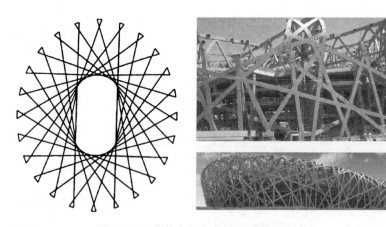

图 3.3　国家体育场鸟巢(平面桁架系结构)

国外网架结构的应用以西欧、北美、日本等国家和地区最多,其共同特点是普遍选用各自的标准单元、定型节点,按各种规格在工厂大量成批生产。

图 3.4　水立方（平板网架）

3.2　网架结构的形式与选型

3.2.1　网架结构的形式和分类

网架结构的种类甚多且不断发展创新。当前国内外常用的网架结构可分为三大类,具体分类如下。

(1) 第一类是平面桁架系网架,它由平面桁架交叉组成,根据平面形状和跨度大小、建筑设计对结构刚度的要求等情况可由两向平面桁架或三向平面桁架交叉而成。由于平面桁架系的数量和设置方位不同,该类网架又可分成以下四种。

① 两向正交正放网架。它是由两个方向平面桁架交叉组成,各向桁架交角呈90°[图 3.5(a)]。

② 两向正交斜放网架。它也是由两个方向的平面桁架交叉而成,其交角呈90°,它与两向正交正放网架的组成方式完全相同,只是将它在建筑平面上放置时转动 45°,每向平面桁架与建筑轴线的交角不再是正交而呈 45°[图 3.5(b)]。

③ 两向斜交斜放网架。它也是由两个方向的平面桁架交叉组成,但其交角不是正交,而是根据下部两个方向支撑结构的间距而变化,两向桁架的交角可呈任意角度[图 3.5(c)]。

④ 三向网架。它是由三个方向的平面桁架相互交叉而成,其相互交叉的角度呈 60°。网架的节点处均有一根为三个方向平面桁架共用的竖杆[图 3.5(d)]。

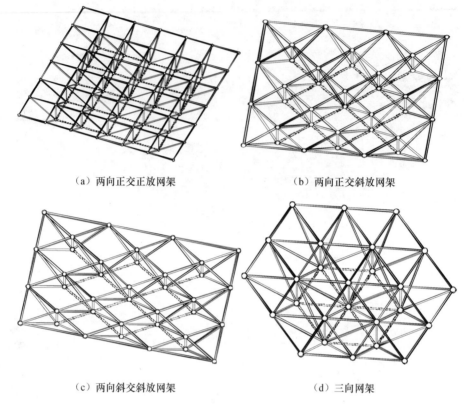

（a）两向正交正放网架   （b）两向正交斜放网架

（c）两向斜交斜放网架   （d）三向网架

图 3.5   平面桁架系组成的网架

（2）第二类是四角锥体系网架，它是由许多四角锥按一定规律组成，组成的基本单元为倒置四角锥。该类网架有以下几种形式。

① 正放四角锥网架[图 3.6(a)]。组成这种网架的四角锥底边是与边界平行或垂直的，角锥满铺整个网架平面。

② 正放抽空四角锥网架[图 3.6(b)]。它可由正放四角锥网架跳格式地抽去锥体的四根斜杆和相应的四根下弦杆而形成。

③ 斜放四角锥网架。这是由倒置斜放的四角锥连接而成，上、下弦杆的水平投影轴线互呈 45°交角，下弦杆与边界平行或垂直[图 3.6(c)]。

④ 棋盘形四角锥网架。棋盘形四角锥网架是由于其形状与国际象棋的棋盘相似而得名[图 3.6(d)]。在正放四角锥基础上，除周边四角锥不变外，中间四角锥间格抽空，下弦杆呈正交斜放，上弦杆呈正交正放，下弦杆与边界呈 45°夹角，上弦杆与边界垂直（或平行）。也可理解为将斜放四角锥网架绕垂直轴转动 45°而形成。

⑤ 星形四角锥网架。该类网架是由两个倒置的三角形小桁架相互交叉而形

成[图 3.6(e)]。

⑥ 单向折线形网架。单向折线形网架是将正放四角锥网架取消纵向的上下弦杆,保留周边一圈纵向上弦杆而组成的网架,适用于周边支撑[图 3.6(f)]。

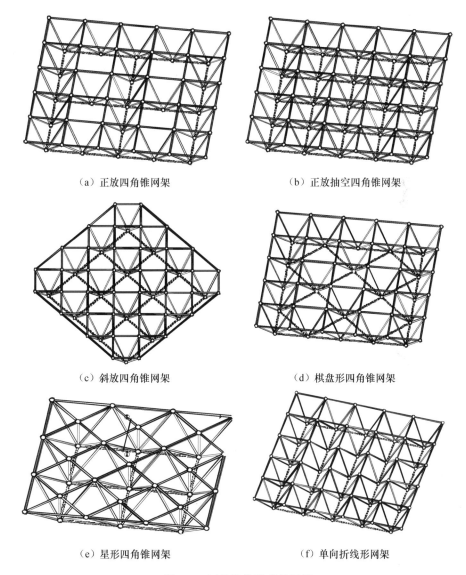

（a）正放四角锥网架	（b）正放抽空四角锥网架
（c）斜放四角锥网架	（d）棋盘形四角锥网架
（e）星形四角锥网架	（f）单向折线形网架

图 3.6　四角锥体组成的网架

（3）第三类是由三角锥体组成的网架结构,它的基本单元是由 3 根弦杆、3 根斜杆所构成的正三角锥体,即四面体。该类三角锥体组成的网架又可分为三种。

① 三角锥网架。它是由倒置的三角锥组合而成[图 3.7(a)],其上下弦网格均

为正三角形,倒置三角锥的锥顶位于上弦三角形网格的形心。

② 抽空三角锥网架。该网架是在三角锥网架基础上抽去一些三角锥的腹杆和下弦杆,使上弦网格仍为三角形,下弦网格为三角形及六边形组合或均为六边形组合[图 3.7(b)]。

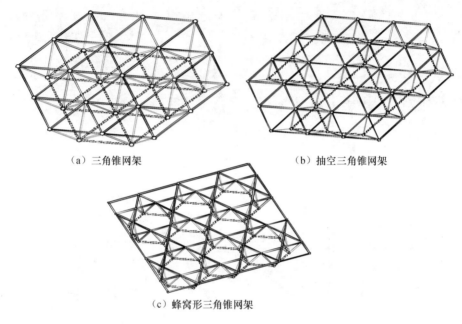

(a) 三角锥网架   (b) 抽空三角锥网架

(c) 蜂窝形三角锥网架

图 3.7   三角锥体组成的网架

③ 蜂窝形三角锥网架。蜂窝形三角锥网架是倒置三角锥按一定规律排列组成,上弦网格为三角形和六边形,下弦网格为六边形[图 3.7(c)]。这种网架的上弦杆较短,下线较长,受力合理。每个节点均只汇交 6 根杆件,节点构造统一,用钢量少。

这种网架适用于周边支撑的中小跨度屋盖。

3.2.2   三层网架

网架结构按弦杆层数不同可分为双层网架和三(多)层网架。

三(多)层网架是由上弦层、中弦层、下弦层、上腹杆层和下腹杆层等组成的空间结构,其特点是:提高网架高度,减小网格尺寸;减小弦杆内力;减少腹杆长度,便于制作和安装。以下为常见的几种三层网架类型(图 3.8)。

3.2.3   常见的圆形边界网架

网架形式多样,根据不同的建筑平面形状,可以采用不同的网架形式,当平面形状为圆形时,常采用以下几种形式的网架结构(图 3.9)。

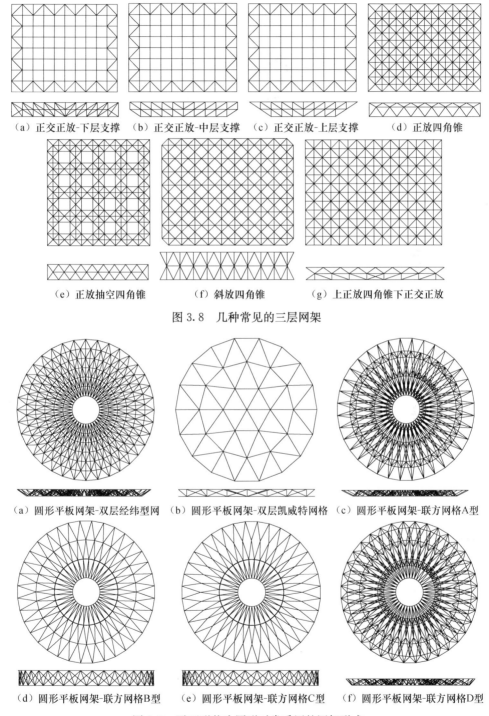

（a）正交正放-下层支撑　　（b）正交正放-中层支撑　　（c）正交正放-上层支撑　　（d）正放四角锥

（e）正放抽空四角锥　　　　（f）斜放四角锥　　　　（g）上正放四角锥下正交正放

图 3.8　几种常见的三层网架

（a）圆形平板网架-双层经纬型网　（b）圆形平板网架-双层凯威特网格　（c）圆形平板网架-联方网格A型

（d）圆形平板网架-联方网格B型　（e）圆形平板网架-联方网格C型　（f）圆形平板网架-联方网格D型

图 3.9　平面形状为圆形时常采用的网架形式

3.2.4 我国首次采用各种形式网架的工程实例

表 3.1 列出了首次采用各种形式网架的工程实例,以便了解这些网架的基本情况。

表 3.1 我国首次建成各种形式网架的工程实例

序号	网架形式	工程名称	建成年份	平面尺寸及厚度	用钢量/(kg/m²)
1	两向正交正放	上海体育学院篮球房	1966	35m×35m×2.5m	15.4
2	两向正交斜放	上海体育学院羽毛球房	1966	30m×45m×2.5m	14.6
3	两向斜交斜放	上海新火车站	后未用	54m×72m×5m	50
4	三向	上海文化广场	1970	扇形 76m×(62.8～138.2)m×5m	45
5	正放四角锥	上海师范学院球类房	1964	31.5m×40.5m×1.8m	35.6
6	正放抽空四角锥	上海市航空俱乐部机库	1966	27.3m×35.1m×2.2m	17
7	斜放四角锥	天津科学宫礼堂	1966	14.8m×23.3m×1m	6.3
8	棋盘形四角锥	大同矿务局云冈矿食堂	1973	18m×24m×1.3m(2个)	7
9	星形四角锥	杭州起重机械厂食堂	1980	28m×36m×2.5m	28
10	单向折线形	大同矿务局一车间	1978	12m×40m×1m	9
11	三角锥	上海徐汇区工人俱乐部	1984	正六边形 24m×1.96m	21
12	抽空三角锥Ⅰ型	天津塘沽车站	1977	圆形 47.2m×(3.0～3.6)m	30
13	抽空三角锥Ⅱ型	保定百花电影院	1982	长六边形(21.6～28)m×35.3m×1.96m	24.5
14	蜂窝形三角锥	大同矿机修厂会议室	1978	15.4m×16.3m×1m	7.2
15	六角锥	某车站网架模型	1966	7.3m×7.5m×1m	—

3.2.5 网架结构的选型

网架选型是否恰当,会影响网架结构的技术经济指标、制作安装质量和施工进度。影响网架选型的因素是多方面的,如网架制作、安装方法、用钢指标、跨度大小、刚度要求、平面形状、支撑条件等都在一定程度上影响着确定采用哪一种网架形式。

(1) 如节点采用焊接,由平面桁架系组成的网架,其制作比由四角锥体组成的网架方便;两向正交网架又比两向斜交网架及三向网架方便;四角锥网架比三角锥网架方便。

(2) 当网架的安装方法不是采用整体提升或吊装,而是采用分条或分块安装,或采用高空滑移法时,则选用两向正交正放网架、正放四角锥网架、正放抽空四角锥网架三种正交正放类网架比选用斜放类网架有利。

(3) 对于矩形平面、周边支撑情况,当其边长比小于或等于 1.5 时,宜选用斜放四角锥网架、棋盘形四角锥网架、正放抽空四角锥网架；当边长比大于 1.5 时,宜选用两向正交正放网架、正放四角锥网架和正放抽空四角锥网架；当平面狭长时,可采用单向折线形网架。

（4）跨度大小对网架选型的影响不大,但目前大跨度网架采用较多的是两向正交正放网架、两向正交斜放网架和三向网架等一类平面桁架系组成的网架结构。

（5）平面形状为圆形、正六边形及接近正六边形等周边支撑的网架,可根据具体情况选用三向网架、三角锥网架或抽空三角锥网架。对中小跨度也可选用蜂窝形三角锥网架。

（6）多点支撑的网架选用正交正放类网架较合适。

（7）网架结构当跨度较大,需要较大的网架结构高度而网格尺寸与杆件长细比又受限时,可采用三层或多层形式。

（8）平面形状为矩形、三边支撑一边开口的网架,开口边必须具有足够的刚度并形成完整的边桁架,当刚度不满足要求时可增加网架高度和网架层数(图 3.10)。

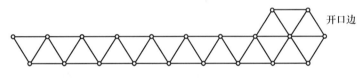

图 3.10　网架开口边加反梁示意图

3.3　网架结构设计的一般原则

3.3.1　网架的高跨比和格跨比

网架形式确定后,在设计中首先要考虑的是网架的高跨比,以及网格长度与跨度的关系,即格跨比,这应该根据跨度大小、柱网尺寸、屋面材料、构造要求及建筑功能等多种因素才能确定。对于周边支撑网架也可根据国内已建的网架工程,经统计分析,提出参考数据,供设计网架确定几何尺寸时选用,详见表 3.2。

表 3.2　网架高跨比、格跨比选用范围

网架短向跨度 L_2	网架高度	上弦网格尺寸
<30m(小跨度)	$(1/10\sim1/14)L_2$	$(1/6\sim1/12)L_2$
30~60m(中等跨度)	$(1/12\sim1/16)L_2$	$(1/10\sim1/16)L_2$
>60m(大跨度)	$(1/14\sim1/20)L_2$	$(1/12\sim1/20)L_2$

3.3.2　起拱与找坡

网架结构可预先起拱,其起拱值可取不大于短向跨度的 1/300。当仅为改善外观要求时,最大挠度可取恒荷载与活荷载标准值作用下挠度减去起拱值。

国内已建成的网架,有的起拱,有的不起拱。起拱给网架制作增加麻烦,故一般网架可以不起拱。当网架或立体桁架跨度较大时,可考虑起拱,起拱值可取小于或等于网架短向跨度的 1/300。此时杆件内力变化一般不超过 5%~10%,设计时可按不起拱计算。

网架屋面排水找坡可采用下列方式:①上弦节点上设置小立柱找坡(当小立柱较高时,应注意小立柱自身的稳定性并布置支撑);②网架变高度;③网架结构起坡。

3.3.3　柱帽

柱帽宜设置于下弦平面之下[图 3.11(a)、(d)],也可设置于上弦平面之上[图 3.11(b)]或采用伞形柱帽[图 3.11(c)]。对于多点支撑网架,由于支撑柱较少,柱子周围杆件内力一般很大。在柱顶设置柱帽可减小网架支撑跨度,并分散支撑柱周围杆件内力,节点构造较易处理,所以多点支撑网架一般宜在柱顶设置柱帽。

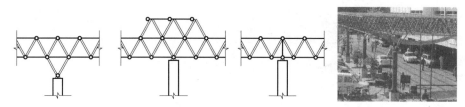

（a）设置于下弦平面之下　（b）设置于上弦平面之上　（c）伞形柱帽　（d）设置于下弦平面之下实例

图 3.11　多点支撑网架柱帽设置

3.3.4　悬臂长度

多点支撑网架如设有合适的悬臂长度,可使跨中弦杆内力和挠度有所减少,并使整个网架内力分布较均匀。悬臂长度与网架形式关系不大,主要与跨度有关。单跨多点支撑时悬臂可取跨度的 1/4,多跨多点支撑时可取跨度的 1/3。此外,对于单跨周边支撑网架,如挑檐需要,适当设置一定长度的悬臂段也是可取的,这对减少跨中内力的挠度有明显作用。

3.3.5　网架支撑方式

网架可采用上弦或下弦支撑,当采用下弦支撑时,应在支座边形成竖直或倾斜边桁架。

网架结构一般采用上弦支撑方式。当要求下弦支撑时,应在网架四周支座边形成竖直或倾斜的边桁架,确保网架几何不变性,并可有效地将上弦垂直荷载和水平荷载传至支座。

3.3.6　网架水平支撑

采用两向正交正放网架,应沿网架周边网格设置封闭的水平支撑。两向正交正放网架,其网架平面内的水平刚度较小,为保证各榀网架平面外的稳定性及有效传递与分配作用于屋盖结构的风荷载等水平荷载,应沿网架上弦周边网格设置封闭的水平支撑,对于大跨度结构或当下弦周边支撑时,应沿下弦周边网格设置封闭的水平支撑。一般情况下,网架结构无需设置水平支撑,但当某些网架的原有杆件不能传递水平荷载时,应设置水平支撑以传递水平力。

3.3.7　再分杆

当网架上弦杆本身作用有集中荷载或者需要减小压杆计算长度时,可设置再分杆,如图 3.12 所示。有了再分杆,上弦杆在再分杆平面内的计算长度自然可以减小。然而在垂直再分杆平面外的上弦杆计算长度,对平面桁架系组成的网架来说,得靠檩条或其他水平杆的作用才能减小,如图 3.12(a)虚线所示。对于四角锥体组成的网架,因相邻角锥体也都同样设置再分杆,所以对网架内部的任一上弦杆,无需依靠其他杆件就可减小计算长度。但应注意,对网架周边一圈弦杆,其一侧已不存在再分杆,要减小计算长度,得另设水平杆或檩条,如图 3.12(b)虚线所示。国外有因再分杆设置问题而造成工程事故的实例。美国东部康涅狄格州哈特福德市(Hartford)体育馆,采用四柱支撑的正放四角锥网架,平面尺寸为 91.44m×109.73m,网格为 9.14m×9.14m,高 6.5m,网架每边从柱挑出 13.41m。1978 年大雪,于 1 月 18 日凌晨该体育馆被破坏而落地,中间部分下凹像个锅底,四角悬挑部分则向上翘起。美国有关调查工作组认为,设计上最严重的错误是网架的所有上弦杆件没有足够的支撑,致使压杆稳定承载力不足。倒塌的另一个重要原因,是作用在网架结构上的总荷载被低估了 20%,包括低估钢结构自重,采用较重的屋面,增加许多马道及悬吊荷载,原设计均布荷载为 3.42kN/m²,而核实后的荷载为4.08kN/m²。对网架进行的极限荷载分析表明,屋盖自重再加上 0.73~0.98kN/m²,就可达到网架结构的极限荷载。根据屋盖倒塌那天的气象资料,屋盖雪荷载估计为 0.58~0.98kN/m²。网架中十字形界面压杆的扭转屈曲也是引起网架破坏的主要原因。据分析,事故是从边界上弦杆局部失稳开始,并逐步向内发展,导致整个网架失稳破坏。对于四角锥体组成的网架,要使所有上弦杆在两个方向的计算长度都能减小,单靠再分杆的设置是不能达到目的的,必须在边界处、跳锥处(包括斜放四角锥网架和棋盘形四角锥网架)再增设必要的水平杆后,才能减小上弦杆两个方向的计算长度。对三角锥体组成的网架,要减小上弦杆的计算长度,也应类似地考虑。

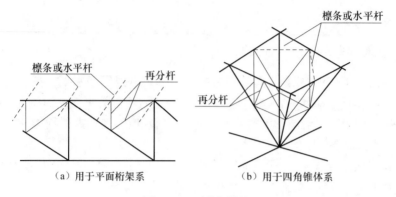

（a）用于平面桁架系　　　　　（b）用于四角锥体系

图 3.12　再分杆设置

3.3.8　网架自重估算

根据国内近百个工程统计,网架自重 $g(kN/m^2)$ 可采用下列经验公式估算:

$$g = \sqrt{q_w L_2/150} \tag{3.1}$$

式中, q_w——除网架自重以外的屋面荷载或楼面荷载的标准值, kN/m^2 ;

L_2——网架的短向跨度, m。

3.3.9　网架挠度限值

当网架用于屋盖时,规定不宜超过网架短向跨度的 1/250。对于一些跨度特别大的网架,即使采用了较小的高度,只要选择恰当的网架形式,其挠度仍可满足小于 1/250 跨度的要求。当网架作为楼层使用时则参考《混凝土结构设计规范》(GB 50010—2010),容许挠度取跨度的 1/300。设计中如验算挠度不能满足限值要求时,可采取增加杆件截面、加大网架高度、改变网架形式,甚至选用三层网架或局部三层网架等办法来解决。

3.3.10　杆件设计

网架的杆件截面应根据强度计算和稳定性验算来确定。网架杆件可采用普通型钢和薄壁型钢。管材宜采用高频焊管或无缝钢管,有条件时应采用薄壁管型截面。杆件截面的最小尺寸应根据结构的跨度与网格大小按计算确定,普通型钢不宜小于 L50mm×3mm,钢管不宜小于 ϕ48mm×3mm。对于大中跨度空间网格结构,钢管不宜小于 ϕ60mm×3.5mm。薄壁型钢的厚度不应小于 2mm。

网架杆件的计算长度是一个比较复杂的问题,它和杆件两端支撑情况、杆端连接杆件的多少、这些连接杆是拉还是压及节点的大小与刚度等有关。一般来说,计算长度 l_0 按杆件的几何长度 l 乘以小于 1 的折减系数是合理的。根据我国的设计经验并参照《钢结构设计规范》(GB 50017—2003)规定,网架杆件的计算长度 l_0 可根据杆件类别和节点形式按表 3.3 确定。

表 3.3 网架杆件的计算长度 l_0

杆件类别	节点形式		
	螺栓球节点	焊接空心球节点	板节点
弦杆及支座腹杆	$1.0l$	$0.9l$	$1.0l$
腹杆	$1.0l$	$0.8l$	$0.8l$

注:l 为杆件的几何长度(节点中心间的距离)。

网架杆件的容许长细比 λ 不宜超过表 3.4 中规定的数值。

表 3.4 网架杆件的容许长细比 λ

杆件类别	受压杆件	受拉杆件	
		承受静力荷载	直接承受动力荷载
一般杆件	180	300	250
支座附近杆件	—	250	—

3.3.11 焊接钢板节点

焊接钢板节点由十字节点板和盖板组成,如图 3.13 所示,它适用于角钢杆件的两向网架和由四角锥体组成的网架。盖板除了能传递弦杆内外力,还可起到加强节点水平刚度的作用。对小跨度网架的受拉节点也可不设盖板,以简化节点构造。

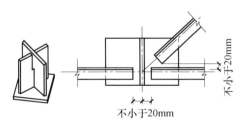

不小于20mm

不小于20mm

图 3.13 焊接钢板节点

网架杆件与节点板的连接可采用高强度螺栓或贴角焊缝连接。当贴角焊缝强度不足时,在施工质量确有保证的情况下,可采用部分槽焊加强,但传力仍必须以贴角焊缝为主。

3.3.12 焊接空心球节点

由两个半球焊接而成的空心球,可根据受力大小分别采用不加肋和加肋两种方式,适用于连接圆钢管杆件。焊接空心球节点先由钢板冲压成半球,然后焊成整个空心球,必要时可在对称中面施焊一环肋加强,如图 3.14 所示。

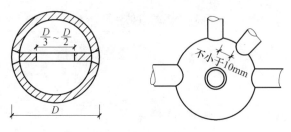

图 3.14　焊接空间球节点

焊接空心球的外径与壁厚之比宜取 25~45;空心球壁厚与主钢管壁厚之比宜取 1.5~2.0;空心球外径与主钢管外径之比宜取 2.4~3.0;空心球壁厚不宜小于4mm。

当焊接空心球直径为 120~900mm 时,其受拉和受压承载力设计值 N_R 可按式(3.2)计算。

$$N_R = \eta_0 \left(0.29 + 0.54 \frac{d}{D} \right) \pi t d f \qquad (3.2)$$

式中,D——空心球外径,mm;

$\quad d$——与空心球相连的主钢管杆件的外径,mm;

$\quad t$——空心球壁厚,mm;

$\quad f$——钢材的抗拉强度设计值,N/mm²;

$\quad \eta_0$——大直径空心球节点承载力调整系数,当空心球直径≤500mm 时,η_0=1.0;当空心球直径>500mm 时,η_0=0.9。

3.3.13　螺栓球节点

螺栓球节点一般由钢球、螺栓、套筒、销子、锥头、封板等零件组成,如图 3.15 所示。其中,钢球是一种铸件或锻件,并根据网架形式,铣出若干个满足需要的端面(如正放四角锥网架,则需要八个端面,另需两个加工用的小端面)。每个端面钻有螺孔,安装时拧动套筒可把螺栓拧进钢球,并插入销子定位,使钢管杆件与钢球连成整体。螺栓球节点适用于钢管杆件的网架,节点和杆件一般在工厂定型成批生产,现场拼装无需焊接,装拆方便,所以特别适于建造临时性和半永久性的网架结构。

螺栓球节点的受力情况和一般节点不尽相同,受拉时的传力途径是由钢管杆件、锥头,经螺栓至钢球;受压时是由钢管杆件、锥头,经套筒至钢球。也就是说,螺栓在受拉时起作用,而套筒在受压时起作用。一般来说,螺栓球节点主要由单根螺栓受拉控制。这与板节点的多根高强螺栓靠摩擦传力的性质是完全不同的。

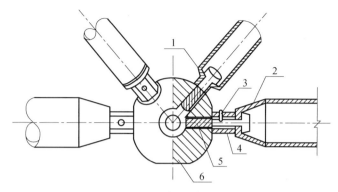

图 3.15　螺栓球节点

1. 封板；2. 锥头；3. 销子；4. 套筒；5. 螺栓；6. 钢球

　　钢球直径应根据相邻螺栓在球体内不相碰并满足套筒接触面的要求，分别按式(3.3)和式(3.4)核算，并按计算结果中的较大者选用。

$$D \geqslant \sqrt{\left(\frac{d_s^b}{\sin\theta} + d_1^b\cot\theta + 2\xi d_1^{b^2}\right)^2 + \lambda^2 d_1^{b^2}} \tag{3.3}$$

$$D \geqslant \sqrt{\left(\frac{\lambda d_s^b}{\sin\theta} + \lambda d_1^b\cot\theta\right)^2 + \lambda^2 d_1^{b^2}} \tag{3.4}$$

式中，D——钢球直径，mm；

　　　θ——两相邻螺栓之间的最小夹角，rad；

　　　d_1^b——两相邻螺栓的较大直径，mm；

　　　d_s^b——两相邻螺栓的较小直径，mm；

　　　ξ——螺栓拧入球体长度与螺栓直径的比值，可取 1.1；

　　　λ——套筒外接圆直径与螺栓直径的比值，可取 1.8。

　　当相邻杆件夹角 θ 较小时，如图 3.16 所示，应根据相邻杆件及相关封板、锥

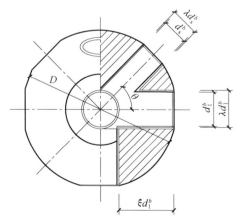

图 3.16　螺栓球与直径有关的尺寸

头、套筒等零部件不相碰的要求核算螺栓球直径。此时可通过检查可能相碰点至球心的相邻杆件轴线间的夹角不大于 θ 的条件进行核算。

3.4　各类派生的新型网架结构

3.4.1　组合网架结构

组合网架结构是在 20 世纪 80 年代初国外和国内几乎同时发展起来的新结构。它是以钢筋混凝土面板(通常是预制带肋的装配整体式混凝土板)作为结构上弦层,替代一般网架的上弦杆;仍以钢杆件作为结构的下弦杆和腹杆,从而形成一种板系、梁系与杆系共同工作的,钢结构与钢筋混凝土结构组合的空间结构。组合网架使结构的承重作用与围护作用合二为一,可充分发挥两种不同建筑材料的强度优势,以达到增加结构刚度、减小结构挠度和节省材料用量的目的。

组合网架可用作屋盖,也可用作楼层。据报道,德国、罗马尼亚、墨西哥建有数幢组合网架结构。而在我国,通过深入的、系统的试验研究和理论分析,从试制、试点工程到推广,已在徐州、上海、贵阳、新乡、长沙等地共建成四十多幢组合网架结构,覆盖建筑面积近 10 万 m^2。

3.4.2　杂交网架结构

网架结构与其他结构形式合成的杂交网架结构主要有以下几种。

1. 预应力网架结构

这是把预应力技术引入到网架结构而形成的一种颇受关注的预应力网架结构,它具有以下一些特点。

(1) 预应力网架通常是在网架的下弦平面内或在下弦平面上、下设置预应力索,通过张拉拉索施加预应力,建立与竖向外载作用反向的内力和挠度。

(2) 可降低网架杆件内力峰值,优化和改善受力状况,充分发挥材料强度,增加结构的整体刚度,提高结构的承载能力,从而起到节约钢材和降低造价的作用。

(3) 宜采用多次预应力和加载技术,避免一次性施加预应力时杆件内力调幅过大,控制网架设计;与此同时,要特别关注预应力全过程分析。

(4) 在预应力和加载阶段,网架支座宜采用可侧移的(克服摩擦力后可侧移)构造措施,待施工张拉完成后再根据原设计要求将支座与下部结构连接。否则预应力不是仅由网架结构承受,而是由网架和下部支撑结构共同承受。

(5) 应特别注意施加预应力过程中内力变号的网架杆件的设计。

(6) 通常在双层网壳中也可采用这种预应力技术,因此可统称为预应力网格结构。

(7) 除了通过拉索建立预应力外,还可通过网架支座高差的强行调整(通常是一种盆式搁置法),使网架建立预加内力,这在天津宁河体育馆网架屋盖(42m×42m)等工程中获得成功应用。

2. 斜拉网架结构

这是把斜拉桥技术引入网架结构而形成的斜拉网架结构,其具有以下一些特点。

(1) 斜拉网架结构通常是由塔柱、斜拉索和网架三部分组合而成的新型空间结构。

(2) 斜拉网架可在网架上面增加支撑点,分割网架跨度,增大结构刚度。

(3) 斜拉索可施加预应力,从而可改善和优化网架的内力分布。

(4) 斜拉索宜全方位布置,拉索在任意荷载,特别是风荷载作用下不退出工作,即产生松弛现象;斜拉索的倾角不宜太小,一般≥25°。

(5) 由于斜拉网架的支撑点在屋顶上,不影响大跨网架结构屋盖的内部空间使用。

(6) 斜拉网架结构造型新颖,建筑师乐于采用。

(7) 通常在双层网壳中,也可采用这种斜拉索技术,因此可统称为斜拉网格结构。

3. 悬挂网架结构

这是把悬索桥、带吊杆的拱桥技术引入网架结构而形成的悬挂网架结构,它具有以下一些特点。

(1) 由于吊杆的存在,可减小网架跨度,增加网架刚度。

(2) 必要时对吊杆可施加预应力、调整和改善网架的内力分布。

(3) 仅由吊杆悬挂网架还不能承受、传递水平荷载,要采取措施,如设置网架的横向支撑系统,以保证其稳定性。

(4) 悬挂网架不影响下部建筑空间的使用,造型新颖,颇受建筑师青睐。

悬挂网架在我国有成功应用的工程实例,简述如下。

太旧高速公路武宿收费站顶棚(可上人观光),采用平面尺寸为 72.23m×(6.0~10.44)m 的悬挂网架结构,实际上是一种网架结构——悬索结构集成的杂交空间结构,也是一种网架桥梁,如图 3.17 所示,1995 年建成。网架除设有两端支撑外,还在四角布有水平斜拉索各 2 根,以增加网架整体水平支撑刚度。

江西省体育馆采用屋盖平面尺寸为 64.43m×84.32m 的长八边形,对称设置两片平面为 38.16m×(25.83~64.43)m 等腰梯形三角锥网架。网架三边搁置

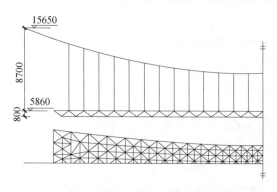

图 3.17　太旧高速公路武宿收费站顶棚网架

在周边柱顶的连系梁上,一边支撑在 X 形无铰拱(拱跨 88m、矢高 51m、拱脚距 18m)吊杆下宽 8m 的网架支撑桁架上,网架屋盖的纵剖面图如图 3.18 所示。实际上,这是一种网架结构——拱结构集成的杂交空间结构,于 1990 年建成。

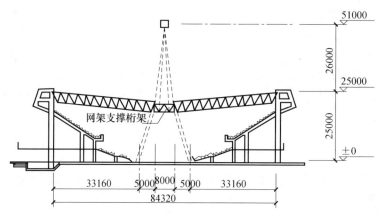

图 3.18　江西省体育馆网架屋盖纵剖面图

3.4.3　网架结构的其他新形式

1. 空腹网架结构

空腹网架结构具有以下一些特点:

(1) 空腹网架通常是由二向(因构造复杂很少采用三向)平面空腹桁架系组成;也可认为由二向平面桁架系组成的网架除去斜腹杆而构成。

(2) 空腹网架的节点要求是刚接的,因此它是由空间梁元集成的空间结构体系。

(3) 空腹网架沿支撑边界在一个或两个节间内,可增设斜腹杆,以提高整个网架的抗剪切能力。

(4) 大跨度多层空腹网架的空腹腔可作为一层楼层利用,从而在竖向可形成大开间与小开间相间隔的多层建筑,有利于提高建筑的容积率,节省土地资源。

2. 折板形网架结构

折板形网架结构具有如下一些特点:

(1) 折板形网架是由多块平板网架,沿某一个方向或多个方向拼接而成的单向折板形或多向空间折板形网架结构。

(2) 折板形网架兼有网架结构和网壳结构的受力特性,通常比相同平面尺寸的网架结构可成倍地提高结构刚度。

(3) 折板形网架可根据脊线(或谷线)的长短、走向来划分和区别形式及类型。

(4) 折板形网架造型新颖、挺拔,比网壳结构制作安装方便,有利于屋面铺设,是一种有工程应用前景的新型空间结构。

3. 三层与多层网架结构

三层网架结构具有如下一些特点:

(1) 是两层网架的开拓和发展,也是两层网架的有机组合。

(2) 具有五层构造,即上弦层、上腹杆层、中弦层、下腹杆层和下弦层,因此三层网架的形式和分类要远多于两层网架的形式和分类。

(3) 具有刚度大、小材大用、内力分布匀称等优点,可在大跨度和超大跨度建筑中采用。

(4) 支撑面宜选取在中弦层平面内。

(5) 中弦拉内力很小,甚至接近零值,但在选配杆件时应以压杆进行设计。

(6) 在两层网架的开口边、多点支撑柱帽处可采用局部三层网架。多层网架常在体育场看台、两层和三层网架的开口边和柱帽处,以及落地式巨型柱中采用。我国广东南海 46m 高的大佛骨架,成功地采用 12 支点多层多跨网架结构,共有 1118 个节点和 5218 根杆件组成,钢材用量约 200t。这是世界上首例塑像网架骨架,1997 年建成,如图 3.19 所示。图 3.20 是山西运城关羽像的正立面、侧立面及肖像图。

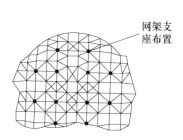

网架支座布置

图 3.19　南海大佛网架底层平面与侧面图

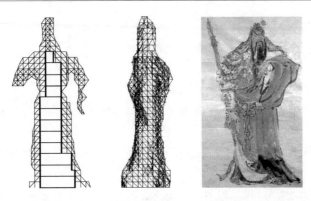

图 3.20　山西运城关羽像的正立面、侧立面及肖像图

4. 鸟巢形网架结构

这是新形式的网架结构,可归纳为由两向平面桁架系所形成的结构,鸟巢形网架结构工程应用要首推 2008 年北京奥运会国家体育场屋盖结构。

参 考 文 献

曹资,薛素铎. 2005. 空间结构抗震理论与设计. 北京:科学出版社.

陈志华. 2010. 弦支穹顶结构. 北京:科学出版社.

丁芸孙. 2006. 网架网壳设计与施工. 北京:中国建筑工业出版社.

董石麟,罗尧治,赵阳,等. 2006. 新型空间结构分析、设计与施工. 北京:人民交通出版社.

黄斌,毛文筠. 2010. 新型空间钢结构设计与实例. 北京:机械工业出版社.

刘锡良. 2003. 现代空间结构. 天津:天津大学出版社.

罗尧治. 2007. 大跨度储煤结构:设计与施工. 北京:中国电力出版社.

马柯夫斯基. 1992. 穹顶网壳分析设计与施工. 赵惠麟,译. 南京:江苏科学技术出版社.

马克俭,张华刚,郑涛. 2006. 新型建筑空间网格结构理论与实践. 北京:人民交通出版社.

沈祖炎,陈扬骥. 1997. 网架与网壳. 上海:同济大学出版社.

王心田. 2003. 建筑结构体系与选型. 上海:同济大学出版社.

王秀丽. 2008. 大跨度空间钢结构分析与概念设计. 北京:机械工业出版社.

尹德钰,刘善维,钱若军. 1996. 网壳结构设计. 北京:中国建筑工业出版社.

约翰·奇尔顿. 2004. 空间网格结构. 高立人,译. 北京:中国建筑工业出版社.

张毅刚,薛素铎,杨庆山,等. 2005. 大跨空间结构. 北京:机械工业出版社.

中国建筑科学研究院,等. 1991. JGJ 7—1991　网架结构设计与施工规程. 北京:中国建筑工业出版社.

中国建筑科学研究院,等. 2003. JGJ 61—2003　网壳结构技术规程. 北京:中国建筑工业出版社.

中国建筑科学研究院,等. 2010. JGJ 7—2010　空间网格结构技术规程. 北京:中国建筑工业出版社.

Chilton J. 2000. Space Grid Structures. Boston: Architectural Press.

Long B, Gardner B. 2004. Guide to Storage Tanks and Equipment. New York: Wiley.

Makowski Z S. 1984. Analysis, Design and Construction of Braced Domes. New York: Nichols Publishing Company.

Makowski Z S. 1985. Analysis, Design and Construction of Braced Barrel Vaults. London, New York: Elsevier.

Skelton R E, de Oliveira M C. 2009. Tensegrity Systems. New York: Springer.

Subramanian N. 1983. Principles of Space Structures. New York: Wheeler Publishing Company Limited.

第 4 章 网架的设计和计算

4.1 基 本 假 定

网架是一种空间杆系结构,杆件之间的连接可假定为铰接,忽略节点刚度的影响,不计次应力对杆件内力所引起的变化。由于一般网架均属于平板形的,受荷后网架在板平面内的水平变位都小于网架的挠度,而挠度远小于网架的厚度,是属于小挠度范畴内的。也就是说,不必考虑因大变位、大挠度所引起的结构几何非线性性质。此外,网架结构的材料都按处于弹性受力状态而非进入弹塑性状态和塑性状态计算,亦即不考虑材料的非线性性质(当研究网架的极限承载能力时要涉及此因素)。因此,对网架结构的一般静、动力计算,其基本假定可归纳如下:

(1) 节点为铰接,杆件只承受轴向力。

(2) 按小挠度理论计算。

(3) 按弹性方法分析。

4.2 网架结构分析计算方法概述

网架结构的分析方法大致有五类:

(1) 有限元法。

(2) 力法。

(3) 差分法。

(4) 微分方程解析解法。

(5) 微分方程近似解法。

4.3 网架结构各种计算方法的比较

网架结构的计算方法各有特点,其适用范围、误差也各不相同,各种方法的比较详见表 4.1。表中有 * 号的 4 种计算方法是比较常用的。

表 4.1　网架结构各种计算方法的比较

计算方法	特　点	适用范围
* 空间桁架位移法	1. 为铰接杆系的有限元法； 2. 最精确的网架计算方法	各类网架
交叉梁系梁元法	1. 为等代梁系的有限元法； 2. 考虑了剪切变形和刚度变化	平面桁架系组成的网架
交叉梁系力法	1. 为等代梁系的柔度法； 2. 一般不计剪切变形和刚度变化	两向平面桁架系组成的网架
* 交叉梁系差分法	1. 为等代梁系的差分解法； 2. 一般不计剪切变形和刚度变化	平面桁架系组成的网架
混合法	1. 为平面桁架系的差分解法； 2. 可考虑剪切变形和刚度变化	平面桁架系组成的网架
* 假想弯矩法	1. 简化为静定空间桁架系的差分解法； 2. 一般不计剪切变形和刚度变化	斜放四角锥网架及棋盘形四角锥网架
网板法	1. 为空间桁架系的差分解法； 2. 一般不计剪切变形和刚度变化	正放四角锥网架
下弦内力法	1. 为空间桁架系的差分解法； 2. 可考虑剪切变形和刚度变化； 3. 当为简支时可求得精确解	蜂窝形三角锥网架
拟板法	1. 为等代普通平板的经典解法； 2. 一般不计剪切变形的影响	正交正放类网架、两向正交斜放网架及三向类网架
* 拟夹层板法	1. 为等代夹层板的非经典解法； 2. 可考虑剪切变形和刚度变化的影响	正交正放类网架、两向正交斜放网架、斜放四角锥网架及三向类网架

4.4　网架的设计

4.4.1　荷载和作用

1. 荷载和作用的类型

网架结构的荷载和作用主要是永久荷载、可变荷载和作用。

1) 永久荷载

永久荷载是指在结构使用期间，其值不随时间变化，或其变化值与平均值相比可忽略的荷载。作用在网架结构上的永久荷载有以下几种。

（1）网架自重和节点自重。双层网架自重的计算公式为

$$g_{OK} = \xi \sqrt{q_w} L_2 / 200 \tag{4.1}$$

式中，g_{OK}——网架自重，kN/m^2；

q_w——除网架自重外的屋面荷载或者楼面荷载的标准值;

L_2——网架的短向跨度,m;

ξ——系数,对于杆件采用钢管时,取 $\xi=1.0$,采用型钢时,取 $\xi=1.2$。

网架的节点自重一般占网架杆件总重的 20%~25%。

(2) 楼面或屋面覆盖材料自重。根据实际使用材料查《建筑结构荷载规范》(GB 50009—2001)取用。

(3) 吊顶材料自重。

(4) 设备管道自重。

上述荷载中,(1)、(2)两项必须考虑,(3)、(4)两项根据实际工程情况而定。

2) 可变荷载

可变荷载是指在结构使用期间,其值随时间变化,且其变化值与平均值相比不可忽略的荷载。作用在网架结构上的可变荷载有以下几种:

(1) 屋面或楼面活荷载。网架的屋面,一般不上人,屋面活荷载标准值为 0.5kN/m^2。

(2) 雪荷载。雪荷载标准值按屋面水平投影面计算,其计算表达式为

$$S_k = \mu_s S_0 \tag{4.2}$$

式中,S_k——雪荷载标准值,kN/m^2;

　　μ_s——屋面积雪分布系数,常取 $\mu_s=1.0$;

　　S_0——基本雪压,kN/m^2,根据地区不同查《建筑结构荷载规范》(GB 50009—2001)可得。

(3) 风荷载。

对于周边支撑且支座节点在上弦的网架,风载由四周墙面承受,计算时可不考虑风荷载。其他支撑情况应根据实际工程情况考虑水平风荷载作用。

风荷载标准值,计算公式为

$$w_k = \mu_z \mu_s w_0 \tag{4.3}$$

式中,w_0——基本风压,kN/m^2;

　　μ_s——风荷载体形系数;

　　μ_z——风压高度变化系数。

w_0、μ_s、μ_z 查《建筑结构荷载规范》(GB 50009—2001)可得。

(4) 积灰荷载。工业厂房中采用网架时,应根据厂房性质考虑积灰荷载,积灰荷载大小可由工艺确定。

(5) 吊车荷载。网架广泛应用于工业厂房建筑中,工业厂房中如设有吊车应考虑吊车荷载。

吊车竖向荷载标准值计算公式为

$$F = \alpha_1 F_{max} \tag{4.4}$$

式中，α_1——竖向轮压动力系数，对于悬挂吊车 $\alpha_1 = 1.05$；

　　F_{max}——吊车每个车轮的最大轮压。

　　吊车横向水平荷载标准值计算公式为

$$T = \alpha_2 T_1 \tag{4.5}$$

式中，α_2——横向水平制动力的动力系数，对于中、轻级桥式吊车，$\alpha_2 = 1.0$；对于重级工作制吊车，当吊车质量 $Q = 5 \sim 20t$ 时，$\alpha_2 = 4.0$；$Q = 30 \sim 275t$ 时，$\alpha_2 = 3.0$；

　　T_1——吊车每个车轮的横向水平制动力，对于软钩吊车：

$Q \leqslant 10t$

$$T_1 = \frac{12}{100}(Q + g)\frac{1}{n}$$

$15t \leqslant Q \leqslant 50t$

$$T_1 = \frac{10}{100}(Q + g)\frac{1}{n}$$

$Q \geqslant 75t$

$$T_1 = \frac{8}{100}(Q + g)\frac{1}{n}$$

式中，Q——吊车额定起重量；

　　g——小车自重；

　　n——吊车桥架的总轮数。

3）作用

作用有两种，一种是温度作用，另一种是地震作用。

温度作用是指温度变化使网架杆件产生附加温度应力，必须在计算和构造措施中加以考虑。

根据我国《空间网格结构技术规程》(JGJ 7—2010)规定，周边支撑的网架，当建造在设计烈度为 8 度或者 8 度以上地区时，应考虑竖向地震作用，当建造在设计烈度 9 度地区时应考虑水平地震作用。

2. 荷载组合

荷载组合的一般表达式为

$$q = \gamma_0 \left(q_G + q_{Q1} + \psi_c \sum_{i=2}^{n} q_{Qi} \right) \tag{4.6}$$

式中，q——作用在网架上的组合荷载设计值，kN/m^2；

　　q_G——永久荷载的设计值，$q_G = \gamma_G q_K$；

q_K——永久荷载的标准值；

γ_G——永久荷载分项系数,计算内力时取 $\gamma_G=1.2$,计算挠度时取 $\gamma_G=1.0$;

q_{Q1}、q_{Qi}——第一个可变荷载和第 i 个可变荷载的设计值:

$$q_{Q1} = \gamma_Q q_{K1}$$

$$q_{Qi} = \gamma_Q q_{Ki}$$

q_{K1}、q_{Ki}——第一个可变荷载和第 i 个可变荷载的标准值;

γ_Q——可变荷载分项系数,计算内力时 $\gamma_Q=1.4$,计算挠度时取 $\gamma_Q=1.0$;

γ_0——结构重要性分项系数,分别取 1.1、1.0、0.9;

ψ_c——可变荷载的组合值系数,当有风荷载参与组合时,取 0.6,当没有风荷载参与组合时,取 1.0。

当无吊车荷载和风荷载、地震作用时,网架应考虑以下几种荷载组合:

(1) 永久荷载＋可变荷载。

(2) 永久荷载＋半跨可变荷载。

(3) 网架自重＋半跨屋面板重＋施工荷载。

后两种荷载组合主要考虑腹杆的变化,当采用轻屋面(如压型钢板)或屋面板对称铺设时,可不计算。

当考虑风荷载和地震作用时,其组合形式可按式(4.6)计算。

当考虑吊车荷载时,考虑多台吊车竖向荷载组合时,对一层吊车的单跨厂房的网架,参与组合的吊车台数不应多于两台,对于一层吊车的多跨厂房的网架,不多于四台。

考虑多台吊车的水平荷载组合时,参与组合的吊车的台数不应多于两台。

4.4.2　网架的计算

网架计算方法很多,计算假定各有不同,其基本假定可归纳如下:

(1) 节点为铰接,杆件只承受轴力。

(2) 按小挠度理论计算。

(3) 按弹性方法分析。

1. 空间杆系有限元法

空间杆系有限元法又称空间桁架位移法,是目前杆系空间结构中计算精度最高的一种方法。

空间杆系有限元法适于分析各种类型网架,可考虑不同平面形状、不同边界条件和支撑方式、承受任意荷载和作用,还可考虑网架与下部支撑结构共同工作。

1）基本假定

（1）网架的节点设为空间铰接节点，每一节点有三个自由度，即 μ、υ、ω。忽略节点刚度的影响，即不计次应力对杆件内力的影响。

（2）杆件只承受轴力。

（3）假定结构处于弹性阶段工作，在荷载作用下网架变形很小。

2）单元刚度矩阵

如图 4.1 所示的正放四角锥网架，图中坐标为结构总体坐标系，采用右手法则。取出任一杆件 ij，建立其单刚矩阵。

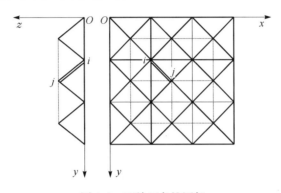

图 4.1　正放四角锥网架

（1）杆件局部坐标系单刚矩阵。

设一局部直角坐标系 $\bar{x}$、$\bar{y}$、$\bar{z}$ 轴，$\bar{x}$ 轴与 ij 杆平行。杆的两端有轴向力 N_{ij}、N_{ji}，在轴向力作用下，i、j 点产生轴向位移 Δ_i、Δ_j，如图 4.2 所示。轴向力 N_{ij}、N_{ji} 与位移关系表达为

$$\begin{cases} N_{ij} = \dfrac{EA}{l_{ij}}(\Delta_i - \Delta_j) \\ N_{ji} = \dfrac{EA}{l_{ij}}(\Delta_j - \Delta_i) \end{cases} \tag{4.7}$$

式中，l_{ij}——杆件 ij 的长度；

　　　E——材料的弹性模量；

　　　A——杆件 ij 的截面面积。

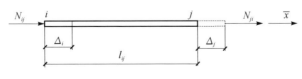

图 4.2　ij 杆的力和位移

可简写为

$$\{\overline{N}\} = [\overline{K}]\{\overline{\Delta}\} \tag{4.8}$$

式中，$[\overline{K}] = \dfrac{EA}{l_{ij}}\begin{bmatrix} 1 & -1 \\ -1 & 1 \end{bmatrix}$。

（2）坐标转换。

由于杆件在网架中的位置不同，各杆 $\overline{x}$ 轴方向也不同，各杆件内力和位移不易叠加，应采用统一坐标系，即结构总体坐标系，如图 4.3 中所示的 x、y、z 直角坐标系。

设 N_{ij} 在 x、y、z 轴上的分力为 F_{xi}、F_{yi}、F_{zi}，如图 4.3 所示。N_{ij} 与 F_{xi}、F_{yi}、F_{zi} 的夹角（即 $\overline{x}$ 轴与 x、y、z 轴的夹角）分别为 α、β、γ，N_{ij} 与 F_{xi}、F_{yi}、F_{zi} 的关系可以写为

$$\begin{cases} F_{xi} = N_{ij}\cos\alpha = N_{ij}l \\ F_{yi} = N_{ij}\cos\beta = N_{ij}m \\ F_{zi} = N_{ij}\cos\gamma = N_{ij}n \end{cases}$$

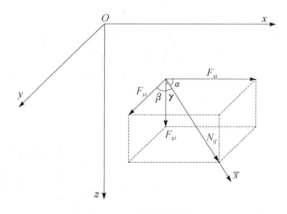

图 4.3　轴向力的分力

同理，j 点上 N_{ji} 在 x、y、z 轴上的分力 F_{xi}、F_{yi}、F_{zi} 的表达式为

$$\begin{cases} F_{xi} = N_{ji}\cos\alpha = N_{ji}l \\ F_{yi} = N_{ji}\cos\beta = N_{ji}m \\ F_{zi} = N_{ji}\cos\gamma = N_{ji}n \end{cases}$$

写成矩阵形式为

$$\{F\} = [T]\{\overline{N}\} \tag{4.9}$$

式中，$\{F\}$——杆端内力列矩阵，$\{F\} = [F_{xi} \quad F_{yi} \quad F_{zi} \quad F_{xj} \quad F_{yj} \quad F_{zj}]^{T}$；

　　　　$[T]$——坐标转换矩阵；

$$[T] = \begin{bmatrix} l & m & n & 0 & 0 & 0 \\ 0 & 0 & 0 & l & m & n \end{bmatrix}^{\mathrm{T}} \tag{4.10}$$

$\{\overline{N}\}$——杆端轴向力列矩阵，$\{\overline{N}\} = [N_{ij} \quad N_{ji}]^{\mathrm{T}}$。

同样，设杆端位移 Δ_i,Δ_j 在 x、y、z 轴上的位移分量分别为 u_i、v_i、w_i 和 u_j、v_j、w_j，则 Δ 与 u、v、w 的关系可写成矩阵形式为

$$\{\delta\}_{ij} = [T]\{\Delta\} \tag{4.11}$$

式中，$\{\delta\}_{ij}$——杆端位移列矩阵，$\{\delta\}_{ij} = [u_i \quad v_i \quad w_i \quad u_j \quad v_j \quad w_j]^{\mathrm{T}}$；

　　　　$[T]$——坐标转换矩阵，同式(4.10)；

　　　　$\{\Delta\}$——杆端轴向位移列矩阵，$\{\Delta\} = [\Delta_i \quad \Delta_i]^{\mathrm{T}}$。

（3）杆件长度和夹角。

如图 4.3 所示的杆 ij 位置，可以求出 i 点的坐标 x_i、y_i、z_i，j 点的坐标 x_j、y_j、z_j。将 i、j 点坐标列于图 4.4 中，从图中可以看出，ij 杆长度 l_{ij} 可表示为

$$l_{ij} = \sqrt{(x_j - x_i)^2 + (y_j - y_i)^2 + (z_j - z_i)^2} \tag{4.12}$$

ij 杆与坐标轴夹角的方向余弦为

$$\begin{cases} l = \cos\alpha = \dfrac{x_j - x_i}{l_{ij}} \\[2mm] m = \cos\beta = \dfrac{y_j - y_i}{l_{ij}} \\[2mm] n = \cos\gamma = \dfrac{z_j - z_i}{l_{ij}} \end{cases} \tag{4.13}$$

式中，α、β、γ——分别为 ij 杆的杆轴 $\overline{x}$ 与结构总体坐标正向的夹角。

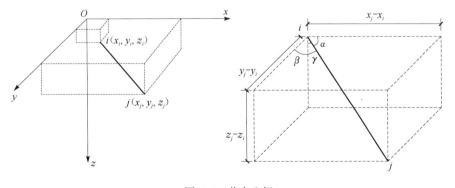

图 4.4　节点坐标

（4）杆件整体坐标系的单刚矩阵。

将式(4.9)和式(4.11)求逆得

$$\begin{cases} \{\overline{N}\} = [T]^{-1}\{F\} \\ \{\Delta\} = [T]^{-1}\{\delta\}_{ij} \end{cases} \qquad (4.14a)$$

将式(4.14a)代入式(4.8),注意到$[T]^{-1} = [T]^{T}$得

$$[T]^{T}\{F\} = [\overline{K}][T]^{T}\{\delta\}_{ij}$$

$$\{F\} = [T]\{\overline{K}\}[T]^{T}\{\delta\}_{ij} \qquad (4.14b)$$

$$\{F\} = [K]_{ij}\{\delta\}_{ij}$$

式中,$[K]_{ij}$——杆件ij在整体坐标系中的单刚矩阵:

$$[K]_{ij} = [T][\overline{K}][T]^{T} = \frac{EA}{l_{ij}} \begin{bmatrix} l^2 & & & 对 & & 称 \\ lm & m^2 & & & & \\ ln & mn & n^2 & & & \\ -l^2 & -lm & -ln & l^2 & & \\ -lm & -m^2 & -mn & lm & m^2 & \\ -ln & -mn & -n^2 & ln & mn & n^2 \end{bmatrix} \qquad (4.15)$$

$[K]_{ij}$是一个6×6的矩阵,它可以分为4个3×3阶子矩阵,即

$$[K]_{ii} = \begin{bmatrix} [K_{ii}^i] & [K_{ij}] \\ [K_{ji}] & [K_{jj}^i] \end{bmatrix}$$

式中

$$[K_{ii}^i] = [K_{jj}^i] = -[K_{ij}] = -[K_{ji}] = \frac{EA}{l_{ij}} \begin{bmatrix} l^2 & 对 & \\ lm & m^2 & 称 \\ ln & mn & n^2 \end{bmatrix} \qquad (4.16)$$

因此,式(4.14a)可改写为

$$\begin{bmatrix} [F_i] \\ [F_j] \end{bmatrix} = \begin{bmatrix} [K_{ii}^i] & [K_{ij}] \\ [K_{ji}] & [K_{jj}] \end{bmatrix} \begin{bmatrix} \delta_i \\ \delta_j \end{bmatrix} \qquad (4.17)$$

式中,$[F_i]$、$[F_j]$——杆件ij在i、j点的杆端内力列矩阵:

$$[F_i] = [F_{xi} \quad F_{yi} \quad F_{zi}]^T$$

$$[F_j] = [F_{xj} \quad F_{yj} \quad F_{zj}]^T$$

$[\delta_i]$、$[\delta_j]$——杆件ij在i、j点的位移列矩阵:

$$[\delta_i] = [u_i \quad v_i \quad w_i]^T$$

$$[\delta_j] = [u_j \quad v_j \quad w_j]^T$$

3) 结构总刚度矩阵

在建立总刚度矩阵时,应满足变形协调条件和节点内外力平衡条件。根据这

两个条件,总刚度矩阵的建立可将单刚度矩阵的子矩阵的行列编号(即节点号),然后对号入座形成总刚度矩阵。现以 i 节点为例,说明总刚度矩阵与单刚度矩阵关系。如图 4.5 所示,相交于节点 i 的杆件有 $i1$、$i2$、$\cdots$、ij、ik、im,作用在 i 节点上的外荷载为 P_{xi}、P_{yi}、P_{zi},写成矩阵为

$$[P_i] = [P_{xi} \quad P_{yi} \quad P_{zi}]^{\mathrm{T}}$$

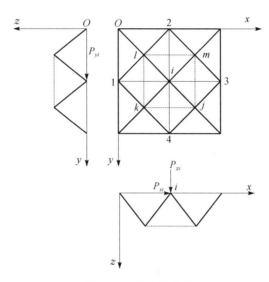

图 4.5　i 节点的外力

根据变形协调条件,连接在同一节点 i 上的所有杆件的 i 端位移都相等,即

$$\{\delta_i^1\} = \{\delta_i^2\} = \cdots = \{\delta_i^j\} = \{\delta_i^k\} = \{\delta_i^m\} = [u_i \quad v_i \quad w_i]^{\mathrm{T}}$$

式中,$\{\delta_i^m\}$——杆件 im 的 i 端位移列矩阵。

根据内外力的平衡条件,汇交于节点 i 上的所有杆件 i 端的内力之和等于作用在节点 i 上的外荷载,即

$$\{F_i^1\} + \{F_i^2\} + \cdots + \{F_i^j\} + \cdots + \{F_i^m\} = [P_i] \tag{4.18}$$

由式(4.17)可写出各杆件在 i 端内力与位移的关系,即

$i1$ 杆

$$\{F_i^1\} = [K_{ii}^1]\{\delta_i\} + [K_{i1}]\{\delta_1\}$$

$i2$ 杆

$$\{F_i^2\} = [K_{ii}^2]\{\delta_i\} + [K_{i2}]\{\delta_2\}$$

$$\vdots$$

ij 杆

$$\{F_i^j\} = [K_{ii}^i]\{\delta_i\} + [K_{ij}]\{\delta_j\}$$

$$\vdots$$

im 杆

$$\{F_i^m\} = [K_{ii}^m]\{\delta_i\} + [K_{im}]\{\delta_m\}$$

将以上各式代入式(4.18),整理后得

$$\sum_{k=1}^{c}[K_{ii}^k]\{\delta_i\} + [K_{i1}]\{\delta_1\} + \cdots + [K_{im}]\{\delta_m\} = [P_i] \qquad (4.19)$$

式中,c——汇交于 i 点的杆件数。

将式(4.19)中的子矩阵,对号入座写入总刚度矩阵中,即得总刚度矩阵中的 i 行元素,如下所示:

$$
\begin{array}{c}
 \\
1 \\
2 \\
\vdots \\
j \\
\vdots \\
m \\
\vdots \\
i \\
\vdots
\end{array}
\begin{array}{ccccccccc}
1 & 2 & \cdots & j & \cdots & m & \cdots & i & \cdots \\
\left[\begin{array}{ccccccccc}
& & & & & & & \vdots & \\
& & & & & & & \vdots & \\
& & & & & & & \vdots & \\
& & & & & & & \vdots & \\
& & & & & & & \vdots & \\
& & & & & & & \vdots & \\
[K_{i1}] & [K_{i2}] & \cdots & [K_{ij}] & \cdots & [K_{im}] & \cdots & \sum[K_{ii}] & \cdots \\
& & & & & & & \vdots &
\end{array}\right]
\end{array}
\qquad (4.20)
$$

刚度方程为

$$[K]\{\delta\} = [P] \qquad (4.21)$$

式中,$\{\delta\}$——节点位移列矩阵,即$\{\delta\}=[u_1 \quad v_1 \quad w_1 \quad \cdots \quad u_i \quad v_i \quad w_i \quad \cdots \quad u_n \quad v_n \quad w_n]^{\mathrm{T}}$

$\{P\}$——荷载列矩阵,$\{P\}=[P_{x1} \quad P_{y1} \quad P_{z1} \quad \cdots \quad P_{xi} \quad P_{yi} \quad P_{zi} \quad \cdots \quad P_{xn} \quad P_{yn} \quad P_{zn}]^{\mathrm{T}}$;

n——网架节点数;

$[K]$——结构总刚度矩阵,它是 $3n \times 3n$ 的方阵。

刚度矩阵带宽大小与网架节点编号有关,当某节点号与它相连杆件另一端节点号的差值越小,带宽也越小。要使矩阵每一行带宽都最小,必须采用带宽优化设计。

下三角矩阵中任一行的带宽,如图 4.6 所示,可由式(4.22)求得

$$b_{3(i-1)+j} = 3(i-k)+j, \quad j = 1,2,3 \tag{4.22}$$

式中，b——第 $3(i-1)+j$ 行的带宽；

　　　i——第 i 节点号；

　　　k——与第 i 节点有联系的最小节点号。

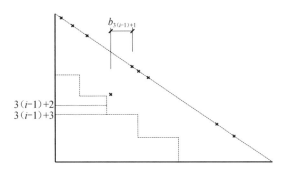

图 4.6　总刚度矩阵非零元素分布

4) 支撑条件

网架的支撑有周边支撑、点支撑等。

(1) 周边支撑。

周边支撑是将网架周边的节点搁置在柱或梁上，如图 4.7 所示。

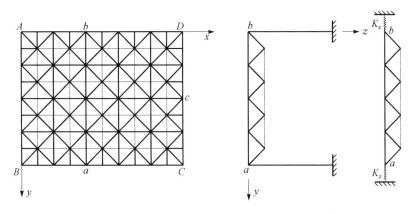

图 4.7　周边支撑的网架

网架支座竖向位移为零。柱子水平位移方向的等效弹簧系数 $[K_z]$ 为

$$[K_z] = \frac{3E_z I_z}{H_z^3} \tag{4.23}$$

式中，E_z、I_z、H_z——分别为支撑柱的材料弹性模量、截面惯性矩和柱子长度。在

网架支座的切向(图 4.7 中 a 点 x 方向，c 点 y 方向)，考虑周边杆件共同工作，认为是自由的。

因此，周边支撑网架的边界条件为

$$\begin{cases} \text{径向，} & \delta_{ay}\text{、}\delta_{cx}\text{，} & \text{弹性约束} \\ \text{切向，} & \delta_{ax}\text{、}\delta_{cy}\text{，} & \text{自由} \\ \text{竖向，} & w = 0\text{，} & \text{固定} \end{cases}$$

(2) 点支撑。

点支撑是指网架搁置在独立柱子上，柱子与其他结构无联系，如图 4.8 所示。

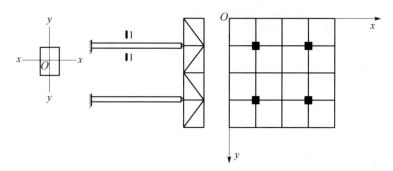

图 4.8　点支撑的网架

点支撑网架支座的边界条件应考虑下部结构的约束，即

$$\begin{cases} u = K_{zx}\text{，} & \text{弹性约束} \\ v = K_{zy}\text{，} & \text{弹性约束} \\ w = 0\text{，} & \text{固定} \end{cases}$$

$$K_{zx} = \frac{3E_z I_{zx}}{H_y^3} \tag{4.24a}$$

$$K_{zy} = \frac{3E_z I_{zy}}{H_x^3} \tag{4.24b}$$

式中，E_z——支撑柱的材料弹性模量；

I_{zx}、I_{zy}——支撑柱绕 x，y 方向的截面惯性矩；

H_y、H_x——支撑柱的长度。

2. 网架温度应力精确算法——空间杆系有限元法

网架结构是超静定结构，在均匀温度场变化下，由于杆件不能自由热胀冷缩，杆件会产生应力，这种应力称为网架的温度应力。

空间杆系有限元法计算网架温度应力的方法适用于各种网架形式、各种支撑条件和各种温度场变化。它的基本原理是：首先将网架各节点加以约束，求出因温度变化而引起的杆件固端内力和各节点的节点不平衡力;然后取消约束,将节点不平衡力反向作用在节点上,用空间杆系有限元法求由节点不平衡力引起的杆件内力;最后将杆件固端内力与由节点不平衡力引起的杆件内力叠加,即求得网架的杆件温度应力。

1) 因温度变化而引起的杆件固端内力

当网架所有节点均被约束时,因温度变化而引起 ij 杆的固端内力为

$$N_{ij}^0 = -E\Delta t\alpha A_{ij} \tag{4.25}$$

式中,E——钢材的弹性模量;

　　Δt——温差,以升温为正,℃;

　　α——钢材的线膨胀系数:$\alpha = 0.0000121/℃$;

　　A_{ij}——ij 杆的截面面积。

同时,杆件对节点产生的固端节点力,其大小与杆件的固端内力相同,方向与杆件的固端内力相反。设 ij 杆在 i 端、j 端产生固端节点力如图 4.9 所示。力在结构坐标系上的分力为

$$-p_{ix} = p_{jx} = E\Delta t\alpha A_{ij}\cos\alpha$$
$$-p_{iy} = p_{jy} = E\Delta t\alpha A_{ij}\cos\beta$$
$$-p_{iz} = p_{jz} = E\Delta t\alpha A_{ij}\cos\gamma$$

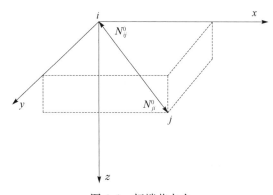

图 4.9　杆端节点力

式中,α、β、γ——分别为 ij 杆(自 i 端到 j 方向)与 x、y、z 轴的夹角,即

$$\cos\alpha = \frac{x_j - x_i}{l_{ij}}$$

$$\cos\beta = \frac{y_j - y_i}{l_{ij}}$$

$$\cos\gamma = \frac{z_j - z_i}{l_{ij}}$$

x_i、y_i、z_i 和 x_j、y_j、z_j——分别为 i、j 节点的坐标;

l_{ij}——ij 杆长度。

2)求节点不平衡力引起的杆件内力

设与 i 节点相连的杆件有 m 根,如图 4.10 所示,则由固端节点力引起 i 节点不平衡力的分力为

$$\begin{cases} P_{ix} = \sum_{k=1}^{m} -E\Delta t\alpha A_{ik}\cos\alpha_k \\ P_{iy} = \sum_{k=1}^{m} -E\Delta t\alpha A_{ik}\cos\beta_k \\ P_{iz} = \sum_{k=1}^{m} -E\Delta t\alpha A_{ik}\cos\gamma_k \end{cases} \quad (4.26)$$

式中,m——相交于节点 i 上的杆件数。

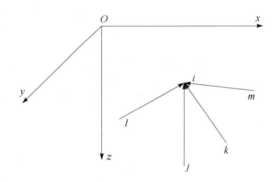

图 4.10　i 节点不平衡力

同理,可求出网架其他节点不平衡力。把各节点上的节点不平衡力反向作用在网架各节点上,即建立由节点不平衡力引起的结构总刚度矩阵方程,其表达式为

$$[K]\{\delta\} = -\{P^t\} \quad (4.27)$$

式中,$[K]$——结构总刚度矩阵,同式(4.21);

$\{\delta\}$——由节点不平衡力引起的节点位移列矩阵,$\{\delta\} = [u_1 \quad v_1 \quad w_1 \quad \cdots$
　　　　$u_i \quad v_i \quad w_i \quad \cdots \quad u_n \quad v_n \quad w_n]^T$;

$\{P^t\}$——节点不平衡力列矩阵,$\{P^t\} = [P_{1x} \quad P_{1y} \quad P_{1z} \quad \cdots \quad P_{ix} \quad P_{iy}$
　　　　$P_{iz} \quad \cdots]^T$;

u_i、v_i、w_i——第 i 节点在 x、y、z 方向的位移;

P_{ix}、P_{iy}、P_{iz}——作用在第 i 节点上的节点不平衡力。

式(4.26)必须引入边界条件后才能有解。对于计算温度应力时的边界条件应如何处理,才能更符合实际情况,目前还缺少试验资料。对于周边简支的网架,因

为网架支座节点一般都支撑在钢筋混凝土柱或梁上,而钢与钢筋混凝土的线膨胀系数又极接近,所以当温度变化时,网架沿周边方向所受到的约束比较小。因此,一般认为,网架支座节点切向无约束。而网架边界节点的径向变形则受到支撑结构约束,其弹性约束系数为

$$K_z = \frac{3E_z I_z}{H_z^3} \tag{4.28}$$

式中, E_z、H_z、I_z——分别为支撑柱子的材料弹性模量、柱子的长度和截面惯性矩。

对于点支撑的网架,沿柱子的径向和切向都受到支撑结构的约束,其弹性约束系数可按式(4.28)计算,其中,I_z 应取相应惯性矩。

考虑了边界条件后,从式(4.27)可求出节点位移,即

$$\{\delta\} = -[K]^{-1}\{P^t\}$$

ij 杆由节点不平衡力引起杆件内力为

$$N_{ij}^1 = \frac{EA_{ij}}{l_{ij}}[(u_j - u_i)\cos\alpha + (v_j - v_i)\cos\beta + (w_j - w_i)\cos\gamma] \tag{4.29}$$

3) 网架杆件的温度应力

网架杆件的温度应力由杆件固端内力和节点不平衡力引起的杆件内力叠加而得,即 $N_{ij}^t = N_{ij}^0 + N_{ij}^1$。将式(4.25)和式(4.29)代入上式得

$$N_{ij}^t = EA_{ij}\left[\frac{\cos\alpha(u_j - u_i) + \cos\beta(v_j - v_i) + \cos\gamma(w_j - w_i)}{l_{ij}} - \Delta t\alpha\right] \tag{4.30a}$$

或

$$\sigma_{ij}^t = E\left[\frac{\cos\alpha(u_j - u_i) + \cos\beta(v_j - v_i) + \cos\gamma(w_j - w_i)}{l_{ij}} - \Delta t\alpha\right] \tag{4.30b}$$

4.5　网架结构的抗震分析

由于地震造成的地面运动是一种极复杂的运动,即使是同一次地震,其对结构的影响仍与距震源的远近、地层的构造、地面的状况及结构本身有关。因此,一般描述地震大小由震级(衡量地震时能量的释放多少)表示,而描述地震对地面造成的实际危害程度则用烈度表示。网架结构为空间结构,动力特性又十分复杂,要正确分析它的地震反应比较困难,常需作一些假定。

4.5.1　网架结构的振动方程和动力特性

1. 基本假定

(1) 网架的节点均为空间铰接节点,每一个节点具有三个自由度。

(2) 质量集中在各个节点上。

(3) 基础为一刚性体,各点的运动完全一致而没有相位差。

2. 自由振动方程及求解

根据达朗贝尔原理,作用于质点系的主动力和约束反力与惯性力的矢量和为零,当忽略结构阻尼的影响,而且外部作用力为零时,则网架结构用矩阵表示的自由振动方程可表示为

$$[M]\{\ddot{\delta}\} + [K]\{\delta\} = 0 \tag{4.31}$$

式中,$[M]$——质量矩阵,是 $3n \times 3n$ 的矩阵,其中 n 为网架节点数;

$[K]$——网架的总体刚度矩阵,由各杆件单元刚度组合求得;

$\{\delta\}$——位移列阵,$\{\delta\} = [u_1 \quad v_1 \quad w_1 \quad \cdots \quad u_i \quad v_i \quad w_i \quad \cdots \quad w_n]^T$;

$\{\ddot{\delta}\}$——加速度列阵,$\{\ddot{\delta}\} = [\ddot{u}_1 \quad \ddot{v}_1 \quad \ddot{w}_1 \quad \cdots \quad \ddot{u}_i \quad \ddot{v}_i \quad \ddot{w}_i \quad \cdots \quad \ddot{w}_n]^T$。

式(4.31)必须进行边界条件处理,网架支座节点一般都搁置在圈梁或柱上。对于支撑在框架柱上的网架结构,支座节点除与网架杆件相连外,还和支撑柱相连。一般地,支撑柱与网架支座相连的一端可假定为铰接或部分线位移耦合,另一端假定为固接。柱顶内力与位移的关系为

$$\{P_j\} = \langle \bar{K} \rangle \{\delta_j\} \tag{4.32}$$

式中,$\{P_j\}$、$\{\delta_j\}$——分别有三个分量,各表示第 j 柱柱顶沿周边的径向、切向和竖向的内力、位移;

$\langle \bar{K} \rangle$——第 j 柱的刚度矩阵,是 3×3 的对角矩阵:

$$[\bar{K}] = \begin{bmatrix} \dfrac{3E_j I_{xj}}{H_j^3} & & 0 \\ & \dfrac{3E_j I_{yj}}{H_j^3} & \\ 0 & & \dfrac{3E_j A_j}{H_j} \end{bmatrix}$$

式中,E_j、A_j、H_j——分别为第 j 柱的弹性模量、截面面积、柱子的高度;

I_{xj}、I_{yj}——分别为第 j 柱对相应坐标轴 x、y 的截面惯性矩。

设网架结构考虑了边界条件后,自由振动方程(4.31)的特解为

$$\{\delta\} = \{\phi\}\sin\omega t \tag{4.33}$$

式中,ω——网架结构的自振频率;

$\{\phi\}$——网架结构的振型列阵,$\{\phi\} = [\phi_1 \quad \phi_2 \quad \cdots \quad \phi_m]^T$;

m——经边界处理后,网架矩阵方程阶数,$m < n$。

式(4.33)对时间求两次导数得 $\{\ddot{\delta}\} = -\omega^2\{\phi\}\sin\omega t$,代入方程(4.31),若使方

程(4.31)有不为零的解,则应有

$$|[K] - \omega^2[M]| = 0 \qquad (4.34)$$

式(4.34)即是网架的特征方程,求解可得 m 个自振频率 $\omega_1, \omega_2, \cdots, \omega_m$,其中最低频率称为结构基频,将全部自振频率按从小到达的顺序排列组成的向量称为频率向量,即

$$\{\omega\} = [\omega_1 \quad \omega_2 \quad \cdots \quad \omega_m]^{\mathrm{T}}$$

3. 网架结构的自由振动特点

网架的周期可由式(4.35)计算

$$T_i = \frac{2\pi}{\omega_i}, \quad i = 1, 2, \cdots, m \qquad (4.35)$$

式中,T_i——网架结构第 i 个周期;

　　　ω_i——网架结构第 i 阶振动的圆频率。

4.5.2　网架结构的地震反应分析

1. 网架结构在地震作用下的振动方程

网架在地震作用下,所有节点的振动方程可写成如下矩阵形式:

$$[M]\{\ddot{\delta}\} + [C]\{\dot{\delta}\} + [K]\{\delta\} = -[M]\ddot{\delta}_{\mathrm{g}}(t) \qquad (4.36)$$

式中,$[C]$——阻尼系数矩阵;

　　　$\ddot{\delta}_{\mathrm{g}}(t)$——地面运动的加速度;

　　　其余系数与式(4.31)相同。

2. 振型分解反应谱法

1) 振型分解

振型分解就是利用各振型之间的正交性,将互相耦联的位移分解开,用多个振型的线性形式表示。式(4.36)方程组的解由两部分组成:一部分为齐次解,即自由振动;另一部分为特解,即强迫振动。一般情况下,自由振动衰减很快,可以不计。设式(4.36)的解为

$$\{\delta\} = [\phi]\{G(t)\} \qquad (4.37)$$

式中,$[\phi]$——$n \times n$ 阶振型矩阵,由振型向量组成;

　　　$\{G(t)\}$——广义坐标向量,是时间的函数。将其代入振动方程(4.36)得

$$[M][\phi]\{\ddot{G}(t)\} + [C][\phi]\{\dot{G}(t)\} + [K][\phi]\{G(t)\} = -[M]\ddot{\delta}_{\mathrm{g}}(t) \qquad (4.38)$$

式(4.38)左乘$[\phi]^T$,并且利用主振型关于质量矩阵、刚度矩阵、阻尼矩阵的正交性,对于式(4.38)进行化简,展开后可得 n 个独立的二阶微分方程,每一个微分方程可求出相应的一个振型,对于第 j 阶振型可写为

$$M_j^* \ddot{G}_j(t) + C_j^* \dot{G}_j(t) + K_j^* G_j(t) = -\{\phi\}_j^T [M] \ddot{\delta}_g(t) \tag{4.39}$$

式中,广义阻尼 C_j^*、广义刚度 K_j^*、广义质量 M_j^* 有如下关系:

$$C_j^* = 2\xi_j \omega_j M_j^*$$
$$K_j^* = \omega_j^2 M_j^*$$
$$M_j^* = \{\phi\}_j^T [M] \{\phi\}_j$$

将其代入式(4.39),并两端同除以第 j 振型的广义质量矩阵得

$$\ddot{G}_j(t) + 2\xi_j \omega_j \dot{G}_j(t) + \omega_j^2 G_j(t) = \gamma_j \ddot{\delta}_g(t), \quad j = 1, 2, \cdots, n \tag{4.40}$$

式中,ξ_j——阻尼比,一般可取 0.02;

γ_j——第 j 振型的振型参与系数。

$$\gamma_j = \frac{\{\phi\}_j^T [M][I]}{\{\phi\}_j^T [M]\{\phi\}_j} = \frac{\sum_{i=1}^n m_i \phi_{ji}}{\sum_{i=1}^n m_i \phi_{ji}^2}$$

经上述处理,就把多自由度的振动方程简化为一组由 n 个以广义坐标 $G_j(t)$ 为未知量的独立方程,其中每一个方程都对应体系的一个振型,简化了多自由度弹性体系运动微分方程的求解。

式(4.40)的解为

$$G_j(t) = -\frac{\gamma_j}{\omega_j} \int_0^t \ddot{\delta}_g(\tau) e^{-\xi_j \omega_j (t-\tau)} \sin\omega_j(t-\tau) d\tau = \gamma_j \Delta_j(t) \tag{4.41}$$

式中,$\Delta_j(t)$——阻尼比和自振频率分别为 ξ_j 和 ω_j 的单自由度弹性体系的位移。

式(4.41)可由 Duhamel 积分求得。求得 $G_j(t)$ 后,代回式(4.37)可得到以原坐标表示的质点位移。

2) 网架的竖向地震作用

网架是多自由度弹性体系,经过振型分解后,形成 n 个单自由度振动方程(4.40),求得特解后,即可得到引起的地震加速度,进而求得产生的地震力。对 j 振型第 i 质点 t 时刻的地震作用就等于作用在 i 质点上的惯性力 $F_{ji}(t)$。

$$F_{ji}(t) = m_i \omega_j^2 \delta_{ji} = m_i \omega_j^2 \phi_{ji} \gamma_j \Delta_j(t) = \frac{\omega_j^2 \Delta_j(t)}{g} \gamma_j \phi_{ji} m_i g \tag{4.42}$$

设 $\alpha_j = \dfrac{\omega_j^2 \Delta_j(t)}{g}$,$G_i = m_i g$,则网架第 j 振型第 i 节点地震作用最大值为

$$F_{ji} = \mid F_{ji}(t) \mid = \alpha_j \gamma_j \phi_{ji} G_i \tag{4.43}$$

式中，α_j——j 振型地震影响系数，对竖向地震影响系数 α_j，用 $0.65\alpha_j$ 代替；

　　γ_j——竖向地震作用第 j 振型参与系数；

　　ϕ_{ji}——j 振型 i 质点的相对振幅值；

　　G_i——第 i 节点的重力荷载代表值。

　　下面采用振型组合来确定地震作用效应。由地震作用引起网架各杆件内力，按"平方和开方法"(SRSS 法)确定，即

$$S_{EK} = \sqrt{\sum_{j=1}^{m} S_j^2} \tag{4.44}$$

式中，m——振型截取的阶数；

　　S_j——j 振型引起的网架杆件内力。

　　3）网架的水平地震作用

　　水平地震作用的最大值 F_{ji} 由前面可得

$$F_{ji} = \mid F_{ji}(t) \mid = \alpha_j \gamma_j \phi_{ji} G_i \tag{4.45}$$

式中，γ_j——水平地震作用第 j 振型参与系数。

　　其余系数同式(4.43)。

3. 时程法

　　时程法是一种直接积分方法，它对所得到的动力方程进行直接积分，从而求得每一瞬时结构的位移、速度和加速度。直接积分法有线性加速度法、Wilson-θ 法、Newmark-β 法等。下面主要介绍线性加速度法。

　　首先，假定 t 时刻的位移 δ_t、速度 $\dot{\delta}_t$、加速度 $\ddot{\delta}_t$ 都已知，并假定在 Δt 时间内加速度按直线变化。我们在讨论具体算法时，可以考虑最一般的情况，即假定 t 时刻的解已经求得，关键在于求解 $t+\Delta t$ 时刻的解。依次类推，就可以求得整个求解域内的解。

　　为书写简便，仅考虑单质点的线性加速度求解，其振动方程为

$$m\ddot{\delta} + c\dot{\delta} + k\delta = -m\ddot{\delta}_g \tag{4.46}$$

　　由上面的假定，可得知位移对时间的三阶导数为常数，三阶以上的导数为零，即

$$\dddot{\delta}_i = \frac{(\ddot{\delta}_{i+1} - \ddot{\delta}_i)}{\Delta t} = \frac{\Delta \ddot{\delta}}{\Delta t} = 常数 \tag{4.47}$$

因此质点的位移和速度分别按泰勒级数可展开为

$$\delta_{i+1} = \delta_i + \dot{\delta}_i \Delta t + \ddot{\delta}_i \frac{\Delta t^2}{2!} + \dddot{\delta}_i \frac{\Delta t^3}{3!} + \cdots$$

$$\dot{\delta}_{i+1} = \dot{\delta}_i + \ddot{\delta}_i \Delta t + \dddot{\delta}_i \frac{\Delta t^2}{2!} + \cdots$$

将第一式代入第二式,并注意到 $\delta_{i+1} - \delta_i = \Delta\delta, \dot{\delta}_{i+1} - \dot{\delta}_i = \Delta\dot{\delta}$,则有

$$\Delta\dot{\delta} = \frac{3}{\Delta t}\Delta\delta - 3\dot{\delta}_i - \frac{\Delta t}{2}\ddot{\delta}_i$$

$$\Delta\ddot{\delta} = \frac{6}{\Delta t^2}\Delta\delta - \frac{6}{\Delta t}\dot{\delta}_i - 3\ddot{\delta}_i \tag{4.48}$$

将式(4.48)代入式(4.46),可得

$$m\left(\frac{6}{\Delta t^2}\Delta\delta - \frac{6}{\Delta t}\dot{\delta}_i - 3\ddot{\delta}_i\right) + c\left(\frac{3}{\Delta t}\Delta\delta - 3\dot{\delta}_i - \frac{\Delta t}{2}\ddot{\delta}_i\right) + k\Delta\delta = -m\ddot{\delta}_g \tag{4.49}$$

将式(4.49)整理可得

$$\widetilde{K}\Delta\delta = \Delta\widetilde{F} \tag{4.50}$$

式中,$\Delta\widetilde{F} = -m\ddot{\delta}_g + \left(m\frac{6}{\Delta t} + 3C\right)\dot{\delta}_i + \left(3m + \frac{\Delta t}{2}C\right)\ddot{\delta}_i$。

由于步长 Δt 已经选定,$\dot{\delta}_i$ 和 $\ddot{\delta}_i$ 已经算出,所以位移增量 $\Delta\delta$ 可由 ΔF 和 K 算出。算出 $\Delta\delta$ 后,再按式(4.46)算出 $\Delta\dot{\delta}$ 和 $\Delta\ddot{\delta}$,于是由式(4.49)得到 δ_{i+1}、$\dot{\delta}_{i+1}$ 和 $\ddot{\delta}_{i+1}$。

$$\delta_{i+1} = \delta_i + \Delta\delta$$

$$\dot{\delta}_{i+1} = \dot{\delta}_i + \Delta\dot{\delta} \tag{4.51}$$

$$\ddot{\delta}_{i+1} = \ddot{\delta}_i + \Delta\ddot{\delta}$$

求得 $t + \Delta t$ 时刻的位移、速度、加速度后,即可得到网架杆件在 $t + \Delta t$ 时刻的地震作用效应。将以上各式中的位移、速度、加速度改为多自由度矢量,即成为多自由度体系下的线性加速度法。网架 $t + \Delta t$ 时刻的动轴力为

$$N_{ji}^{t+\Delta t} = \frac{EA_{ij}}{l_{ij}}\left[(\delta_{xj}^{t+\Delta t} - \delta_{xi}^{t+\Delta t})\cos\alpha + (\delta_{yj}^{t+\Delta t} - \delta_{yi}^{t+\Delta t})\cos\beta + (\delta_{zj}^{t+\Delta t} - \delta_{zi}^{t+\Delta t})\cos\gamma\right]$$

$$\tag{4.52}$$

式中,$\delta_{xi}^{t+\Delta t}$、$\delta_{yi}^{t+\Delta t}$、$\delta_{zi}^{t+\Delta t}$—— 分别为 $t + \Delta t$ 时刻在第 i 节点的 x、y、z 方向的动位移。

重复以上计算过程就可得到各个时刻的地震反应。

4.6　算　　例

由于现行《网架结构设计与施工规程》(JGJ 7—1991)没有规定必须把网架和下部结构连成一个整体分析计算,为了简化计算,常把下部的支撑体系与上部的网架结构分开考虑,用固定铰支座模拟网架结构的支撑,这显然是不妥的,因为网架和下部

结构分开来计算时,通常假定网架支座刚度为无穷大,而实际工程中下部结构刚度是有限的。近年有些研究和设计已经采用了弹性支座来分析网架,很少把网架与下部支撑体系作为一个整体来进行研究,用弹性支撑代替整体分析是否可行需进一步验证。

本算例研究了在三种支撑下网架的挠度、应力变化规律,并且考虑了不同参数(网架跨度、下部结构刚度、网架厚度等)对网架动静力特性的影响。

1. 计算模型及单元选取

以双层矩形网架为研究对象,网架的平面尺寸为 42m×63m,厚为 2.7m,采用 Link8 模拟杆件,上弦 ϕ121mm×6.5mm,下弦 ϕ159mm×6.0mm,腹杆 ϕ95mm× 6.5mm,弹性模量为 $2.06×10^5$ MPa,密度为 7860kg/m³,网架上弦承受静载 1.5kN/m²。用弹簧单元 Combin14 模拟橡胶支座,柱子用 beam4 单元模拟,柱截面尺寸为 720mm×400mm,柱高 7.2m。根据网架跨度、荷载大小及支座数目,选取橡胶垫板尺寸为 250mm×300mm×50mm,其支座承载力为 600kN。

2. 三种支撑下网架的静力对比研究

三种支撑下网架模型如图 4.11 所示,图 4.11(a)为刚铰支座的网架轮廓图,图 4.11(b)为弹性支座支撑下的网架轮廓图,图 4.11(c)、(d)分别为柱子支撑下的网架轮廓图和局部示意图。

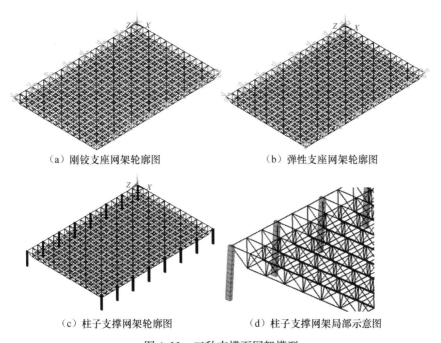

（a）刚铰支座网架轮廓图　　　　　　　（b）弹性支座网架轮廓图

（c）柱子支撑网架轮廓图　　　　　　　（d）柱子支撑网架局部示意图

图 4.11　三种支撑下网架模型

1) 三种支撑下网架挠度对比研究

以刚铰支座、弹性支座和柱子支撑的网架为研究对象,计算发现弹性支座的挠度值与柱子支撑下的挠度值大致相同,刚铰支座挠度值偏小,与柱子支撑下的最大挠度值相差 29.7%,而弹性支座与柱子支撑的最大挠度值只相差 1.4%,相差很小。

2) 三种支撑下网架杆件的轴应力变化规律

以上弦杆件为研究对象,结果表明,弹性支座与柱子支撑下网架的最大压应力均发生在杆件上弦边跨倒数第四跨,而刚铰支座发生在倒数第六跨的上弦,且上弦边跨的跨中杆件受压,支座附近杆件受拉;而弹性支座和柱子支撑下的网架边跨上弦杆件均受压,弹性支座和柱子支撑下的计算结果接近,而刚铰支座下的计算结果偏差很大。刚铰支座与柱子支撑下的最大压应力杆件相差 50.8%,弹性支座与柱子支撑下的最大压应力杆件相差仅为 0.27%。

对于下弦杆件,弹性支座和柱子支撑的网架最大受拉杆件均发生在边跨下弦杆件 890,而刚铰支座发生在倒数第六跨;刚铰支座和柱子支撑下的下弦边跨跨向杆件的轴应力值差值在 15% 以内,有些轴拉应力增大,有些减小,并且有大量杆件的应力值状态与柱子支撑下的杆件应力反号。

对于刚铰支座的网架腹杆,有些杆件比柱子支撑下应力值大,有些小,有些变号,二者受力有明显的区别;弹性和柱子支撑下的网架腹杆应力相差小,大多相差在 8% 以内,少数杆件达 10%。

3. 三种支撑下网架结构的动力特性对比研究

1) 基频对比研究

网架的自振频率是其动力特性的一个重要方面,对网架自振频率的分析是考察网架结构各部分之间刚度是否匹配的一个方面。计算结果如图 4.12 所示,刚铰支座的频率值均大于弹性支座和柱子支撑的频率值,表 4.2 列出部分频率值,弹性和刚铰支座下的网架频率稳定地增大,而柱子支撑的网架频率增加不稳定,尤其是在第 13、31、43 阶等发生突变,有几个"平台",这点与弹性支座和刚铰支座不同。

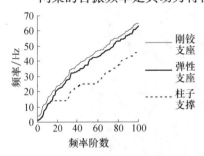

图 4.12　三种支撑下网架频率对比曲线

表 4.2　三种支撑下网架频率值

阶　数	1	2	3	4	5	14	15	50	100
刚铰支座	4.0621	4.0910	5.4085	6.7366	9.9891	18.694	20.340	42.576	65.068
弹性支座	1.3358	1.9289	2.2303	3.3960	3.4596	13.597	15.053	37.547	62.838
柱子支撑	0.9439	1.3396	1.5608	3.3711	3.4357	13.521	13.859	24.776	46.668

柱子支撑和弹性支座下网架的第 1 阶振型为纵向水平刚体平动,第 2 阶振型为跨向水平刚体平动,第 3 阶振型为水平平面内刚体转动,第 4、5、6 阶振型均为网架 z 向竖向振动;刚铰支座下的网架第 1、2、3 阶的振型分别与弹性支座下的第 4、5、6 阶类似。对于整体模型的振型可简单看成是刚铰支撑模型和下部结构振型的叠加,该下部支撑结构一般相对较柔,整体模型的第 1、2、3 阶振型依次主要表现为下部支撑结构的两个水平侧向振型及扭转振型,接下来才主要表现为网架屋盖自身的振型,前 3 阶振型将在整体模型地震反应中起主要作用。因此,若采用刚铰支撑来分析结构的地震反应,将极大地改变结构的动力特征从而改变地震力的大小及分布。

2）地震响应对比研究

在二维地震作用下,研究杆件内力和位移变化规律。地震波选取 EI-Centro 波,记录时间间隔为 0.02s,时间为 20s,对地震波进行调幅,以基本烈度为 7 度设防,地面运动的最大水平加速度为 $0.125g\,(g = 9.8\text{m/s}^2)$,最大竖向加速度为 $0.0625g$。

3）在地震荷载下三种支撑网架的最大竖向位移、压杆、拉杆对比

水平和竖向输入地震波,由于三种支撑下最大挠度均发生在节点 323 处,因此以节点 323 的竖向位移为研究对象,只考虑地震作用下动位移,刚铰支座与柱子支撑下的挠度位移比值如图 4.13 所示,从图中可以看出,比值大都在 0.5～0.8;而弹性支座与柱子支撑下的挠度比值大都在 0.97～0.99。

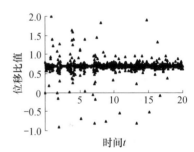

图 4.13　刚铰支座与柱子支撑下最大位移节点 323 竖向位移比值

接着以自重、恒荷载与地震力共同作用下的网架为研究对象,篇幅所限,图 4.14 仅列出了三种支撑下最大拉应力杆件 890 的时程曲线,可以看出,刚铰支座与另外二者相差较大,而弹性支座和柱子支撑结果相差无几。

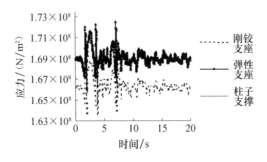

图 4.14　三种支撑下杆件 890 轴拉应力时程曲线

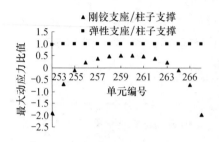

图 4.15　不同支座约束下边跨上
弦杆件的应力比值

4）三种支撑下网架边跨上、下弦和腹杆的动力特性对比分析

以边跨的上弦杆件为研究对象，图 4.15 列出了上弦边跨杆件 253～266 的轴应力比值曲线，可以发现刚铰支座下有的杆件应力偏大，有的过小，与柱子支撑相差很大，而弹性支座和柱子支撑结果相差无几；刚铰支座下的上弦杆件有的出现压应力，有的甚至出现拉应力，与实际情况的柱子支撑相差很大，而弹性支座下的网架的杆件应力与实际基本相符，偏差很小。

对于三种支撑下网架边跨下弦杆件的动力特性，计算发现刚铰支座下杆件应力偏小，而弹性支座和柱子支撑结果很接近。对于边跨的腹杆，刚铰支座下腹杆应力偏大，与柱子支撑情况相比相差 5%～7%，而弹性支座和柱子支撑结果很接近，略大于柱子支撑情况。

5）三种支撑下不同参数网架的静、动力性能比较研究

以上仅针对典型网架情况及三种支撑模型的挠度、内应力结果进行了对比，尚未知道其结论是否具有普遍意义，因此本算例对不同参数（跨度、厚度）的网架进行了上百例的分析，当参数改变时，发现以上规律不变，因此以上结论适用于各种不同参数矩形网架结构。篇幅有限，结果在此不再一一列出。

4. 结论

（1）以弹性支座网架模型代替整体分析网架模型有一定的可行性，二者内力分布与大小都较相近，但也有局部杆件应力偏差大，因此尽可能对上部屋盖和下部结构整体进行分析。

（2）在静载下，结果发现弹性支座的计算结果与柱子支撑下的计算结果大致吻合，而刚铰支座的计算结果相差却很大，最大压应力杆件位置与整体模型不一致，且杆件应力分布和大小也发生很大改变。

（3）刚铰支座的频率值均大于弹性和柱子支撑的频率值。采用铰支撑模型来分析结构的地震反应，将极大地改变结构的动力特征从而改变了地震力的大小及分布。在实际工程设计中，除了落地网架结构外，必须考虑下部结构刚度对网架杆件受力的影响，否则会导致不安全。

（4）在自重、恒荷载与地震力共同作用下，发现刚铰支座和柱子支撑上、下弦及腹杆应力偏差很大，有的应力偏大，有的偏小，只有局部杆件弹性支座和柱子支撑结果相差无几。

参 考 文 献

曹资,张超,张毅刚,等.2001.网壳屋盖与下部支撑结构动力相互作用研究.空间结构,7(2):19-26.

陈志华.2010.弦支穹顶结构.北京:科学出版社.

丁芸孙.2006.网架网壳设计与施工.北京:中国建筑工业出版社.

丁芸孙.2008.钢结构设计误区与释义百问百答.北京:人民交通出版社.

董石麟,罗尧治,赵阳,等.2006.新型空间结构分析、设计与施工.北京:人民交通出版社.

黄斌,毛文筠.2010.新型空间钢结构设计与实例.北京:机械工业出版社.

姜学诗.2003.钢结构房屋结构设计中常见问题分析.建筑结构,33(6):3-5.

蓝天,张毅刚.2000.大跨度屋盖结构抗震设计.北京:中国建筑工业出版社.

李星荣,魏才昂,丁峙崐,等.2005.钢结构连接节点设计手册.第二版.北京:中国建筑工业出版社.

刘锡良.2003.现代空间结构.天津:天津大学出版社.

陆赐麟,尹思明,刘锡良.2007.现代预应力钢结构.第二版.北京:人民交通出版社.

罗尧治.2007.大跨度储煤结构:设计与施工.北京:中国电力出版社.

马柯夫斯基.1992.穹顶网壳分析设计与施工.赵惠麟,译.南京:江苏科学技术出版社.

马克俭,张华刚,郑涛.2006.新型建筑空间网格结构理论与实践.北京:人民交通出版社.

沈祖炎,陈扬骥.1997.网架与网壳.上海:同济大学出版社.

沈祖炎,严慧,马克俭,等.1987.空间网架结构.贵阳:贵州人民出版社.

王秀丽.2008.大跨度空间钢结构分析与概念设计.北京:机械工业出版社.

张毅刚,薛素铎,杨庆山,等.2005.大跨空间结构.北京:机械工业出版社.

中国建筑科学研究院,等.1991.JGJ 7—1991 网架结构设计与施工规程.北京:中国建筑工业出版社.

中国建筑科学研究院,等.2003.JGJ 61—2003 网壳结构技术规程.北京:中国建筑工业出版社.

中国建筑科学研究院,等.2010.JGJ 7—2010 空间网格结构技术规程.北京:中国建筑工业出版社.

第5章 网壳结构

5.1 引 言

5.1.1 网壳基本概念

网壳是格构化的壳体。网壳结构是将杆件沿着某个曲面进行规律布置而组成的空间结构体系,其受力特点与薄壳结构类似,是以"薄膜"作用为主要受力特征的,即大部分荷载由网壳杆件的轴向力承受。它具有自重轻、结构刚度好等一系列特点。不同曲面的网壳可以提供各种新颖的建筑造型,因此网壳结构是建筑师乐于采用的一种结构形式。

网壳结构是一种曲面形网格结构,有单层网壳和双层网壳之分,是大跨度空间结构中的一种主要结构形式。

网壳结构的优点如下:

(1) 网壳结构受力合理,杆件比较单一。

(2) 网壳结构各构件之间没有鲜明的"主次"关系,各构件作为结构整体按照立体的几何特性,几乎能够均衡地承受任何种类的荷载。

(3) 以较小的构件组成很大的空间,构件可在工厂预制实现工业化生产,安装施工速度快,不需要大型设备,因此综合经济指标好。

(4) 具有优美的建筑造型。

(5) 网壳结构的杆件可以用普通型钢、薄壁型钢、铝材、木材、钢筋混凝土和塑料、玻璃钢等制成,极易做到规格化、标准化,实现建筑构件的工业化大批量生产。

网壳结构体系的缺点如下:

(1) 杆件和节点几何尺寸的偏差及曲面的偏离对网壳的内力和整体稳定性影响较大;为减小初始缺陷,对于杆件和节点的加工精度的要求较高,给制作加工增加了困难。

(2) 网壳结构虽可以构成大空间,但当矢高很大时,增加了屋面面积和不必要的建筑空间,增加了建筑材料和能源的消耗。

(3) 在施工方面要比网架结构复杂。

5.1.2 国内外网壳结构应用概况

在我国,网壳结构在 20 世纪 50 年代初就有所应用,当时主要有一种联方型的圆柱面网壳,材料为小角钢或木材,跨度在 30m 左右,如扬州苏北农学院体育馆、南京展览中心屋盖结构等。早年,最有代表性的较大跨度的网壳结构是天津体育馆屋盖,其采用带拉杆的联方型圆柱面网壳,平面尺寸为 52m×68m,矢高为 8.7m,用钢指标为 45kg/m²,1956 年建成。北京体育学院体育馆,采用带斜撑的四块组合型双层扭网壳,平面尺寸为 52.2m×52.2m,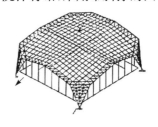
挑檐为 3.5m,矢高为 3.5m,如图 5.1 所示,用钢指标为 52kg/m²,1988 年建成,这是当时我国跨度最大的四块组合型扭网壳。深圳市市民中心大屋顶采用了平面尺寸为(154～120)m×486m 大鹏展翅形变厚度变曲率网壳结构,在横向分为三段,两翼支撑在 17 个树枝形(双向 W 形)柱帽上,中部设有两向主桁

图 5.1　北京体育学院体育馆

架,并支撑在 36m 大圆筒和 36m×48m 大方筒的侧壁及中部两端的树枝形柱帽上,2002 年建成,这是我国建筑覆盖面积最大的网壳结构(图 5.2)。吉林双阳水泥厂石灰石均化库,采用平面桁架系构成的肋环形球面网壳,平面直径 86m,矢高 21.1m,如图 5.3 所示,用钢指标 49kg/m²。长春五环体育馆,平面尺寸为 120m×166m,连同支架的平面尺寸为 146m×192m,矢高为 38.6m。这是 20 世纪我国跨度最大、单体覆盖建筑面积最大的网壳结构,1998 年建成,如图 5.4 所示。国家大剧院,平面尺寸为 142m×212m,椭圆形,矢高为 46m,采用由 144 榀空腹拱拼装而成的肋环形空腹超级椭球网壳,并在对角方向设置四道大型交叉上、下弦杆,以提高抗扭能力和结构的整体稳定性,这是我国目前唯一的、也是跨度最大的空腹网壳结构,2004 年结构建成,用钢指标 137kg/m²(沿曲面)。图 5.5 为其具有 12500 节点的计算模型示意图。南通体育会展中心由体育场(图 5.6)、体育会展馆和游泳馆三个单体组成。体育场开闭顶系统结构包括上部活动屋盖、支撑拱架、固定屋架机械驱动系统等,总质量 10000t,拱架最大跨度 280m,相当于四个足球场的宽度,开闭顶最高点达 50m,相当于 14 层楼的高度,其中整个活动屋盖移动距离为 120m,自重 2200t、质量相当于 60 架波音飞机或 1250 辆桑塔纳轿车。它是我国第一个采用巨型活动开启式屋盖的体育场。

图 5.2　深圳市市民中心大屋顶

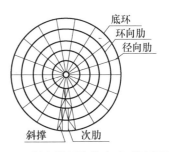

图 5.3　双阳水泥厂均化库球面网壳平面图

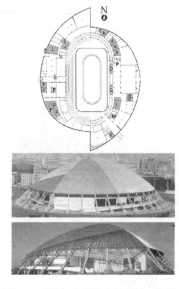

图 5.4　长春五环体育馆网壳平面图　　　　图 5.5　国家大剧院——空腹网壳

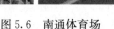

　　　图 5.6　南通体育场　　　　　　　图 5.7　日本名古屋体育馆网壳穹顶

　　国外最早的网壳结构可追溯到 1863 年在德国建造的一个由 Schwedler 设计的 30m 直径钢穹顶,是作为储气罐的顶盖之用。由此命名这种网状穹顶为 Schwedler 型(我国称为肋环斜杆型)网状穹顶。近二三十年来,国外的网壳结构发展迅速,尤其是在日本、美国、加拿大、德国等显得更加突出。日本的网壳结构具有较高的水平,在国际上也非常有影响力。名古屋体育馆,圆形平面,$D=187.2$m,采用边长约为 10m 的三向网格布置的单层网壳,杆件采用 650 钢管,壁厚由中心的 19mm 至边界逐步增至 28mm,受拉环用 900mm×50mm 钢管,1996 年建成,如图 5.7 所示,是世界上最大的单层球面网壳。

　　大分巨瞳体育场坐落在日本九州大分县的体育公园内,于 2001 年 3 月建成。因造型新颖独特,从空中俯瞰酷似一只巨大的人眼,故而获此称号(图 5.8)。巨瞳体育场的建筑面积为 5.2 万 m²,分地下两层、地上三层。另外,它还拥有当今世界上最大的开启式穹顶,因而是一座全天候的大型体育场馆。美国新奥尔良超级穹顶体育馆,采用 K12 型球面网壳,圆形平面,$D=207$m,矢高为 83m,网壳厚 2.2m,

（a）开启状态　　　　　　　　　　（b）闭合状态

图 5.8　日本大分县体育馆（大分巨瞳体育场）

用钢指标为 126kg/m²,1976 年建成,可容纳观众 7.2 万人,是当时国际上跨度最大的网壳结构。加拿大多伦多天空穹顶矗立在安大略湖畔（图 5.9）,该体育馆于 1989 年投入使用,是世界上第一座屋顶能够自由开合的多功能运动场。穹顶的高度为 86m,直径达 208m,开合面积为 31525m²,赛场开启率 100%,座位开启率 91%,设计允许每年开合 200 次,建成后最初 3 年开合 300 次以上,屋顶由 4 块金属盖板组成,其中 3 块可以平移或旋转。

（a）闭合状态　　　　　　　　　　（b）开启状态

图 5.9　加拿大多伦多天空穹顶

5.2　网壳结构的形式与选型

5.2.1　网壳结构的形式与分类

网壳结构一般可按下列几种方法分类。

1）按曲面的曲率半径分类

按该方法分类则有正高斯曲率（$K>0$）网壳、零高斯曲率（$K=0$）网壳和负高斯曲率（$K<0$）网壳三类（图 5.10）。

2）按曲面外形分类

按该方法分类则主要有球面网壳、双曲扁网壳、圆柱面网壳等(图 5.10 和图 5.11)。

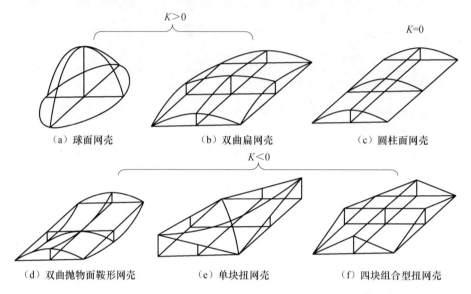

（a）球面网壳　　　　　（b）双曲扁网壳　　　　　（c）圆柱面网壳

（d）双曲抛物面鞍形网壳　　（e）单块扭网壳　　　（f）四块组合型扭网壳

图 5.10　网壳结构按曲率半径和曲面外形分类

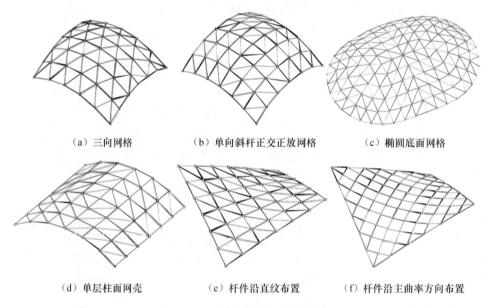

（a）三向网格　　　（b）单向斜杆正交正放网格　　　（c）椭圆底面网格

（d）单层柱面网壳　　（e）杆件沿直纹布置　　（f）杆件沿主曲率方向布置

图 5.11　曲面外形的网壳网格形式

球面网壳用于三角形、六边形和多边形平面时,采用切割方法构成新形式,如图 5.12 所示。

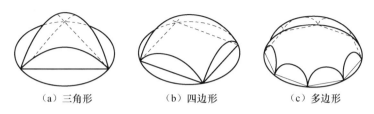

　　（a）三角形　　　　　　　　（b）四边形　　　　　　　　（c）多边形

图 5.12　球面网壳的切割方式

3）按网壳网格形式分类

对于球面网壳主要有肋环型、Schwedler 型、三向网格型、联方型、凯威特型、短程线型、二向格子型、三向格子型和应力表皮型九种，常见的单层球面网壳的网格形式如图 5.13 所示。

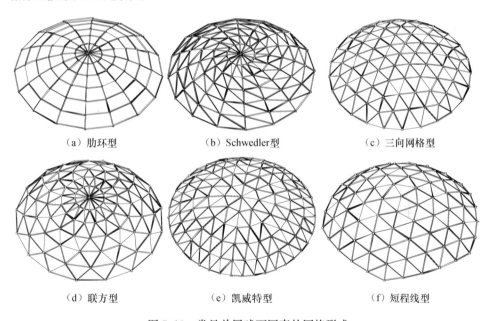

　　（a）肋环型　　　　　　　（b）Schwedler 型　　　　　　（c）三向网格型

　　（d）联方型　　　　　　　　（e）凯威特型　　　　　　　（f）短程线型

图 5.13　常见单层球面网壳的网格形式

（1）肋环型网壳。肋环型网壳只有径向杆和纬向杆，无斜向杆，大部分网格呈四边形，其平面团酷似蜘蛛网，如图 5.13（a）所示。它的杆件种类少，每个节点只汇交四根杆件，节点构造简单，但节点一般为刚性连接。

（2）Schwedler 型网壳。德国工程师 Schwedler 于 1863 年对肋环型网壳进行了进一步发展和完善，提出了一种新的结构形式，除了把径向肋与水平的折线环连在一起外，为加强该结构和承受非对称荷载，在每个梯形网格内再用斜杆分成两个或四个小三角形。目前穹顶形式很多，基本上都是从 Schwedler 穹顶发展起来的，故 Schwedler 被誉为"穹顶结构之父"。

Schwedler 型网壳由径向网肋、环向网肋和斜向网肋构成,如图 5.13(b)所示。其特点是规律性明显,内部及周边无不规则网格,能承受较大的非对称荷载,可用于大中跨度穹顶。

(3) 三向网格型网壳。由竖平面相交成 60°的三族竖向网肋构成,如图 5.13(c)所示。其特点是杆件种类少,受力比较明确,可用于中小跨度的穹顶。

(4) 联方型。联方型网格由左斜肋和右斜肋构成菱形网格,两斜肋的夹角为 30°~50°。为增加刚度和稳定性,也可加设环向肋,形成三角形网格,如图 5.13(d)所示。其缺点是网格周边大,中间小,不够均匀。联方型网格网壳刚度好,可用于大中跨度的穹顶。

(5) 凯威特型球面网壳。又名扇形三向网格,如图 5.13(e)所示。这种网壳结构的受力性能,特别是在强烈风载和地震作用下的性能很好,常用于大跨度结构。这种网格大小均匀,避免了其他类型网格由外向内大小不均的特点,且内力分布均匀,刚度好。

(6) 短程线型球面网壳[图 5.13(f)]。"短程线"这个术语来自地球测量学,即连接球面上任意两点的最短距离。理论分析、试验及应用证明,短程线型球面网壳的网格规整均匀,杆件和节点种类在各种球面网壳中是最少的,在荷载作用下,所有杆件内力比较均匀,强度高,质量轻,最适合在工厂中大批量生产,造价也最低。它可用于半球壳、扁球壳和全球壳。

(7) 二向格子型球面网壳。二向格子型网壳又称双向子午线网状球壳(Hamman dome),在国外应用的也很多,亦称 Hamman 二向格子型穹顶,是英国工程师 Hamilton 和 Manning 发明的。这种网壳由位于两组子午线上的交叉杆件组成,所有的网格均接近正方形,大小亦接近。所有的杆件都在大圆上,是等曲率的圆弧杆。该结构施工方便,已被用作许多石油及化学品储藏罐的顶盖,如图 5.14 所示。

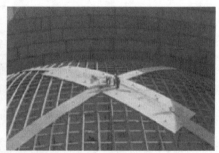

图 5.14　二向格子型球面网壳

该类网壳的优点是:①因结构由两个相互垂直的杆件分上下层叠合焊接在一起,没有专门的节点体系,故结构极为简单;②由于网壳没有专门的节点体系,故单位质量制造成本较低,在工厂仅圈弧而已;③构件仅有上下层两种杆件类型,不必编号分类管理。

该类网壳的缺点是:①在用钢量相同的情况下,结构的整体强度、刚度、稳定性较差,结构为空间两向传力体系;②对罐壁的成形及稳定不利,罐顶变形成椭圆形状;③结构对非均布荷载非常敏感,在不对称或集中荷载作用下结构的稳定性差,极易发生网壳结构的失稳破坏;④杆件需要在现场拼接制作,需要较高的现场施工工艺来保证质量;⑤安装过程中焊接工作量大,需起重设备配合安装施工,安装费用较高;⑥网壳安装过程中因有大量的焊接工作量,致使确保网壳的防腐或节点焊缝质量的难度大幅增加;⑦因网壳的总用钢量高,网壳结构的整体费用也较高。

(8)三向格子型球面网壳。这种网壳是在球面上用三个方向的大圆构成网格,形成比较均匀的三角形格子,其优点是易于标准化,在工厂中大批量生产,受力性能和经济性都较好。

(9)应力表皮型球面网壳。应力表皮网壳是出现较晚的一种新型结构。通常设计网壳时,假定屋面板等不参与承重结构的整体工作,理查德和凯瑟利用富尔的短程线划分的形式将网壳承重结构与表皮(屋面覆盖层)结合起来共同工作,创造了不同于典型的短程线网壳的一种新结构体系,称为应力表皮短程线网壳。

对于圆柱面网壳主要有联方网格型、纵横斜杆型、纵横交叉斜杆型、三向网格Ⅰ型、三向网格Ⅱ型和米字网格型共六种,如图 5.15 所示。

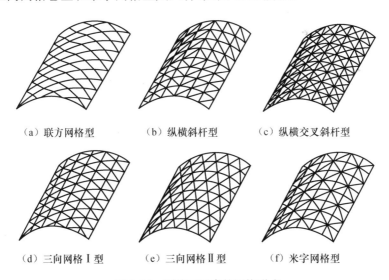

　　(a)联方网格型　　　　　(b)纵横斜杆型　　　　　(c)纵横交叉斜杆型

　　(d)三向网格Ⅰ型　　　　(e)三向网格Ⅱ型　　　　(f)米字网格型

图 5.15　圆柱面网壳的网格形式

4)按网壳的层数分类

有单层网壳、双层网壳和局部双层网壳。

5) 按网壳的用材分类

主要有钢网壳、铝网壳(图 5.16 和图 5.17)、木网壳、钢筋混凝土网壳及钢网壳与钢筋混凝土屋面板共同工作的组合网壳五类。

图 5.16　某五万罐三角形钢网壳　　　　图 5.17　美国南极科学考察站

目前的罐顶以三角形与双向子午线铝网壳形式居多,根据大量的对比试验和计算,在各种结构形式的罐顶结构中,三角形网壳比其他任何形式的罐顶结构具有更好的强度、刚度、稳定性,而且节约投资,便于施工安装。目前三角形网壳的最大跨度达 136m。三角形铝网壳承受极端荷载工况的工程实例是美国 1971 年在南极建成的科学考察站,该球面网壳的直径达 164ft[①](图 5.17),目前还在正常使用。其经历了 −70℃ 以下的低温,300km/h 的风速,被雪完全覆盖时的荷载超过 4000kg/m²,约 1500kg/m² 的半跨不对称雪荷载。这种极端荷载工况充分体现了三角形铝网壳的强度、刚度和稳定性。

5.2.2　我国代表性的网壳结构工程实例

我国代表性的网壳结构工程实例见表 5.1。

表 5.1　我国代表性的网壳结构工程实例

类　型	工程名称	单双层	网格形式	平面尺寸及厚度	矢高/m	用钢指标/(kg/m²)	建成年份
球(椭球)面网壳	郑州体育馆	单	肋环型	D64m	9.14	—	1967
	大连青少年宫球幕影院	单	K6-葵花形三向	D16.166m	8.08	14.3(曲面)	1987
	山西稷山选煤厂煤库	单	葵花形三向	D47.2m	14.60	20.2	1989
	北京中国科技馆球幕影院	双	短程线型	D35m×1.5m	25.50	—	1991
	福州师专阶梯教室	局部双	K6-5 型	D19.89m×1.28m	4.32	18.5(曲面)	1991
	吉林双阳水泥厂石灰石均化库	双	肋环型	D86m	21.10	49	1992

———————

① 1ft=3.048×10⁻¹m。

续表

类　型	工程名称	单双层	网格形式	平面尺寸及厚度	矢高/m	用钢指标/(kg/m²)	建成年份
球(椭球)面网壳	烟台塔山游乐场斗兽馆	局部双	K6-11 型	D40m×2m	8.00	—	1993
	天津新体育馆	双	正放四角锥	D108m	15.40	55	1994
	上海新海关大楼穹顶(不锈钢)	单	K6-9 型	D29m	—		1996
	上海国际体操馆(铝合金)	单	K6-葵花形三向	D68m	11.88	12	1997
	漳州后石电厂煤仓	双	正放四角锥	D126.8m×2.2m	48.00	35(曲面)	1998
	上海金山石化公司油罐顶	单	K6-葵花形三向	D60m	—		2000
	天津保税区商务中心大堂(弦支穹顶)	单	K4-葵花形三向	D35.4m	4.60		2001
	昆明柏联广场中厅(弦支)	单	肋环型	D15m×(1.05~0.35)m	0.60		2001
	国家大剧院	双	空腹肋环型	椭圆142m×212m×(3.0~2.0)m	46.00	137(曲面)	2004
圆柱面网壳	天津体育馆(有水平拉杆)	双	联方网格	52m×68m	8.70	45	1956
	浙江横山钢铁厂材料库	单	纵横斜杆型	5 波×12m×24m	2.83	19	1966
	北京奥体中心综合体育馆(斜拉)	双	斜放四角锥	70m×83.2m×3.3m	13.50	—	1988
	南京金陵石化热电厂干煤棚	双	正放四角锥	75m×60m	28.7	—	1993
	嘉兴电厂干煤棚(三心圆)	双	斜置正放四角锥	103.5m×80m×3m	32.92	65	1994
	台州电厂干煤棚(三心圆、纵向带折)	双	正放四角锥	80.144m×82.5m×(2.0~2.75)m	33.74	50	1995
	扬州电厂干煤棚(三心圆)	双	正放四角锥	103.6m×120m	—		1998
	南阳鸭河口电厂干煤棚(五折折叠式提升)	双	正放四角锥	108m×90m	38.77	—	2001
	深圳游泳跳水馆(斜拉)	双	双向立体桁架	88.2m×117.6m	—		2002
扭(鞍形)网壳	北京体院体育馆	双	两向正交正放	53.2m×53.2m×2.9m	3.50	52	1988
	北京石景山体育馆	双	三向网格型	边长 99.7m 三角形	13.34	44.6	1989
	广东清远市体育馆(预应力)	双	三向网格型	边长 46.82m 六边形	5.45		1994
	广东高州市体育馆(预应力)	双	纵横斜杆型	54.9m×69.3m×2.5m	5.40	38	1995

续表

类型	工程名称	单双层	网格形式	平面尺寸及厚度	矢高/m	用钢指标/(kg/m²)	建成年份
扭(鞍形)网壳	德阳市体育馆	双	正放四角锥	边长74.67m菱形	14.5	44.7	1993
	广西林平市体育馆（预应力）	局部双	纵横斜杆型	66m×80m	—	38.9	1998
	江苏省宿迁市文体馆（鞍形）	双	正放四角锥	62.5m×80m×3m			1999
	湖南省游泳跳水馆（鞍形）	双	正放四角锥	椭圆81.2m×116.2m×3.6m连外廊126.2m×139m	49角点	—	2002
双曲扁网壳	浙江江山体育馆（钢筋混凝土）	单	三向网格Ⅰ型	36m×45m	6	20.03	1989
	石家庄新华集贸中心营业厅	双	两向正交正放	40m×40m×1.7m	3.13	28	1990
	广东阳山县体育馆	中部单	三向网格Ⅰ型	44m×56m		29.5	1996
	合肥工大风雨操场	双	正放四角锥	49.5m×45m×2.4m	6.8	—	2002
异形(平面、曲面)网壳	徐州电视塔塔楼	单	葵花形三向	D21m整个球面	21		1990
	青岛展览中心多功能厅	单	两向正交正放	跨度28.392m贝壳状曲边三角形	13	28	1990
	马里会议大厅	双	斜放四角锥	35.4m×38.9m×3.5m圆弧线与折线柱面	10.3	—	1993
	深圳体育场挑篷	双	正放四角锥	240m×300m椭圆环（挑篷宽31m）	10.1	36	1993
	杭州新世纪娱乐馆	局部双	K6-8型	23m×26m长椭圆	4.6	—	1994
	攀枝花市体育馆	双	短程线型	74.8m×74.8m×1.8m缺角球面八边形	8.9	37.8	1995
	哈尔滨速滑馆	双	K-6正放四角锥	86.2m×191.2m×2.1m长椭圆		50	1995
	山西太旧高速公路旧关收费站（单塔斜拉）	双	正放四角锥	14m×64.718m×1.5m两跨圆柱面			1995
	长春体育馆（方钢管）	双	肋环型（部分斜杆）	120m×166m×2.8m枣形	—	80	1997
	上海体育场(交叉桁架与支撑膜杂交结构)	双	肋环型（环向立体桁架）	274m×288m椭圆（73.5～25)m环宽		85	1997
	昆明拓东体育馆挑篷	双	正放四角锥	160m×260m椭圆（挑篷宽34m）	—	29.5	1999

续表

类 型	工程名称	单双层	网格形式	平面尺寸及厚度	矢高/m	用钢指标/(kg/m²)	建成年份
异形(平面、曲面)网壳	四川大学体育馆	双	正放四角锥四叶片状六支点	96m×101.6m×(2.0~3.5)m	—	50	2000
	浙江黄龙体育中心体育场(斜拉)	双	正放四角锥月牙形	50m×244m×3m	—	80	2000
	河南省体育中心体育场	双	正放四角锥缺角月牙形	45m×270m×(2.7~5.0)m	50.5	—	2001
	深圳市市民中心大屋顶(大鹏鸟)	双	正放四角锥(中段有主桁架)分三段	(154~120)m×486m×(2.5~9)m	—	—	2002
	杭州大剧院	双	脊拱+肋环型(部分环向杆)	34.6m×165.8m×2.0m月牙形	46.6	—	2003

5.2.3 网壳结构的选型

网壳结构的种类和形式很多,结构选型时一般应考虑以下几个方面。

(1) 双层网壳可采用铰接节点,单层网壳应采用刚接节点,一般来说,大中跨度网壳宜采用双层网壳,中小跨度网壳可采用单层网壳。

(2) 一般来说,在同等条件下,单层网壳比双层网壳用钢量少。但是,单层网壳由于受稳定性控制较大,当跨度超过一定数值后,双层网壳的用钢量反而省。当网架受到较大荷载作用,特别是受到非对称荷载作用时,宜选用双层网壳。

(3) 平面形状为圆形、正六边形和接近圆形的多边形时,宜采用球面网壳;平面形状为正方形和矩形时,宜采用圆柱面网壳、双曲扁网壳、单块和四块组合型扭网壳。

(4) 网格数或网格尺寸对于网壳的挠度影响较小,而对用钢量影响较大。

(5) 小跨度球面网壳的网格布置可采用肋环型,大中跨度的球面网壳宜采用能形成三角形网格的各种网格类型。

(6) 进行网壳结构设计,特别是高、大跨度网壳结构的选型,应与建筑设计密切配合,使网壳结构与建筑造型相一致,与周围环境相协调,整体比例适当。

(7) 小跨度的圆柱面网壳的网格布置可采用联方网格型,大中跨度的圆柱面网壳采用能形成三角形网格的各种网格类型。

5.3 网壳结构设计的一般原则

5.3.1 网壳的矢跨比和厚跨比

球面网壳的矢跨比不宜小于 1/7。双层球面网壳的厚度可取跨度的 1/30~

1/60。单层球面网壳的跨度不宜大于 80m。两端边支撑的圆柱面网壳,其宽度 B 与跨度 L 之比宜小于 1.0,壳体的矢高可取宽度 B 的 1/3~1/6。沿两纵向边支撑 或四边支撑的圆柱面网壳,壳体的矢高可取跨度(宽度 B)的 1/2~1/5。双层圆柱 面网壳的厚度可取宽度 B 的 1/20~1/50。两端边支撑的单层圆柱面网壳,其跨度 L 不宜大于 35m。沿两纵向边支撑的单层圆柱面网壳,其跨度(此时为宽度 B)不 宜大于 30m。

5.3.2　网壳的网格尺寸和网格数

网壳结构的网格尺寸,根据国内外的实践经验取值:当跨度小于 50m 时,取 1.5~3.0m,当跨度为 50~100m 时,取 2.5~3.5m,当跨度大于 100m 时,取 3.0~ 4.5m。

网壳结构沿短向跨度的网格数一般不宜小于 6。

网壳结构在空间相邻杆件间的夹角不宜小于 30°,否则将给制作与安装带来 困难,节点的受力也不尽合理。

5.3.3　网壳的边缘构件

网壳的支撑构造应可靠传递竖向反力,同时应满足不同网壳结构形式所必需 的边缘约束条件;边缘约束构件应满足刚度要求,并应与网壳结构一起进行整体计 算。球面网壳的支撑点应保证抵抗水平位移的约束条件。圆柱面网壳当沿两纵向 边支撑时,支撑点应保证抵抗侧向水平位移的约束条件。

圆柱面网壳一般有以下三种支撑方式:

(1)两端边支撑。通常在两端设有横隔,其平面内应有足够的平面刚度,以承 受沿边界的竖向和切向反力;横隔在平面外的刚度可不考虑。

(2)两纵边支撑。通常在两纵边设置强大抗侧构件,以承受沿纵边的竖向和 水平向反力。当纵边落地时在支撑点常设置预应力地梁来承受水平反力。

(3)四边支撑。通常在网壳的四边都要设置相应的边缘构件来传递竖向和水 平向反力。

5.3.4　挠度限值

单层网壳结构的最大挠度计算值不应超过短向跨度的 1/400;双层网壳结构 的最大挠度计算值不应超过短向跨度的 1/250;当单层网壳有悬挑部分时,其最大 挠度计算值不应超过短向跨度的 1/200;当双层网壳有悬挑部分时,其最大挠度计 算值不应超过短向跨度的 1/125。对于设有悬挂起重设备的屋盖结构,其最大挠 度值不宜大于结构跨度的 1/400。

5.3.5　杆件设计

网壳杆件可采用普通型钢和薄壁型钢。管材宜采用高频焊管或无缝钢管,有条件时应采用薄壁管型截面。选取和确定网壳杆件截面时,钢管不宜小于 $\phi48\text{mm}\times3\text{mm}$,普通型钢不宜小于 $L50\text{mm}\times3\text{mm}$。网壳杆件也可采用方钢管、槽钢、工字钢和宽翼缘 H 型钢。

单层网壳杆件的计算长度,根据杆件弯曲方向在壳面内、外和节点形式按表 5.2 采用,双层网壳杆件的计算长度按表 5.3 采用。

表 5.2　单层网壳杆件的计算长度 l_0

弯曲方向	节点形式		
	焊接空心球节点	毂节点	相贯节点
壳体曲面内	$0.9l$	$1.0l$	$0.9l$
壳体曲面外	$1.6l$	$1.6l$	$1.6l$

注:l 为杆件的几何长度(节点中心间距离)。

表 5.3　双层网壳杆件的计算长度 l_0

杆件形式	节点形式		
	螺栓球	焊接空心球	板节点
弦杆及支座腹杆	$1.0l$	$1.0l$	$1.0l$
腹杆	$1.0l$	$0.9l$	$0.9l$

注:l 为节点中心间的杆件几何长度。

单双层网壳杆件的容许长细比 λ 不宜超过表 5.4 中规定的数值。

表 5.4　网壳杆件的容许长细比 λ

结构体系	杆件形式	杆件受拉	杆件受压	杆件受压与压弯	杆件受拉与拉弯
双层网壳	直接承受动力荷载杆件	250	180	—	—
单层网壳	一般杆件	—	—	150	250

5.3.6　网壳节点

大中跨度的双层网壳可采用焊接空心球节点,而中小跨度的双层网壳可采用螺栓球节点和板节点。中小跨度的单层网壳需采用焊接空心球节点,小跨度的单层网壳还可采用我国自主开发的嵌入式毂节点和相贯节点。

嵌入式毂节点的形式和构造如图 5.18 所示,它由柱状毂体、杆端嵌入件、盖板、中心螺栓、弹簧垫圈、平垫圈等零件组成,适用于跨度不大于 60m 的单层球面网壳及跨度不大于 30m 的单层柱面网壳。由于嵌入榫的作用,这种节点在网壳面外能承受一定的弯曲内力。

焊接空心球的外径与壁厚之比宜取 25～45;空心球壁厚与主钢管壁厚之比宜取

1.5～2.0;空心球外径与主钢管外径之比宜取 2.4～3.0;空心球壁厚不宜小于 4mm。

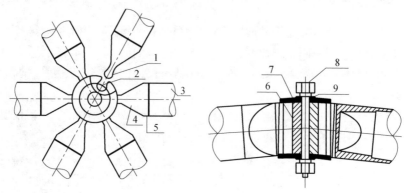

图 5.18　嵌入式毂节点的形式和构造

1. 嵌入件嵌入榫；2. 毂体嵌入槽；3. 杆件；4. 杆端嵌入体；5. 连接焊缝；6. 毂体；
7. 压盖；8. 中心螺栓；9. 平垫圈及弹簧垫圈

5.4　各类派生的新型网壳结构

5.4.1　组合网壳结构

组合网壳结构是 20 世纪 80 年代发展起来的新结构,它是由钢筋混凝土和钢材两种不同材料组合而成的空间结构;也是由薄壳结构和网壳结构两种不同结构形式合成的空间结构,从这个意义上来说,它是一种杂交空间结构。

5.4.2　杂交网壳结构

网壳结构与其他结构形式合成的杂交网壳结构主要有如下几种。

1. 弦支穹顶

弦支穹顶(suspendome)是由日本的川口卫等学者将张拉整体、索穹顶等柔性结构和单层球面网壳相结合而形成的一种新型的空间复合结构体系,图 5.19 为北京工业大学体育馆 93m 弦支穹顶。它作为集成了网壳结构和索穹顶结构的一种新颖形式,为空间结构提供了一种崭新的思路。弦支穹顶的顶面是采用单层网壳,然后通过下部的多个弦支层而组成的一种结构形式。一个弦支层包括同一纬线圈上的一组撑杆及与之相联系的径向(斜向)索和环向索。其中,撑杆

图 5.19　北京工业大学体育馆 93m
弦支穹顶

上端铰接于网壳节点,下端连接于径向索和环向索。这种结构形式综合了索穹顶和网壳结构的优点,同时弥补了各自的不足。它一方面改善了单层球面的稳定性,另一方面它又具有一定的初始刚度,从而使结构成形过程、施工过程都得到了较好的改善。

作为一种新型的结构体系——张拉整体体系(弦支穹顶体系),具有构思精巧、形式简洁、结构性能优越的优点,为目前最合理、轻巧的大跨承重体系。与其他结构相比,弦支穹顶结构的优点有以下几点:

(1) 与单层网壳相比较而言,下弦的张拉整体部分不仅增强了总体结构的刚度,还大大提高了单层网壳的稳定性,克服了单层网壳对缺陷敏感的缺点。因此,结构跨度可以做得更大。

(2) 与弦支穹顶相比较而言,虽然弦支穹顶的结构效能比较高,但其施工却有一定难度。弦支穹顶结构中用刚性的上弦层取代柔性的上弦索,使施工大为简化,并且弦支穹顶由于其刚度相对于索穹顶的刚度要大很多,使屋面材料更容易与刚性材料相匹配,因此其屋面覆盖材料可以采用刚性材料。与膜材料等柔性屋面材料相比,刚性屋面材料具有建筑造价低、施工连接工艺成熟和保温遮阳性能相对较好等优点。

(3) 在结构受力上,结构对边界约束的要求明显降低。因为刚性上弦层的网壳对周边施以压力,而柔性的张拉整体下部对边界产生拉力,两者组合起来后作用力相互抵消。如果进行适当的优化设计,还可以达到在长期荷载作用下屋顶结构对边界施加的水平反力接近于零,因此大大减少了下部支撑结构的受力,降低对下部结构抗侧性能的要求;使支座受力明确,易于设计与制作;并克服单层网壳结构矢高越低,水平推力越大的缺点,使弦支穹顶结构具有更大的适用性。

根据其上层网壳的杆件布置形式,弦支穹顶结构体系可以简单地归纳为以下几种。

(1) 肋环型弦支穹顶。肋环型弦支穹顶是在肋环型单层球面网壳的基础上形成的。上弦网壳由径肋和环杆组成。在此穹顶结构下部加上撑杆及斜、环向拉索之后,便形成肋环型的弦支穹顶结构。

(2) Schwedler 型弦支穹顶。这种弦支穹顶以 Schwedler 型网壳为基础形成。

(3) 联方型弦支穹顶。联方型弦支穹顶以联方型网壳为基础形成。工程中常采用一种复合的凯威特-联方型单层网壳作为弦支穹顶的上层,以使网格尺寸相对均匀,减少不必要的杆件,使受力更合理,同时也方便了施工。

(4) 凯威特型弦支穹顶。凯威特网壳是由 $n(n=6,8,12,\cdots)$ 根通长的径向杆线把球面分为 n 个对称扇形曲面,然后在每个扇形曲面内,再由纬向杆系和斜向杆系将此曲面划分为大小比较均匀的三角形网格。每个扇形平面中各左斜杆平行、各右斜杆平行。不但网格大小均匀,而且内力分布均匀。

（5）三向网格弦支穹顶。

（6）短程线型弦支穹顶。

2. 拱支网壳结构

大跨拱支网壳空间结构综合了网壳（网架）及拱结构等的优点，使这种杂交体系能够有效地降低结构对初始几何缺陷的敏感性，显著提高结构的整体静力性能。提高单层柱面网壳结构稳定性并减弱其缺陷敏感性的有效办法就是采用拱支网壳的概念，沿结构纵向布置一定拱结构，形成柱面拱支网壳结构。

拱支网壳结构利用拱结构具有整体刚度大、稳定性好的特点，改善了网壳结构的整体性能，使之兼有单层和双层网壳结构的优点。由于拱结构的作用，整体单层网壳就被划分为若干小的单层网壳区段，从而使网壳结构的整体稳定问题转化为局部区段的稳定性问题。部分杆的破坏或局部区段的失稳塌陷将较小甚至不会波及整个结构。网壳结构对缺陷的敏感程度下降，同时，网壳结构对拱结构的稳定也有所帮助，因而增强了结构的整体性能，使得两种结构形式能够充分发挥各自的潜力，提高了整个结构的承载能力及材料强度的利用率，达到增大结构跨度同时又获得较高经济效益的目的。

3. 斜拉网壳结构

斜拉网壳结构是一种跨越能力大、经济合理的杂交空间结构，通常由塔柱、拉索和网壳组成。塔柱一般独立于空间网格结构，斜拉索的上端悬挂在塔柱顶部，下端则锚固在网壳结构主体上。斜拉索充分发挥拉索钢材的高强度优势，为网壳结构提供了一系列中间弹性支撑，使原空间网格结构的内力和变形得以调整，明显减小结构挠度，降低杆件内力，使网壳结构不需要靠增大结构高度和构件截面即能跨越很大的跨度，从而达到节省材料的目的。

迄今为止，斜拉网壳结构的工程应用实例和设计方案屡见不鲜。例如，美国的匹兹堡展览中心（90m×88m）、意大利的西亚花卉市场（100m×100m）、英国伯明翰的National Exhibition Centre（90m×108m）等；我国的北京奥林匹克体育馆（70m×83.2m，1988 年）、新加坡港务局（PSA）仓库和山西娘子关高速公路收费站。根据国内外工程实践和斜拉桥经验，斜拉网格（壳）结构在跨度 70～300m 可充分发挥其优越性。

另外，斜拉网壳中主要采用双层网壳结构（图 5.20），很少采用斜拉单层网壳，避免斜拉索的作用使单层网壳产生不利的内力集中现象。

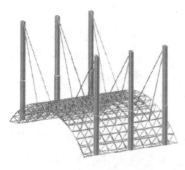

图 5.20　斜拉网壳有限元模型

5.4.3 网壳结构的其他新形式

1. 空腹网壳结构

网壳结构是一种曲面形空间网格结构,有单层网壳和双层网壳之分。单层网壳结构形式美观,结构简单,但是它的稳定性问题突出,材料的强度不能充分发挥。双层网壳结构受力性能较好,但杆件繁多,影响建筑效果。空腹网壳结构是在双层网壳结构的基础上引入空腹的概念,去除斜腹杆而形成的一类现代新型空间网壳结构。空腹网壳结构是将格构式压杆的概念运用到单层网壳当中而产生的一种结构形式,是由空腹拱各向交叉组成的空间结构受力体系,它既可以达到单层网壳结构杆件清晰的效果,又可以改善单层网壳结构的稳定问题。

空腹网壳是由传统的空腹网架结构变形形成一个曲面而得到的结构形式,它是将空腹结构与网壳结构相结合的产物,可以更好地发挥结构本身和材料的优势。图 5.21 为国家大剧院——空腹肋环型双层椭球网壳。目前,根据网壳结构的形状可以分为柱面空腹网壳、球面空腹网壳和其他曲面类型空腹网壳。

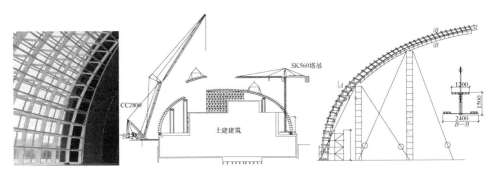

图 5.21 国家大剧院——空腹肋环型双层椭球网壳

2. 局部双层网壳结构

局部双层网壳是近几年发展起来的一种新型空间结构。为改善单层网壳的稳定性,克服双层网壳浪费钢材、杆件布置稠密、节点构造困难、加工不便等缺点,局部双层网壳这种结构形式已逐渐受到人们的重视,该类结构也已在一定范围内得到了应用。

从构造上讲,球面网壳的经向、纬向或者边缘,柱面网壳的柱顶区、柱跨、壳端或檐口等,按照一定的规律设置为双层网格结构,而大部分为单层壳面结构,从而在建筑学上达到一种韵律简洁、凸显力感及象征等的艺术效果或建筑功能。同时,网壳的整体承载力、变形能力、失稳特征及经济性能比单层网壳高。

3. 折叠式网壳结构

折叠式网壳结构具有以下一些特点：

（1）折叠式网壳结构通常是在双层网壳沿某几条轴线处拆除上弦杆或下弦杆，从而形成铰线，使整个网壳结构沿这些铰线可以转动折叠。

（2）折叠式网壳结构可在地面上组装，省去脚手架，先是形成一种机构，然后沿铰线转动、提升展开、待定位后再连接被拆除的上弦杆或下弦杆，改铰接为刚接。因此，折叠式网壳结构施工成形过程是由机构到结构的过程。

参 考 文 献

曹资,薛素铎. 2005. 空间结构抗震理论与设计. 北京:科学出版社.

陈凯力,赖盛. 2008. 大型储罐罐顶网壳结构形式的比较. 石油化工设备技术,29(5):34-39.

陈志华. 2010. 弦支穹顶结构. 北京:科学出版社.

丁芸孙. 2006. 网架网壳设计与施工. 北京:中国建筑工业出版社.

丁芸孙. 2008. 钢结构设计误区与释义百问百答. 北京:人民交通出版社.

董石麟,罗尧治,赵阳,等. 2006. 新型空间结构分析、设计与施工. 北京:人民交通出版社.

桂堃. 2009. 大型油罐顶盖单层网壳技术的比较分析. 石油化工设备技术,30(1):5-8.

何国富. 2010. 子午线型单层网壳在大型储罐顶盖应用中的规范执行问题. 石油化工设备,39(2):52-56.

黄斌,毛文筠. 2010. 新型空间钢结构设计与实例. 北京:机械工业出版社.

金维昂,宋伯铨,陈建飞,等. 1998. 大容量油罐固定顶盖的理想结构——单层双向子午线穹形网壳的研究与应用. 石油规划设计,9(5):18-22.

蓝天,张毅刚. 2000. 大跨度屋盖结构抗震设计. 北京:中国建筑工业出版社.

李月东. 2002. 三万 m³ 单层双向子午线穹形网壳罐顶施工技术. 化工建设工程,24(6):45-46.

刘磊磊. 2008. 双向子午线网壳的结构性能. 杭州:浙江大学硕士学位论文.

刘生奎,王俊卿. 2010. 储罐采用三角形网壳和子午线网壳的优劣对比. 石油工程建设,32(1):54-55.

刘锡良. 2003. 现代空间结构. 天津:天津大学出版社.

陆赐麟,尹思明,刘锡良. 2007. 现代预应力钢结构. 第二版. 北京:人民交通出版社.

罗尧治. 2007. 大跨度储煤结构:设计与施工. 北京:中国电力出版社.

马柯夫斯基. 1992. 穹顶网壳分析设计与施工. 赵惠麟,译. 南京:江苏科学技术出版社.

马克俭,张华刚,郑涛. 2006. 新型建筑空间网格结构理论与实践. 北京:人民交通出版社.

倪春江. 2002. 单层双向子午线穹形网壳罐顶的施工. 石油工程建设,28(3):22-25.

沈祖炎,陈扬骥. 1997. 网架与网壳. 上海:同济大学出版社.

斯新中. 2000. 方格网架罐顶的试验和工程设计. 炼油设计,30(10):51-54.

宋伯铨,陈建飞,童竞昱,等. 1988. 单层双向子午线网状球壳的力学性能分析及试验研究. 第四届空间结构学术交流会论文集,成都:443-448.

宋伯铨,陈建飞,童竟昱. 1990. 单层双向子午线网状球壳的力学性能分析及试验研究. 建筑结构学报,11(5):43-50.

王心田. 2003. 建筑结构体系与选型. 上海:同济大学出版社.

王秀丽. 2008. 大跨度空间钢结构分析与概念设计. 北京:机械工业出版社.

尹德钰,刘善维,钱若军. 1996. 网壳结构设计. 北京:中国建筑工业出版社.

约翰·奇尔顿. 2004. 空间网格结构. 高立人,译. 北京:中国建筑工业出版社.

张毅刚,薛素铎,杨庆山,等. 2005. 大跨空间结构. 北京:机械工业出版社.

中国建筑科学研究院,等. 1991. JGJ 7—1991 网架结构设计与施工规程. 北京:中国建筑工业出版社.

中国建筑科学研究院,等. 2003. JGJ 61—2003 网壳结构技术规程. 北京:中国建筑工业出版社.

中国建筑科学研究院,等. 2010. JGJ 7—2010 空间网格结构技术规程. 北京:中国建筑工业出版社.

Chilton J. 2000. Space Grid Structures. Boston:Architectural Press.

Long B,Garner B. 2004. Guide to Storage Tanks and Equipment. New York:Wiley.

Makowski Z S. 1984. Analysis,Design and Construction of Braced Domes. New York:Nichols Publishing Company.

Makowski Z S. 1985. Analysis,Design,and Construction of Braced Barrel Vaults. London,New York:Elsevier.

Skelton R E,de Oliveira M C. 2009. Tensegrity Systems. New York:Springer.

Subramanian N. 1983. Principles of Space Structures. New York:Wheeler Publishing Company Limited.

第6章 网壳的设计和计算

6.1 引　言

6.1.1　网壳结构分析设计的主要内容

网壳结构验算包括三个方面的内容,即强度验算、变形验算和稳定性验算。强度验算和稳定性验算属于承载能力极限状态设计的内容,而变形验算通常为满足正常使用极限状态设计的要求。

6.1.2　网壳结构的荷载和作用

从类型上看,网壳结构的荷载分为静荷载和动荷载两类。静荷载包括恒荷载和可变荷载,恒荷载如结构和屋面材料自重、屋面悬挂荷载重力等,可变荷载包括屋面施工荷载、积灰荷载、雪荷载、吊车荷载及风荷载中的平均风效应的部分。而网壳结构的动荷载通常有地震作用及风荷载中的脉动风成分。另外,网壳结构分析还应根据具体情况考虑温度变化、支座沉降等作用的效应。

6.1.3　网壳结构分析的计算模型

对于网壳结构来说,结构分析的计算模型根据其受力特点和节点构造形式通常分为两种:一种是空间杆单元模型,另一种是空间梁单元模型。对于双层/多层网壳结构,无论采用螺栓球节点,还是具有一定抗弯刚度的焊接球节点,计算分析表明,只要荷载作用在节点上,构件内力主要以轴力为主,而且考虑节点刚度所引起的构件弯矩通常很小。因此,双层/多层网壳结构通常采用空间杆单元模型,结构分析方法可采用与网架结构相同的空间桁架位移法。而对于单层网壳,杆件之间通常采用以焊接空心球节点为主的刚性连接方式,同时从结构受力性能上来看,单层网壳构件中的弯矩和轴力相比不能忽略,而且会成为控制构件设计的主要内力,因此单层网壳的结构分析通常采用空间梁单元模型。对于局部单层局部双层的网壳结构,在过渡区域的构件可能一端铰接,一端刚接,这就需要按节点约束退化的梁单元模型计算。网壳结构通常和下部结构共同工作,此时需要考虑其与下部结构共同分析。

6.2　荷载的作用及效应组合

6.2.1　荷载的作用和类型

网壳结构的荷载和作用与网架结构的一样,主要是永久荷载、可变荷载和作用。

1. 永久荷载

(1) 网壳自重和节点自重。网壳的计算一般均由计算机完成,因此其自重可通过计算机自动形成。

网壳的节点自重可按网壳杆件总重的 20%～25% 估算。

(2) 屋面和吊顶自重可根据屋面和吊顶构造按《建筑结构荷载规范》(GB 50009—2001)采用。

(3) 设备管道等自重按实际情况采用。

2. 可变荷载

1) 屋面活荷载

网壳的屋面活荷载应按《建筑结构荷载规范》(GB 50009—2001)的规定采用,屋面均布活荷载标准值一般可取 $0.3\mathrm{kN/m^2}$。

2) 雪荷载

雪荷载是网壳的重要荷载之一,在国外已发生多起由于大雪导致的网壳倒塌重要事故。

网壳的雪荷载应按水平投影面计算,其雪荷载标准值按式(6.1)计算。

$$S_\mathrm{k} = \mu_\mathrm{r} S_0 \tag{6.1}$$

式中,S_k——雪荷载标准值,$\mathrm{kN/m^2}$;

　　S_0——基本雪压,$\mathrm{kN/m^2}$;

　　μ_r——屋面积雪分布系数,可按规范的规定采用。

球面网壳屋顶上的积雪分布应分两种情况考虑,即积雪均匀分布情况和非均匀情况。积雪均匀分布情况的积雪分布系数可采用《建筑结构荷载规范》(GB 50009—2001)给出的拱形屋顶的积雪分布系数,如图 6.1(b)所示。积雪非均匀分布情况的积雪分布系数可按图 6.1(c)取用。

3) 风荷载

风荷载也是网壳的重要荷载之一,对于跨度较大的网壳,设计时应特别重视。

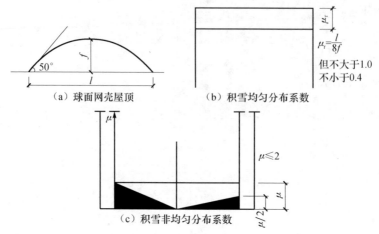

图 6.1　球面网壳屋顶的积雪分布系数

我国《建筑结构荷载规范》(GB 50009—2001)规定,垂直于建筑物表面上的风荷载标准值应按式(6.2)计算。

$$\omega_k = \beta_z \mu_s \mu_z \omega_0 \tag{6.2}$$

式中,ω_k——风荷载标准值,kN/m^2;

　　　β_z——z 高度处的风振系数;

　　　μ_s——风荷载体形系数;

　　　μ_z——风压高度变化系数;

　　　ω_0——基本风压,kN/m^2。

对于网壳,β_z、μ_z 和 ω_0 的计算与其他结构一样,可按《建筑结构荷载规范》(GB 50009—2001)的规定采用。μ_s 则应根据网壳的体形确定。在《建筑结构荷载规范》(GB 50009—2001)中给出了封闭式落地拱形屋面、封闭式拱形屋面、封闭式双跨拱形屋面和旋转壳顶四种情况的风荷载体形系数 μ_s 的值,见表 6.1。对于完全符合表 6.1 中所列情况的网壳可按表中给出的体形系数采用。

表 6.1　网壳的风荷载体形系数

		f/l	μ_s	
封闭式落地拱形屋顶		0.1	+0.1	中间值按插值法计算
		0.2	+0.2	
		0.5	+0.6	
		f/l	μ_s	
封闭式拱形屋顶		0.1	−0.8	中间值按插值法计算
		0.2	0	
		0.5	+0.6	

续表

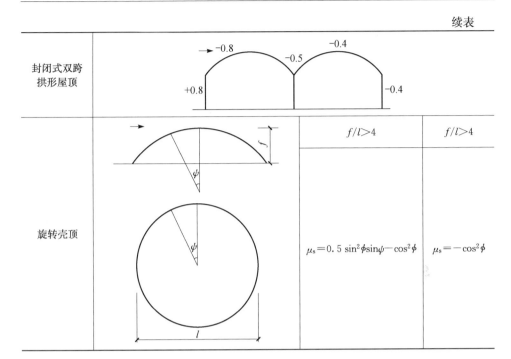

		$f/l>4$	$f/l>4$
封闭式双跨拱形屋顶			
旋转壳顶		$\mu_s=0.5\sin^2\phi\sin\psi-\cos^2\phi$	$\mu_s=-\cos^2\phi$

4）温度作用

网壳所处环境如有较大的温度差异将有可能在网壳中产生不可忽略的温度内力，在设计中应予考虑。

5）地震作用

建设在地震区的网壳需要考虑水平地震和竖直地震的作用。一般可采用反应谱法计算网壳在地震作用下的反应。根据我国《建筑抗震设计规范》（GB 50011—2010)和《空间网格结构技术规程》(JGJ 7—2010)的规定，当采用振型分解反应谱法计算地震效应时，地震影响系数的取用如下所述。

（1）水平地震影响系数 α_h。

$$\alpha_h=\begin{cases}(10\eta_2T_j-4.5T_j+0.45)\alpha_{max}, & 0\leqslant T_j\leqslant 0.1\\ \eta_2\alpha_{max}, & 0.1\leqslant T_j\leqslant T_g\\ \left(\dfrac{T_g}{T_j}\right)^\gamma\eta_2\alpha_{max}, & T_g\leqslant T_j\leqslant 5T_g\\ [\eta_20.2^\gamma-\eta_1(T-5T_g)]\alpha_{max}, & 5T_g\leqslant T_j\leqslant 6.0\end{cases}$$

式中，T_g——特征周期；

T_j——结构自振周期；

α_{max}——地震影响系数最大值；

γ——衰减指数；

η_1——直线下降段的下降斜率调整系数；

η_2——阻尼调整系数。

（2）竖向地震的影响系数。

$$\alpha_v = 0.65\alpha_h$$

6.2.2　荷载效应组合

网壳应根据最不利的荷载效应组合进行设计。

对于非抗震设计，荷载效应组合应按我国《建筑结构荷载规范》（GB 50009—2001）进行计算，即在杆件及节点设计中，应采用荷载效应的基本组合，计算公式为

$$\gamma_G C_G G_K + \gamma_{Q1} C_{Q1} Q_{1K} + \sum_{i=2}^{n} \gamma_{Qi} C_{Qi} \Psi_{ci} Q_{iK} \tag{6.3}$$

式中，γ_G——永久荷载的分项系数。当其效应对结构不利时，取 1.2，有利时，取 1.0；

γ_{Q1}、γ_{Qi}——分别为第 1 个和第 i 个可变荷载的分项系数，一般情况下取 1.4；

G_K——永久荷载的标准值；

Q_{1K}——第一个可变荷载的标准值，该效应大于其他任意一个可变荷载的效应；

Q_{iK}——其他第 i 个可变荷载的标准值；

C_G、C_{Q1}、C_{Qi}——分别为永久荷载、第一个可变荷载和其他第 i 个效应系数；

Ψ_{ci}——第 i 个可变荷载的组合值系数。

对抗震设计，荷载效应组合应按我国《建筑抗震设计规范》（GB 50011—2010）计算。即在构件和节点设计中，地震作用效应和其他荷载效应的基本组合的计算为

$$\gamma_G C_G G_E + \gamma_{Eh} C_{Eh} E_{hk} + \gamma_{Ev} C_{Ev} E_{vk} \tag{6.4}$$

式中，γ_{Eh}、γ_{Ev}——分别为水平、竖向地震作用分项系数，按表 6.2 采用。

G_E——重力荷载代表值，取结构和构配件自重标准值和各可变荷载组合值之和，各可变荷载的组合系数按表 6.3 取用。

E_{hk}、E_{vk}——分别为水平和竖向地震作用标准值；

C_{Eh}、C_{Ev}——分别为水平和竖向地震作用的效应系数。

表 6.2　地震作用分项系数

地震作用	γ_{Eh}	γ_{Ev}
仅考虑水平地震作用	1.3	不考虑
仅考虑竖向地震作用	不考虑	1.3
同时考虑水平与竖向地震作用	1.3	0.5

表 6.3　组合系数值

可变荷载种类	组合系数值
雪荷载	0.5
屋面积灰荷载	0.5
屋面活荷载	不考虑

6.3　网壳结构分析的计算方法及其分类

网壳结构的计算宜遵从如下原则：

（1）双层网壳宜采用空间杆系有限元法进行计算。

（2）单层网壳宜采用空间梁系有限元法进行计算。

（3）对单、双层网壳在结构方案选择和初步设计时可采用拟壳分析法进行估算。

接下来介绍针对于单层网壳结构，按空间梁单元进行结构分析的有限单元法-空间刚架位移法。

6.4　网壳结构分析的有限单元法——空间刚架位移法

空间刚架位移法的基本思想是：首先，根据结构实际节点位置将网壳结构的各杆件离散成独立的梁单元；再通过单元分析，建立单元节点位移和节点力之间关系的单元刚度矩阵；然后，对整体结构的每一个节点通过相邻单元的位移协调关系及单元节点力和外荷载之间的平衡关系，建立整体结构节点位移和节点荷载之间的基本方程式及结构的总体刚度矩阵，通过引入边界条件修正总刚度矩阵后，求解基本方程式得到结构各节点的位移；最后，根据求得的节点位移计算各单元的内力。

6.4.1　基本假定

（1）梁单元为等截面双轴对称的直杆。

（2）变形后的梁截面仍保持平面，且垂直于中和轴。

（3）结构符合小变形的假定。

（4）材料为各向同性的小应变线弹性材料。

（5）荷载仅作用在节点上。

6.4.2 空间梁单元的坐标系定义及坐标变换矩阵

1. 梁单元的坐标系定义

如图 6.2 所示的一空间等截面双轴对称的直线梁单元,两端 i、j 节点在整体坐标系 $O\text{-}xyz$ 下的坐标值分别为 $\{x_i, y_i, x_i\}^{\mathrm{T}}$ 和 $\{x_j, y_j, z_j\}^{\mathrm{T}}$。在整体坐标系 $O\text{-}xyz$ 下,将其表示成节点内力向量和节点位移向量的形式,即

$$F_e = \{N_{xi}, N_{yi}, N_{zi}, M_{xi}, M_{yi}, M_{zi}, N_{xj}, N_{yj}, N_{zj}, M_{xj}, M_{yj}, M_{zj}\}^{\mathrm{T}} \qquad (6.5)$$

$$U_e = \{u_i, v_i, w_i, \theta_{xi}, \theta_{yi}, \theta_{zi}, u_j, v_j, w_j, \theta_{xj}, \theta_{yj}, \theta_{zj}\}^{\mathrm{T}} \qquad (6.6)$$

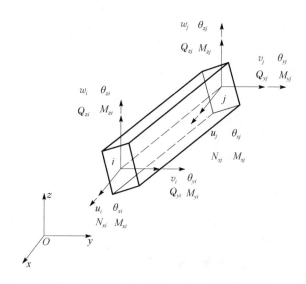

图 6.2 整体坐标系 $O\text{-}xyz$ 下的单元节点位移和节点内力向量

在单元局部坐标系 $\tilde{O}\text{-}\tilde{x}\tilde{y}\tilde{z}$ 下(图 6.3),其节点内力向量和节点位移向量为

$$\tilde{F}_e = \{\tilde{N}_{xi}, \tilde{Q}_{yi}, \tilde{Q}_{zi}, \tilde{M}_{xi}, \tilde{M}_{yi}, \tilde{M}_{zi}, \tilde{N}_{xj}, \tilde{Q}_{yj}, \tilde{Q}_{zj}, \tilde{M}_{xj}, \tilde{M}_{yj}, \tilde{M}_{zj}\}^{\mathrm{T}} \qquad (6.7)$$

$$\tilde{U}_e = \{\tilde{u}_i, \tilde{v}_i, \tilde{w}_i, \tilde{\theta}_{xi}, \tilde{\theta}_{yi}, \tilde{\theta}_{zi}, \tilde{u}_j, \tilde{v}_j, \tilde{w}_j, \tilde{\theta}_{xj}, \tilde{\theta}_{yj}, \tilde{\theta}_{zj}\}^{\mathrm{T}} \qquad (6.8)$$

在单元局部坐标系 $\bar{O}\text{-}\bar{x}yz$ 下(图 6.4)定义节点内力向量和节点位移向量

$$\bar{F}_e = \{\bar{N}_{xi}, \bar{Q}_{yi}, \bar{Q}_{zi}, \bar{M}_{xi}, \bar{M}_{yi}, \bar{M}_{zi}, \bar{N}_{xj}, \bar{Q}_{yj}, \bar{Q}_{zj}, \bar{M}_{xj}, \bar{M}_{yj}, \bar{M}_{zj}\}^{\mathrm{T}} \qquad (6.9)$$

$$\bar{U}_e = \{\bar{u}, \bar{v}, \bar{w}, \bar{\theta}_{xi}, \bar{\theta}_{yi}, \bar{\theta}_{zi}, \bar{u}_i, \bar{v}_i, \bar{w}_j, \bar{\theta}_{xj}, \bar{\theta}_{yj}, \bar{\theta}_{zj}\}^{\mathrm{T}} \qquad (6.10)$$

以上局部坐标系下定义的节点内力向量和节点位移向量中,各符号的具体意义如下:

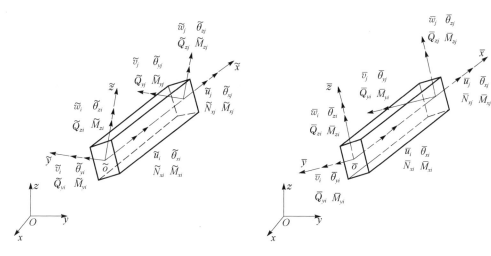

图 6.3　局部坐标系 $\tilde{O}$-$\tilde{x}\tilde{y}\tilde{z}$ 下单元
节点位移向量和节点内力向量

图 6.4　局部坐标系 $\bar{O}$-$\bar{x}\bar{y}\bar{z}$ 下单
元节点位移向量和节点内力向量

$\bar{N}$——轴力；

$\bar{Q}_y$、$\bar{Q}_z$——分别为沿 $\bar{y}$、$\bar{z}$ 方向的剪应力；

$\bar{M}_x$——绕 $\bar{x}$ 轴的扭矩；

$\bar{M}_y$、$\bar{M}_z$——分别为绕 $\bar{y}$、$\bar{z}$ 轴的弯矩；

$\bar{u}$、$\bar{v}$、$\bar{w}$——分别为沿 $\bar{x}$、$\bar{y}$、$\bar{z}$ 方向的线位移；

$\bar{\theta}_x$——截面绕 $\bar{x}$ 轴的扭转角；

$\bar{\theta}_y$、$\bar{\theta}_z$——分别为截面绕 $\bar{y}$、$\bar{z}$ 轴的弯曲转角。

2. 坐标变换

（1）$\bar{O}$-$\bar{x}\bar{y}\bar{z}$ 坐标系与 $\tilde{O}$-$\tilde{x}\tilde{y}\tilde{z}$ 坐标系的节点内力向量和节点位移向量的变换关系。

对于网壳结构而言，由于杆件通常采用圆钢管，其截面特性对于通过形心的任意轴都相同，因此局部坐标系 $\tilde{O}$-$\tilde{x}\tilde{y}\tilde{z}$ 任意选取都与 $\bar{O}$-$\bar{x}\bar{y}\bar{z}$ 重合。但是对于一般的矩形截面构件和 I 型截面构件，主惯性轴的方向可能与单元的局部坐标系 $\tilde{O}$-$\tilde{x}\tilde{y}\tilde{z}$ 成一定的夹角（图 6.5），通常称这个夹角为欧拉角 α。在这种情况下，$\tilde{O}$-$\tilde{x}\tilde{y}\tilde{z}$ 坐标系下的节点内力向量和节点坐标向量与 $\bar{O}$-$\bar{x}\bar{y}\bar{z}$ 坐标系下的节点内力向量和节点坐标向量存在如下变换关系：

$$\bar{F}_e = R_1 \tilde{F}_e \tag{6.11}$$

$$\bar{U}_e = R_1 \tilde{U}_e \tag{6.12}$$

式中,R_1——坐标变换矩阵,具体表达为

$$R_1 = \begin{bmatrix} [T_1] & 0 & 0 & 0 \\ 0 & [T_1] & 0 & 0 \\ 0 & 0 & [T_1] & 0 \\ 0 & 0 & 0 & [T_1] \end{bmatrix} \qquad (6.13)$$

$$T_1 = \begin{bmatrix} 1 & 0 & 0 \\ 0 & \cos\alpha & -\sin\alpha \\ 0 & \sin\alpha & \cos\alpha \end{bmatrix} \qquad (6.14)$$

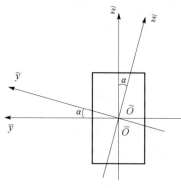

图 6.5　欧拉角 α

式中,α——欧拉角。

（2）局部坐标系 $\tilde{O}\text{-}\tilde{x}\tilde{y}\tilde{z}$ 与整体坐标系 $O\text{-}xyz$ 的节点内力向量和节点位移向量的变换关系。

梁单元局部坐标系下的节点内力向量和节点位移向量与整体坐标系下的节点力向量和节点位移向量存在以下关系：

$$\tilde{F}_e = R_2 F_e \qquad (6.15)$$
$$\tilde{U}_e = R_2 U_e \qquad (6.16)$$

式中,R_2——坐标变换矩阵,具体表达为

$$R_2 = \begin{bmatrix} [T_2] & 0 & 0 & 0 \\ 0 & [T_2] & 0 & 0 \\ 0 & 0 & [T_2] & 0 \\ 0 & 0 & 0 & [T_2] \end{bmatrix} \qquad (6.17)$$

$$T_2 = \begin{bmatrix} l_1 & m_1 & n_1 \\ l_2 & m_2 & n_2 \\ l_3 & m_3 & n_3 \end{bmatrix} \qquad (6.18)$$

式中,l_1、m_1、n_1——单元局部坐标系 $\tilde{x}$ 轴分别与结构整体坐标系 x、y、z 轴的方向余弦;

l_2、l_3——单元局部坐标系 $\tilde{y}$、$\tilde{z}$ 轴分别与结构整体坐标系 x 轴的方向余弦。

（3）局部坐标系 $\overline{O}\text{-}\overline{x}\overline{y}\overline{z}$ 与 $O\text{-}xyz$ 的节点内力向量和节点位移向量的变换关系。

局部坐标系 $\overline{O}\text{-}\overline{x}\overline{y}\overline{z}$ 与 $O\text{-}xyz$ 的节点内力向量和节点位移向量存在以下关系：

$$\overline{F}_e = R\overline{F}_e \tag{6.19}$$

$$\overline{U}_e = R\overline{U}_e \tag{6.20}$$

式中,坐标变换矩阵 R 为

$$R = R_1 R_2 \tag{6.21}$$

6.4.3　两端刚接空间梁单元的单元刚度矩阵

1. 局部坐标系 $\overline{O}\text{-}\overline{x}\overline{y}\overline{z}$ 下梁单元的刚度矩阵

局部坐标系 $\overline{O}\text{-}\overline{x}\overline{y}\overline{z}$ 下梁单元节点内力向量与节点位移向量之间的关系式 (图 6.6)为

$$\overline{K}_e \overline{U}_e = \overline{F}_e \tag{6.22}$$

式中,$\overline{U}_e$——梁单元的节点位移向量;

　　　$\overline{F}_e$——梁单元的节点内力向量;

　　　$\overline{K}_e$——梁单元的刚度矩阵。

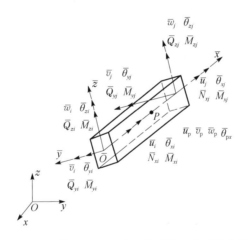

图 6.6　局部坐标系 $\overline{O}\text{-}\overline{x}\overline{y}\overline{z}$ 下的单元节点位移向量和节点内力向量

1) 几何关系

定义单元中性轴上一点位移向量为

$$\overline{U}_{pe} = \{\overline{u}_p, \overline{v}_p, \overline{w}_p, \overline{\theta}_{px}\}^{\mathrm{T}} \tag{6.23}$$

式中,$\overline{u}_p$、$\overline{v}_p$、$\overline{w}_p$——分别为在 $\overline{O}\text{-}\overline{x}\overline{y}\overline{z}$ 坐标系三个坐标轴方向的线位移;

　　　$\overline{\theta}_{px}$——绕 $\overline{x}$ 轴的扭转角。

引入插值函数 N 将中性轴上一点位移向量 $\overline{U}_{pe}$ 用节点位移向量 $\overline{U}_e$ 来表示,

即

$$\bar{U}_{pe} = N\bar{U}_e \tag{6.24}$$

式中,插值函数具体表达为

$$N = \begin{bmatrix} N_1 & 0 & 0 & 0 & 0 & 0 & N_2 & 0 & 0 & 0 & 0 & 0 \\ 0 & N_3 & 0 & 0 & 0 & N_4 & 0 & N_5 & 0 & 0 & 0 & N_6 \\ 0 & 0 & N_3 & 0 & -N_4 & 0 & 0 & 0 & N_5 & 0 & -N_6 & 0 \\ 0 & 0 & 0 & N_1 & 0 & 0 & 0 & 0 & 0 & N_2 & 0 & 0 \end{bmatrix} \tag{6.25}$$

$$N_1 = 1 - \xi, \quad N_2 = \xi, \quad N_3 = 1 - 3\xi^2 + 2\xi^3, \quad N_4 = \xi l(1-\xi)^2$$
$$N_5 = 3\xi^2 - 2\xi^3, \quad N_6 = \xi^2 l(\xi-1), \quad \xi = \bar{x}/l$$

同时定义梁单元横截面上任意一点的位移向量为

$$U_e = \{\bar{u}, \bar{v}, \bar{w}\}^T \tag{6.26}$$

根据平截面假定,其与同一截面中性轴上点的位移关系为

$$U_e = \begin{Bmatrix} \bar{u} \\ \bar{v} \\ \bar{w} \end{Bmatrix} = \begin{bmatrix} 1 & -\bar{y}\dfrac{\partial}{\partial x} & -\bar{z}\dfrac{\partial}{\partial x} & 0 \\ 0 & 1 & 0 & -\bar{z} \\ 0 & 0 & 1 & -\bar{y} \end{bmatrix} \begin{Bmatrix} \bar{u}_p \\ \bar{v}_p \\ \bar{w}_p \\ \bar{\theta}_{px} \end{Bmatrix} = C\bar{U}_{pe} \tag{6.27}$$

梁单元内部一点位移和节点位移之间的关系为

$$U_e = C\bar{U}_{pe} = CN\bar{U}_e = \bar{N}\bar{U}_e \tag{6.28}$$

$$\bar{N} = \begin{bmatrix} N_1 & -\bar{y}N_{3,\bar{x}} & -\bar{z}N_{3,\bar{x}} & 0 & \bar{z}N_{4,\bar{x}} & -\bar{y}N_{4,\bar{x}} \\ 0 & N_3 & 0 & \bar{z}N_1 & 0 & N_4 \\ 0 & 0 & N_3 & \bar{y}N_1 & -N_4 & 0 \end{bmatrix}$$

$$\begin{matrix} N_2 & -\bar{y}N_{5,\bar{x}} & -\bar{z}N_{5,\bar{x}} & 0 & \bar{z}N_{6,\bar{x}} & -\bar{y}N_{6,\bar{x}} \\ 0 & N_5 & 0 & -\bar{z}N_2 & 0 & N_6 \\ 0 & 0 & N_5 & -\bar{y}N_2 & -N_6 & 0 \end{matrix} \tag{6.29}$$

梁单元中任意一点的应变包括一个正应变和两个剪应变,即为

$$\varepsilon_e = \{\varepsilon_x, \gamma_{xy}, \gamma_{xz}\}^T \tag{6.30}$$

由弹性力学的几何方程可知

$$\varepsilon_x = \frac{\partial \bar{u}}{\partial \bar{x}}, \quad \gamma_{xy} = \frac{\partial \bar{u}}{\partial \bar{y}} + \frac{\partial \bar{v}}{\partial \bar{x}}, \quad \gamma_{xz} = \frac{\partial \bar{u}}{\partial \bar{z}} + \frac{\partial \bar{w}}{\partial \bar{x}} \tag{6.31}$$

将式(6.28)代入式(6.31)中,可得

$$\varepsilon_e = B\bar{U}_e \tag{6.32}$$

$$\bar{B} = \begin{bmatrix} N_{1,\bar{x}} & -\bar{y}N_{3,\overline{xx}} & -\bar{z}N_{3,\overline{xx}} & 0 & \bar{z}N_{4,\overline{xx}} & -\bar{y}N_{4,\overline{xx}} \\ 0 & N_{3,\bar{x}} & 0 & -\bar{z}N_{1,\bar{x}} & 0 & N_{4,\bar{x}} \\ 0 & 0 & N_{3,\bar{x}} & \bar{y}N_{1,\bar{x}} & -N_{4,\bar{x}} & 0 \end{bmatrix}$$

$$\begin{matrix} N_{2,\bar{x}} & -\bar{y}N_{5,\bar{x}} & -\bar{z}N_{5,\bar{x}} & 0 & \bar{z}N_{6,\overline{xx}} & -\bar{y}N_{6,\overline{xx}} \\ 0 & N_{5,\bar{x}} & 0 & -\bar{z}N_{2,\bar{x}} & 0 & 0 \\ 0 & 0 & N_{5,\bar{x}} & \bar{y}N_{2,\bar{x}} & -N_{6,\bar{x}} & 0 \end{matrix} \Bigg] \tag{6.33}$$

2) 物理关系

梁单元中任意一点的应力包括一个正应力和两个剪应力,即为

$$\sigma_e = \{\sigma_x, \tau_{xy}, \tau_{xz}\}^{\mathrm{T}} \tag{6.34}$$

应力和应变符合以下关系:

$$\sigma_e = D\varepsilon_e \tag{6.35}$$

$$D = \begin{bmatrix} E & 0 & 0 \\ 0 & G & 0 \\ 0 & 0 & G \end{bmatrix} \tag{6.36}$$

式中, E——弹性模量;

G——材料的剪切模量, $G = E/[2(1+\mu)]$。

3) 虚功原理

考虑梁上无荷载,对于处于平衡状态的空间梁单元,必须满足虚功原理。

$$\int_v \delta\varepsilon_e^{\mathrm{T}} \sigma_e \mathrm{d}v = \delta\bar{U}_e^{\mathrm{T}} \bar{F}_e \tag{6.37}$$

式中, $\delta\varepsilon_e^{\mathrm{T}}$、$\delta\bar{U}_e^{\mathrm{T}}$——分别为虚应变和节点虚位移。

将式(6.32)和式(6.35)代入式(6.37),得

$$\delta\bar{U}_e^{\mathrm{T}} \left(\int_v B^{\mathrm{T}} DB \mathrm{d}v\right) \bar{U}_e = \delta\bar{U}_e^{\mathrm{T}} \bar{F}_e \tag{6.38}$$

考虑到节点虚位移 $\delta\bar{U}_e^{\mathrm{T}}$ 的任意性和非零性,因此式(6.38)可化简为

$$\left(\int_v B^{\mathrm{T}} DB \mathrm{d}v\right) \bar{U}_e = \bar{F}_e \tag{6.39}$$

将式(6.39)与式(6.22)比较,则梁单元的刚度矩阵为

$$\bar{K}_e = \int_v B^{\mathrm{T}} DB \mathrm{d}v \tag{6.40}$$

局部坐标系下的单元刚度矩阵的表达形式为

$$\overline{K}_e =$$

$$\begin{bmatrix}
\dfrac{EA}{L} & & & & & & & & & & & \\
0 & \dfrac{12EI_z}{L^3} & & & & & & & & & & \\
0 & 0 & \dfrac{12EI_y}{L^3} & & & & & & & & & \\
0 & 0 & 0 & \dfrac{GJ}{L} & & & & & & & & \\
0 & 0 & -\dfrac{6EI_y}{L^2} & 0 & \dfrac{4EI_y}{L} & & & & & & & \\
0 & \dfrac{6EI_z}{L^2} & 0 & 0 & 0 & \dfrac{4EI_z}{L} & \text{对} & & & & & \\
-\dfrac{EA}{L} & 0 & 0 & 0 & 0 & 0 & \dfrac{EA}{L} & \text{称} & & & & \\
0 & -\dfrac{12EI_z}{L^3} & 0 & 0 & 0 & -\dfrac{6EI_z}{L^2} & 0 & \dfrac{12EI_z}{L^3} & & & & \\
0 & 0 & -\dfrac{12EI_y}{L^3} & 0 & \dfrac{6EI_y}{L^2} & 0 & 0 & 0 & \dfrac{12EI_y}{L^3} & & & \\
0 & 0 & 0 & -\dfrac{GJ}{L} & 0 & 0 & 0 & 0 & 0 & \dfrac{GJ}{L} & & \\
0 & 0 & -\dfrac{6EI_y}{L^2} & 0 & \dfrac{2EI_y}{L} & 0 & 0 & 0 & \dfrac{6EI_y}{L^2} & 0 & \dfrac{4EI_y}{L} & \\
0 & \dfrac{6EI_z}{L^2} & 0 & 0 & 0 & \dfrac{2EI_z}{L} & 0 & -\dfrac{6EI_z}{L^2} & 0 & 0 & 0 & \dfrac{4EI_z}{L}
\end{bmatrix}$$

$$(6.41)$$

式中，E——弹性模量；

　　A——截面面积；

　　I_y、I_z——分别为对应于惯性轴 $\overline{y}$ 和 $\overline{z}$ 轴的截面惯性矩；

　　L——梁单元的长度；

　　J——截面的扭转惯性矩。

局部坐标系 $\overline{O}\text{-}\overline{x}\,\overline{y}\,\overline{z}$ 下节点内力向量和节点位移向量之间的关系如下。

（1）节点轴向力与位移的关系。

$$\overline{N}_{xi} = \frac{EA}{L}(\overline{u}_i - \overline{u}_j) \tag{6.42}$$

$$\overline{N}_{xj} = \frac{EA}{L}(-\overline{u}_i + \overline{u}_j) \tag{6.43}$$

（2）节点扭矩与位移的关系。

$$\overline{M}_{xi} = \frac{GJ}{L}(\bar{\theta}_{xi} - \bar{\theta}_{xj}) \tag{6.44}$$

$$\overline{M}_{xj} = \frac{GJ}{L}(-\bar{\theta}_{xi} + \bar{\theta}_{xj}) \tag{6.45}$$

（3）$\overline{O}\text{-}\overline{xz}$ 平面内的节点弯矩和剪力与节点位移的关系。

$$\overline{M}_{yi} = EI_y\left(-\frac{6}{L^2}\overline{w}_i + \frac{4}{L}\bar{\theta}_{yi} + \frac{6}{L^2}\overline{w}_j + \frac{2}{L}\bar{\theta}_{yj}\right) \tag{6.46}$$

$$\overline{M}_{yj} = EI_y\left(-\frac{6}{L^2}\overline{w}_i + \frac{2}{L}\bar{\theta}_{yi} + \frac{6}{L^2}\overline{w}_j + \frac{4}{L}\bar{\theta}_{yj}\right) \tag{6.47}$$

$$\overline{Q}_{zi} = EI_y\left(\frac{12}{L^3}\overline{w}_i - \frac{6}{L^2}\bar{\theta}_{yi} - \frac{12}{L^3}\overline{w}_j - \frac{6}{L^2}\bar{\theta}_{yj}\right) \tag{6.48}$$

$$\overline{Q}_{zj} = EI_y\left(-\frac{12}{L^3}\overline{w}_i + \frac{6}{L^2}\bar{\theta}_{yi} + \frac{12}{L^3}\overline{w}_j + \frac{6}{L^2}\bar{\theta}_{yj}\right) \tag{6.49}$$

（4）$\overline{O}\text{-}\overline{xy}$ 平面内的节点弯矩和剪力与节点位移的关系。

$$\overline{M}_{zi} = EI_z\left(\frac{6}{L^2}\overline{v}_i + \frac{4}{L}\bar{\theta}_{zi} - \frac{6}{L^2}\overline{v}_j + \frac{2}{L}\bar{\theta}_{zj}\right) \tag{6.50}$$

$$\overline{M}_{zj} = EI_z\left(\frac{6}{L^2}\overline{v}_i + \frac{2}{L}\bar{\theta}_{zi} - \frac{6}{L^2}\overline{v}_j + \frac{4}{L}\bar{\theta}_{zj}\right) \tag{6.51}$$

$$\overline{Q}_{yi} = EI_z\left(\frac{12}{L^3}\overline{v}_i + \frac{6}{L^2}\bar{\theta}_{zi} - \frac{12}{L^3}\overline{v}_j + \frac{6}{L^2}\bar{\theta}_{zj}\right) \tag{6.52}$$

$$\overline{Q}_{yj} = EI_z\left(-\frac{12}{L^3}\overline{v}_i - \frac{6}{L^2}\bar{\theta}_{zi} + \frac{12}{L^3}\overline{v}_j - \frac{6}{L^2}\bar{\theta}_{zj}\right) \tag{6.53}$$

2. **整体坐标系下的单元刚度矩阵**

由于梁单元局部坐标系 $\overline{O}\text{-}\overline{xyz}$ 下的节点内力向量和节点位移向量与整体坐标系下的节点内力向量和节点位移向量存在关系式(6.19)和式(6.20)，因此

$$F_e = R^{-1}\overline{F}_e = R^{\mathrm{T}}\overline{F}_e = R^{\mathrm{T}}\overline{K}_e\overline{U}_e = (R^{\mathrm{T}}\overline{K}_eR)U_e \tag{6.54}$$

即

$$F_e = K_eU_e \tag{6.55}$$

式中

$$K_e = R^{\mathrm{T}}\overline{K}_eR \tag{6.56}$$

6.4.4　基本方程式的建立及结构总刚度矩阵

基本方程式可表达为

$$KU = P \tag{6.57}$$

式中，P——结构节点荷载向量；

　　U——结构的节点位移向量；

　　K——结构的总刚度矩阵。

空间刚架位移法的结构总刚度矩阵也是通过整体坐标系下的单元刚度矩阵按照位移协调条件和节点各自由度方向的平衡条件组集而成。由于篇幅所限，不再具体给出。

6.4.5　边界条件支座沉降及施工安装荷载

空间刚架位移法在基本方程求解之前，必须引入边界条件。网壳结构的支撑条件，可根据支座节点的位置、数量、构造情况及支撑结构的刚度确定，对于双层网壳分别假定为二向可侧移、一向可侧移、无侧移的铰接支座或弹性支撑；对于单层网壳分别假定为二向或一向可侧移、无侧移的铰接支座、刚接支座或弹性支撑。单层网壳结构的边界条件一般作用在支座节点上。根据支座约束情况，其边界条件通常也只有四种，即自由、弹性约束、固定和强迫位移。

6.4.6　温度变化和温度应力的计算

单元网壳的结构温度效应主要有以下两种情况：

（1）整个网壳结构所有构件存在等温度差 Δt_x。

（2）网壳杆件的上下表面之间存在一个温度差 Δt_{xy}。

网壳结构的温度效应计算的基本思想是：首先，将网壳各节点加以约束，求解各单元因温度变化所引起的杆件固端节点内力，求解各个节点相连杆件的固端力在节点处产生的不平衡力；然后，释放加在各节点处的约束，将节点不平衡内力反作用在结构上，按照空间刚架位移法求解节点位移和构件内力；最后，将杆件的固端节点力与由于节点不平衡力所造成的杆件内力进行叠加，即求出网壳杆件的温度内力。

下面给出以上两种情况梁单元的固端节点内力计算公式。

（1）整个网壳结构所有构件存在等温度差 Δt_x 作用下的固端节点内力。

$$\overline{N}_{xi} = -\overline{N}_{xj} = EA\alpha\Delta t_x \tag{6.58}$$

（2）网壳杆件的上下表面之间存在一个温度差 Δt_{xy} 作用下的固端节点内力，对于两端刚接的梁单元为

$$\overline{M}_{yi} = -\overline{M}_{xj} = \frac{\alpha EI_y \Delta t_{xy}}{h} \tag{6.59}$$

对于一端刚接，一端铰接的梁单元为

$$\overline{M}_{yi} = \frac{3\alpha EI_y \Delta t_{xy}}{2h} \tag{6.60}$$

式中,α——材料的线膨胀系数;

　　h——杆件截面高度。

6.5　网壳的抗震计算

6.5.1　地震作用

　　网壳在抗震分析时一般不宜采用振型分解法而采用时程分析法。

　　采用时程分析法时,宜按烈度、近震、远震和场地类别选用三四条实际记录或人工模拟的地震动加速度时程曲线,其水平加速度峰值可采用表 6.4。

表 6.4　水平地震加速度峰值　　　　　　　　（单位:cm/s²）

烈度/度	7	8	9
多遇地震作用	35	70	140
罕遇地震作用	220	—	—

6.5.2　网壳的振动方程

　　1. 基本假定

　　(1) 网壳的节点均为完全刚接的空间节点,每一个节点具有六个自由度。

　　(2) 质量集中在各节点上。

　　(3) 作用在质点上的阻尼力与对地面的相对速度成正比。

　　(4) 支撑网壳的基础按地面的地震动波运动。

　　2. 振动方程

　　地震作用下,网壳的振动方程为

$$[m]\{\ddot{\delta}\} + [C]\{\dot{\delta}\} + [K]\{\delta\} = -[m]\{\ddot{\delta}_0\} \tag{6.61}$$

式中,$[m]$——质量矩阵,对于有 N 个节点的网壳,为一个 $3n \times 3n$ 的对角矩阵;

　　$[C]$——阻尼系数矩阵,为一个 $3n \times 3n$ 的矩阵;

　　$[K]$——网壳的总刚度矩阵,由空间杆系非线性有限元求得;

　　$\{\delta\}$——相对于地面的相对位移列矩阵;

　　$\{\dot{\delta}\}$——相对速度列矩阵;

　　$\{\ddot{\delta}\}$——相对加速度列矩阵;

　　$\{\ddot{\delta}_0\}$——地面地震运动加速度列矩阵。

将线位移和角位移分开排列,则式(6.61)可改写为

$$
\begin{bmatrix} [m_s] & 0 \\ 0 & [m_\theta] \end{bmatrix} \begin{Bmatrix} \{\ddot{\delta}_s\} \\ \{\ddot{\delta}_\theta\} \end{Bmatrix} + \begin{bmatrix} [C_s] & [C_{s\theta}] \\ [C_{\theta s}] & [C_{\theta\theta}] \end{bmatrix} \begin{Bmatrix} \{\dot{\delta}_s\} \\ \{\dot{\delta}_\theta\} \end{Bmatrix} + \begin{bmatrix} [K_{ss}] & [K_{s\theta}] \\ [K_{\theta s}] & [K_{\theta\theta}] \end{bmatrix} \begin{Bmatrix} \{\delta_s\} \\ \{\delta_\theta\} \end{Bmatrix}
$$
$$
= - \begin{bmatrix} m_s & 0 \\ 0 & m_\theta \end{bmatrix} \begin{Bmatrix} \{\ddot{\delta}_{0s}\} \\ \{\ddot{\delta}_{0\theta}\} \end{Bmatrix} \tag{6.62}
$$

式中,$\{\delta_s\}$、$\{\dot{\delta}_s\}$、$\{\ddot{\delta}_s\}$ 和 $\{\delta_\theta\}$、$\{\dot{\delta}_\theta\}$、$\{\ddot{\delta}_\theta\}$——分别为线位移和角位移的位移、速度和加速度;

$\{\ddot{\delta}_{0s}\}$ 和 $\{\ddot{\delta}_{0\theta}\}$——分别为由地面地震运动带动的质点线加速度和角加速度。

由基本假定(2)、(3),式(6.62)可写成

$$
[m_s]\{\ddot{\delta}_s\} + [C_s]\{\dot{\delta}_s\} + [K_{ss}]\{\delta_s\} + [K_{s\theta}]\{\delta_\theta\} = -[m_s]\{\ddot{\delta}_{0s}\} \tag{6.63}
$$
$$
[K_{\theta s}]\{\delta_s\} + [K_{\theta\theta}]\{\delta_\theta\} = 0 \tag{6.64}
$$

由式(6.63)和式(6.64)消去 $\{\delta_\theta\}$,并注意到 $[K_{\theta s}] = [K_{s\theta}]$,则有

$$
[m_s]\{\ddot{\delta}_s\} + [C_s]\{\dot{\delta}_s\} + [K_s]\{\delta_s\} = -[m_s]\{\ddot{\delta}_{0s}\} \tag{6.65}
$$
$$
[K_s] = [K_{ss}] - [K_{s\theta}][K_{\theta\theta}]^{-1}[K_{s\theta}] \tag{6.66}
$$

6.5.3　抗震分析

网壳的抗震分析分以下两阶段进行:

第一阶段为多遇地震作用下的分析。网壳在多遇地震作用时应处于弹性阶段,因此应作弹性时程分析,根据求得的内力,按荷载组合规定进行杆件和节点设计。

第二阶段为罕遇地震作用下的分析。网壳在罕遇地震作用下处于弹塑性阶段,因此应作弹塑性时程分析,用以校核网壳的位移及是否会发生倒塌。

6.6　网壳结构的稳定性分析

6.6.1　概述

网壳结构的稳定性是网壳、特别是单层网壳分析设计中的一个关键问题。1963 年,罗马尼亚布加勒斯特一个直径为 93.5m 的单层球面网壳在一场大雪后就因为整体失稳而彻底坍塌,使人们深刻认识到网壳结构稳定问题的重要性。我国也出现过网壳失稳的工程事故。1993 年山西某矿井洗煤厂圆形煤仓的组合网壳顶盖在施工过程中就因失稳而使球面网壳的球冠部分完全翻转过来(图 6.7)。

图 6.7　网壳失稳

1. 基本概念

1）失稳现象

广义地讲,稳定问题包括三类,即几何稳定、约束稳定和变形稳定。几何稳定指结构体系的几何构成是否充分必要,与之相应的失稳表现为结构的几何可变;约束稳定指结构的约束是否充分必要,与之相应的失稳表现为结构的刚体位移;而变形稳定指满足几何稳定、约束稳定充分必要条件的结构是否出现大变位或位移跳跃。

2）屈曲类型

结构的失稳(屈曲)类型主要有两类:极值点屈曲和分枝点屈曲。图 6.8(a)所示为极值点屈曲的荷载-位移曲线,位移随着荷载的增加而增加(此时称为稳定的基本平衡路径),直至到达平衡路径上的一个顶点,即临界点,越过临界点之后结构具有唯一的平衡路径,且曲线呈下降趋势,即平衡路径是不稳定的。对于分枝点屈曲的情形[图 6.8(b)],位移仍随荷载的增加而增加,直至到达平衡路径上的一个拐点,即临界点,随后出现与平衡路径相交的第二平衡路径。该临界点即分枝点,在该点结构失稳即为分枝点屈曲。

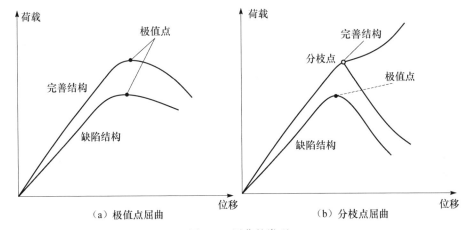

（a）极值点屈曲　　　　　　　　　　　（b）分枝点屈曲

图 6.8　屈曲的类型

3）初始缺陷敏感性

通常初始缺陷的存在会显著降低结构的稳定承载能力[图 6.8(a)]，同时，初始缺陷会使分枝屈曲问题转化为极限屈曲问题[图 6.8(b)]。只有理想的完善结构才可能发生分枝屈曲，实际结构总是存在初始缺陷的，其失稳就不再是分枝型的，而是表现为极值点失稳。

2. 网壳结构的失稳模态

常见的网壳结构失稳模态包括杆件失稳[图 6.9(a)]、点失稳[图 6.9(b)]、条状失稳[图 6.9(c)]和整体失稳[图 6.9(d)]。

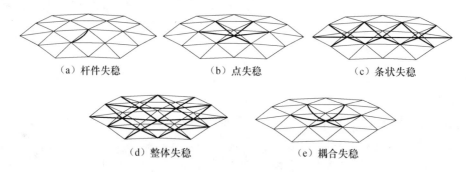

(a) 杆件失稳　　　　　　　(b) 点失稳　　　　　　　(c) 条状失稳

(d) 整体失稳　　　　　　　(e) 耦合失稳

图 6.9　网壳结构的失稳模态

杆件失稳指网壳中只有单根杆件发生屈曲而结构的其余部分不受任何影响[图 6.9(a)]，这是网壳结构中常见、也是最简单的失稳形式。点失稳指网壳中的一个节点出现很大的几何变位、偏离平衡位置的失稳现象[图 6.9(b)]，这也是网壳结构一种典型的局部失稳模态。条状失稳指沿网壳结构的某个方向出现一条失稳带，即该条上的节点出现很大几何变位的失稳现象[图 6.9(c)]。整体失稳是指网壳结构的大部分发生很大的几何变位、偏离平衡位置的失稳现象[图 6.9(d)]。整体失稳前结构主要处于薄膜应力状态，失稳后整个结构由原来处于平衡状态的弹性变形转变为极大的几何变位，同时由薄膜应力转变为弯曲应力状态。除了以上四种基本的失稳模态，当两种不同的失稳模态（通常是杆件失稳和点失稳）所对应的临界荷载值比较接近时，网壳结构还会出现同时包含两种失稳模态的失稳现象，称为耦合失稳[图 6.9(e)]。

3. 网壳结构稳定性分析的计算模型

网壳结构的稳定性分析可采用两类计算模型，即基于连续化假定的等代薄壳模型（拟壳法）和基于离散化假定的有限元模型。拟壳法将杆系组成的网壳结构等代为连续薄壳，然后借用连续薄壳稳定分析的经典方法和研究成果确定其稳定承载能力。该法具有众多明显的局限性。随着计算机的广泛应用和现代计算技术的不断发展,基于离散化假定的有限单元法成为结构稳定分析的有力工具。各国学者针对网壳结构的稳定分析,在梁单元切线刚度矩阵、非线性平衡路径跟踪技术、初始缺陷的影响等诸多方面进行了卓有成效的工作。

6.6.2　影响网壳结构稳定性的主要因素

导致网壳结构失稳的因素很多。研究表明,影响网壳结构稳定性的主要因素包括非线性效应、初始缺陷、曲面形状、网格密度、结构刚度、节点刚度、荷载分布、边界条件等。

1. 非线性效应

壳体结构主要通过薄膜内力承受外荷载,网壳在失稳前主要处于薄膜应力和薄膜变位状态,而失稳后失稳部位的网壳由原来的弹性变形转变为极大的几何变位,由薄膜应力状态转变为弯曲应力状态。因此,几何非线性的影响十分显著。同时,材料非线性也会影响网壳结构的稳定性。

2. 初始缺陷

网壳结构的初始缺陷包括结构外形的几何偏差(即网壳安装完成后的节点位置与设计理想坐标的偏差,由制作、安装过程中的误差所导致)、杆件的初弯曲、杆件对节点的初偏心、由于残余应力等各种原因引起的初应力、杆件的材料不均匀性、外荷载作用点的偏心等。

3. 曲面形状

壳体结构的曲面形状直接影响其稳定性。若双曲面壳体两个方向上的主曲率半径分别为 R_1 和 R_2(R_1 为较小的曲率半径),则壳体的临界荷载随着 R_1/R_2 的增大而增大,但同时,初始缺陷敏感性也随之增大。总体上讲,过于平坦的曲面容易引起失稳,双曲形的曲面优于单曲形的曲面,而具有负高斯曲率的双曲抛物面稳定性更好。

4. 网格密度

网格较疏时控制设计的往往是杆件失稳,而网格较密时则是整体稳定起决定作用。网格较疏的网壳具有更大的刚度。在各种不同的失稳形式中,网壳结构的极限荷载在杆件失稳时最大,而在整体失稳时最小。因此较疏网格的网壳具有比较密网格网壳更好的稳定承载性能。

5. 结构刚度

网壳的结构刚度与结构形状、结构拓扑、网格密度、杆件的截面特性和材料特性等多种因素有关。网壳的等效刚度可定义为 $\sqrt{B_e D_e}$，其中，B_e 为等效薄膜刚度，D_e 为等效弯曲刚度，结构刚度大的网壳对防止失稳是有利的。

6. 节点刚度

节点刚度对网壳的结构性能影响很大，会显著影响结构的内力分布和整体稳定性，节点的嵌固作用对维持网壳的稳定性十分重要。通常假定节点为理想铰接或理想刚接两种情形，而实际节点的刚度往往介于两者之间，即为半刚性节点。我国《空间网格结构设计规程》(JGJ 7—2010)规定，单层网壳应采用刚接节点，双层网壳可采用铰接节点。

7. 荷载分布

大跨度网壳结构通常自重较轻，作用于结构的恒荷载相对较小，因此雪荷载、风荷载等非对称荷载显得尤为重要，非对称荷载是导致网壳结构失稳的重要因素之一。

8. 边界条件

网壳结构的边界支撑条件也是影响其稳定性的重要因素，研究表明，边界条件不仅影响稳定承载能力，也会影响失稳模态。点支撑的网壳结构比周边支撑的网壳结构更容易失稳，而周边简支的网壳结构通常比周边固支的网壳结构更容易失稳。

6.6.3　网壳结构稳定性分析的连续化方法

在计算机广泛应用之前，基于连续化假定的拟壳法是网壳结构稳定性分析的主要方法。即使在计算机分析技术不断完善的今天，采用计算机方法确定网壳结构的临界荷载仍然不那么容易，特别从工程设计的实用角度尚未普及。因此，采用连续化的等代薄壳模型从宏观上分析网壳的稳定性仍具有实用意义。将由杆系组成的网壳结构等代为连续薄壳以后，就可以应用连续薄壳的稳定分析理论来确定其稳定承载的临界荷载。

6.6.4　网壳结构稳定性分析的有限单元法

结构的非线性效应包括材料非线性和几何非线性，对于网壳结构特别是单层网壳结构，通常认为几何非线性是主要因素。

对结构非线性平衡路径的跟踪具有相当的难度。在早期工作中，为计算平衡路径需要根据经验预先设置不同的荷载水平，而且临界点附近刚度矩阵的病态或奇异会导致一般解法的失效，平衡路径只能跟踪到临界点之前。而且目前采用的自动增量/迭代过程主要涉及荷载水平的确定、临界点的判别准则与计算方法、越过临界点的方法及后屈曲路径的跟踪方法。

在增量/迭代过程中，需要选择一个独立的参数作为控制参数，而荷载参数无疑是最广为选取的控制参数，并且在屈曲前的结构计算中十分有效。但由于临界点附近结构的刚度矩阵接近奇异，迭代收敛很慢，甚至根本就不收敛，因此荷载增量无法用于计算屈曲后的结构响应。关于结构屈曲后响应的跟踪方法，多年来各国学者进行了大量的研究工作，相继提出了一些很有价值的方法，如人工弹簧法、位移增量法、弧长法、能量平衡技术、功增量法、最小残余位移法等。应该说明的是，熟知的 Newton-Raphson 法或修正的 Newton-Raphson 法仍是一种基本的方法，各种不同的屈曲后跟踪方法都与之密切相关。

人工弹簧法是在结构中人为地加入一个线性弹簧，使处于突然失稳时的系统强化为正定系统，从而使奇异的刚度矩阵得以修正，这样就可以采用荷载增量法进行全过程分析。但该方法在应用上有许多局限性，特别对于多自由度体系，需要多个弹簧时这一方法就不适用了。

位移增量法选取 N 维位移向量中的某一分量作为已知量，而荷载作为变量，用位移变化来控制荷载步长。Batoz 和 Dhatt 提出了采用两个位移向量的同时求解技术，可在迭代过程中保持刚度矩阵的对称性，这种方法可以非常有效地通过荷载极限点，但无法通过位移极限点。

弧长法是跟踪非线性平衡路径的一种有效方法，也称等弧长法。这一方法最初是由 Riks 和 Wempner 同时分别提出的，将荷载系数和未知位移同时作为变量，引入一个包括荷载系数的约束方程，通过切面弧长来控制荷载步长。后来，Crisfield 和 Ramm 又对弧长法进行了修正和发展，用球面弧长替代切面弧长，并利用 Batoz 和 Dhatt 的两个位移向量同时求解技术，提出了便于有限元计算的球面弧长法。在此基础上，Crisfield 又进一步提出了似乎更简单有效的柱面弧长法。Bathe 在他的自动求解技术中，在增量步自动选择时仍采用了球面弧长法，而在极限点附近引入了功的增量法，使极限点附近的求解更容易收敛。

6.6.5　网壳结构的稳定设计

我国《空间网格结构技术规程》(JGJ 7—2010)以强制性条文的形式明确规定，对单层的球面网壳、圆柱面网壳和椭圆抛物面网壳(即双曲扁网壳)及厚度较小的双层网壳均应进行稳定性计算。这里厚度较小的双层网壳指的是厚度小于以下范围：球面网壳的厚度为跨度(平面直径)的 1/60～1/30，圆柱面网壳的厚度为宽度的 1/50～1/20，椭圆抛物面网壳的厚度为短向跨度的 1/50～1/20。

1.《空间网格结构技术规程》(JGJ 7—2010)提供的实用计算公式

为简化设计中的计算工作，我国《空间网格结构技术规程》(JGJ 7—2010)给出了单层的球面网壳、圆柱面网壳和椭圆抛物面网壳的容许承载力标准值$[n_{ks}]$（均布荷载，kN/m^2）的实用计算公式。单层球面网壳的计算公式最简单

$$[n_{ks}] = 0.21 \frac{\sqrt{B_e D_e}}{r^2} \tag{6.67}$$

式中，B_e——网壳的等效薄膜刚度，kN/m；

$\quad\quad D_e$——网壳的等效抗弯刚度，$kN \cdot m$；

$\quad\quad r$——球面的曲率半径，m。

2. 特征值屈曲分析

早期的结构分析中，常通过求解以下特征问题得到结构的屈曲模态及相应的临界荷载。

$$(K_0 + \lambda K_\sigma)\psi = 0 \tag{6.68}$$

式中，K_0——结构总体线性刚度矩阵；

$\quad\quad K_\sigma$——结构总体几何刚度矩阵；

$\quad\quad \psi$——特征矢量，即结构的屈曲模态；

$\quad\quad \lambda$——特征值，即给定荷载模式的比例因子，也称荷载因子。

但上述线性分析方法与结构实际受力状况之间存在很大的差别。网壳结构表现出很强的几何非线性，又属缺陷敏感结构，线性分析方法往往会过高估计结构的稳定承载能力，结构设计中是通过安全系数来保证结构的稳定承载的。采用特征值分析方法分析网壳结构的稳定性是不能令人满意的，但求得的临界荷载可作为确定设计临界荷载的基础。

3. 几何非线性全过程分析

采用考虑几何非线性的有限元方法进行荷载-位移全过程分析是网壳结构稳定分析的有效途径。通过跟踪网壳结构的非线性荷载-位移全过程响应，可以完整了解结构在整个加载过程中的强度、稳定性以至刚度的变化历程，从而合理确定其稳定承载能力。

1）初始缺陷

网壳结构的初始缺陷包括结构缺陷和杆件缺陷两类。杆件缺陷的影响可通过修正梁单元的非线性切线刚度矩阵进行精确考虑，也可采用削减杆件刚度等近似方法，以考虑杆件的几何缺陷（如初弯曲）和力学缺陷（如残余应力）对其轴向刚度和弯曲刚度的削弱作用。如前所述，杆件缺陷更多地在杆件截面设计中进行考虑，网壳结构的初始缺陷主要指结构缺陷，即节点的几何位置偏差。

2）非对称荷载

网壳结构通常自重较轻，恒荷载相对较小，风荷载、雪荷载等非对称荷载显得

尤为重要。非对称荷载是导致网壳结构失稳的因素之一,在分析中有必要考虑非对称荷载的影响。

3) 安全系数

《空间网格结构技术规程》(JGJ 7—2010)规定,通过网壳结构的几何非线性全过程分析,并按上述方法考虑了初始缺陷、不利荷载分布等影响而求得的第一个临界点的荷载值,可作为该网壳的极限承载力。将极限承载力除以系数 K 后,即为按网壳稳定性确定的容许承载力(标准值)。《空间网格结构技术规程》(JGJ 7—2010)还建议系数 K 可取 4.2。

4. 双重非线性全过程分析

计算分析时最好能同时考虑几何、材料双重非线性。现有研究表明,材料弹塑性性能对网壳结构稳定承载力的影响随结构具体条件变化,尚无规律性的结果可循。因此,我国《空间网格结构技术规程》(JGJ 7—2010)把材料弹塑性的影响放在上面说明的安全系数 K 中考虑。

6.7　算　　例

6.7.1　算例 1——星形网壳

失稳最初由节点的软化开始,随荷载增加,越来越多的点软化,最终完全丧失刚度而无法承担相应的荷载,产生几何大变形。

图 6.10 是一个 13 节点的星形网壳,可将其视为实际网壳的子结构,物理和几何参数如图 6.10 所示。对该小模型进行研究,可以看出(图 6.11),该结构的稳定过程包含三个阶段:其中,第一个稳定阶段,结构的几何稳定性最差,刚度较弱,当荷载达到一定程度时存在奇异点,形成失稳区域,经历了两次大位移机构运动;第三阶段几何稳定性最好,结构的刚度已不存在奇异点,承载能力趋于稳定;第二阶段为第一阶段和第三阶段的过渡过程。再一次证明结构的失稳是一个不稳定过程,结构通过失稳区域内的几何大变形达到势能极小。

结构形成失稳区域后,通过几何运动完成不稳定平衡,并经过几何协调,重新形成稳定平衡态;如果几何大变形后,结构无法形成稳定平衡态,则没有继续承载的能力,反之,结构可继续承载。对于局部点失稳的结构,多数情况下,经过几何协调,结构尚能承载,但失稳区域已经转移。

计算发现,节点在平动自由度上丧失刚度,发生了点失稳或跳跃失稳;节点不是在扭转自由度上丧失刚度,继而发生面内扭转失稳。这是由于壳体结构的平面内刚度较大,而平面外刚度较小的缘故。均匀荷载或中心集中荷载作用下,网壳失稳多属于节点出平面纵向失稳。图 6.12 和图 6.13 为其荷载位移曲线。

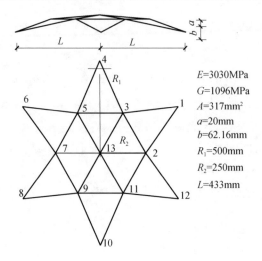

图 6.10　24 杆星形网壳

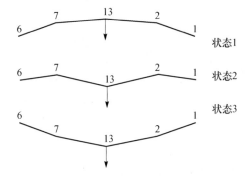

图 6.11　节点失稳的过程

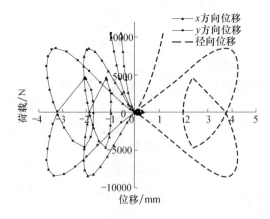

图 6.12　节点 2 荷载-位移曲线

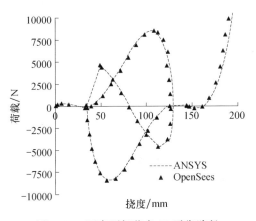

图 6.13　网壳顶部节点 13 平衡路径

6.7.2　算例 2——七杆件桁架

桁架由七个杆件、五个节点组成（图 6.14），统一将杆件横截面面积取 0.001m²，材料弹性模量取 2.1×10¹¹N/m²，各节点坐标如图 6.14 所示，单位为 m。节点 1、3 施加水平、竖向固定约束，在节点 2 作用 68000N 的竖向集中荷载。ANSYS 中采用 Link1 单元模拟杆件，OpenSees 中采用 CorotTruss 单元模拟，此单元考虑了几何非线性。

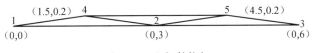

图 6.14　七杆件桁架

计算结果如图 6.15 所示，可以看出，ANSYS 和 OpenSees 计算结果一致，可以看出来，荷载大约 $4.7×10^4$N 时，有杆件进入屈服状态，此时节点 4 位移大约为 0.03m，节点 2 位移大约为 0.058m。

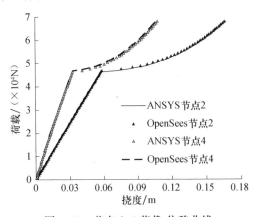

图 6.15　节点 2、4 荷载-位移曲线

6.7.3　算例3——拱桁架

以二维拱桁架为研究对象,跨度60m,杆件采用Link8模拟,为方便计算,将杆件统一选取 0.0006m²,材料弹性模量取 2.1×10¹¹Pa,不考虑材料非线性,仅考虑几何非线性,竖向集中荷载大小为−2500000N,作用于顶点21或22号节点。模型所有节点坐标见表6.5。考虑两种桁架模型,如图6.16所示;考虑两种荷载作用情况:一种是作用在上层节点21号,另一种是作用于下层节点22号。模型两端下弦节点铰接,即约束节点2与42的 X 和 Y 方向自由度。

表6.5　拱桁架节点坐标　　　　　（单位:cm）

节点号	X 坐标	Y 坐标	节点号	X 坐标	Y 坐标	节点号	X 坐标	Y 坐标
1	6690.5	905.7	15	711.5	914.3	29	732.5	913.6
2	6690.5	902.0	16	711.5	911.2	30	732.5	910.6
3	693.5	907.6	17	714.5	914.7	31	735.5	912.9
4	693.5	904.1	18	714.5	911.7	32	735.5	909.7
5	696.5	909.3	19	717.5	914.9	33	738.5	911.9
6	696.5	905.9	20	717.5	911.9	34	738.5	908.7
7	699.5	910.7	21	720.5	915.0	35	741.5	910.7
8	699.5	907.4	22	720.5	912.0	36	741.5	907.4
9	702.5	911.9	23	723.5	914.9	37	744.5	909.3
10	702.5	908.7	24	723.5	911.9	38	744.5	905.9
11	705.5	912.9	25	726.5	914.7	39	747.5	907.6
12	705.5	909.7	26	726.5	911.7	40	747.5	904.1
13	708.5	913.6	27	729.5	914.3	41	750.5	905.7
14	708.5	910.6	28	729.5	911.2	42	750.5	902.0

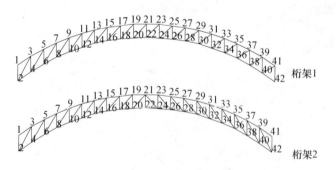

图6.16　两种拱桁架模型

在 ANSYS 中应用 Link1 单元模拟,而 OpenSees 应用 CorotTruss 单元模拟,计算的荷载位移曲线如图6.17和图6.18所示,从图6.17可以看出,荷载作用于节点21和节点22两种情况的荷载位移曲线基本重合;从图6.18可以看出,桁架

1 与桁架 2 承载力有些许差别,桁架 2 极限承载力稍高些。还可以看出,OpenSees
与 ANSYS 计算结构基本重合。

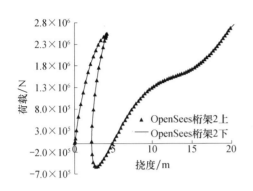

图 6.17　拱桁架 2 荷载-位移曲线

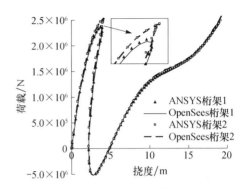

图 6.18　两种拱桁架的荷载-位移曲线

6.7.4　算例 4——凯威特网壳

以单层凯威特型球面网壳为研究对象,该网壳跨度为 60m,矢高 10m,杆件采用 Pipe20 单元模拟。为方便计算,将杆件统一选取为 ϕ120mm×5mm,材料弹性模量取 $2.1×10^{11}$ Pa,不考虑材料非线性,仅考虑几何非线性,竖向集中荷载大小为 -500000N,作用于球壳顶点。

网壳变形如图 6.19 所示,从图中可以看出,网壳从荷载作用位移开始塌陷,随着荷载的逐渐增大,塌陷逐渐向四周扩散。其荷载位移曲线如图 6.20 所示,从图中可以看出,OpenSees 与 ANSYS 计算结构基本重合;随荷载的增大,网壳是一圈一圈逐渐地塌陷,最大变形也逐渐增大。

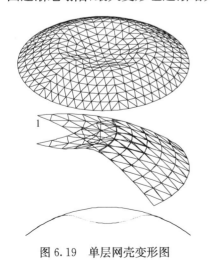

图 6.19　单层网壳变形图

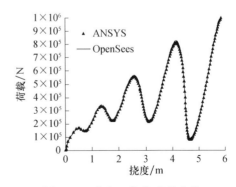

图 6.20　节点 1 位移-荷载曲线

参 考 文 献

曹资,薛素铎. 2005. 空间结构抗震理论与设计. 北京:科学出版社.

邸龙,楼梦麟. 2006. 单层柱面网壳在多点输入下的地震反应. 同济大学学报(自然科学版),34(10):1293-1298.

董贺勋,叶继红. 2005. 多点输入下大跨空间网格结构的拟静力位移影响因素分析. 东南大学学报(自然科学版),35(4):574-579.

董石麟,钱若军. 2000. 空间网格结构分析理论与计算方法. 北京:中国建筑工业出版社.

范仲暄. 1992. 网架结构震害分析——9度地震作用的新疆乌恰县影剧院屋盖. 工程抗震,6(2):41-45.

蓝天. 2000. 大跨度屋盖结构抗震设计. 北京:中国建筑工业出版社.

李忠献,林伟,丁阳. 2007. 行波效应对大跨度空间网格结构地震响应的影响. 天津大学学报,40(1):1-8.

梁嘉庆,叶继红. 2003. 多点输入下大跨度空间网格结构的地震响应分析. 东南大学学报(自然科学版),33(5):625-630.

梁嘉庆,叶继红. 2004. 结构跨度对非一致输入下大跨度空间网格结构地震响应的影响. 空间结构,10(3):13-18.

潘旦光,楼梦麟,范立础. 2001. 多点输入下大跨度结构地震反应分析研究现状. 同济大学学报,29(10):1213-1219.

荣彬,陈志华,刘锡良. 2008. 基于三维骨架类型的大跨度空间结构分类//第八届全国现代结构工程学术研讨会. 工业建筑(增刊),7:73-81.

沈世钊,陈昕. 1999. 网架结构稳定性. 北京:科学出版社.

沈祖炎,陈扬骥. 1997. 网架与网壳. 上海:同济大学出版社.

苏亮,董石麟. 2006. 多点输入下结构地震反应的研究现状与对空间结构的见解. 空间结构,12(1):6-11.

苏亮,董石麟. 2007. 竖向多点输入下两种典型空间结构的抗震分析. 工程力学,24(2):85-90.

殷志祥,李若军. 2008. 大跨度拉索预应力带肋单层球面网壳的稳定性及应用研究. 工程力学,25(8):48-63.

张建民. 1992. 网架结构抗震设计中的若干问题//第六届空间结构学术会议论文集. 北京:地震出版社.

中国建筑科学研究院,等. 1991. JCJ 7—1991　网架结构设计与施工规程. 北京:中国建筑工业出版社.

中国建筑科学研究院,等. 2001. GB 50011—2001　建筑抗震设计规范. 北京:中国建筑工业出版社.

中国建筑科学研究院,等. 2003. JCJ 61—2003　网壳结构技术规程. 北京:中国建筑工业出版社.

Oliveira C S,Hao H,Penzien J. 1991. Ground motion modeling for multiple-input structural analysis. Structural Safety,10(1-3):79-93.

第7章 大跨度空间网格结构的抗震分析

7.1 大跨度空间网格结构的动力矩阵

多自由度空间网格结构地震响应方程为

$$[M]\{\ddot{U}\} + [C]\{\dot{U}\} + [K]\{U\} = -[M]\{\ddot{U}_g\} \tag{7.1}$$

式中,$[M]$——结构质量矩阵;

$\quad\quad[C]$——结构阻尼矩阵;

$\quad\quad[K]$——结构刚度矩阵;

$\quad\quad\{\ddot{U}\}$、$\{\dot{U}\}$、$\{U\}$——分别为质点相对加速度、相对速度和相对位移向量;

$\quad\quad\{\ddot{U}_g\}$——地面加速度向量。

其中,$[M]$、$[C]$与$[K]$为网格结构体系的动力矩阵。

7.1.1 质量矩阵

1. 集中质量矩阵

集中质量矩阵可表示为对角矩阵如下:

$$[M] = \begin{bmatrix} [M_1] & & & & & \\ & [M_2] & & & & \\ & & \ddots & & & \\ & & & [M_i] & & \\ & & & & \ddots & \\ 0 & & & & & [M_n] \end{bmatrix} \tag{7.2}$$

式中,$[M_i]$——对角矩阵,为相应的第 i 个质点的集中质量矩阵。

当每个质点考虑有 3 个平移自由度时,

$$[M_i] = \begin{bmatrix} m_i & & 0 \\ & m_i & \\ 0 & & m_i \end{bmatrix} \tag{7.3}$$

当每个质点考虑有 3 个平移自由度和 3 个转动自由度时,

$$[M_i] = \begin{bmatrix} m_i & & & & & 0 \\ & m_i & & & & \\ & & m_i & & & \\ & & & I_i & & \\ & & & & I_i & \\ 0 & & & & & I_i \end{bmatrix} \tag{7.4}$$

在大跨度空间网格结构工程计算中,可忽略质点的转动惯量,则式(7.4)可简化为

$$[M_i] = \begin{bmatrix} m_i & & & & & 0 \\ & m_i & & & & \\ & & m_i & & & \\ & & & 0 & & \\ & & & & 0 & \\ 0 & & & & & 0 \end{bmatrix} \tag{7.5}$$

2. 单元质量矩阵的一般表示式

单元动能 T 的一般表示式为

$$T = \frac{1}{2} \iiint_V \rho \{\dot{U}\}^{\mathrm{T}} \{\dot{U}\} \mathrm{d}v \tag{7.6}$$

式中,ρ——单元材料密度;

　　v——单元体积;

　　$\{\dot{U}\}$——单元内任一点速度向量。

速度向量$\{\dot{U}\}$可表示为

$$\{\dot{U}\} = [\psi] \{\dot{\delta}\} \tag{7.7}$$

式中,$[\psi]$——形函数矩阵;

　　$\{\dot{\delta}\}$——单元节点速度向量。

将式(7.7)代入动能表达式(7.6),即

$$\{\dot{U}\}^{\mathrm{T}} = \{\dot{\delta}\}^{\mathrm{T}} [\psi]^{\mathrm{T}}$$

所以单元动能为

$$T = \frac{1}{2} \{\dot{\delta}\}^{\mathrm{T}} [m] \{\dot{\delta}\} \tag{7.8}$$

单元质量矩阵$[m]$为

$$[m] = \iiint_V \rho [\psi]^{\mathrm{T}} [\psi] \mathrm{d}v \qquad (7.9)$$

7.1.2 阻尼矩阵

1. 阻尼矩阵一般表达式

动力方程(7.1)中阻尼矩阵$[C]$的一般形式为满阵,即

$$[C] = \begin{bmatrix} c_{11} & c_{12} & \cdots & c_{1n} \\ c_{21} & c_{22} & \cdots & c_{2n} \\ \vdots & \vdots & & \vdots \\ c_{n1} & c_{n2} & \cdots & c_{nn} \end{bmatrix} \qquad (7.10)$$

2. 广义阻尼矩阵

广义阻尼矩阵表达式为

$$[\widetilde{C}] = \begin{bmatrix} \widetilde{C}_1 & & & & 0 \\ & \widetilde{C}_2 & & & \\ & & \ddots & & \\ & & & \widetilde{C}_{n-1} & \\ 0 & & & & \widetilde{C}_n \end{bmatrix} \qquad (7.11)$$

若以$\{\phi\}$表示振型向量,利用正交性关系可以写出

$$\{\phi\}_r^{\mathrm{T}} [M] ([M]^{-1} [K])^q \{\phi\}_s = 0, \quad r \neq s; \quad q = \cdots, -2, -1, 0, 1, 2, \cdots \qquad (7.12)$$

当取$q = 0$、1 时,即可由式(7.12)得出主振型关于质量矩阵、刚度矩阵的正交情况。即

$$\{\phi\}_r^{\mathrm{T}} [M] \{\phi\}_s = 0, \quad r \neq s$$
$$\{\phi\}_r^{\mathrm{T}} [K] \{\phi\}_s = 0, \quad r \neq s$$

由式(7.12)可将阻尼矩阵表达为

$$[c] = \sum_{q=0}^{n-1} \alpha_q [M] ([M]^{-1} [K])^q \qquad (7.13)$$

广义阻尼矩阵对角线元素$\widetilde{C}_j$的表达式为

$$\widetilde{C}_j = 2\zeta_j\omega_j\widetilde{M}_j = \sum_{q=0}^{n-1}\{\phi\}_j^T\alpha_q[M]([M]^{-1}[K])^q\{\phi\}_j \tag{7.14}$$

式中:$\widetilde{M}_j$——广义质量矩阵对角线元素,$\widetilde{M}_j = \{\phi\}_j^T[M]\{\phi\}_j$。

对 j 振型时的频率方程$[K]\{\phi\}_j = \omega_j^2[M]\{\phi\}_j$ 两边乘以 α_q 后转置,再右乘 $([M]^{-1}[K])^q\{\phi\}_j$,得

$$\{\phi\}_j^T\alpha_q[M]([M]^{-1}[K])^q\{\phi\}_j = \omega_j^{2q}\alpha_q\widetilde{M}_j$$

故广义阻尼矩阵(7.11)中元素 $\widetilde{C}_j$ 的表达式为

$$\widetilde{C}_j = 2\zeta_j\omega_j\widetilde{M}_j = \sum_{q=0}^{n-1}\omega_j^{2q}\alpha_q\widetilde{M}_j \tag{7.15}$$

式中

$$2\zeta_j\omega_j = \sum_{q=0}^{n-1}\omega_j^{2q}\alpha_q \tag{7.16}$$

3. 瑞利阻尼

瑞利阻尼表达式为

$$[C] = \alpha_0[M] + \alpha_1[K] \tag{7.17}$$

$$2\zeta_j\omega_j = \alpha_0 + \alpha_1\omega_j^2 \tag{7.18}$$

式中,ζ_j——与第 j 个振型相应的阻尼比。

利用式(7.18)任意取两个相邻振型,可联解出 α_0 和 α_1 的表达式:

$$\alpha_0 = \frac{2\left(\dfrac{\zeta_j}{\omega_j} - \dfrac{\zeta_{j+1}}{\omega_{j+1}}\right)}{\dfrac{1}{\omega_j^2} - \dfrac{1}{\omega_{j+1}^2}}, \quad \alpha_1 = \frac{2(\zeta_{j+1}\omega_{j+1} - \zeta_j\omega_j)}{\omega_{j+1}^2 - \omega_j^2} \tag{7.19}$$

7.1.3　刚度矩阵

1. 空间杆单元弹性刚度矩阵

杆单元在局部坐标系中弹性刚度矩阵$[k_e]$为

$$[k_e] = \frac{EA}{L}\begin{bmatrix} 1 & -1 \\ -1 & 1 \end{bmatrix}$$

式中,A、L——杆单元截面积与长度;

　　　E——材料弹性模量。

在整体坐标系下杆单元刚度矩阵$[k_e]$为

$$[k_e] = \frac{EA}{l_{ij}} \begin{bmatrix} l^2 & & & & & \\ lm & m^2 & & 对 & & \\ ln & mn & n^2 & & 称 & \\ -l^2 & -lm & -ln & l^2 & & \\ -lm & -m^2 & -mn & lm & m^2 & \\ -ln & -mn & -n^2 & ln & mn & n^2 \end{bmatrix} \tag{7.20}$$

式中，l、m、n——分别表示单元局部坐标系与整体坐标系 x、y 和 z 轴的方向余弦，即

$$l = \frac{X_j - X_i}{L}, \quad m = \frac{Y_j - Y_i}{L}, \quad n = \frac{Z_j - Z_i}{L} \tag{7.21}$$

2. 空间梁单元弹性刚度矩阵

空间梁单元每个节点有 3 个平移自由度与 3 个转动自由度，其节点位移向量为

$$\{u_e\} = [u_i \quad v_i \quad w_i \quad \theta_{xi} \quad \theta_{yi} \quad \theta_{zi} \quad u_j \quad v_j \quad w_j \quad \theta_{xj} \quad \theta_{yj} \quad \theta_{zj}]^T \tag{7.22}$$

空间梁单元在局部坐标系中的刚度矩阵为

$[k_e]$

$$= \begin{bmatrix} \frac{EA}{L} & & & & & & & & & & & \\ & \frac{12EI_z}{L^3} & & & & & & & & & & \\ & & \frac{12EI_y}{L^3} & & & & & & & & & \\ & & & \frac{GJ}{L} & & & & & & & & \\ & -\frac{6EI_y}{L^2} & & \frac{4EI_y}{L} & & 对 & & & & & \\ & \frac{6EI_z}{L^2} & & & & \frac{4EI_z}{L} & & 称 & & & & \\ -\frac{EA}{L} & & & & & & \frac{EA}{L} & & & & & \\ & -\frac{12EI_z}{L^3} & & & & -\frac{6EI_z}{L^2} & & \frac{12EI_z}{L^3} & & & & \\ & & -\frac{12EI_y}{L^3} & & \frac{6EI_y}{L^2} & & & & \frac{12EI_y}{L^3} & & & \\ & & & -\frac{GJ}{L} & & & & & & \frac{GJ}{L} & & \\ & & -\frac{6EI_y}{L^2} & & \frac{2EI_y}{L} & & & & \frac{6EI_y}{L^2} & & \frac{4EI_y}{L} & \\ & \frac{6EI_z}{L^2} & & & & \frac{2EI_z}{L} & & -\frac{6EI_z}{L^2} & & & & \frac{4EI_z}{L} \end{bmatrix}$$

$$\tag{7.23}$$

空间梁单元在整体坐标系下的刚度矩阵$[K_e]$为

$$[K_e] = [R]^T[k_e][R]$$

式中，$[R]$——转换矩阵。

7.2　大跨度空间网格结构自振特性

大跨度空间网格结构体系自由振动方程为

$$[M]\{\ddot{U}\} + [K]\{U\} = 0 \tag{7.24}$$

设$\{U\} = \{\overline{U}\}\sin(\omega t + \theta)$，则$\{\ddot{U}\} = \{-\omega^2\overline{U}\}\sin(\omega t + \theta)$，代入原方程(7.24)得

$$[[K] - \omega^2[M]]\{\overline{U}\} = \{0\} \tag{7.25}$$

式(7.25)有解的条件是行列式为零。

$$|[K] - \omega^2[M]| = 0 \tag{7.26}$$

式(7.26)称为体系的频率方程。

线性多自由度系统自由振动问题归结为刚度矩阵和质量矩阵的广义本征值问题。系统的自由度数越大，本征值和本征向量的计算工作量也越大，一般情况下必须利用电子计算机进行数值运算。除对特征方程直接求根的方法以外，接下来另外介绍几种近似计算方法，可作为实用的工程计算方法对系统的振动特性作近似估算，也可用于编制电子计算机程序处理自由度数很大的复杂结构的振动问题。各种方法中邓克利法最简单，矩阵迭代法适用于计算系统的最低几阶固有频率和模态，瑞利法和里茨法基于能量守恒原理，子空间迭代法是矩阵迭代法与里茨法的结合。

除此之外，有一些实用计算方法，如矩阵迭代法、瑞利法、瑞利-里茨法、子空间迭代法等。

7.2.1　邓克利法

在各种近似计算方法中，邓克利法是一种最简单的方法。用邓克利法计算基频的近似值为实际基频的下限。

7.2.2　矩阵迭代法

矩阵迭代法是基于本征值问题出发的近似计算方法，它适合于计算系统的最低几阶模态和固有频率。

7.2.3　瑞利法

瑞利法是基于能量原理的一种近似方法，对于多自由度系统，瑞利法可用于计

算系统的基频,算出的近似值为实际基频的上限,配合邓克利法算出的基频下限,可以估计实际基频的大致范围。

7.2.4　瑞利-里茨法

瑞利-里茨法是瑞利法的改进,用里茨法不仅可计算系统的基频,还可算出系统的前几阶频率和模态,里茨法基于与瑞利法相同的原理,但将瑞利法使用的单个假设模态改进为若干个独立的假设模态的线性组合。由于满足瑞利商的驻值条件,用里茨法计算模态比用瑞利法更合理,但毕竟不是真实的模态,所导出的固有频率仍高于真实值。

7.2.5　子空间迭代法

子空间迭代法是矩阵迭代法的发展,它将矩阵迭代法每次仅迭代一个假设模态,发展为同时迭代系统的前 r 阶假设模态,因而提高了计算效率。迭代过程中各阶假设模态的正交性由里茨法保证。因此也可认为子空间迭代法是矩阵迭代法与里茨法相结合的近似计算方法。

7.3　地震响应振型分解法与振型分解反应谱法

7.3.1　振型分解法

大跨度空间网格结构体系地震响应方程为

$$[M]\{\ddot{U}\} + [C]\{\dot{U}\} + K\{U\} = -[M]\{\ddot{U}_g\}$$

为简化计算,引入广义坐标 q,令

$$\{U\} = [\phi]\{q\} \tag{7.27}$$

式中,$[\phi]$——振型矩阵。将式(7.27)代入地震响应方程,并左乘 $[\phi]^T$,得

$$[\phi]^T[M][\phi]\{\ddot{q}\} + [\phi]^T[C][\phi]\{\dot{q}\} + [\phi]^T[K][\phi]\{q\} = -[\phi]^T[M]\{\ddot{U}_g\} \tag{7.28}$$

广义质量矩阵 $[\widetilde{M}]$ 和广义刚度矩阵 $[\widetilde{K}]$ 均为对角矩阵

$$[\widetilde{M}] = [\phi]^T[M][\phi]$$

$$[\widetilde{K}] = [\phi]^T[K][\phi]$$

其对角线元素 $\widetilde{M}_j$、$\widetilde{K}_j$ 为

$$\widetilde{M}_j = \{\phi\}_j^T[M]\{\phi\}_j$$

$$\widetilde{K}_j = \{\phi\}_j^T[K]\{\phi\}_j$$

为消除耦合作用,采用瑞利阻尼假设,即

$$[C] = \alpha_1 [M] + \alpha_2 [K]$$

则式(7.28)可简化成互相独立的 n 个单自由度方程,

$$[\widetilde{M}]\{\ddot{q}\} + (\alpha_1 [\widetilde{M}] + \alpha_2 [\widetilde{K}])\{\dot{q}\} + [\widetilde{K}]\{q\} = -[\phi]^{\mathrm{T}}[M]\{\ddot{U}_{\mathrm{g}}\}$$

式中,第 j 个方程为

$$\widetilde{M}_j \ddot{q}_j + (\alpha_1 \widetilde{M}_j + \alpha_2 \widetilde{K}_j)\dot{q}_j + \widetilde{K}_j \dot{q}_j = -\ddot{U}_{\mathrm{g}} \sum_{i=1}^{n} m_i \phi_{ji}$$

各项除以 $\widetilde{M}_j$,得

$$\ddot{q}_j + \left(\alpha_1 + \alpha_2 \frac{\widetilde{K}_j}{\widetilde{M}_j}\right)\dot{q}_j + \frac{\widetilde{K}_j}{\widetilde{M}_j}\dot{q}_j = -\ddot{U}_{\mathrm{g}} \frac{\displaystyle\sum_{i=1}^{n} m_i \phi_{ji}}{\displaystyle\sum_{i=1}^{n} m_i \phi_{ji}^2}$$

与单自由度体系振动方程 $\ddot{u} + 2\zeta\omega\dot{u} + \omega^2 u = -\ddot{u}_{\mathrm{g}}$ 相对应,取

$$\begin{cases} \omega_j^2 = \dfrac{\widetilde{K}_j}{\widetilde{M}_j} \\[3mm] 2\zeta_j\omega_j = \alpha_1 + \alpha_2 \dfrac{\widetilde{K}_j}{\widetilde{M}_j} \\[3mm] \gamma_j = \dfrac{\displaystyle\sum_{i=1}^{n} m_i \phi_{ji}}{\displaystyle\sum_{i=1}^{n} m_i \phi_{ji}^2} \end{cases} \tag{7.29}$$

γ_j 称为第 j 振型参与系数。

　　大跨度空间网格结构体系 j 振型的振动方程可简写为

$$\ddot{q}_j + 2\zeta_j\omega_j \dot{q}_j + \omega_j^2 q_j = -\gamma_j \ddot{u}_{\mathrm{g}} \tag{7.30}$$

与单自由度体系方程相比较,式(7.30)的解为

$$q_j(t) = \gamma_j \Delta_j(t) \tag{7.31}$$

广义坐标可表达为

$$q_j(t) = -\frac{\gamma_j}{\omega_j} \int_0^t \ddot{U}_{\mathrm{g}}(\tau) \mathrm{e}^{\zeta_j \omega_j (t-\tau)} \sin\omega_j (t-\tau) \mathrm{d}\tau \tag{7.32}$$

按式(7.27)计算以原坐标表示的质点位移。其中,第 i 质点相对位移 U_i 为

$$U_i(t) = \sum_{j=1}^{n} q_j(t) \phi_{ji} = \sum_{j=1}^{n} \gamma_j \Delta_j(t) \phi_{ji} \tag{7.33}$$

7.3.2　振型分解反应谱法

1. 最大地震作用 F_{ji} 计算公式推导

单自由度体系的地震作用为

$$F(t) = m\omega^2 u(t)$$

对于第 j 振型第 i 质点的地震作用 F_{ji} 亦可相似写出,即

$$F_{ji}(t) = m_j \omega_j^2 u_{ji}(t)$$

已知

$$u_{ji}(t) = \phi_{ji} q_j(t) = \phi_{ji} \gamma_j \Delta_j(t)$$

于是 $F_{ji}(t)$ 可写为

$$F_{ji}(t) = m_j \gamma_j \phi_{ji} \omega_j \int_0^t \ddot{u}_g(\tau) e^{\zeta_j \omega_j(t-\tau)} \sin\omega_j(t-\tau) d\tau \qquad (7.34)$$

与对单自由度体系求地震作用最大值的方法相同,取质点加速度最大绝对值 S_{aj} ,则 i 质点 j 振型时最大地震作用(简称地震作用)F_{ji} 为

$$F_{ji}(t) = m_i \gamma_j \phi_{ji} \mid \omega_j \int_0^t \ddot{u}_g(\tau) e^{\zeta_j \omega_j(t-\tau)} \sin\omega_j(t-\tau) d\tau \mid_{\max} = m_i \gamma_j \phi_{ji} S_{aj} \quad (7.35)$$

式中

$$S_{aj} = \mid \omega_j \int_0^t \ddot{u}_g(\tau) e^{\zeta_j \omega_j(t-\tau)} \sin\omega_j(t-\tau) d\tau \mid_{\max}$$

可将上式简单变换为

$$F_{ji} = \frac{S_{aj}}{g} \gamma_j \phi_{ji} m_i g = \alpha_j \gamma_j \phi_{ji} G_i$$

因此,F_{ji} 表达式为

$$F_{ji} = \alpha_j \gamma_j \phi_{ji} G_i, \quad i = 1,2,\cdots,n; \quad j = 1,2,\cdots,m \qquad (7.36)$$

式中,F_{ji}——j 振型 i 质点的水平地震作用标准值;

$\quad n$——质点数;

$\quad j$——所取振型数;

$\quad \alpha_j$——相对于 j 振型自振周期 T_j 的地震影响系数;竖向地震影响系数取

$\qquad 0.65\alpha_j$;

$\quad \phi_{ji}$——j 振型 i 质点的水平相对位移,即 j 振型 i 质点的相对振幅;

$\quad \gamma_j$——j 振型的参与系数

$$\gamma_j = \frac{\sum_{i=1}^{n} \phi_{ji} G_i}{\sum_{i=1}^{n} \phi_{ji}^2 G_i}$$

G_i——集中于 i 质点的重力荷载代表值。

2. 地震作用效应计算

1) 地震作用标准值

《空间网格结构技术规程》(JGJ 7—2010)给出网壳结构 j 振型 i 质点地震作用标准值计算公式。

$$\begin{cases} F_{Exji}(t) = \alpha_j \gamma_j X_{ji} G_i \\ F_{Eyji}(t) = \alpha_j \gamma_j Y_{ji} G_i \\ F_{Ezji}(t) = \alpha_j \gamma_j Z_{ji} G_i \end{cases} \tag{7.37}$$

式中，F_{Exji}、F_{Eyji}、F_{Ezji}——j 振型 i 质点分别沿 x、y、z 方向地震作用标准值；

α_j——相应于 j 振型自振周期的水平地震影响系数；

X_{ji}、Y_{ji}、Z_{ji}——分别为 j 振型 i 质点的 x、y、z 方向的相对位移；

γ_j——j 振型参与系数。

2) 地震作用效应组合

由于网壳结构频率密集，在振型组合时需计及各振型效应的相关性，因此《空间网格结构技术规程》(JGJ 7—2010)中给出的组合公式为 CQC 法公式。

《空间网格结构技术规程》(JGJ 7—2010)中指出，按振型分解反应谱法分析时，网壳结构杆件水平或竖向地震作用效应需按下列公式确定：

$$S_E = \sqrt{\sum_{j=1}^{m} \sum_{k=1}^{m} \rho_{jk} S_{Ej} S_{Ek}} \tag{7.38}$$

$$\rho_{jk} = \frac{8\zeta_j \zeta_k (1 + \lambda_T) \lambda_T^{1.5}}{(1 - \lambda_T^2)^2 + 4\zeta_j \zeta_k (1 + \lambda_T)^2 \lambda_T} \tag{7.39}$$

式中，S_E——网壳杆件地震作用标准值的效应；

S_{Ej}、S_{Ek}——分别为 j、k 振型作用标准值的效应，可取前 20 个振型；

ρ_{jk}——j 振型与 k 振型的耦联系数；

ζ_j、ζ_k——分别为 j、k 振型的阻尼比；

λ_T——k 振型与 j 振型的自振周期比；

m——计算中考虑的振型数。

7.4　地震响应时程分析

众所周知,用增量法求解地震效应方程方法有多种,如中点加速度法、线性加速度法、Wilson-θ 法、Newmark-β 法、Runge-Kutta 法等。各种方法的基本思路与步骤均相同,仅在质点加速度向量变化的基本假设等方面略有不同。

7.4.1　基本思路与步骤

1. 基本思路

由于地震作用为复杂函数,无法用一解析函数明确表述,同时在非线性分析时刚度矩阵、阻尼矩阵还是变数。因此常用地震响应方程列出动力增量方程,经简化变成静力增量方程,即拟静力方程。而后在一个小时段 Δt 内求解后而逐步积分。

增量法的思路如下:

(1) 在一系列小的时间段 Δt 中求解,即各解在 Δt 时间段内满足增量方程。

(2) 为求解增量方程,在 Δt 时间段内先假定质点的加速度、速度变化规律,由于不同假定可得出不同的拟静力方程。

2. 基本步骤

(1) 列出增量方程

$$[M]\{\Delta \ddot{U}\} + [C]\{\Delta \dot{U}\} + [K]\{\Delta U\} = -[M]\{\Delta \ddot{U}_g\} \tag{7.40}$$

式中,$\{\Delta \ddot{U}\}$、$\{\Delta \dot{U}\}$、$\{\Delta U\}$——依次为质点加速度、速度、位移增量向量;

　　$\{\Delta \ddot{U}_g\}$——地震加速度增量向量。

(2) 按不同假定,给出 $\Delta \ddot{U}$、$\Delta \dot{U}$ 与 ΔU 三者关系式。

(3) 对于非线性分析,按上一时刻终值状态列出在 Δt 时间内的 $[K]$、$[C]$(在 Δt 时间内假定 $[K]$、$[C]$ 不变)。

(4) 导出拟静力方程

$$[\tilde{K}]\{\Delta U\} = \{\Delta \hat{P}\}$$

(5) 解出拟静力方程。得出 $t_i - t_{i+1}$ 即 Δt 时段内各位移、速度、加速度增量,从而求出各小区段终值。

(6) 循环以上步骤。

7.4.2　线性加速度法

1. 基本假设

(1) 在每个时间段 Δt 内,质点加速度反应 $\ddot{U}$ 按线性变化(图 7.1)。

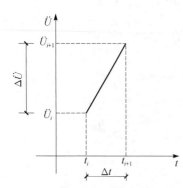

图 7.1　在时间段 Δt 内线性加速度

（2）在时间段 Δt 内,结构的刚度矩阵、阻尼矩阵与地面加速度均不发生变化。

由假设（1）,在 Δt 内对加速度 $\{\ddot{U}\}$ 的一次微商 $\{\dddot{U}\}$ 为常数:

$$\{\dddot{U}\}_i = \frac{\{\ddot{U}\}_{i+1} - \{\ddot{U}\}_i}{\Delta t} = \frac{\{\Delta\ddot{U}\}_i}{\Delta t} = 常数 \tag{7.41}$$

这样可使非线性增量方程简化为线性方程。

2. 推导拟静力方程

为将式（7.40）表示的动力增量方程简化成拟静力方程,需找出 $\{\Delta\ddot{U}\}$、$\{\Delta\dot{U}\}$ 和 $\{\Delta U\}$ 的关系。为此,对位移向量 $\{U\}_{i+1}$、速度向量 $\{\dot{U}\}_{i+1}$ 按泰勒级数展开。

$$\begin{cases} \{U\}_{i+1} = \{U\}_i + \{\dot{U}\}_i\Delta t + \frac{1}{2!}\{\ddot{U}\}_i\Delta t^2 + \frac{1}{3!}\{\dddot{U}\}_i\Delta t^3 + \cdots \\ \{\dot{U}\}_{i+1} = \{\dot{U}\}_i + \{\ddot{U}\}_i\Delta t + \frac{1}{2!}\{\dddot{U}\}_i\Delta t^2 + \cdots \end{cases} \tag{7.42}$$

根据线性加速度假设 $\{\dddot{U}\}$ 为常数,再微商为零,因此式（7.42）可简化为

$$\{\Delta U\}_i = \{\dot{U}\}_i\Delta t + \frac{1}{2}\{\Delta\ddot{U}\}_i\Delta t^2 + \frac{1}{6}\{\Delta\ddot{U}\}_i\Delta t^2$$

$$\{\Delta\dot{U}\}_i = \{\ddot{U}\}_i\Delta t + \frac{1}{2}\{\Delta\ddot{U}\}_i\Delta t$$

经整理,得出 $\{\Delta\ddot{U}\}_i$、$\{\Delta\dot{U}\}_i$ 与 $\{\Delta U\}$ 的关系式为

$$\{\Delta\ddot{U}\}_i = 6\frac{\{\Delta U\}_i}{\Delta t^2} - 6\frac{\{\Delta\dot{U}\}_i}{\Delta t} - 3\{\ddot{U}\}_i \tag{7.43}$$

$$\{\Delta\dot{U}\}_i = 3\frac{\{\Delta U\}_i}{\Delta t} - 3\{\dot{U}\}_i - \frac{1}{2}\{\ddot{U}\}_i\Delta t \tag{7.44}$$

将式（7.43）和式（7.44）代入增量方程（7.40）,得出拟静力方程。

$$[\tilde{K}]_i\{\Delta U\}_i = \{\Delta\tilde{P}\}_i \tag{7.45}$$

式中,$[\tilde{K}]_i$——拟刚度矩阵;

　　$\{\Delta\tilde{P}\}_i$——拟荷载向量,表达式为

$$[\tilde{K}]_i = \frac{6}{\Delta t^2}[M] + \frac{3}{\Delta t}[C] + [K] \tag{7.46}$$

$$\{\Delta \tilde{P}\}_i = [M](-\{\Delta \ddot{U}_g\}_i + \frac{6}{\Delta t}\{\dot{U}\}_i + 3\{\ddot{U}\}_i) + [C](3\{\dot{U}\}_i + \frac{\Delta t}{2}\{\ddot{U}\}_i) \quad (7.47)$$

拟静力方程即为位移增量 ΔU 的代数方程组,按一般方法即可求解。在得出 $\{\Delta U\}$ 后,根据式(7.43)和式(7.44)即可求出 $\{\Delta \ddot{U}\}$ 和 $\{\Delta \dot{U}\}$。在 t_{i+1} 时刻的位移、速度、加速度可表示为

$$\begin{cases} \{U\}_{i+1} = \{U\}_i + \{\Delta U\}_i \\ \{\dot{U}\}_{i+1} = \{\dot{U}\}_i + \{\Delta \dot{U}\}_i \\ \{\ddot{U}\}_{i+1} = \{\ddot{U}\}_i + \{\Delta \ddot{U}\}_i \end{cases} \quad (7.48)$$

3. 加速度校正及计算步骤

线性加速度法属于有条件收敛。为减少误差逐级积累,在计算加速度增量 $\{\Delta \ddot{U}\}$ 时,不采用式(7.43)而直接采用式(7.40)表示的增量方程为

$$\{\Delta \ddot{U}\}_i = -\{\Delta \ddot{U}_g\}_i - [M]^{-1}([C]\{\Delta \dot{U}\}_i + [K]\{\Delta U\}_i) \quad (7.49)$$

按此法进行加速度校正,相当于每小区段开始计算时增加一个平衡条件。

7.4.3　Wilson-θ 法

在线性加速方法基础上,为了克服其有条件稳定问题,Wilson 提出了一种线性加速度修正方法,可达到无条件稳定。因此,称为无条件稳定的线性加速度法,又称为 Wilson-θ 法。

1. 基本思路与基本假设

Wilson-θ 法基本思路仍是在微小的时间段中采用线性加速度假设,与线性加速度法不同的是引入参数 $\theta(\theta > 1)$,在 $\theta \Delta t$ 步长中进行增量分析,而后经线性内插再求出 Δt 时的反应增量,作为下一步计算的初始条件。

基本假设:

(1) 在每一个时间步长 $\theta \Delta t$ 内质点加速度反应按线性变化(图7.2)。

(2) 在每个微小时间段内,结构的刚度、阻尼、地面运动加速度均不发生变化。

2. 建立拟静力方程

用 $\tau = \theta \Delta t$ 代替式(7.43)、式(7.44)中的 Δt,则得

$$\{\Delta \ddot{U}\}_{i,\tau} = 6\frac{\{\Delta U\}_{i,\tau}}{\tau^2} - 6\frac{\{\dot{U}\}_i}{\tau} - 3\{\ddot{U}\}_i \quad (7.50)$$

$$\{\Delta \dot{U}\}_{i,\tau} = 3\frac{\{U\}_{i,\tau}}{\tau} - 3\{\dot{U}\}_i - \frac{1}{2}\{\ddot{U}\}_{i,\tau} \quad (7.51)$$

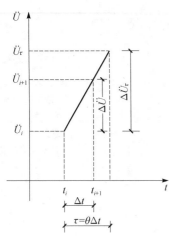

图 7.2　在 $\theta\Delta t$ 时段内线性加速度

将式(7.51)代入增量方程,则该方程转化为相应的拟静力增量方程为

$$[\hat{K}]_i\{\Delta U\}_{i,\tau}=\{\hat{P}\}_i \tag{7.52}$$

式中,$[\hat{K}]_i$、$\{\hat{P}\}_i$——拟刚度矩阵与拟荷载矩阵向量,其表达式分别为

$$[\hat{K}]_i=\frac{6}{\tau^2}[M]+\frac{3}{\tau}[C]+[K] \tag{7.53}$$

$$\{\hat{P}\}_i=[M]\left(-\theta\{\Delta\ddot{U}_g\}_{i,\tau}+\frac{6}{\tau}\{\dot{U}\}_i+3\{\ddot{U}\}_i\right)$$
$$+[C]\left(3\{\dot{U}\}_i+\frac{\tau}{2}\{\ddot{U}\}_i\right) \tag{7.54}$$

式中,$\{\Delta\ddot{U}_g\}_{i,\tau}$——经过 τ 微小时刻地面加速度增量。

求解方程(7.52),即可得出当微小时间增量为 $\tau=\theta\Delta t$ 时质点的位移增量向量 $\{\Delta U\}_{i,\tau}$,再由式(7.50)即可得出加速度增量 $\{\Delta\ddot{U}\}_{i,\tau}$,这样则完成经 $\theta\Delta t$ 时刻的反应增量计算。余下的问题,就是求出在 Δt 时间增量时的质点地震反应增量。为此,由基本假设(1)知

$$\{\Delta\ddot{U}\}_i=\frac{1}{\theta}\{\Delta\ddot{U}\}_{i,\tau} \tag{7.55}$$

将式(7.50)代入式(7.55),得

$$\{\Delta\ddot{U}\}_i=\frac{6}{\theta\tau^2}\left(\{\Delta U\}_{i,\tau}-\{\dot{U}\}_i\tau-\{\ddot{U}\}_i\frac{\tau^2}{2}\right) \tag{7.56}$$

有了 $\{\Delta\ddot{U}\}_i$ 表达式(7.56),则可由式(7.43)、式(7.44)计算 $\{\Delta U\}_i$ 和 $\{\Delta\dot{U}\}_i$。

7.4.4　地震波的选取与调整

1. 合理选择地震波的重要性

经时程分析表明,由于输入地震波不同,所得出的地震反应相差甚远,有的计算出的位移内力相差几倍、甚至十几倍之多,可见合理选择地震波的重要性。

地震动三要素为地震动强度、地震动谱特征和地震动持续时间。当选择地震动时,应同时符合以上三要素。若只局部符合,则可能带来数倍的误差。在选波过程中,若只以谱强度(加速度峰值)一个因素作为抗震分析的依据是不行的,需综合考虑场地类别、地震动持时等因素,很多情况下加速度峰值相同而谱特征完全不同,得出的反应谱相差甚大。

2. 地震波的选用

现行《建筑抗震设计规范》(GB 50011—2001)指出:采用时程分析法,应按建筑场地类别和设计地震分组选用不小于两组的实际强震记录和一组人工模拟的加速度时程曲线。

若拟建场地有实际地震记录,则是较理想情况。但由于地震的突发性和随机性,在同一场地未来可能产生的地震波与过去的实际记录也会有很大差异,所以当今大量选用的是典型的实际强震记录和人工模拟地震波。

7.5　算　　例

7.5.1　算例1——拉索预应力局部带肋单层球面网壳模态分析

对网壳结构进行地震作用分析,最主要是计算结构的地震响应,但是网壳结构的地震响应和结构自身竖向有密切的关系,因此有必要先掌握有关网壳结构的一些基本特性。利用 ANSYS 和 ADINA 来分析网壳结构进行自由振动计算,得出频率值和对应的周期。

建立拉索预应力局部带肋单层球面网壳(图7.3),杆件实际工程常采用 Q235 钢材,弹性模量为 $2.1×10^{11}Pa$,密度为 $7850kg/m^3$,选取 Pipe20 和 Link8 单元作为杆件单元,杆件尺寸见表7.1;建模时采用 Link10 单元模拟拉索。

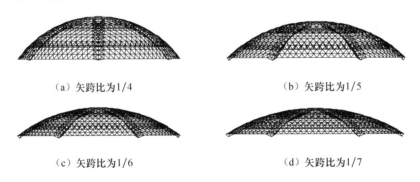

(a) 矢跨比为1/4　　　　　　　　　　　　(b) 矢跨比为1/5

(c) 矢跨比为1/6　　　　　　　　　　　　(d) 矢跨比为1/7

图 7.3　K6 型不同矢跨比模型

表 7.1　模型截面类型尺寸

种　类	1	2	3	4	5	6
截面/(mm×mm)	$\phi245×7$	$\phi219×6$	$\phi194×6$	$\phi159×6$	$\phi152×6$	$\phi140×6$

网壳跨度为110m,分别建立 K8 和 K6 型拉索预应力局部带肋单层网壳,建立四种不同的矢跨比,即 1/4、1/5、1/6、1/7,荷载统一取 $2.0kN/m^2$。模型采用不同

的六种截面形式(图 7.4),各种模型节点数、单元数及网壳上层节点数见表 7.2。
模态计算结果见表 7.3 和图 7.5。

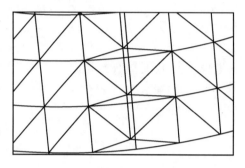

图 7.4　不同截面尺寸细部构造图

表 7.2　各种网壳类型的节点数和单元数

不同类型	K6 型		K8 型			
	径向局部布肋	径向通长布肋	径向局部四肋	径向通长四肋	径向局部八肋	径向通长八肋
节点数	985	1003	1231	1289	1313	1345
单元数	3042(+6)	3138(+6)	3908(+4)	3988(+4)	4104(+8)	4265(+8)
上层节点数	817	817	1089	1089	1089	1089

注:表中"4"、"6"、"8"为预应力索数量。

表 7.3　ANSYS 与 ADINA 计算出的频率比较

频率阶数	1	2	3	4	5
ANSYS	3.901	3.901	4.357	4.358	4.533
ADINA	3.902	3.902	4.361	4.361	4.538
频率阶数	6	7	8	9	10
ANSYS	4.597	4.749	4.750	4.954	5.060
ADINA	4.601	4.753	4.758	4.962	5.069

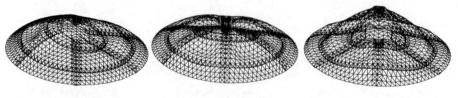

(a1) f_1=3.9011　　　　　　(a2) f_2=3.9011　　　　　　(a3) f_3=4.3570

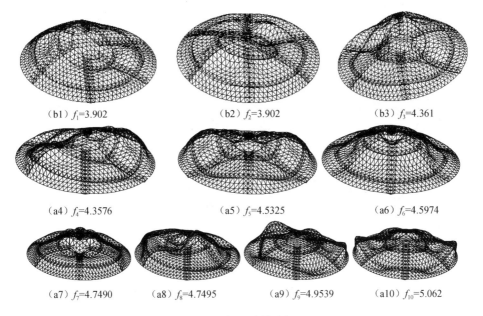

（b1）f_1=3.902　　　　　（b2）f_2=3.902　　　　　（b3）f_3=4.361

（a4）f_4=4.3576　　　　　（a5）f_5=4.5325　　　　　（a6）f_6=4.5974

（a7）f_7=4.7490　　（a8）f_8=4.7495　　（a9）f_9=4.9539　　（a10）f_{10}=5.062

图 7.5　前 10 阶模态振型

可以看出，网壳结构频率与振型具有以下特点：

（1）拉索预应力局部带肋单层球面网壳自振频率密集，还有数个周期相同，这是由于结构有多个对称轴所致。由于频率密集，在网壳地震响应计算时应考虑各阶振型间的相关性。在用振型分解反应谱法进行动力计算时，若仍采用平方开方公式进行振型耦合则导致误差较大。

（2）拉索预应力局部带肋单层球面网壳以水平振型为主，第一振型一般均为水平振型，竖向振型和交叉振型也同时存在。网壳振型呈现水平振型与竖向振型参差出现，水平振型较多。这是由于网壳结构起拱后，其竖向刚度增大而水平刚度减弱的缘故。

（3）对地震响应贡献较大的振型出现较晚。而经过对网壳振型分析，网壳结构第一振型均为反对称振型，对地震响应贡献较大的对称振型出现较晚，所以采用振型分解法计算网壳地震响应时，不能仅取前几个模型，至少应取前 20 阶振型进行组合，否则计算结果不安全。对复杂大跨度网壳，还需取超过 20 阶振型响应进行组合。

7.5.2　算例 2——单层球面网壳动力失效

以 K6 型单层球面网壳为研究对象，跨度为 50m，选取四种矢跨比（图 7.6），分别为 1/3、1/4、1/5 和 1/6，矢径分别为 27.083m、31.25m、36.25m 和 41.668m，矢高分别为 16.667m、12.5m、10m 和 8.333m；弹性模量为 2.1×10^{11} N/m²，泊松比

为 0.3,密度 7850kg/m³。网壳受水平 X 向和竖向 Y 向的地震荷载激励,如图 7.7 所示。

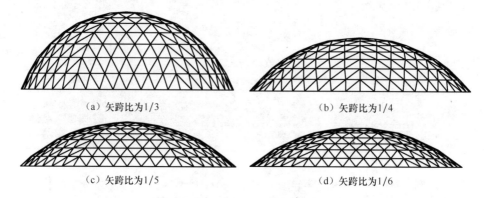

(a) 矢跨比为1/3
(b) 矢跨比为1/4
(c) 矢跨比为1/5
(d) 矢跨比为1/6

图 7.6　四种矢跨比网壳

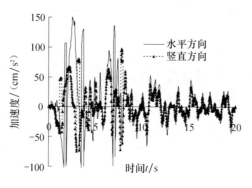

图 7.7　双向地震波(持时 20s)

采用通用有限元分析软件 ANSYS 进行动力时程分析,杆件采用可实时输出应力应变的梁单元(Pipe20 单元),截面上共有 8 个积分点,1P 表示至少 1 个积分点进塑性,8P 则表示全截面进塑性(图 7.8),本书分别用 1P、2P、3P、4P、5P、6P、7P 和 8P 表示杆件截面进塑性程度,以便全面记录下各杆件逐步进入塑性并且塑性变形不断发展的全过程。

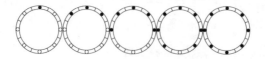

图 7.8　单元 Pipe20 不同塑性水平

单层球面网壳主肋杆件及环向杆件均采用 $\phi140\text{mm}\times4\text{mm}$ 钢管,腹杆采用 $\phi127\text{mm}\times3.5\text{mm}$ 钢管。

　　杆件选用可实时输出截面积分点应力及应变的 Pipe20 单元,节点采用 Mass21 单元;材料为双线型随动强化模型,$E_t = 0.02E$,屈服点 235MPa;瑞利阻尼,阻尼比 $\xi = 0.02$。

　　按常规设计采用 $\phi110\text{mm} \times 4\text{mm}$ 圆管截面,选用 Pipe20 梁单元模拟,此单元截面有 8 个积分点,在非线性分析中能考虑大变形、大转角和大应变效应,如图 7.8 所示。支座假定为三向不动铰支,分布在网壳最外环的每一节点处;均布荷载取 2kN/m^2,网壳结构的外荷载可按静力等效原则将节点所辖区域内的荷载集中作用在该节点上。假定集中作用于各节点上;在动力计算中,将均布荷载等效为集中质量 Mass21 单元,建立于各网壳各节点上。采用瑞利阻尼,阻尼比取 0.02;材料为 Q235 钢,假定为等向强化 Mises 弹塑性材料。

　　计算中,分别考虑如下加速度峰值:300cm/s^2、400cm/s^2、500cm/s^2、600cm/s^2、700cm/s^2、800cm/s^2、900cm/s^2、1000cm/s^2、1100cm/s^2、1200cm/s^2 和 1500cm/s^2。以下分析在不同地震强度等级下网壳失效规律。图 7.9 为矢跨比为 1/3 的网壳,在加速度峰值为 1200cm/s^2 的地震波激励下,在时刻为 17.5s 时发生坍塌失效;而此网壳受到加速度峰值为 1500cm/s^2 的地震波作用时,网壳在 5.28s 就发生失效,如图 7.10 所示。

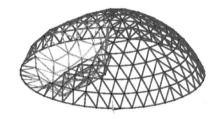 

图 7.9　网壳动力失效$(1200\text{cm/s}^2,17.5\text{s})$　　　图 7.10　网壳动力失效$(1500\text{cm/s}^2,5.28\text{s})$

　　图 7.11 为矢跨比为 1/5 的网壳杆件的屈服过程,该网壳受到最大加速度峰值为 1500cm/s^2 地震波的作用,该图记录了网壳失效全过程。从图 7.11 可以看出,该网壳在该地震激励下很快进入塑性状态,到达 2s 左右,就有大批杆件进入失效状态。图 7.12 为同一网壳在不同强度地震波作用下最大位移时程曲线,从图中可以看出,当地震波强度较弱时,网壳处于弹性状态,节点始终在原始位置上下振动。随着地震波强度的增大,有杆件已经进入屈服状态,其中最大加速度峰值达到 500cm/s^2 时,最明显,此时,尽管以后不少杆件进入屈服状态,但网壳仍能维持平衡,不致倒塌,许多节点已经偏离原始状态,在新的位置上做上下振动。当最大加速度峰值达到 1200cm/s^2 时,大幅杆件进入塑性状态,网壳变形逐渐增大,多处出现凹陷,近 14s,网壳最终失去平衡,倒塌失效。当最大峰值为 1500cm/s^2 时,网壳很多杆件很快进入塑性状态,未到 3s 就失去平衡,完全倒塌。

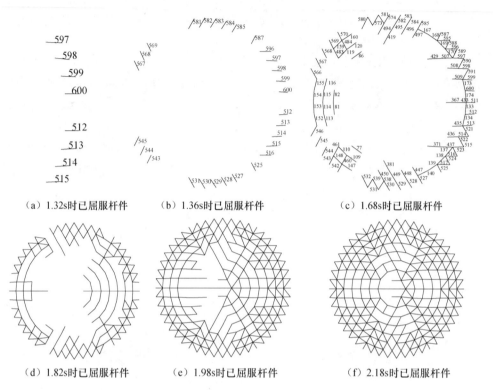

（a）1.32s时已屈服杆件　　　（b）1.36s时已屈服杆件　　　（c）1.68s时已屈服杆件

（d）1.82s时已屈服杆件　　　（e）1.98s时已屈服杆件　　　（f）2.18s时已屈服杆件

图 7.11　网壳杆件屈服过程（K6 网壳，矢跨比 1/5，地震波最大峰值 1500cm/s²）

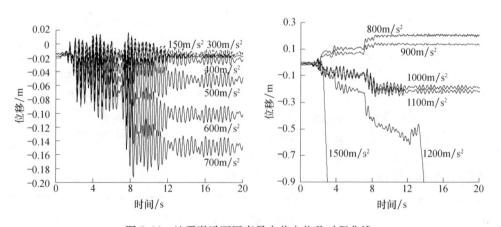

图 7.12　地震激励下网壳最大节点位移时程曲线

参 考 文 献

包世华,方鄂华. 1990. 高层建筑结构设计. 第二版. 北京:清华大学出版社.

曹资,薛素铎. 2005. 空间结构抗震理论与设计. 北京:科学出版社.

曹资,薛素铎,张毅刚. 2002. 20 年来我国空间结构抗震设计计算理论与方法的发展//第十届空间结构会议论文文集. 北京:中国建材工业出版社.

曹资,朱志达. 1998. 建筑抗震理论与设计方法. 北京:北京工业大学出版社.

董石麟,钱若军. 2000. 空间网格结构分析理论与计算方法. 北京:中国建筑工业出版社.

龚景海,邱国志. 2002. 空间结构计算机辅助设计. 北京:中国建筑工业出版社.

何君毅,林祥都. 1994. 工程结构非线性问题的数值解法. 北京:国防工业出版社.

建设部抗震办公室. 1990. 建筑抗震设计规范(GBJ11—89)统一培训教材. 北京:地震出版社.

蓝天,张毅刚. 2000. 大跨度屋盖结构抗震设计. 北京:中国建筑工业出版社.

李杰,李国强. 1992. 地震工程学导论. 北京:地震出版社.

沈世钊,陈昕. 1999. 网架结构稳定性. 北京:科学出版社.

王光远. 1981. 应用分析动力学. 北京:人民教育出版社.

王松涛,曹资. 1997. 现代抗震设计方法. 北京:中国建筑工业出版社.

王亚勇,刘小弟,程民宪. 1991. 建筑结构时程分析法输入地震波的研究. 建筑结构学报,12(2):51-60.

肖炽,李维滨,马少华. 1999. 空间结构设计与施工. 南京:东南大学出版社.

薛素铎,赵均,高向宇. 2003. 建筑抗震设计. 北京:科学出版社.

杨溥,李英民,赖明. 2000. 结构时程分析法输入地震波的选择控制指标. 土木工程学报,33(6):33-37.

尹德玉,刘善维,钱若军. 1996. 网壳结构设计. 北京:中国建筑工业出版社.

俞载道. 1987. 结构动力学基础. 上海:同济大学出版社.

中国建筑科学研究院,等. 1991. JCJ 7—1991　网架结构设计与施工规程. 北京:中国建筑工业出版社.

中国建筑科学研究院,等. 2001. GB 50011—2001　建筑抗震设计规范. 北京:中国建筑工业出版社.

中国建筑科学研究院,等. 2003. JCJ 61—2003　网壳结构技术规程. 北京:中国建筑工业出版社.

Clough R W,Penzien J. 1993. Dynamics of Structures. New York:McGraw-Hill.

Makowski Z S. 1984. Analysis,Design and Construction of Braced Domes. New York:Nichols Publishing Company.

Makowski Z S. 1985. Analysis,Design and Construction of Braced Barrel Vaults. London,New York:Elsevier.

Tien T L,Yuan Z L. 1987. Space structures for sports buildings//Proceedings of the International Colloquium on Space Structures for Sports Buildings. Beijing:Science Press:120-127.

第8章　多维多点地震作用下结构随机响应分析

大跨度空间结构作为重要的公共设施,其安全性问题直接关系着国计民生,随着大跨度空间结构理论与实践经验的逐渐成熟和完善,其跨度也在逐渐增大。地震荷载作用下,在空间结构设计中考虑地震动的多维多点输入变得十分必要。本章首先对大跨度空间结构多维多点输入抗震的研究现状进行系统的综述和总结,阐述并评价现行大跨度空间结构考虑多维多点输入的三种抗震计算方法,即时程分析法、随机振动分析法和反应谱法;然后,对现有有关多维抗震分析方法进行总结与回顾,并介绍虚拟激励法在网壳结构多维地震作用中的应用,给出网壳结构虚拟激励多维随机振动分析的理论推导;最后,对今后空间结构仍需要进一步研究的问题提出建议和展望。

8.1　多维地震作用下结构响应分析方法回顾

8.1.1　引言

随着人类文明的进步及工业社会的发展,需要越来越大的结构空间来满足社会需求,与平面结构体系相比,大跨度空间结构具有受力合理、自重轻、抗震性能好、工期短等优点,且结构形式丰富多样,具有很强的艺术表现力,主要包括网架结构、网壳结构、悬索结构、膜结构、薄壳结构五大空间结构。空间结构正被日益广泛地应用于体育场馆、大型展览馆、飞机库和工厂车间等。近几十年来,大跨度空间结构发展很快,其跨度和规模越来越大,尺度达 200m 以上的建筑已非个例。例如,1975 年建成的美国新奥尔良"超级穹顶",直径 207m,长期被认为是世界上最大的球面网壳;1993 年建成的直径为 222m 的日本福冈体育馆,其最大特点就是具有可开合性;美国亚特兰大为 1996 年奥运会修建的佐治亚穹顶采用新颖的索穹顶结构,其准椭圆形平面的轮廓尺寸达 240.79m×192.02m。在我国为举办奥运会,全国建立 37 座场馆,其中国家体育场平面为椭圆形,长轴达到 332.3m,短轴 296.4m;国家游泳中心尺寸为 177m×177m×31m;国家体育馆平面尺寸为 114m×144.5m;老山自行车馆屋盖采用双层球面网壳,跨度达到 133.06m;五棵松体育馆、北京工业大学体育馆和北京科技大学体育场长轴方向尺寸均超过了 100m。随着跨度的日益增大,抗震设计方法也变得越来越复杂,给学者和设计人员也带来了越来越大的挑战。

空间结构作为城市的标志性建筑和地震灾后的主要避难场所,其地震安全性一直是国内外学术界及工程界共同关注的重要课题。对位于地震区的大跨度空间结构,跨度的增大和结构形式的复杂化必然会带来一些不利因素,此类建筑是人群集合或配置重要设施的场所,一旦倒塌,后果严重,因此对其进行抗震性能的研究意义重大。目前,除欧洲规范考虑了地震动的空间变化性外,其余均采用一致地震动输入。对于大跨度空间结构来说,若采用传统计算方法,显然是不精确的,这是由于各支撑点接收的地震波是不相同的,当地震波由震源传至地表各点时,可能会经过不同的路径,受到不同的地形地质的影响,故在地表面上的振动不完全相同。因此,大跨度空间结构的抗震设计中考虑多维多点输入是十分必要的,地震多维多点输入是由下列因素引起:行波效应(traveling wave effect)、部分相干效应(incoherence effect)、波的衰减效应(attenuation effect)、局部场地效应(site effect)。

目前大跨度空间结构的抗震分析方法一般有反应谱法、随机振动分析法和时程分析法。常规的反应谱法不能考虑行波效应等复杂的因素,而时程分析法和随机振动分析法可以考虑地震的空间效应,时程分析法计算量庞大,结果取决于所输入的地震波;由于地震地面运动是一个非平稳随机过程,而随机振动法充分考虑了地震发生的概率特性,因此认为随机振动法是一种合理的分析方法,由林家浩等提出的虚拟激励法解决了随机振动方法计算量大的难题且保证有足够的计算精度。

8.1.2　多维多点输入下结构地震反应分析方法

当前对多维多点输入下大跨度空间结构地震反应的分析方法主要有三种,即时程分析法、随机振动分析法和反应谱法。

1. 多维多点输入下的时程分析法

时程分析法相对比较简单,是一种确定性的动力分析方法,发展较成熟。对大跨度空间结构进行时程分析时,它既可以考虑地震波的多维多点输入,还可以考虑其结构的材料非线性和几何非线性。时程分析法是将大跨度空间结构作为弹性或弹塑性振动体系,直接输入地面地震记录,对运动方程直接积分,从而获得系统各节点的位移、速度和加速度,并求得空间结构杆件内力的时程变化曲线。所以此法能更准确而完整地反映空间结构在强震下响应的全过程。

直接积分方法具有计算量大的特点,该法最大的应用限制是如何正确合理地选择地震波。由于模拟地震波具有一定的随机性,因此该法存在以下缺点:①分析得到的结构反应存在一定的局限性,尽管该法能真实反映结构在地震下的响应,但同样的地震不可能再次发生,且分析结果取决于选取的地震记录。该法用于多维多点地震反应计算的关键是地震动的模拟问题。选用真实的密集台阵记录作为多维多点输入是较可靠的方法,但密集台阵记录仅适用于台阵场址,而实际结构所处场地条件各异,因此,寻找合理的地震动场人工合成技术已成为一个热点问题;②为得到结构反应的统计结果,需采用多条不同性质的输入地震波进行分析,因此增加了计算量;③由于地震作用的随机性,同一支撑处地面运动需有多组时程来反映,对于多维多点的情况,计算更为烦琐。

现行许多商用有限元软件均可实现大跨度空间结构的多维多点输入抗震分析。一般模拟地震加速度对空间结构的激励主要有以下三种方法:①施加加速度历程,该法的优点是简单易行,只需为每一荷载步指定相应的时间和加速度值即可;②将时间-加速度关系在频域上积分,得到时间-位移关系,然后施加位移时程即可;③大质量法。大质量法是假设大跨度空间结构的基础为一个或若干个具有大质量的集中质量单元,这些大质量单元与结构边界刚性连接。将很大的集中质量 M(整个结构质量的 $10^5 \sim 10^8$,通常取 10^6)附着于基础激励处,然后释放基础激励方向的自由度,并在集中质量单元上施加与激励方向相同的一个力 $F(F=Ma)$。利用这个力使地基产生所需加速度,由于结构实际质量与所施加的大质量相比小到可以忽略,利用对质量矩阵主对角元充大数的方法,激励加速度可以认为就是 $a=F/M$。

目前,国内外研究者与设计人员已利用时程分析法对大跨度空间结构进行了大量的抗震反应。李忠献等(2007)对不同跨度的正方形平板进行了时程分析法和随机振动虚拟激励法分析,得出如下结论:行波效应对网格结构杆件应力的影响随行波视波速的减小而增大,且对不同位置杆件的应力值的影响有所不同;当行波视波速小于 500m/s 时,行波效应对跨度大于 60m 的网格结构控制杆件内力的影响程度大于 10%;当行波视波速一定时,行波效应对杆件控制内力的影响随网格结构跨度的增大而增大;在空间网格结构抗震设计中,当结构跨度大于 60m、行波视波速小于 500m/s 时,必须考虑行波效应对网格结构控制杆件内力的影响。梁嘉庆与叶继红(2004)以非一致输入法对不同跨度的大跨空间网格结构进行竖向和水平地震计算,指出竖向地震时,当空间网格结构沿地震波传播方向的跨度小于等于 90m 时,可以不考虑空间相关性,以一致输入进行结构地震响应分析。水平地震时,当空间网格结构沿地震波传播方向的跨度小于等于 60m 时,可以不考虑空间相关性,以一致输入对结构进行抗震分析。对于跨度大于等于 150m 的空间网格结构,无论是水平地震还是竖向地震,均需考虑地震动的空间相关性。苏亮和董石麟(2007)以两种典型空间结构为研究对象,采用了 20 条具有不同位相特性的人工地震波对结构进行计算和统计分析,考察了竖向地震作用下结构的地震反应及竖向多点输入对结构地震反应的影响。分析表明,竖向地震一致输入在门式桁架结构和周边支撑网壳结构中将产生较大的内力,而竖向多点输入对门式桁架结构地震反应的影响很小。对周边支撑网壳结构来说,竖向多点输入使得网壳结构的地震内力降低,同时由于拟静力作用在支撑结构中产生的内力较少,多点输入对支撑结构的地震内力影响也很小。董贺勋和叶继红(2005)通过自行编制的多点输入动力分析程序,对不同跨度(60m、80m、100m、120m)和结构形式(柱壳、球壳、网架)的大跨空间网格结构进行的多点输入竖向和水平地震作用时程计算,结果表明,拟静力位移响应较大的点主要集中于支座附近,且拟静力位移的影响从支座向跨中不断减弱;视波速对拟静力位移的影响甚微;地震波的传播方向对拟静力位移分布规律没有影响。梁嘉庆和叶继红(2004)引用了快速傅里叶转换技术,对两个实际工程的水平与竖向振动进行多点输入下的竖向和水平地震加速度时程分析。分别以多点输入法和行波法对大跨度空间网格结构在非一致输入与一致输入上结构的差异、视波速及结构跨度对这种差异的影响及行波法的精度三方面得出一些重要结论。邸龙和楼梦麟(2006)采用可考虑行波效应和部分相干效应的人工合成多点地震动,同时考虑网壳结构的材料非线性和几何非线性,对柱壳在多点输入下的地震反应进行计算,并与一致输入下的地震反应进行对比,得出一些有益于工程实际的重要结论。储烨和叶继红(2006)采用时程分析法对大跨空间网格结构分别进行了多点输入和一致输入下的弹塑性地震响应分析,多点输入下的相干函数模型采用著名的 Harichandran 模型。对两种输入方式下的结构响应进行对比发现,两者的塑性发展规律大体一致,但多点输入下进入塑性杆件的数量明显多于一致输入,同时塑性杆件分布更加均匀。

2. 多维多点激励下的随机振动分析法

随机振动分析法是近年来研究较多的方法之一,并已被作为与时程法、反应谱法并行的一种分析方法列入欧洲规范。该法最大的优点是多维多点输入的地面运动建立在统计特征基础上,可以计算出各反应的统计规律,还可以对感兴趣的部位进行完全分析。在确定地震动的自功率谱和互功率谱后,计算得到的是各结构反应量的统计规律。但应用该法时,也具有计算工作量的问题,Kiureghian 和 Neuenhofer(1996)认为,虽然该法的统计特性很具有吸引力,但仍不能被工程师接受;现行规范大多是以反应谱而非功率谱密度来描述输入地震动的,这也是该法难以在设计中应用的主要原因之一。近年来,林家浩(1990)提出的虚拟激励法计算效率很高,理论上是随机振动方程的精确解,从而为大跨度结构多维多点地震分析提供了一个有效的途径。该法最大特点是将平稳随机振动分析转化为简谐振动分析,将非平稳随机振动分析转化成确定性时间历程分析,从而在保持理论精确性的同时简化了计算步骤。该法与反应谱法有相同缺点,即采用谱的概念,目前仅能适用于线性系统。

丁阳等(2008a)提出了一种简便的、近似计算非平稳地震激励下结构峰值响应均值的算法,数值模拟了某体育馆大型网壳结构在平稳和非平稳地震激励下的随机地震响应。他们指出,考虑地震动的非平稳性后,各杆件的峰值响应会有不同程度的减小,结构应力峰值响应为 $7.51\% \sim 23.3\%$;同时考虑行波效应和地震动非平稳性时,在地震激励的初期阶段,结构响应方差会发生变化,但不会给结构的峰值响应均值带来明显差异;对于不同的视波速,峰值响应均值的减小程度也不同。在分析地震动非平稳性的影响时,应同时考虑地震动的行波效应。孙建梅等(2005,2007)采用虚拟激励法分析大跨度空间结构的随机地震响应,对网架、网壳、索网和索穹顶结构在一致输入和多点输入下结构节点的位移响应方差及加速度功率谱进行了分析,给出了考虑空间相干性的多点输入法与一致输入法之间结构响应的差异及变化规律,并探讨了拟静力项对不同结构形式的影响。丁阳等(2007)对大跨度空间结构进行三向正交地震动多点激励下的非平稳随机地震反应分析,针对大跨度空间结构引入了波前法进行简化计算,指出考虑地震动空间效应会使结构控制杆件内力增大约 30%;考虑部分相干效应会使结构杆件内力变化约 10%;考虑多维地震输入会使结构控制内力增大约 15%;考虑地震动的非平稳性会使结构杆件内力减小约 35%。丁阳等(2009)提出了减少考虑部分相干效应的结构多点多维随机地震响应分析计算量的方法;对比完全相干、部分相干和完全不相干情况的相干性矩阵,分析了部分相干效应对结构随机地震响应的影响规律;指出在大跨度空间结构的随机地震反应分析中,考虑地震动的部分相干效应后,结构支撑点附近、以拟静力响应为主的部分杆件的随机地震响应会明显增大,而远离支撑点处、以拟动力响应为主的部分杆件的随机地震响应会稍有减小。

3. 多维多点激励下的反应谱法

1941 年,Biot 首先提出反应谱的概念,但由于当时缺少足够的强震记录,因此该法难以应用于实际。反应谱法是当前各国规范首推的抗震设计方法,但对于大跨度空间结构,一致输入反应谱无法考虑地面运动的空间变化特征。改进现有的反应谱法使之适用于多维多点输入下的大跨度空间结构地震响应分析,值得进一步研究与探讨。

近十多年来,已有不少学者基于随机理论提出了一些改进的反应谱法。但目前耦合系数的计算仍相当繁杂,需耗费大量时间,而简化方法的精度难以保证。Yamamura 和 Tanaka(1990)将结构各支撑点根据其空间分布和场地情况划分为若干组,相距较近且位于同一场地的支撑划为一组,振型反应用 CQC 法进行组合,而各组之间的地面运动假设为互不相关,振型反应通过 SRSS 法叠加,但该法无法考虑行波效应和部分相干效应。Kiureghian 和 Neuenhofer(1992)的修正SRSS法(MSRS法)是基于平稳随机振动理论导出的多点激励反应谱分析方法,该法较全面地考虑了行波效应、部分相干效应及局部场地效应的影响,较好地反映了各支撑点地面运动的相关性和各振型间的相关性。

董贺勋和叶继红(2006)基于虚拟激励原理推导了多点激励反应谱法的计算公式,根据对不同跨度和结构形式的大跨空间网格结构所进行的多点输入和一致输入地震作用下结构杆件可靠度指标的计算,分析这类结构在两种输入方法下危险杆件的差异,包括差异的分布规律、随视波速和结构跨度的变化情况。叶继红和孙建梅(2007)基于虚拟激励原理建立了多点激励反应谱法,指出该方法所表示的结构地震动反应由三部分组成,即拟静力响应、动力响应及二者的耦合响应。其中,拟静力响应是由地面各点输入位移不一致引起的;动力响应主要是由结构在地面加速度作用下引起的;当结构自振周期小于 2s 时,拟静力响应与动力响应之间的耦合项可以忽略。该方法计算公式形式简洁,物理意义明确,且与我国现行《建筑抗震设计规范》(GB 50011—2001)中的一致激励反应谱建立了定量关系。

8.2　多维平稳随机地震响应分析理论与方法

以上归纳出的结构多维地震响应分析的 6 个关键科学问题,在本节中将对前 4 个问题进行分析,给出一定的理论和方法,供工程设计和科研参考。

8.2.1　虚拟激励法

对于受平稳随机激励的线性结构系统,由已知激励功率谱矩阵$[S_{xx}]$求解任意响应功率谱矩阵的功率谱法是随机振动理论取得的经典成果,其基本表达式为

$$[S_{yy}] = [H]^* [S_{xx}][H]^\mathrm{T}$$
$$[S_{yx}] = [H]^* [S_{xx}]$$
$$[S_{xy}] = [S_{xx}][H]^\mathrm{T}$$

(8.1)

式中,$[S_{yy}]$——输出的自谱密度矩阵;

$[S_{xy}]$、$[S_{yx}]$——输入和输出之间的互谱密度矩阵;

$[H]$——频响函数矩阵;

上标 $*$ 和 T——分别代表求复共轭和矩阵转置。

式(8.1)形式简单,长期以来一直被用作计算各种结构响应自谱和互谱的基本公式。然而,当结构自由度很多,特别是受多维或多点随机激励时,其计算量十分巨大,难于为一般工程分析所接受。

为解决上述问题,林家浩(1990)提出了一种计算上述功率谱矩阵的快速算法——虚拟激励法。在单源平稳激励下,虚拟激励法可以描述为:若线性时不变系统受到平稳随机激励,其谱密度为 $S_{xx}(\omega)$。则如将此随机激励代之以虚拟简谐激励$x(t) = \sqrt{S_{xx}(\omega)}\,\mathrm{e}^{\mathrm{i}\omega t}$,并设$\{y\}$与$\{z\}$是由它激发的任意两种稳态简谐响应,则其功率谱矩阵可简单地按式(8.2)计算。

$$[S_{yy}(\omega)] = \{y\}^* \{y\}^\mathrm{T}, \quad [S_{yz}(\omega)] = \{y\}^* \{z\}^\mathrm{T}$$

(8.2)

可以证明,由式(8.2)给出的结果与式(8.1)在数学上完全等价。目前,林家浩等(2000,2001)已利用虚拟激励法成功解决了结构在单维地震作用下的多种随机问题,如大型结构平稳和非平稳随机地震响应、行波效应、多点激励、完全相干和部分相干等问题。

8.2.2　多维虚拟激励随机振动分析理论与方法

1. 多维地震作用下虚拟激励法公式推导

对空间网壳结构体系,假定质量集中在各节点上,且只考虑三维平动地震分量的作用,忽略地震动转动分量的影响,则结构的运动方程为

$$[M]\{\ddot{U}\}+[C]\{\dot{U}\}+[K]\{U\}=-[M][E]\{\ddot{U}_g\} \tag{8.3}$$

式中,$[M]$、$[C]$、$[K]$——分别为结构的质量矩阵、阻尼矩阵及刚度矩阵;

$\{U\}$——位移向量;

$[E]$——指示矩阵;

$\{\ddot{U}_g\}=[\ddot{X}_g,\ddot{Y}_g,\ddot{Z}_g]^T$——地面运动加速度向量,设它们是平稳随机过程, $\{\ddot{U}_g\}$的功率谱矩阵$[S_{\ddot{U}_g\ddot{U}_g}(\omega)]$为已知。

对线性结构体系,位移向量$\{U\}$可表示为前q个振型的组合,

$$\{U\}=\sum_{j=1}^{q}\{\phi_j\}u_j=[\Phi]\{u\} \tag{8.4}$$

式中,$\{\phi_j\}$——第j阶振型向量;

$[\Phi]$——振型矩阵;

$\{u\}$——正则坐标。

设$[C]$为正交阻尼阵,则式(8.3)可缩减为q个单自由度方程,

$$\ddot{u}_j+2\zeta_j\omega_j\dot{u}_j+\omega_j^2u_j=-\{\phi_j\}^T[M][E]\ddot{u}_g \tag{8.5}$$

式中,ζ_j、ω_j——第j阶振型阻尼比和角频率,振型矩阵满足关系$[\Phi]^T[M][\Phi]=[I]$。

根据地面运动的相关性质,输入功率谱矩阵为 Hermitian 矩阵,因此可将其分解为

$$[S_{\ddot{U}_g\ddot{U}_g}(\omega)]=\sum_{k=1}^{r}\lambda_k\{\psi_k\}^*\{\psi_k\}^T \tag{8.6}$$

式中,r——激励功率谱矩阵的秩,对三维地震输入 $r=3$;

λ_k、$\{\psi_k\}$——分别为矩阵的第k个特征值和特征向量。

根据虚拟激励法的概念,构造虚拟激励向量$\{\ddot{U}_g\}_k=\sqrt{\lambda_k}\{\psi_k\}e^{i\omega t}$,代入式(8.5)得

$$u_{jk}=-H_j(i\omega)\{\phi_j\}^T[M][E]\sqrt{\lambda_k}\{\psi_k\}e^{i\omega t} \tag{8.7}$$

式中,$H_j(i\omega)$——单自由度频响函数,$H_j(i\omega)=(\omega_j^2-\omega^2+i2\zeta_j\omega_j\omega)^{-1}$。

由式(8.4)得

$$\{U_k(t)\} = -\sum_{j=1}^{q} \{\phi_j\} H_j(\mathrm{i}\omega) \{\phi_j\}^{\mathrm{T}} [M][E] \sqrt{\lambda_k} \{\psi_k\} \mathrm{e}^{\mathrm{i}\omega t} = \{U_k(\omega)\} \mathrm{e}^{\mathrm{i}\omega t} \quad (8.8)$$

根据虚拟激励法的原理,可得$\{U\}$的功率谱矩阵为

$$[S_{UU}(\omega)] = \sum_{k=1}^{r} \{U_k(\omega)\}^* \{U_k(\omega)\}^{\mathrm{T}} \quad (8.9)$$

式(8.9)也可写成如下形式:

$$[S_{UU}(\omega)] = \Big(\sum_{j=1}^{q} \{\phi_j\} H_j(\mathrm{i}\omega) \{\phi_j\}^{\mathrm{T}} [M][E]\Big)^* \sum_{k=1}^{r} \lambda_k \{\psi_k\}^* \{\psi_k\}^{\mathrm{T}}$$

$$\cdot \Big(\sum_{j=1}^{q} \{\phi_j\} H_j(\mathrm{i}\omega) \{\phi_j\}^{\mathrm{T}} [M][E]\Big)^{\mathrm{T}}$$

$$= [\Phi][H]^* [\Phi]^{\mathrm{T}} [M][E] [S_{\ddot{U}_g \ddot{U}_g}] [E]^{\mathrm{T}} [M][\Phi][H][\Phi]^{\mathrm{T}} \quad (8.10)$$

式中,$[H] = \mathrm{diag}[H_1 \quad H_2 \quad \cdots \quad H_q]$——对角阵。

式(8.9)和式(8.10)即为由虚拟激励法得出的结构在三维地震分量作用下的位移响应功率谱矩阵的计算公式。而由传统 CQC 法给出的表达式为

$$[S_{UU}(\omega)] = \sum_{m=1}^{3} \sum_{n=1}^{3} \sum_{j=1}^{q} \sum_{l=1}^{q} \gamma_{jm} \gamma_{ln} H_j(\mathrm{i}\omega)^* H_l(\mathrm{i}\omega) \{\phi_j\} \{\phi_l\}^{\mathrm{T}} S_{\ddot{U}_m \ddot{U}_n}(\omega) \quad (8.11)$$

式中,γ_{jm}——振型参与系数。

式(8.11)中含有四重求和号,当计算自由度较多时,其计算量是惊人的。可以证明由虚拟激励法给出的式(8.9)或式(8.10)与传统的 CQC 法表达式完全等价,而其计算工作量却大大减少。

由位移响应功率谱可进一步推导出内力响应功率谱。根据有限元理论,首先要从全局坐标系中提取出单元节点位移向量$\{U_e\}$,相应的有一个提取变换,

$$\{U_e\} = [G_1]\{U\} \quad (8.12)$$

然后将单元节点位移向量从全局坐标系向单元局部坐标系转换,相应的有一个旋转变换,

$$\{U'_e\} = [G_2]\{U_e\} = [G_2][G_1]\{U\} \quad (8.13)$$

最后,节点内力响应向量$\{N_e\}$可以通过单元刚度矩阵$[K_e]$求出,

$$\{N_e\} = [K_e]\{U'_e\} = [K_e][G_2][G_1]\{U\} \quad (8.14)$$

则内力响应功率谱矩阵为

$$[S_{N_e N_e}(\omega)] = \sum_{k=1}^{r} \{N_e\}_k^* \cdot \{N_e\}_k^{\mathrm{T}} = [K_e]^* [G_2]^* [G_1]^* [S_{UU}(\omega)][G_1]^{\mathrm{T}} [G_2]^{\mathrm{T}} [K_e]^{\mathrm{T}}$$

$$(8.15)$$

结构任一响应量的方差可由其相应的自谱密度元素求得

$$\sigma_v^2 = \int_{-\infty}^{+\infty} S_{vv}(\omega)\,\mathrm{d}\omega \tag{8.16}$$

式中，响应量 v 可代表位移或内力。

2. 虚拟激励法的计算效率分析

为说明方便，考虑结构受单点平稳随机地震激励情况。由传统公式(8.1)得到的结构位移响应功率谱矩阵可写为

$$[S_{yy}(\omega)] = \sum_{i=1}^{q}\sum_{j=1}^{q}\gamma_i\gamma_j H_i^{*} H_j \{\phi_i\}\{\phi_j\}^{\mathrm{T}} S_{\ddot{X}_{\mathrm{g}}}(\omega) \tag{8.17}$$

式中，$S_{\ddot{X}_{\mathrm{g}}}(\omega)$——地面运动加速度 $\ddot{X}_{\mathrm{g}}(t)$ 的自谱；

　　$\{\phi_i\}$——第 j 振型向量；

　　γ_j、H_j——分别为第 j 振型的振型参与系数和频响函数；

　　q——计算所取的振型数。

式(8.17)就是精确计算响应功率谱的 CQC 表达式，由于其中含有二重求和号，当结构自由度数较高及所取振型数较多时，式(8.17)的计算量是非常大的。为此，工程中通常在小阻尼和参振振型为稀疏分布的假定下将 $i \neq j$ 的交叉项忽略掉，而得到以下近似的 SRSS 公式：

$$[S_{yy}(\omega)] = \sum_{j=1}^{q}\gamma_j^2 |H_j|^2 \{\phi_j\}\{\phi_j\}^{\mathrm{T}} S_{\ddot{X}_{\mathrm{g}}}(\omega) \tag{8.18}$$

然而，对于大跨度空间结构，其参振频率十分密集，且存在很多耦合振型，因此用式(8.18)给出的 SRSS 公式计算将带来很大误差。

按虚拟激励法分析时，位移响应功率谱矩阵可方便地按式(8.19)求出。

$$[S_{yy}(\omega)] = \{Y(\omega)\}^{*}\{Y(\omega)\}^{\mathrm{T}} \tag{8.19}$$

式中

$$\{Y(\omega)\} = -\sum_{j=1}^{q}\gamma_j H_j \{\phi_j\}\sqrt{S_{\ddot{X}_{\mathrm{g}}}(\omega)} \tag{8.20}$$

很显然，若将式(8.20)代入式(8.19)并展开，即得到表达式(8.17)，可见由虚拟激励法给出的公式与 CQC 法公式在数学上是等价的，但其计算量相差很大。如果令 $\{Z_j\} = \gamma_j H_j \{\phi_j\}\sqrt{S_{\ddot{X}_{\mathrm{g}}}(\omega)}$，则上述三种算法可分别表达如下：

常规 CQC 法

$$[S_{yy}(\omega)] = \sum_{i=1}^{q}\sum_{j=1}^{q}\{Z_i\}^{*}[Z_j]^{\mathrm{T}} \tag{8.21}$$

SRSS 法

$$[S_{yy}(\omega)] = \sum_{j=1}^{q} \{Z_j\}^* [Z_j]^T \tag{8.22}$$

虚拟激励法

$$[S_{yy}(\omega)] = \left(\sum_{j=1}^{q} \{Z_j\}\right)^* \left(\sum_{j=1}^{q} \{Z_j\}\right)^T \tag{8.23}$$

上述三种算法所需的计算量分别为:式(8.21)需 q^2 次 n 维向量乘法,式(8.22)需 q 次 n 维向量乘法,而式(8.23)只需 1 次 n 维向量乘法,其计算量只有CQC 法的 $1/q^2$。由此可见,虚拟激励法不仅计算精确,而且计算效率高,其计算效率甚至比近似的 SRSS 法也快 $1/q$。由于虚拟激励法自动包含所有参振振型的贡献,不可能忽略掉参振振型之间的互相关项,因此特别适合大跨度空间结构这种具有频率密集分布的复杂结构体系的分析。

8.2.3　多维地震动的随机模型及相关性

地震动具有很强的随机性,研究地震动随机模型是应用随机振动理论研究结构随机地震反应的基础。已在工程中应用的单维地震动模型有:平稳模型中的白噪声模型、过滤白噪声模型,非平稳模型中的均匀调制过程、演变过程等。多维地震动随机模型则在单维模型的基础上再考虑各分量间的相关性得到。

本章地震动模型采用 Kanai-Tajimi 提出的过滤白噪声模型,其功率谱密度函数表达式为

$$S(\omega) = \frac{\omega_g^4 + 4\zeta_g^2 \omega_g^2 \omega^2}{(\omega_g^2 - \omega^2)^2 + 4\zeta_g^2 \omega_g^2 \omega^2} S_0 \tag{8.24}$$

式中, S_0 ——谱强度因子;

ζ_g、ω_g ——分别为地基土的阻尼比和卓越频率。

地震动随机模型参数 S_0、ζ_g、ω_g 与场地类别和地震烈度等因素有关。

在相关性研究中,黄玉平和刘季假定两水平地震动加速度分量为平稳随机过程,通过对 I 类场地上强度大于 $0.05g$ 的 11 组水平双向地震加速度记录进行统计分析,研究了双向水平地震动的空间相关性,得到如下结论:水平两向地震动加速度的相关程度较大,x、y 方向加速度统计平均自谱在形状上大致相同,互谱模的形状与自谱相近,互谱相位角是较小的。基于上述分析,建议双向地震动的自谱取相同形式,互谱相位角取零,这样自谱和互谱密度函数表达式相同,即有

$$S_{xx}(\omega) = S_{yy}(\omega) = S_{xy}(\omega)$$

设计时也可取两个自谱函数相差一个常数倍,$S_{xx}(\omega) = \alpha S_{yy}(\omega)$。这样互谱与自谱也差一常数倍,即

$$S_{xx}(\omega) = \sqrt{\alpha} S_{yy}(\omega)$$

对于水平和竖向两方向的互谱按如下取值：

$$S_{x_g z_g}(\omega) = 0.6\sqrt{S_{x_g x_g}(\omega)S_{z_g z_g}(\omega)} \tag{8.25}$$

式中，$S_{x_g x_g}(\omega)$和$S_{z_g z_g}(\omega)$——分别为水平和竖向自谱，假定它们具有相同形式（均为过滤白噪声模型），但模型参数均取值不同。

8.3　网壳结构多维多点非平稳随机地震响应分析方法

8.2节仅涉及地震动为平稳随机过程及一致输入的情况，未考虑地震动的非平稳性及行波效应（多点输入）。本节将进一步介绍虚拟激励法推广应用于大跨空间网格结构在多维多点非平稳地震作用下的随机响应分析，给出多维多点非平稳虚拟激励多维随机振动分析方法。

8.3.1　多维多点非平稳虚拟激励法的理论公式

对空间网格结构体系，假定质量集中在各节点上，且只考虑三维平动地震分量的作用，忽略地震动转动分量的影响，选择相对于地心静止的绝对坐标系，将节点位移分为拟静力项和拟动力项，并假定阻尼比与相对速度成正比，则体系在多点地震激励下的运动方程可写为

$$\begin{bmatrix} M_{ss} & 0 \\ 0 & M_{mm} \end{bmatrix}\begin{Bmatrix} \ddot{U}_s + \ddot{U}_r \\ \ddot{U}_m \end{Bmatrix} + \begin{bmatrix} C_{ss} & C_{sm} \\ C_{ms} & C_{mm} \end{bmatrix}\begin{Bmatrix} \dot{U}_r \\ 0 \end{Bmatrix} + \begin{bmatrix} K_{ss} & K_{sm} \\ K_{ms} & K_{mm} \end{bmatrix}\begin{Bmatrix} U_s + U_r \\ U_m \end{Bmatrix} = \begin{Bmatrix} 0 \\ P_m \end{Bmatrix}$$

$$\tag{8.26}$$

式中，$[M_{ss}]$、$[C_{ss}]$、$[K_{ss}]$——分别为自由节点的质量矩阵、阻尼矩阵、刚度矩阵；

　　　　$[M_{mm}]$、$[C_{mm}]$、$[K_{mm}]$——分别为支座约束节点的质量矩阵、阻尼矩阵、刚度矩阵；

　　　　$[C_{sm}]$、$[C_{ms}]$——分别为自由节点和支座节点的耦合阻尼矩阵；

　　　　$[K_{sm}]$、$[K_{ms}]$——分别为自由节点和支座节点的耦合刚度矩阵；

　　　　$\{U_s\}$、$\{U_r\}$——分别为自由节点的拟静力和拟动力位移向量；

　　　　$\{U_m\}$——支座节点的拟静力位移向量，即为地面节点强迫位移向量；

　　　　$\{P_m\}$——作用于支座节点上的外荷载向量。

将式(8.26)进一步简化为

$$[M_{ss}]\{\ddot{U}_r\} + [C_{ss}]\{\dot{U}_r\} + [K_{ss}]\{U_r\} = [M_{ss}][K_{ss}]^{-1}[K_{sm}]\{\ddot{U}_m\} \tag{8.27}$$

假设当$t = T_j$时地震波到达第j个支座节点(X_j, Y_j)，则

$$T_j = (X_j\cos\theta + Y_j\sin\theta)/v \tag{8.28}$$

式中，v——地震波等效视波速；

θ——地震波传播方向与结构 x 轴方向之间的夹角。

地面支座节点的加速度向量可表示为

$$\{\ddot{U}_\mathrm{m}(t)\} = [G(t)]\{\ddot{U}_\mathrm{g}(t)\} \tag{8.29}$$

式中，$[G(t)]$——确定性时间包络函数矩阵；

$\{\ddot{U}_\mathrm{g}(t)\}$——时滞平稳随机过程向量。

$$[G(t)] = \begin{bmatrix} G_1(t) & & & \\ & \ddots & & 0 \\ & & G_j(t) & \\ & 0 & & \ddots \\ & & & & G_p(t) \end{bmatrix} \tag{8.30}$$

$$[G_j(t)] = \begin{bmatrix} g_x(t-T_j) & & 0 \\ & g_y(t-T_j) & \\ 0 & & g_z(t-T_j) \end{bmatrix} \tag{8.31}$$

$$\{\ddot{U}_\mathrm{g}(t)\} = \begin{bmatrix} \ddot{U}_{\mathrm{g}1}(t) & \cdots & \ddot{U}_{\mathrm{g}j}(t) & \cdots & \ddot{U}_{\mathrm{g}p}(t) \end{bmatrix}^\mathrm{T} \tag{8.32}$$

$$\{\ddot{U}_{\mathrm{g}j}(t)\} = \begin{bmatrix} X(t-T_j) & Y(t-T_j) & Z(t-T_j) \end{bmatrix} \tag{8.33}$$

在实际计算中可假定，

$$g_x(t) = g_y(t) = g_z(t) = g(t), \quad t < 0, \quad g(t) = 0$$

设阻尼矩阵满足正交条件,则可用振型分解法将式(8.31)降阶为 q 个自由度。将拟动力位移向量表示为前 q 个振型的组合。

$$\{U_\mathrm{r}\} = \sum_{j=1}^{q} \{\phi_j\} \mu_j = [\Phi]\{\mu\} \tag{8.34}$$

代入式(8.28)并利用振型正交性得

$$\{\ddot{\mu}\} + \mathrm{diag}[2\zeta_j\omega_j]\{\dot{\mu}\} + \mathrm{diag}[\omega_j^2]\{\mu\} = [\beta]\{\ddot{U}_\mathrm{m}\} \tag{8.35}$$

$$[\beta] = [\Phi]^\mathrm{T}[M_\mathrm{ss}][K_\mathrm{ss}]^{-1}[K_\mathrm{sm}] \tag{8.36}$$

式中，ζ_j、ω_j——第 j 阶振型阻尼比和角频率。振型矩阵满足关系$[\Phi]^\mathrm{T}[M_\mathrm{ss}][\Phi]=[I]$。

输入功率谱密度矩阵可写为

$$[S_{\ddot{U}_\mathrm{m}\ddot{U}_\mathrm{m}}] = [G(t)]^*[S_{\ddot{U}_\mathrm{g}\ddot{U}_\mathrm{g}}][G(t)]^\mathrm{T} \tag{8.37}$$

式中

$$[S_{\ddot{U}_\mathrm{g}\ddot{U}_\mathrm{g}}(\omega)] = [V]^*[S(\omega)][V]^\mathrm{T} \tag{8.38}$$

$$[V] = \begin{bmatrix} [I]_3 \mathrm{e}^{\mathrm{i}\omega T_1} \\ [I]_3 \mathrm{e}^{\mathrm{i}\omega T_2} \\ \vdots \\ [I]_3 \mathrm{e}^{\mathrm{i}\omega T_p} \end{bmatrix}, \quad [S(\omega)] = \begin{bmatrix} S_{xx}(\omega) & S_{xy}(\omega) & S_{xz}(\omega) \\ S_{yx}(\omega) & S_{yy}(\omega) & S_{yz}(\omega) \\ S_{zx}(\omega) & S_{zy}(\omega) & S_{zz}(\omega) \end{bmatrix}, \quad [I]_3 = \begin{bmatrix} 1 & & 0 \\ & 1 & \\ 0 & & 1 \end{bmatrix}$$

根据地面运动的相关性质，输入功率谱矩阵为 Hermitian 矩阵，因此可将其分解为

$$[S(\omega)] = \sum_{j=1}^{r} \alpha_j \{\psi_j\}^* \{\psi_j\}^{\mathrm{T}} \tag{8.39}$$

式中，r——激励功率谱矩阵的秩，对三维地震输入 $r=3$；

α_j、$\{\psi_j\}$——分别为矩阵的第 j 个特征值和特征向量。现构造如下虚拟激励向量

$$\{\ddot{U}_{mj}(t,\omega)\} = \sqrt{\alpha_j} [G(t)][V]\{\psi_j\} \mathrm{e}^{i\omega \tau} \tag{8.40}$$

代入式(8.34)可解出由其引起的位移反应为

$$\{U_{rj}(t,\omega)\} = \int_0^t [\Phi][h(t-\tau)][\beta] \sqrt{\alpha_j} [G(t)][V]\{\psi_j\} \mathrm{e}^{i\omega \tau} \mathrm{d}\tau \tag{8.41}$$

式中，$[h(t-\tau)]$——脉冲响应函数矩阵：

$$\begin{cases} [h(t-\tau)] = \mathrm{diag}[h_j(t-\tau)] \\ h_j(t-\tau) = \dfrac{1}{\omega_{dj}} \mathrm{e}^{-\zeta_j \omega_j (t-\tau)} \sin\omega_{dj}(t-\tau) \\ \omega_{dj} = \omega_j \sqrt{1-\zeta_j^2} \end{cases} \tag{8.42}$$

根据虚拟激励法原理，结构拟动力位移功率谱矩阵为

$$[S_{U_r U_r}(t,\omega)] = \sum_{j=1}^{r} \{U_{rj}(t,\omega)\}^* \{U_{rj}(t,\omega)\}^{\mathrm{T}} \tag{8.43}$$

按式(8.40)构造虚拟激励向量，则由其引起的自由节点拟静力位移为

$$\begin{aligned} \{U_{sj}(t,\omega)\} &= -[K_{ss}]^{-1}[K_{ss}]\{U_{mj}(t,\omega)\} \\ &= -[K_{ss}]^{-1}[K_{sm}] \int_0^t \left(\int_0^t \sqrt{\alpha_j} [G(t)][V]\{\psi_j\} \mathrm{e}^{i\omega t} \mathrm{d}\tau \right) \mathrm{d}t' \end{aligned} \tag{8.44}$$

根据虚拟激励法原理，可得结构拟静力位移功率谱矩阵

$$[S_{U_s U_s}(t,\omega)] = \sum_{j=1}^{r} \{U_{sj}(t,\omega)\}^* \{U_{sj}(t,\omega)\}^{\mathrm{T}} \tag{8.45}$$

同理可得 $\{U_r(t)\}$ 与 $\{U_s(t)\}$ 之间的互功率谱矩阵

$$[S_{U_r U_s}(t,\omega)] = \sum_{j=1}^{r} \{U_{rj}(t,\omega)\}^* \{U_{sj}(t,\omega)\}^{\mathrm{T}} \tag{8.46}$$

$$[S_{U_s U_r}(t,\omega)] = \sum_{j=1}^{r} \{U_{sj}(t,\omega)\}^* \{U_{rj}(t,\omega)\}^{\mathrm{T}} \tag{8.47}$$

节点总位移功率谱矩阵为

$$\left[S_{U_{ss}U_{ss}}(t,\omega)\right] = \sum_{j=1}^{r} \{U_{ssj}(t,\omega)\}^{*} \{U_{ssj}(t,\omega)\}^{\mathrm{T}} \qquad (8.48)$$

$$\{U_{ssj}(t,\omega)\} = \{U_{sj}(t,\omega)\} + \{U_{rj}(t,\omega)\} \qquad (8.49)$$

对于内力功率谱同样可由上面方法求得

$$\left[S_{NN}(t,\omega)\right] = \sum_{j=1}^{r} \{N_{j}(t,\omega)\}^{*} \{N_{j}(t,\omega)\}^{\mathrm{T}} \qquad (8.50)$$

$$\{N_{j}(t,\omega)\} = \left[Z_{N}\right]\{U_{ssj}(t,\omega)\} \qquad (8.51)$$

式中，$\{N_{j}(t,\omega)\}$——由虚拟激励向量引起的内力；

$\left[Z_{N}\right]$——转换矩阵。

任一杆件内力的非平稳响应时变方差可由相应的内力功率谱矩阵的元素求得

$$\sigma_{N_i}^2(t) = \int_{-\infty}^{+\infty} S_{N_iN_i}(t,\omega)\mathrm{d}\omega \qquad (8.52)$$

8.3.2　峰值反应的估计

根据随机振动理论，线性结构体系在平稳地震激励作用下，某一反应最大值的均值及标准差可以表示为

$$\bar{y}_{\mathrm{m}} = f\sigma_{\mathrm{y}}, \quad \sigma_{\bar{y}_{\mathrm{m}}} = p\sigma_{\mathrm{y}} \qquad (8.53)$$

$$f = \sqrt{2\ln(v_{\mathrm{y}}t_{\mathrm{d}})} + \frac{0.5772}{\sqrt{2\ln(v_{\mathrm{y}}t_{\mathrm{d}})}}, \quad p = \frac{\pi}{\sqrt{6}} \cdot \frac{1}{\sqrt{2\ln(v_{\mathrm{y}}t_{\mathrm{d}})}} \qquad (8.54)$$

式中，f、p——峰值因子；

σ_{y}——反应的均方差；

v_{y}——变零率；

t_{d}——地震动持时。

$$\sigma_{\mathrm{y}}^2 = \int_{-\infty}^{+\infty} S_{\mathrm{y}}(\omega)\mathrm{d}\omega, \quad v_{\mathrm{y}} = \frac{1}{\pi}\sqrt{\frac{\lambda_2}{\lambda_0}}$$

$$\lambda_0 = \int_{-\infty}^{+\infty} S_{\mathrm{y}}(\omega)\mathrm{d}\omega, \quad \lambda_2 = \int_{-\infty}^{+\infty} \omega^2 S_{\mathrm{y}}(\omega)\mathrm{d}\omega \qquad (8.55)$$

式中，λ_0、λ_2——分别为反应的零阶和二阶谱矩。为能够利用上面平稳理论的结果，可按江近仁、洪峰建议的方法将非平稳反应结果进行平稳化处理。

由非平稳时变功率谱可得到时变方差，即

$$\sigma_{\mathrm{y}}^2(t) = \int_{-\infty}^{+\infty} S_{\mathrm{y}}(t,\omega)\mathrm{d}\omega \qquad (8.56)$$

将时变方差在地震动持时上取平均可得到等效平稳化均方反应 $\bar{\sigma}_{\mathrm{y}}^2$，对于功率谱的零阶和二阶谱矩也这样处理，得到等效平稳化零阶和二阶谱矩 $\bar{\lambda}_0(\bar{\lambda}_0 = \bar{\sigma}_{\mathrm{y}}^2)$、

$\bar{\lambda}_2$。用平稳化的 $\bar{\sigma}_y$、$\bar{\lambda}_0$、$\bar{\lambda}_2$ 代替 $\bar{\sigma}_y$、$\bar{\lambda}_0$、$\bar{\lambda}_2$，再利用式(8.53)、式(8.54)就可近似得到结构在非平稳地震动输入下的峰值反应。

8.4　结构动力可靠度及 PDEM 在大跨度空间结构中的应用

8.4.1　基本概念

结构的动力可靠度是指在动力随机荷载作用下，结构在规定时间内，在规定条件下，完成预定功能的可能性。动力可靠性所涉及的问题难度较大，有许多问题，甚至是很基本的问题还未解决，在以往的研究中通常采用十分简化的计算模型，结构的破坏机制采用首次超越破坏机制、疲劳破坏机制或两种破坏的组合。在首次超越破坏机制中，结构的破坏以其动力反应，如控制点的应力、应变或控制点、控制层的位移、延伸率等首次超越临界值或安全界限为标志。基本的安全界限有三类：单侧界限（B 界限）、双侧界限（D 界限）和包络界限（E 界限），本节采用对称双壁 D 界限。

8.4.2　PDEM 在非线性随机单层球面网壳结构中的应用

概率密度演化法（PDEM）是由陈建兵等（2004c）提出的，这里略述其主要思想。多自由度随机结构系统的动力反应控制方程为

$$M(\Theta)\ddot{X} + C(\Theta)\dot{X} + K(\Theta)X = F(\Theta,t) \tag{8.57}$$

式中，其各参数意义，见参考文献（陈建兵等，2004c）。式(8.57)初始条件为

$$X(0) = x_0, \quad \dot{X}(0) = \dot{x}_0 \tag{8.58}$$

由方程(8.57)及初始条件(8.58)可得到位移反应 $X(t)$ 的表达式为

$$X(t) = G(\Theta,t) \tag{8.59}$$

其分量式为

$$X_l(t) = G_l(\Theta,t) \tag{8.60}$$

分量 X_l 的概率密度函数（PDF）$p_{X_l\Theta}(x,t)$ 为

$$p_{X_l\Theta}(x,t) = \int_{\Omega_\Theta} \delta(x - G_l(x_\Theta,t)p(x_\Theta))\mathrm{d}x_\Theta \tag{8.61}$$

式(8.61)是一维 PDF，直接应用很困难。为此，考虑 $X_l(t)$ 与 Θ 的联合 PDF $p_{X_l\Theta}(x,x_\Theta,t)$，有

$$p_{X_l\Theta}(x,\theta,t) = \delta(x - G_l(\theta,t))p_\Theta(\theta) \tag{8.62}$$

对式(8.62)两边关于 t 求导，得

$$\frac{\partial p_{X_l\Theta}(x,\theta,t)}{\partial t} + \dot{X}_l(\theta,t)\frac{\partial p_{X_l\Theta}(x,\theta,t)}{\partial x} = 0 \tag{8.63}$$

由

$$p_{X_l\Theta}(x,t) = \int_{\Omega\Theta} p_{X_l\Theta}(x,\theta,t)\mathrm{d}\theta \tag{8.64}$$

即可给出任意时刻的 PDF。方程(8.63)初始条件为

$$p_{X_l\Theta}(x,\theta,t)\Big|_{t=0} = \delta(x - x_{l,0})p_{\Theta}(\theta) \tag{8.65}$$

8.4.3　随机大跨度空间结构动力反应的极值分布

对于方程(8.57),在时间区间$[0,T]$内,极值依赖于随机参数Θ。因此,反应量$X_l(t)$绝对值的最大值为

$$Z_l = \max(|X_l(t)|, t \in [0,T]) \tag{8.66}$$

在适定的结构动力学问题中,对于给定的Θ, Z_l是存在且唯一的,表达式为

$$Z_l = W_l(\Theta, T) \tag{8.67}$$

据此,可构造随机过程,

$$Q_l(\tau) = Z_l\tau = W_l(\Theta, T)\tau \tag{8.68}$$

式中,τ——虚拟"时间参数",显然有

$$Z_l = Q_l(\tau)\Big|_{\tau=1} \tag{8.69}$$

对式(8.69)关于τ求导,有

$$\dot{Q}_l = \frac{\partial Q_l(\tau)}{\partial \tau} = W_l(\Theta, T) \tag{8.70}$$

因此(Q_l, Θ)的联合概率密度函数$p_{Q_l\Theta}(q,\theta,\tau)$的概率密度演化方程为

$$\frac{\partial p_{Q_l\Theta}(q,\theta,\tau)}{\partial \tau} + W_l(\theta,T)\frac{\partial p_{Q_l\Theta}(q,\theta,\tau)}{\partial q} = 0 \tag{8.71}$$

其初始条件为

$$p_{Q_l\Theta}(q,\theta,\tau)\Big|_{\tau=0} = p_{\Theta}(\theta)\delta(q) \tag{8.72}$$

8.4.4　求取随机大跨度结构动力反应极值分布的步骤

(1) 对于随机参数相应地实值变量θ和初始条件式(8.72)进行离散,离散为

$$p_{Q_l\Theta}(q_j,\theta_p,\tau)\Big|_{\tau=0} = p_{\Theta}(\theta_p)\delta_{0j} \tag{8.73}$$

式中,$q_j = j \cdot \Delta q (j = 0, \pm 1, \cdots)$;

　　Δq——q 方向的离散步长。

　　(2) 对于给定 θ_p,通过动力反应分析求解方程(8.57)得到动力反应,再根据式(8.69)得到极值 $W_l(\theta_p, T)$。

　　(3) 采用有限差分法求解概率密度演化方程(8.71),得到联合概率密度函数 $p_{Q_l\Theta}(q_j, \theta_p, \tau)$。该步可采用修正的 Lax-Wendroff 格式进行计算,具体过程不再赘述,参见文献 Chen 等(2007b)。

　　(4) 积分得到 $p_{Q_l}(q, \tau)$ 的数值解答:

$$p_{Q_l}(q_j, \tau_m) = \sum_p p_{Q_l\Theta}(q_j, \theta_p, \tau_m)\Delta\theta \tag{8.74}$$

8.5　算　例

8.5.1　算例1——多维地震动激励下单层球面网壳动力响应

　　以矢跨比为 1/3 的 K6 型单层球面网壳为研究对象(图 8.1),跨度为 50m,弹性模量为 $2.06 \times 10^{11} \text{N/m}^2$,泊松比为 0.3,密度为 7850kg/m³。分别计算网壳遭受水平 x 向单维地震动、水平 x 向和竖直 y 向双维地震动、三维地震动激励下,x 向、z 向和 y 向峰值加速度比例为 1∶0.85∶0.65,考察网壳顶部节点位移时程曲线异同,三维地震动 Taft 时程记录如图 8.2 所示。采用通用有限元分析软件 ANSYS 进行动力时程分析,为简化计算,单层球面网壳杆件均采用 ϕ210mm×4mm 无缝焊接钢管。杆件选用可实时输出截面积分点应力及应变的 Pipe20 单元,节点采用 Mass21 单元;材料为双线型随动强化模型,屈服应力为 235MPa;瑞利阻尼,阻尼比 $\xi = 0.02$。周边节点三向不动铰支;均布荷载取 2kN/m²,网壳结构的外荷载可按静力等效原则将节点所辖区域内的荷载集中作用在该节点上。

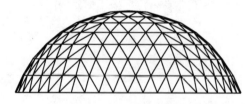

图 8.1　矢跨比 1/3 网壳

　　图 8.3 为三种地震动激励下的网壳顶部 1 号节点的位移时程曲线,从图 8.3 中可以看出,三维地震动激励下,网壳的节点位移明显大于水平单维和二维的位移;三维地震动激励下,1 号节点在 10.22s 时刻发生最大变形,单维和二维地震动激励时,1 号节点均在 10.88s 时刻发生最大变形。图 8.4 为三种地震动激励下的

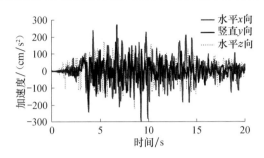

图 8.2　单元 Pipe20 不同塑性水平

网壳总动能时程曲线,从图 8.4 中可以看出,三维地震动激励下,网壳总动能明显大于水平单维和二维的位移;三维地震动激励时,网壳总应变能在 10.18s 达到峰值 21490J。图 8.5 为三种地震动激励下的网壳总应变能时程曲线,从图 8.5 中可以看出,三维地震动激励下,网壳的总应变能明显大于水平单维和二维的位移;三维地震动激励时,网壳总应变能在 9.9s 达到峰值 25917J,单维和二维地震动激励时,均在 10.88s 时刻总应变能最大。图 8.6 为三维地震动激励下 10.22s 网壳变形图。

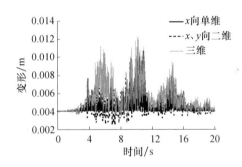

图 8.3　三种地震动激励下网壳顶部 1 号节点位移时程曲线

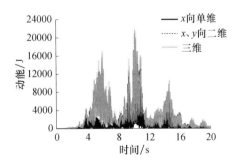

图 8.4　三种地震激励下网壳总动能时程曲线

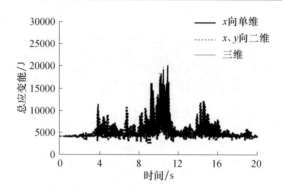

图 8.5　三种地震动激励下网壳总应变能时程曲线

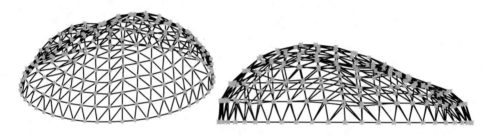

图 8.6　三维地震动激励下典型时刻网壳变形(10.22s,变形放大 100 倍)

8.5.2　算例 2——多维多点地震荷载激励下大跨度空间结构的可靠度计算

1. 模型描述与随机参数

本例将凯威特 K8 型单层球面网壳(图 8.7)作为计算模型,网壳跨度为 120m,矢半径为 80m,环向数为 16 环,网壳结构共有 1089 个节点、3136 根杆件,周边节点约束固支,屋面均布荷载为 1.5kN/m²,将荷载等效为集中质量相应施加于各节点上;网壳节点均为刚接,杆件受弯矩、剪力和轴力的共同作用。地震波选用 EI-Centro

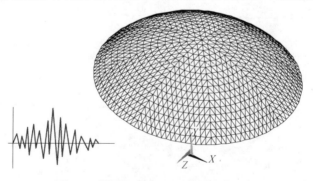

图 8.7　单层凯威特 K8 型单层球面网壳

波,持时为 32s。为计算方便,将网壳杆件截面统一选取为 φ146mm×5.0mm,将杆件直径和壁厚、弹性模量和等效外恒载及地震作用作为随机变量,其随机统计参数见表 8.1。

表 8.1　随机变量统计参数

随机变量	描　述	杆件号	分布类型	均　值	标准差
E/Pa	弹性模量	1~3136	对数正态	$2.1×10^{11}$	$4.2×10^9$
D/mm	杆件直径	1~3136	正态	146	0.002966
T/mm	杆件壁厚	1~3136	对数正态	4.69	0.188
P/N	等效节点荷载	1~1089(节点号)	正态	$1.06P_i$	$0.074P_i$
E_{ph}/(m/s²)	水平地震荷载峰值	—	正态	2.0	0.4
E_{pv}/(m/s²)	竖向地震荷载峰值	—	正态	1.0	0.2

2. 多维多点激励下单层球面网壳的动力可靠度计算

为验证概率密度演化法在大跨度空间结构动力可靠度及极值分布求解中的可行性及高效性,本例计算了四种不同阈值(0.1m、0.2m、0.3m 和 0.4m)和不同视波速下凯威特型单层球面网壳的动力可靠度与极值分布。计算中考虑了行波效应的影响。地震波在基岩的传播速度为 2000~2500m/s,在上部软土层传播速度较慢,近似取剪切波速,可为 50~250m/s。地震波行波速度的确定是一个非常复杂的问题,通常是取若干个可能值进行计算,并综合考虑地震波各种入射角度,场地的土层深度及浅表地震的震源深度,再结合本算例的规模尺度,选取视波速为 100m/s、300m/s、500m/s、800m/s 和无穷大(一致输入)进行分析。

1) 不同视波速、不同阈值下单层球面网壳的动力可靠度计算

首先计算不同阈值(0.1m、0.2m、0.3m 和 0.4m)、不同视波速[100m/s、300m/s、500m/s、800m/s 和无穷大(一致输入)]下凯威特型单层球面网壳的动力可靠度。将阈值与最大节点位移响应差值作为唯一的功能函数,表 8.2 列出了几种情况下的计算结果,从表中可以看出随着阈值的增加,网壳可靠度逐渐增加。为核实该法的精度,应用蒙特卡罗法对其进行验证,从表 8.2 中可以看出,二者结果相近,而且概率密度演化法只需几分钟或几十分钟即可获得可靠度,而蒙特卡罗法动辄需要若干小时,对于小概率事件,甚至需要耗费几十小时。还可看出,视波速对网壳的动力可靠度有明显影响,在相同阈值下,视波速越小可靠度越低;随着视波速的减小,网壳中大多杆件内力发生了明显变化,有增加,也有减小。因此,在进行大跨度空间结构的动力可靠度计算中必须考虑行波效应的影响。由该法与随机模拟法的比较可见,无论对于高界限还是低界限的情形,引入的方法均有良好的精度。

表8.2　不同视波速、不同阈值下的动力可靠度

视波速	100m/s		300m/s		500m/s		800m/s		无穷大(一致输入)	
阈值/m	PDEM	MCM	PDEM	MCM	PDEM	MCM	PDEM	MCM	PDEM	MCM
0.1	0.3152	0.3146	0.3465	0.3471	0.4142	0.4150	0.4424	0.4430	0.4712	0.4724
0.2	0.4204	0.4210	0.4572	0.4570	0.4964	0.4967	0.5127	0.5175	0.5627	0.5631
0.3	0.6843	0.6838	0.7152	0.7165	0.7572	0.7570	0.7952	0.7968	0.8524	0.8514
0.4	0.8525	0.8531	0.8891	0.8912	0.9254	0.9251	0.9637	0.9641	0.9945	0.9932

注:PDEM表示概率密度演化法,MCM表示蒙特卡罗法。

　　图8.8和图8.9绘制了视波速分别为100m/s和300m/s时,应用概率密度演化法和蒙特卡罗法求解出的单层球面网壳位移响应的均值与标准差,从图中可以看出,引入的概率密度演化法具有较高的精度。

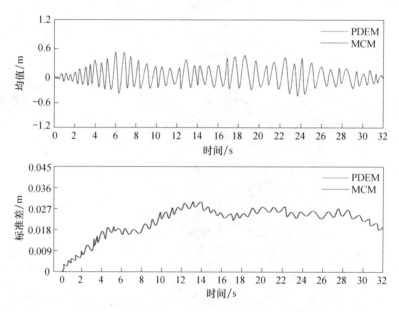

图8.8　球面网壳位移响应的均值与标准差(视波速为100m/s)

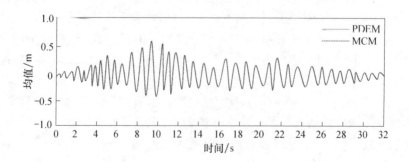

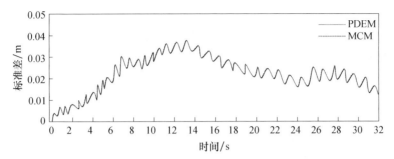

图 8.9　球面网壳位移响应的均值与标准差（视波速为 300m/s）

　　图 8.10 和图 8.11 给出了两种阈值、两种视波速下典型时刻的网壳位移响应 PDF 曲线，从图中可以看出，它们均与正态、对数正态等常见的分布区别很大，PDF 曲线的形状不规则，其他文献对框架结构进行可靠度计算，也得出与本算例类似的结论。

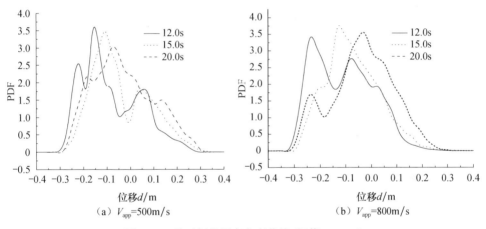

（a）V_{app}=500m/s　　　　　　　（b）V_{app}=800m/s

图 8.10　某时刻的概率密度曲线（阈值＝0.3m）

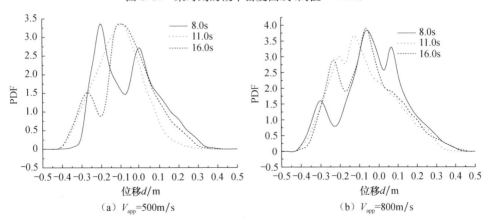

（a）V_{app}=500m/s　　　　　　　（b）V_{app}=800m/s

图 8.11　某时刻的概率密度曲线（阈值＝0.4m）

2）凯威特型单层球面网壳响应的极值分布

由于首次超越破坏准则的结构动力可靠度问题可以转化为相应动力反应极值分布的积分问题，因此获取结构动力随机反应的极值分布具有重要意义。

图 8.12 为在两种地震动峰值变异系数下计算获得的极值概率密度函数。图 8.12 为将最大反应假定为具有相同均值与标准差的正态分布、对数正态分布和以均值作为参数的瑞利分布的计算结果及与本算例计算所得的真实概率密度分布的比较结果，可见这些常用分布与真实分布均具有较大的差异，与 Chen 等（2007b）得到了相同的结论。

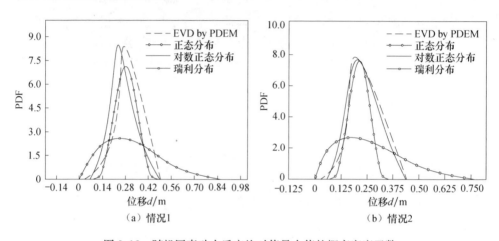

图 8.12　随机网壳动力反应绝对值最大值的概率密度函数

图 8.13 为节点动力反应绝对值的最大值、动力反应最大值和动力反应最小值的概率密度函数。由图 8.13 可见，动力反应绝对值的最大值与动力反应最大值的概率密度函数曲线基本重合，而动力反应最小值的概率密度函数则与之大体对称，也与陈建兵等（2004a，2004b，2004c）得出的结论类似。接下来，分析不同地震动峰值变异系数和不同考察时间对网壳结构动力反应绝对值的最大值概率密度函数的影响，图 8.14 即为不同变异系数和不同考察时间下动力反应绝对值的概率密度函数。图 8.14(a)表明，地震动峰值的变异性对于动力反应绝对值的最大值分布具有明显地影响，随机参数的变异系数较大时，动力反应绝对值的最大值分布较宽，变异性也较大；而图 8.14(b)则说明，随着考察时间区间的增长，动力反应绝对值最大值的分布右移、峰值降低。

3. 结论

为得到多维多点地震动激励下网壳结构的动力反应极值分布，这里将概率密度演化法引入大跨度空间结构的动力可靠度计算中，期间分别考虑了不同视波

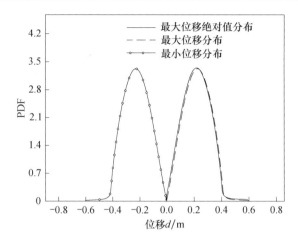

图 8.13 随机大跨度单层网壳动力反应最大值的概率密度函数

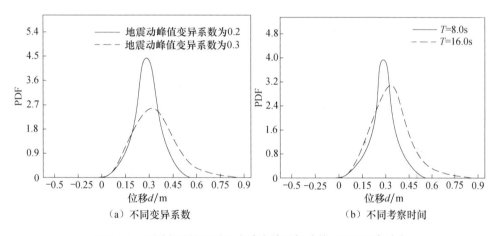

（a）不同变异系数 （b）不同考察时间

图 8.14 不同变异性下随机大跨度单层凯威特 K8 型网壳动力
反应绝对值的最大值概率密度函数

速和不同阈值对空间结构动力可靠度的影响,并与一致地震激励输入的结果进行了比较,主要结论如下:

（1）多维多点地震动激励下,网壳动力反应绝对值的最大值与动力反应最大值的概率密度函数曲线基本重合,而网壳动力反应最小值的概率密度函数则与之大体对称。地震动峰值的变异性对于动力反应绝对值的最大值分布具有明显地影响,随机参数的变异系数较大时,网壳动力反应绝对值的最大值分布较宽,变异性也较大;随着考察时间区间的增长,最大值的分布右移、峰值降低,与陈建兵和李杰对 2 跨八层的框架结构分析得出类似的结论。

（2）随着视波速的减小，结构可靠度会降低，多维多点输入下进入塑性状态的杆件数量明显多于一致输入。在对大跨度空间结构进行地震响应分析过程中，需考虑行波效应的影响，考虑行波效应后杆件内力会发生变化，内力可能增大也可能减小，同时行波效应对不同位置杆件的影响程度不同。由于概率密度演化法可准确有效地计算多维多点地震荷载激励，大跨度空间结构的动力可靠度才值得进一步推广。

8.6　建议与展望

体育场馆、大型展厅等空间结构作为城市的标志性建筑和地震灾后的主要避难场所，其地震安全性一直是学术界和工程界所关注的重要课题。近年来，大跨度空间结构地震多维多点输入方面取得了一定的成果，但均有各自的局限性，综上所述，提出如下见解：

（1）目前对于多维多点输入问题主要局限于理论研究，试验研究的结果还很少；在试验当中如何准确地模拟地震动的真实作用成为关键步骤，在汶川地震中，结构破坏形态与传统实验室试验的结果相差很大，如实际砖混结构房屋的墙体破坏以 X 型裂缝为主，而实验室砖墙剪切试验的破坏形态则主要以灰缝的水平剪切裂缝为主，再如框架结构实际破坏状态并非"强柱弱梁"，在绝大多数情况下，节点塑性铰并不出现在梁端，而是出现在柱端。对于大跨度空间结构也是如此，如何合理地进行简化、加载等直接影响着试验结果的真实性。

（2）在常规的结构抗震计算中，输入地震作用的方向不合理。通常以某一主轴方向输入地震波，但实际上地震作用的方向并不存在固定的方向。在强烈地震下，地面的运动可能存在各个方向的平动分量，也存在平面内的扭转分量。

（3）大跨度空间结构形式多样，而各种空间结构形式对多维多点地震输入的响应规律是不同的，因此，应对各种空间结构中的多维多点输入问题进行详细研究，总结规律。

（4）地震动包括六个分量，在考虑多分量联合作用时，每个分量的模型形式和各个分量间的相关性应该进行研究。多维多点输入会导致空间结构发生扭转效应，而当前关于大跨度空间结构的扭转抗震性能的研究还很少，竖向地震作用在大跨度空间结构的抗震设计中是不可忽视的。

参 考 文 献

曹资,薛素铎. 2005. 空间结构抗震理论与设计. 北京:科学出版社.

曹资,薛素铎,王珺,等. 2002. 单层与双层柱面网壳基频实用设计图表. 建筑结构,32(7):42-44.

曹资,薛素铎,王雪生,等.2008.空间结构抗震分析中的地震波选取与阻尼比取值.空间结构,
　　14(3):3-8.

曹资,薛素铎,张毅刚,等.2002.单层球面网壳在多维地震作用下的随机响应分析.空间结构,
　　8(2):3-11.

曹资,张毅刚.1997.单层球面网壳地震反应特征分析//第八届空间结构学术会议论文集.工业
　　建筑(增刊):195-201.

陈建兵,李杰.2004a.非线性随机结构动力可靠度的密度演化方法.力学学报,36(2):196-201.

陈建兵,李杰.2004b.随机结构动力反应的极值分布.振动工程学报,17(4):382-387.

陈建兵,李杰.2004c.随机结构动力可靠度分析的极值概率密度方法.地震工程与工程振动,
　　24(6):39-44.

储烨,叶继红.2006.大跨空间网格结构在多点输入下的弹塑性地震响应分析.空间结构,12(2):
　　28-33.

邸龙,楼梦麟.2006.单层柱面网壳在多点输入下的地震反应.同济大学学报(自然科学版),
　　34(10):1293-1298.

丁阳,林伟,李忠献.2007.大跨度空间结构多维多点非平稳随机地震反应分析.工程力学,
　　24(3):97-103.

丁阳,张笈玮,李忠献.2008a.地震动非平稳性对大跨度空间结构随机地震响应的影响.天津大
　　学学报,41(8):984-990.

丁阳,张笈玮,李忠献.2008b.行波效应对大跨度空间结构随机地震响应的影响.地震工程与工
　　程振动,28(1):24-31.

丁阳,张笈玮,李忠献.2009.部分相干效应对大跨度空间结构随机地震响应的影响.工程力学,
　　26(3):86-92.

董贺勋,叶继红.2005.多点输入下大跨空间网格结构的拟静力位移影响因素分析.东南大学学
　　报(自然科学版),35(4):574-579.

董贺勋,叶继红.2006.多点输入下大跨空间网格结构的可靠度分析.振动与冲击,25(3):131-
　　137.

董石麟,罗尧治,赵阳,等.2006.新型空间结构分析、设计与施工.北京:人民交通出版社.

范锋.1999.网壳结构抗震性能、振动控制的理论与试验研究.哈尔滨:哈尔滨建筑大学博士学位
　　论文.

范锋,沈世钊.2000.网壳结构的反应谱法抗震性能分析//第九届空间结构学术会议论文集.工
　　业建筑(增刊):201-207.

范仲暄.1992.网架结构震害分析——9度地震作用的新疆乌恰县影剧院屋盖.工程抗震,6(2):
　　41-45.

冯远,夏循,曹资,等.2010.常州体育馆索承单层网壳屋盖结构抗震性能研究.建筑结构,40(9):
　　41-44.

高博青,董石麟.1996.双层柱面网壳在竖向地震作用下的动力特性分析.空间结构,2(3):
　　16-22.

蓝天.2000.大跨度屋盖结构抗震设计.北京:中国建筑工业出版社.

李宏男.1990.结构多维地震反应.哈尔滨:国家地震局工程力学研究所博士学位论文.

李宏男.1998.结构多维抗震理论与设计方法.北京:科学出版社.

李忠献,林伟,丁阳.2007.行波效应对大跨度空间网格结构地震响应的影响.天津大学学报,40(1):1-8.

梁嘉庆,叶继红.2003.多点输入下大跨度空间网格结构的地震响应分析.东南大学学报(自然科学版),33(5):625-630.

梁嘉庆,叶继红.2004.结构跨度对非一致输入下大跨度空间网格结构地震响应的影响.空间结构,10(3):13-18.

林家浩.1990.随机地震响应功率谱快速算法.地震工程和工程振动,10(4):38-46.

林家浩,李建俊,郑浩哲.1995.任意相干多激励随机响应.应用力学学报,12(1):97-103.

林家浩,张亚辉,赵岩.2001.大跨度结构抗震分析方法及近期进展.力学进展,31(3):350-359.

林家浩,钟万勰.1998.关于虚拟激励法与结构随机响应的标记.计算力学学报,15(2):217-223.

林家浩,钟万勰,张亚辉.2000.大跨度结构抗震计算的随机振动方法.建筑结构学报,21(1):29-36.

刘洪兵.2001.大跨度桥梁考虑多点激励及地形效应的地震响应分析.北京:北方交通大学博士学位论文.

刘季.1986.在多维地震复合作用下结构的反应和建筑结构扭转抗震效应.哈尔滨建筑工程学院学报,2(2):59-71.

荣彬,陈志华,刘锡良.2008.基于三维骨架类型的大跨度空间结构分类//第八届全国现代结构工程学术研讨会.工业建筑(增刊),7:73-81.

沈祖炎,陈扬骥.1997.网架与网壳.上海:同济大学出版社.

苏亮,董石麟.2006.多点输入下结构地震反应的研究现状与对空间结构的见解.空间结构,12(1):6-11.

苏亮,董石麟.2007.竖向多点输入下两种典型空间结构的抗震分析.工程力学,24(2):85-90.

孙建梅,叶继红,程文瀼.2005.多点输入下大跨度空间网格结构的虚拟激励法.工业建筑,35(5):95-97.

孙建梅,叶继红,程文瀼.2007.考虑空间相干的虚拟激励法在大跨度空间结构随机振动分析中的应用.铁道科学与工程学报,4(5):11-21.

王君杰.1992.多点多维地震动随机模型及结构的反应谱分析方法.哈尔滨:国家地震局工程力学研究所博士学位论文.

薛素铎,蔡炎城,李雄彦,等.2009.被动控制技术在大跨空间结构中的应用概况.世界地震工程,25(3):25-33.

薛素铎,曹资,王雪生,等.2002a.多维地震作用下网壳结构的随机分析方法.空间结构,8(1):44-51.

薛素铎,王雪生,曹资.2002b.结构多维地震作用研究综述及展望(Ⅱ)——分析方法及展望.世界地震工程,18(1):34-40.

薛素铎,曹资,王健宁.2003a.双层柱面网壳弹塑性抗震性能.工业建筑,33(2):59-61.

薛素铎,王雪生,曹资.2003b.基于新抗震规范的地震动随机模型参数研究.土木工程学报,

36(5):5-10.

薛素铎,王雪生,曹资. 2004. 空间网格结构多维多点随机地震响应分析的高效算法. 世界地震工程,20(3):43-49.

薛素铎,王建宁,曹资,等. 2001. 钢网壳弹塑性地震反应分析. 北京工业大学学报,27(1):50-53.

叶继红,孙建梅. 2007. 多点激励反应谱法的理论研究. 应用力学学报,24(1):47-54.

张建民. 1992. 网架结构抗震设计中的若干问题//第六届空间结构学术会议论文集. 工业建筑(增刊):242-246.

张锦红,陈扬骥. 1998. 双层圆柱面网壳的抗震性能研究. 同济大学学报,26(5):498-502.

张文首. 1995. 结构受多点非平稳随机地震激励的响应. 力学学报,27(2):567-576.

张毅刚,薛素铎,杨庆山,等. 2005. 大跨空间结构. 北京:机械工业出版社.

周岱,沈祖炎. 1999. 斜拉网壳结构的非线性地震响应特征. 同济大学学报,27(3):273-277.

Atkinson G M, Silva W. 2000. Stochastic modeling of California ground motion. Bulletin of the Seismological Society of America, 90(2):255-274.

Basu D, Jain K S. 2004. Seismic analysis of asymmetric buildings with flexible floor diaphragms. Journal of Structural Engineering, 130(8):1169-1176.

Berrah M, Kausel E. 1992. Response spectrum analysis of structures subjected to spatially varying motions. Earthquake Engineering & Structural Dynamics, 21(6):461-470.

Chen J B, Li J. 2007a. Joint probability density function of the stochastic responses of nonlinear structures. Earthquake Engineering and Engineering Vibration, 16(1):35-47.

Chen J B, Li J. 2007b. The extreme value distribution and dynamic reliability analysis of nonlinear structures with uncertain parameters. Structural Safety, 29(2):77-93.

Dumanoglu A A, Brownjohn J M W, Severn R T. 1992. Seismic analysis of the Fatih Sultan Mehmet (second Bosporus) suspension bridge. Earthquake Engineering & Structural Dynamics, 21(10):881-906.

Hahn G D, Lin X. 1994. Torsional response of unsymmetric buildings to incoherent ground motions. Journal of Structural Engineering, ASCE, 120(4):1158-1181.

Hao H, Duan X N. 1995. Seismic response of asymmetric structure to multiple ground motions. Journal of Structural Engineering, ASCE, 121(11):1557-1564.

Harichandran R S, Hawwari A, Sweiden B N. 1996. Response of long-span bridges to spatially varying ground motion. Journal of Structural Engineering, ASCE, 122(5):476-484.

Heredia-Zavoni E, van Marcke E H. 1994. Seismic random-vibration analysis of multi-support structural systems. Journal of Engineering Mechanics, 120(5):1107-1128.

Kiureghian A D, Neuenhofer A. 1992. Response spectrum method for multi-support seismic excitations. Earthquake Engineering & Structural Dynamics, 21(8):713-740.

Kiureghian A D, Neuenhofer A. 1996. A coherency model for spatially varying ground motions. Earthquake Engineering & Structural Dynamics, 25(1):99-111.

Loh C H, Ku B D. 1995. An efficient analysis of structural response for multiple-support seismic excitations. Engineering Structure, 17(1):15-26.

Luco J E, Wong H L. 1986. Response of a rigid foundation to a spatially random ground motion. Earthquake Engineering & Structural Dynamics, 14(6): 891-908.

Soyluk K. 2004. Comparison of random vibration methods for multi-support seismic excitation analysis of long-span bridges. Engineering Structures, 26(11): 1573-1583.

Yamamura N, Tanaka H. 1990. Response analysis of flexible MDOF systems for multiple-support seismic excitation. Earthquake Engineering & Structural Dynamics, 19(3): 345-357.

Zembaty Z. 1993. Spatial seismic excitations and response spectra. Journal of Earthquake Technology, 119(12): 233-258.

第9章 结构可靠度基本理论

9.1 结构设计方法的发展

结构设计方法的发展,在可靠性分析方面经历了从定量、经验到概率的发展。

(1)容许应力法。早期的结构设计方法是容许应力法。它假设材料为均匀弹性体,用结构力学或材料力学的方法算出构件中的应力分布,确定危险点上的工作应力值;再根据经验及统计资料确定容许应力。设计时保证最大应力不超过材料的容许应力,这称为强度判据,它满足结构的强度要求,因而认为结构在工作中不会破坏。该法主要存在以下缺点:对于弹塑性材料制作的结构构件而言,没有考虑结构在非弹性阶段仍具备承载能力,且没有将荷载、抗力等作为随机因素来考虑,因此不合理;容许应力不能保证各种结构具有比较一致的可靠水平。

(2)破损阶段法。该法的设计原则是:结构构件达到破损阶段时的计算承载能力应不低于标准荷载引起的构件内力乘以由经验判断的安全系数,计算承载力是根据构件达到破损阶段时的实际工作条件确定的。由于安全系数伴随着荷载效应,所以该法称为荷载系数法。破损阶段法考虑结构材料的塑性性质及其极限强度,然后确定结构的最终承载能力,但在可靠性方面,还是通过安全系数来保证,这一点与容许应力法相同,存在类似缺点。

(3)极限状态法。在荷载作用下,在使用期内结构有可能达到各种临界状态,大致可归纳为两大类:承载能力极限状态与正常使用极限状态。前者包括各种使结构进入最终的破坏状态,而后者仅涉及结构在使用荷载下的结构效应所处的状态。

9.2 结构可靠性与可靠度

设计时应使结构在安全、适用和经济之间达到一种平衡,使结构在规定的设计使用年限内满足如下功能要求:

(1)正常施工、正常使用时,能承受可能出现的各种作用。

(2)正常使用时,具有良好的工作性能。

(3)正常维护条件下具有足够的耐久性能。

(4)在遭遇偶然事件时,能保持必要的整体稳定性。

　　结构在规定时间内、规定的条件下,其安全性、适用性和耐久性均能得到保证,则表明结构是可靠的。结构在规定时间内、规定条件下,完成预定功能的概率称为结构的可靠度。

9.2.1　结构功能函数与极限状态

　　设$(x_1,x_2,\cdots,x_n)$为结构功能函数的基本变量,则功能函数可表达为

$$Z = g(x_1,x_2,\cdots,x_n) \tag{9.1}$$

　　通常,基本变量$(x_1,x_2,\cdots,x_n)$可归类为荷载效应随机变量S和结构抗力随机变量R,即

$$R = R(x_{R_1},x_{R_2},\cdots,x_{R_i}) \tag{9.2}$$

$$S = S(x_{S_1},x_{S_2},\cdots,x_{S_i}) \tag{9.3}$$

式中,x_{R_i}——与结构抗力或强度有关的量;

　　　x_{S_i}——与荷载效应或应力有关的量。

　　结构的功能函数为

$$Z = g(R,S) \tag{9.4}$$

这里不妨取

$$Z = R - S \tag{9.5}$$

式中,Z——结构抗力对荷载的富裕程度,故有时称为安全裕量。

9.2.2　结构的空间状态

　　功能函数$Z=R-S$可能出现如下三种情况:

　　(1) $Z=R-S>0$,表明处于可靠状态。

　　(2) $Z=R-S<0$,表明处于失效或破坏状态。

　　(3) $Z=R-S=0$,表明处于极限状态。

　　一般情况下,结构的极限状态可分为承载能力极限状态、正常使用极限状态和条件极限状态。

　　1. 承载能力极限状态

　　这种极限状态对应于结构或构件达到最大承载能力或出现不适于继续承载的变形。

　　2. 正常使用极限状态

　　这种极限状态对应于结构或构件达到正常使用或耐久性能的某种规定限值。

3. 条件极限状态

这种极限状态又称为"破坏-安全"极限状态。超过这种极限状态而导致的破坏,是指允许结构发生局部破坏,而对已发生局部破坏结构的其余部分应该具有适当的可靠度,能继续承受降低了的设计荷载。

9.2.3　结构可靠度与可靠度指标

以具有两个正态变量 R 和 S 的极限状态方程为例,即

$$Z = R - S = 0 \tag{9.6}$$

Z 也服从正态分布,其平均值和标准差分别为

$$\mu_Z = \mu_R - \mu_S$$

$$\sigma_Z = \sqrt{\sigma_R^2 + \sigma_S^2}$$

失效概率为

$$P_f = \int_{-\infty}^{0} \frac{1}{\sqrt{2\pi}\sigma_Z} \exp\left[-\frac{1}{2}\left(\frac{Z-\mu_Z}{\sigma_Z}\right)^2\right] dZ \tag{9.7}$$

将 Z 的正态分布 $N(\mu_Z, \sigma_Z)$ 转换到标准正态分布 $Y \sim N(0,1)$,引入标准化随机变量 $t(\mu_t = 0, \sigma_t = 1)$,有

$$t = \frac{Z - \mu_Z}{\sigma_Z}, \quad dZ = \sigma_Z dt$$

当 $Z \to -\infty, t \to -\infty$;当 $Z = 0$ 时有

$$t = -\frac{\mu_Z}{\sigma_Z}$$

将以上结果代入式(9.7)后得

$$P_f = \int_{-\infty}^{-\frac{\mu_Z}{\sigma_Z}} \frac{1}{\sqrt{2\pi}} \exp\left(-\frac{t^2}{2}\right) dt = 1 - \Phi\left(\frac{\mu_Z}{\sigma_Z}\right) = \Phi\left(-\frac{\mu_Z}{\sigma_Z}\right) \tag{9.8}$$

式中,$\Phi(\cdot)$——标准正态分布函数值。

引入符号 β,令

$$\beta = \frac{\mu_R - \mu_S}{\sqrt{\sigma_R^2 + \sigma_S^2}} \tag{9.9}$$

可得到

$$P_f = \Phi(-\beta) \tag{9.10}$$

P_r 与 P_f 存在一一对应关系:

$$P_r = 1 - P_f = 1 - \Phi(-\beta) = \Phi(\beta) \tag{9.11}$$

式(9.10)和式(9.11)分别表示失效概率 P_f 和结构的可靠度 P_r 与可靠指标 β 之间的关系。通常 β 称为可靠度指标。

可靠度分析中的可靠指标法,实际上是一个数学优化问题,即在结构响应面(极限状态近似面)上寻求一点,使得该点在标准正态空间中离原点最近。Hasofer 和 Lind 给出了可靠度指标的几何阐述,并且通过 Hasofer 和 Lind(HL)变换对一次可靠度方法(first-order reliability method,FORM)进行了改进。在变换当中,将设计向量 X 转换为标准独立高斯变量向量 U。由于旋转对称性和 HL 变换,在

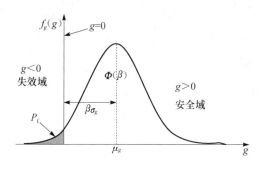

图 9.1　极限状态 $g(\cdot)$ 的概率密度

U 空间中,设计点表示最大概率密度点或最可能点,如图 9.1 所示。由于该点对失效概率的贡献最大,因而设计点又称为最有可能失效点(MPP)。图 9.2 为从原始空间向标准独立空间变换过程及最有可能失效点示意图。图 9.3 为可靠度指标的几何表述。图 9.4 为失效面从 X 空间至 U 空间的映射图。

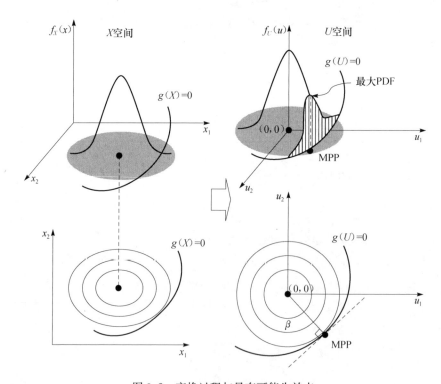

图 9.2　变换过程与最有可能失效点

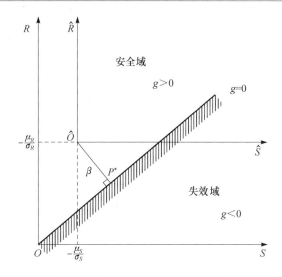

图 9.3　可靠度指标的几何表述

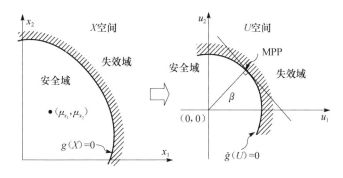

图 9.4　失效面从 X 空间至 U 空间的映射

9.3　常规可靠度方法

9.3.1　一次可靠度方法

在精度与计算效率之间,一次可靠度方法提供了一个平衡。在有限元计算当中,计算消耗时间很受关注。尽管如今计算机有很强的计算能力,但对于一个真正的现实复杂建筑物而言,其动力分析所需要消耗的时间仍然是一个难以克服的问题,这就给结构可靠度有限元的动力等计算带来局限性。

一次可靠度方法是根据线性功能函数和独立正态随机变量二阶矩所提出的计算方法。基本做法是:对于非线性功能函数,首先,将功能函数 $Z=g(X_1,X_2,\cdots,X_n)$ 展开成泰勒级数,保留线性项,利用基本随机变量 $X_i(i=1,2,\cdots,n)$ 的一阶矩、二阶矩,计算 Z 的均值 μ_Z 和标准差 σ_Z,从而计算结构的可靠指标。

　　根据功能函数线性化点的取法不同及是否考虑基本随机变量的分布类型,该计算方法具有下面几种类型。

1. 中心点法

　　中心点法(均值一次二阶矩法)是结构可靠性理论研究初期提出的分析方法。该方法在对非线性功能函数进行线性化处理时,选取在随机变量的均值点 μ_{X_i}($i=1,2,\cdots,n$),即中心点,展开成泰勒级数,因此称为中心点法。同时,仅取其线性项(一次项)作为结构功能函数,且仅取随机变量的均值和均方差二阶矩计算结构可靠度,故又称其为均值一次二阶矩法(mean value first order second moment,MV-FOSM)。

　　设 X_i($i=1,2,\cdots,n$)是结构中 n 个相互独立的随机变量,其功能函数为

$$Z = g(X_1,X_2,\cdots,X_n) \tag{9.12}$$

相应的极限状态方程为

$$Z = g(X_1,X_2,\cdots,X_n) = 0 \tag{9.13}$$

将功能函数的基本变量 X_i($i=1,2,\cdots,n$)在其均值点 μ_{X_i}($i=1,2,\cdots,n$)处,展开成泰勒级数,保留线性项,就有

$$Z \approx g(X_1,X_2,\cdots,X_n) + \sum_{i=1}^{n} \frac{\partial g}{\partial X_i}\Big|_{\mu_{X_i}}(X_i - \mu_{X_i}) \tag{9.14}$$

因此,极限状态方程为

$$Z \approx g(X_1,X_2,\cdots,X_n) + \sum_{i=1}^{n} \frac{\partial g}{\partial X_i}\Big|_{\mu_{X_i}}(X_i - \mu_{X_i}) = 0 \tag{9.15}$$

式中,$\dfrac{\partial g}{\partial X_i}\Big|_{\mu_{X_i}}$——功能函数 g 对随机变量 X_i 求导后,用平均值 μ_{X_i}($i=1,2,\cdots,n$)代入后的计算值,因此为常数。

　　功能函数 Z 的均值 μ_Z 和标准差 σ_Z 为

$$\mu_Z = g(\mu_{X_1},\mu_{X_2},\cdots,\mu_{X_n}) \tag{9.16}$$

$$\sigma_Z = \left[\sum_{i=1}^{n}\left(\frac{\partial g}{\partial X_i}\Big|_{\mu_{X_i}}\sigma_{X_i}\right)^2\right]^{\frac{1}{2}} \tag{9.17}$$

结构可靠度指标 β 可表示为

$$\beta = \frac{g(\mu_{X_1},\mu_{X_2},\cdots,\mu_{X_n})}{\left[\sum_{i=1}^{n}\left(\frac{\partial g}{\partial X_i}\Big|_{\mu_{X_i}}\sigma_{X_i}\right)^2\right]^{\frac{1}{2}}} \tag{9.18}$$

显然,当功能函数 Z 为线性函数时,且随机变量 $X_i(i=1,2,\cdots,n)$ 为相互独立的正态随机变量时,式(9.18)给出的可靠度指标 β 是精确的。而对于非线性功能函数,且随机变量为非独立和非正态分布时,其计算结果一般会产生很大误差。在此情况下,需要对随机变量作正态化和独立性预处理,再利用此法进行计算。

中心点法计算可靠度具有如下优点:

(1) 中心点法概念清楚,计算简便,可导出解析表达式,直接给出可靠度指标 β 与随机变量统计参数分布的关系,分析问题方便灵活。

(2) 当结构可靠度指标 β 较小时,如 $P_f \geqslant 10^{-3} (\beta \leqslant 3.09)$, P_f 值对功能函数中的随机变量的概率分布类型并不十分敏感,即由各种合理分布算出的 P_f 值大多在同一数量级,其精度也足够了。

中心点法主要存在以下缺点:

(1) 对承受同一荷载的同一构件,若采用不同的功能函数来描述结构构件的同一功能要求,则采用中心点法可能会得到不同的可靠度指标 β 值,这是中心点法致命的缺点。

(2) 中心点法是选取随机变量的均值点作为功能函数的线性化点,由此计算的 β 值将产生较大误差,这也是中心点法不能用于实际工程分析的主要原因。因此,人们在保留中心点法的优点的基础上,对此方法进行了改进,即将线性化点不是选在中心点而是设计验算点,即验算点法,也称为改进的一次二阶矩方法。

算例 1 功能函数为

$$g(x_1, x_2) = x_1^3 + x_2^3 - 18$$

式中,x_1、x_2——正态分布的随机变量,其均值分别为 $\mu_{x_1} = \mu_{x_2} = 10$,标准差分别为 $\sigma_{x_1} = \sigma_{x_2} = 5$,应用 MVFOSM 计算其可靠度指标 β,并用蒙特卡罗法对结果进行校核。

求解 线性化功能函数的均值为

$$\mu_{\bar{g}} = g(\mu_{x_1}, \mu_{x_2}) = 1982.0$$

线性化功能函数的标准差为

$$\sigma_{\bar{g}} = \sqrt{\left[\frac{\partial g(\mu_{x_1}, \mu_{x_2})}{\partial x_1} \sigma_{x_1}\right]^2 + \left[\frac{\partial g(\mu_{x_1}, \mu_{x_2})}{\partial x_2} \sigma_{x_2}\right]^2}$$

$$= \sqrt{(3 \times 10^2 \times 5.0)^2 + (3 \times 10^2 \times 5.0)^2} = 2121.32$$

因此可靠度指标 β 为

$$\beta = \frac{\mu_{\bar{g}}}{\sigma_{\bar{g}}} = \frac{1982.0}{2121.32} = 0.9343$$

我们可以大胆地预测该计算结果必定不能接近精确解,因此该功能函数是高度非线性的。我们可通过蒙特卡罗法来验证。经过 1000000 次模拟,求得的失效概率 $P_f=0.005524$,可靠度指标 $\beta=2.5412$。

算例 2 如图 9.5 所示为一个简支梁,跨中作用一向下集中荷载 P。梁长为 L,沿着梁长方向抗弯能力为 WT,其中,W 为塑性截面模量,T 是屈服应力。假定 P、L、W 和 T 四个参数为相互独立的正态分布的随机变量,P、L、W 和 T 的标准差分别为 $2\mathrm{kN}$、$0.1\mathrm{m}$、$2\times10^{-5}\mathrm{m}^3$ 和 $10^5\mathrm{kN/m^2}$。极限状态函数为

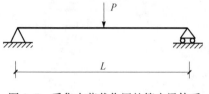

图 9.5 受集中荷载作用的简支梁体系

$$g\{P,L,W,T\} = WT - \frac{PL}{4}$$

求解可靠度指标 β 和失效概率 P_f。

求解 从给定的极限状态函数可知

$$\mu_g = \mu_W\mu_T - \frac{1}{4}\mu_P\mu_L = 40$$

$$\mu_g^2 = \left(\mu_W\mu_T - \frac{1}{4}\mu_P\mu_L\right)^2 = 1600$$

于是可得极限状态方程的标准差为

$$\sigma_g = \sqrt{E[g^2] - \mu_g^2} = \frac{1}{4}\sqrt{\mu_P^2\sigma_L^2 + \mu_L^2\sigma_P^2 + \sigma_L^2\sigma_P^2 + 16(\mu_W^2\sigma_T^2 + \mu_T^2\sigma_W^2 + \sigma_T^2\sigma_W^2)}$$

$$= 16.2501$$

所以

$$E[g^2] = E\left[\left(WT - \frac{PL}{4}\right)^2\right] = (\sigma_W^2 + \mu_W^2)(\sigma_T^2 + \mu_T^2)$$

$$-\frac{1}{2}\mu_W\mu_T\mu_P\mu_L + \frac{1}{16}(\sigma_P^2 + \mu_P^2)(\sigma_L^2 + \mu_L^2)$$

因此可靠度指标

$$\beta = \frac{\mu_g}{\mu_g} = 2.46153$$

应用蒙特卡罗法计算 β 和 P_f。

从表 9.1 中可以看出,当模拟次数达到 200000 次时,结果收敛于较精确解,$\beta=2.85$,$P_f=0.0021$。

表 9.1　蒙特卡罗法计算结果

模拟次数	1000	10000	50000	100000	200000	500000	1000000	2000000
β	3.0902	2.9290	2.8228	2.8175	2.8574	2.8642	2.8507	2.8499
P_f	0.00100	0.00170	0.00238	0.00242	0.00214	0.00209	0.002181	0.002187

应用均值一次二阶矩法求解 β。

对两个力学意义相同、公式表达不同的功能函数进行可靠度求解,比较异同,两个功能函数分别为

$$g_1(P,L,W,T) = WT - \frac{PL}{4}$$

$$g_2(P,L,W,T) = T - \frac{PL}{4W}$$

对于功能函数 1 有

$$\beta_1 = \frac{\mu_{g_1}}{\sigma_{g_1}}$$

$$= \frac{100 \times 10^{-6} \times 600 \times 10^3 - \dfrac{10 \times 8}{4}}{\sqrt{(-2 \times 2)^2 + (-2.5 \times 0.1)^2 + (600 \times 10^3 \times 2 \times 10^{-5})^2 + (100 \times 10^{-6} \times 10^5)^2}}$$

$$= 2.48$$

对于功能函数 2 有

$$\beta_2 = \frac{\mu_{g_2}}{\sigma_{g_2}} = \frac{600 \times 10^3 - \dfrac{10 \times 8}{4 \times 100 \times 10^{-6}}}{\sqrt{(-2 \times 10^4 \times 2)^2 + (-2.5 \times 10^3)^2 + (4 \times 10^4)^2 + (1 \times 10^5)^2}}$$

$$= 3.48$$

以上可以看出,尽管以上两个功能函数是等效的,但是二者可靠度指标却不同,这也是一次二阶矩法的一个缺点,可以通过 HL 法克服此缺点。

2. 改进的一次二阶矩法

1974 年 Hasofer 和 Lind 科学地对可靠指标进行了定义,并引入了验算点的概念,使得 FOSM 法有了进一步发展,已经成为单一功能函数结构可靠度分析的基本方法。

FOSM 法对中心点法的改进关键在于线性化点选取位置的改变,由中心点法选在均值点,改变选在结构最有可能失效概率所对应的设计验算点 X^* 上,以此克服中心点法所产生的致命问题。

　　随机变量的分布形式和相关性,也直接影响结构可靠度分析的精度。为了将相关和非正态分布的随机变量变换到独立的正态分布空间,由此提出了一些变换方法。

　　独立正态随机变量可靠度计算方法是假设结构构件功能函数 $g(X_i)$ 为非线性函数,其中随机变量 X_i 为相互独立且正态分布的基本变量。对功能函数 $g(X_i)$ 进行线性化,线性化点选在设计验算点 $P^*(x_1^*, x_2^*, \cdots, x_n^*)$,其功能函数的极限状态方程为

$$Z \approx g(X_1^*, X_2^*, \cdots, X_n^*) + \sum_{i=1}^{n} \frac{\partial g}{\partial X_i}\Big|_{P^*} (X_i - x_i^*) = 0 \qquad (9.19)$$

　　结构功能函数 Z 的均值为

$$\mu_Z = g(X_1^*, X_2^*, \cdots, X_n^*) + \sum_{i=1}^{n} \frac{\partial g}{\partial X_i}\Big|_{P^*} (\mu_{X_i} - x_i^*) \qquad (9.20)$$

功能函数 Z 的标准方差为

$$\sigma_Z = \left[\sum_{i=1}^{n} \left(\frac{\partial g}{\partial X_i}\Big|_{P^*} \sigma_{X_i} \right)^2 \right]^{\frac{1}{2}} \qquad (9.21)$$

　　根据结构可靠度指标 β 的定义,有

$$\beta = \frac{\mu_Z}{\sigma_Z} = \frac{g(X_1^*, X_2^*, \cdots, X_n^*) + \sum\limits_{i=1}^{n} \dfrac{\partial g}{\partial X_i}\Big|_{P^*} (\mu_{X_i} - x_i^*)}{\left[\sum\limits_{i=1}^{n} \left(\dfrac{\partial g}{\partial X_i}\Big|_{P^*} \sigma_{X_i} \right)^2 \right]^{\frac{1}{2}}} \qquad (9.22)$$

设计验算点的坐标为

$$P_i^* = \mu_{X_i} + \cos \theta_{X_i} \beta \sigma_{X_i} \qquad (9.23)$$

$$\cos\theta_{X_i} = \frac{-\dfrac{\partial g}{\partial X_i}\Big|_{P^*} \sigma_{X_i}}{\left[\sum\limits_{i=1}^{n} \left(\dfrac{\partial g}{\partial X_i}\Big|_{P^*} \sigma_{X_i} \right)^2 \right]^{\frac{1}{2}}} \qquad (9.24)$$

　　由于设计验算点就在失效边界上,故有 $g(x_1^*, x_2^*, \cdots, x_n^*) = 0$,因此,$\mu_Z$ 变成

$$\mu_Z = \sum_{i=1}^{n} \frac{\partial g}{\partial X_i}\Big|_{P^*} (\mu_{X_i} - x_i^*) \qquad (9.25)$$

单一失效模式的可靠度指标可表示为

$$\beta = \frac{\mu_Z}{\sigma_Z} = \frac{\sum\limits_{i=1}^{n} \dfrac{\partial g}{\partial X_i}\Big|_{P^*} (\mu_{X_i} - x_i^*)}{\left[\sum\limits_{i=1}^{n} \left(\dfrac{\partial g}{\partial X_i}\Big|_{P^*} \sigma_{X_i} \right)^2 \right]^{\frac{1}{2}}} \qquad (9.26)$$

需要注意的是,由于求解 β 之前,P^* 的坐标未知,故 β 的计算只能采用迭代法。在迭代求解的过程中,因 P^* 为假设值,故不能满足 $g(x_1^*, x_2^*, \cdots, x_n^*) = 0$ 的要求。因此,在迭代求解过程中应按式(9.22)求 β。

算例 3　功能函数为

$$g(x_1, x_2) = x_1^3 + x_2^3 - 18$$

式中,x_1、x_2——正态分布的随机变量,其均值分别为 $\mu_{x_1} = \mu_{x_2} = 10$,标准差分别为 $\sigma_{x_1} = \sigma_{x_2} = 5$,应用 MVFOSM 计算其可靠度指标 β,并用蒙特卡罗法对结果进行校核。

HL 法求解该问题(相同的功能函数、均值、标准差和随机变量分布)。

求解　迭代 1:

(1) 设置均值点为初始设计点,设计可靠度指标 β 收敛容差为 $\varepsilon_r = 0.001$。计算在均值点处极限状态函数值及其梯度。

$$g(X_1) = g(\mu_{x_1}, \mu_{x_2}) = \mu_{x_1}^3 + \mu_{x_2}^3 - 18 = 10.0^3 + 10.0^3 - 18 = 1982.0$$

$$\left. \frac{\partial g}{\partial x_1} \right|_{\mu_X} = 3\mu_{x_1}^2 = 3 \times 10^2 = 300$$

$$\left. \frac{\partial g}{\partial x_2} \right|_{\mu_X} = 3\mu_{x_2}^2 = 3 \times 10^2 = 300$$

(2) 应用均值法计算初始 β 和它的方向余弦 α_i。

$$\beta_1 = \frac{\mu_{\bar{g}}}{\sigma_{\bar{g}}} = \frac{g(X_1)}{\sqrt{\left[\dfrac{\partial g(\mu_{x_1}, \mu_{x_2})}{\partial x_1} \sigma_{x_1} \right]^2 + \left[\dfrac{\partial g(\mu_{x_1}, \mu_{x_2})}{\partial x_2} \sigma_{x_2} \right]^2}}$$

$$= \frac{1982.00}{\sqrt{(300 \times 5.0)^2 + (300 \times 5.0)^2}} = 0.9343$$

$$\alpha_1 = -\frac{\left. \dfrac{\partial g}{\partial x_1} \right|_{\mu_X} \sigma_{x_1}}{\sqrt{\left[\dfrac{\partial g(\mu_{x_1}, \mu_{x_2})}{\partial x_1} \sigma_{x_1} \right]^2 + \left[\dfrac{\partial g(\mu_{x_1}, \mu_{x_2})}{\partial x_2} \sigma_{x_2} \right]^2}}$$

$$= -\frac{300 \times 5.0}{\sqrt{(300 \times 5.0)^2 + (300 \times 5.0)^2}} = -0.7071$$

$$\alpha_2 = -\frac{\left. \dfrac{\partial g}{\partial x_2} \right|_{\mu_X} \sigma_{x_2}}{\sqrt{\left[\dfrac{\partial g(\mu_{x_1}, \mu_{x_2})}{\partial x_1} \sigma_{x_1} \right]^2 + \left[\dfrac{\partial g(\mu_{x_1}, \mu_{x_2})}{\partial x_2} \sigma_{x_2} \right]^2}}$$

$$=-\frac{300 \times 5.0}{\sqrt{(300 \times 5.0)^2 + (300 \times 5.0)^2}} = -0.7071$$

（3）计算一个新设计点 X_2。

$$x_{1,2} = \mu_{x_1} + \beta_1 \sigma_{x_1} \alpha_1 = 10.0 + 0.9343 \times 5.0 \times (-0.7071) = 6.6967$$

$$x_{2,2} = \mu_{x_2} + \beta_1 \sigma_{x_2} \alpha_2 = 10.0 + 0.9343 \times 5.0 \times (-0.7071) = 6.6967$$

$$u_{1,2} = \frac{x_{1,2} - \mu_{x_1}}{\sigma_{x_1}} = \frac{6.6967 - 10.0}{5.0} = -0.6607$$

$$u_{2,2} = \frac{x_{2,2} - \mu_{x_2}}{\sigma_{x_2}} = \frac{6.6967 - 10.0}{5.0} = -0.6607$$

迭代 2：

（1）在 X_2 计算极限状态函数值及其梯度。

$$g(X_2) = x_{1,2}^3 + x_{2,2}^3 - 18 = 6.6967^3 + 6.6967^3 - 18 = 582.63$$

$$\left.\frac{\partial g}{\partial x_1}\right|_{X_2} = 3x_{1,2}^2 = 3 \times 6.6967^2 = 134.5374$$

$$\left.\frac{\partial g}{\partial x_2}\right|_{X_2} = 3x_{2,2}^2 = 3 \times 6.6967^2 = 134.5374$$

（2）计算 β 及其方向余弦 α_i。

$$\beta_2 = \frac{g(X_2) - \sqrt{\sum_{i=1}^{2}\left(\frac{\partial g(X_2)}{\partial x_i}\sigma_{x_i}\right)^2}}{\sqrt{\left[\frac{\partial g(\mu_{x_1}, \mu_{x_2})}{\partial x_1}\sigma_{x_1}\right]^2 + \left[\frac{\partial g(\mu_{x_1}, \mu_{x_2})}{\partial x_2}\sigma_{x_2}\right]^2}}$$

$$= \frac{582.63 - 134.5374 \times 5.0 \times (-0.6607) - 134.5374 \times 5.0 \times (-0.6607)}{\sqrt{(134.5374 \times 5.0)^2 + (134.5374 \times 5.0)^2}}$$

$$= 1.5468$$

$$\alpha_1 = -\frac{\left.\frac{\partial g}{\partial x_1}\right|_{X_2}\sigma_{x_1}}{\sqrt{\left(\left.\frac{\partial g}{\partial x_1}\right|_{X_2}\sigma_{x_1}\right)^2 + \left(\left.\frac{\partial g}{\partial x_2}\right|_{X_2}\sigma_{x_2}\right)^2}}$$

$$= -\frac{134.5374 \times 5.0}{\sqrt{(134.5374 \times 5.0)^2 + (134.5374 \times 5.0)^2}} = -0.7071$$

$$\alpha_1 = \alpha_2 = -0.7071$$

（3）计算一个新设计点 X_3。

$$x_{1,3} = \mu_{x_1} + \beta_2 \sigma_{x_1} \alpha_1 = 10.0 + 1.5468 \times 5.0 \times (-0.7071) = 4.5313$$

$$x_{2,3} = x_{1,3} = 4.5313$$

$$u_{1,3} = \frac{x_{1,3} - \mu_{x_1}}{\sigma_{x_1}} = \frac{4.5313 - 10.0}{5.0} = -1.0937$$

$$u_{2,3} = u_{1,3} = -1.0937$$

(4) 检查 β 是否收敛。

$$\varepsilon = \frac{|\beta_2 - \beta_1|}{\beta_1} = \frac{1.5468 - 0.9343}{0.9343} = 0.6556$$

因为 $\varepsilon > \varepsilon_r$，继续迭代。

迭代时过程相同，直到满足收敛条件($\varepsilon < \varepsilon_r$)停止迭代，迭代结果详见表 9.2，最终可靠度指标为 2.2401。由于在最有可能失效点处极限状态函数值趋于零，因此该可靠度指标可以认为是极限状态面至坐标原点最短距离。而 MVFOSM 法获得的可靠度指标 $\beta = 0.9343$，由此可见，对于该高度非线性问题，HL 法计算的结果更加精确。

表 9.2 HL 法的迭代结果(算例 3)

迭代次数	1	2	3	4	5	6	7
$g(X_k)$	1982.0	582.63	168.08	45.529	10.01	1.1451	0.023
$\left.\dfrac{\partial g}{\partial x_1}\right\|_{X_k}$	300	134.5374	61.598	30.0897	17.43	13.5252	12.917
$\left.\dfrac{\partial g}{\partial x_2}\right\|_{X_k}$	300	134.5374	61.598	30.0897	17.43	13.5252	12.917
β	0.9343	1.5468	1.9327	2.1467	2.2279	2.2398	2.2401
α_1	-0.7071	-0.7071	-0.7071	-0.7071	-0.7071	-0.7071	-0.7071
α_2	-0.7071	-0.7071	-0.7071	-0.7071	-0.7071	-0.7071	-0.7071
$x_{1,k}$	6.6967	4.5313	3.1670	2.4104	2.1233	2.0810	2.0801
$x_{2,k}$	6.6967	4.5313	3.1670	2.4104	2.1233	2.0810	2.0801
$u_{1,k}$	-0.6607	-1.0937	-1.3666	-1.5179	-1.5753	-1.5838	-1.5840
$u_{2,k}$	-0.6607	-1.0937	-1.3666	-1.5179	-1.5753	-1.5838	-1.5840
ε	—	0.6556	0.2495	0.1107	0.036	0.005	0.0001

算例 4 功能函数为

$$g(x_1, x_2) = x_1^3 + x_2^3 - 18$$

式中，x_1、x_2——正态分布的随机变量，其均值分别为 $\mu_{x_1} = 10$、$\mu_{x_2} = 9.9$，标准差分别为 $\sigma_{x_1} = \sigma_{x_2} = 5$，应用一次可靠度方法计算其可靠度指标 β，并用蒙特卡罗法对结果进行校核。

求解 该例与算例 1 唯一不同的是将 x_2 的均值由 10 变为 9.9。

迭代 1：

（1）设置均值点为初始设计点，设计可靠度指标 β 收敛容差为 $\varepsilon_r = 0.001$。计算在均值点处极限状态函数值及其梯度。

$$g(X_1) = g(\mu_{x_1}, \mu_{x_2}) = \mu_{x_1}^3 + \mu_{x_2}^3 - 18 = 10.0^3 + 9.9^3 - 18 = 1952.299$$

$$\left. \frac{\partial g}{\partial x_1} \right|_{\mu_X} = 3\mu_{x_1}^2 = 3 \times 10^2 = 300$$

$$\left. \frac{\partial g}{\partial x_2} \right|_{\mu_X} = 3\mu_{x_2}^2 = 3 \times 9.9^2 = 294.03$$

（2）应用均值法计算初始 β 和它的方向余弦 α_i。

$$\beta_1 = \frac{\mu_{\bar{g}}}{\sigma_{\bar{g}}} = \frac{g(X_1)}{\sqrt{\left[\dfrac{\partial g(\mu_{x_1}, \mu_{x_2})}{\partial x_1} \sigma_{x_1} \right]^2 + \left[\dfrac{\partial g(\mu_{x_1}, \mu_{x_2})}{\partial x_2} \sigma_{x_2} \right]^2}}$$

$$= \frac{1952.299}{\sqrt{(300 \times 5.0)^2 + (294.03 \times 5.0)^2}} = 0.9295$$

$$\alpha_1 = -\frac{\left. \dfrac{\partial g}{\partial x_1} \right|_{\mu_X} \sigma_{x_1}}{\sqrt{\left[\dfrac{\partial g(\mu_{x_1}, \mu_{x_2})}{\partial x_1} \sigma_{x_1} \right]^2 + \left[\dfrac{\partial g(\mu_{x_1}, \mu_{x_2})}{\partial x_2} \sigma_{x_2} \right]^2}}$$

$$= -\frac{300 \times 5.0}{\sqrt{(300 \times 5.0)^2 + (294.03 \times 5.0)^2}} = -0.7142$$

$$\alpha_2 = -\frac{\left. \dfrac{\partial g}{\partial x_2} \right|_{\mu_X} \sigma_{x_2}}{\sqrt{\left[\dfrac{\partial g(\mu_{x_1}, \mu_{x_2})}{\partial x_1} \sigma_{x_1} \right]^2 + \left[\dfrac{\partial g(\mu_{x_1}, \mu_{x_2})}{\partial x_2} \sigma_{x_2} \right]^2}}$$

$$= -\frac{294.03 \times 5.0}{\sqrt{(300 \times 5.0)^2 + (294.03 \times 5.0)^2}} = -0.7000$$

（3）计算一个新设计点 X_2。

$$x_{1,2} = \mu_{x_1} + \beta_1 \sigma_{x_1} \alpha_1 = 10.0 + 0.9295 \times 5.0 \times (-0.7142) - 6.6808$$

$$x_{2,2} = \mu_{x_2} + \beta_1 \sigma_{x_2} \alpha_2 = 9.9 + 0.9295 \times 5.0 \times (-0.7000) = 6.6468$$

$$u_{1,2} = \frac{x_{1,2} - \mu_{x_1}}{\sigma_{x_1}} = \frac{6.6808 - 10.0}{5.0} = -0.6638$$

$$u_{2,2} = \frac{x_{2,2} - \mu_{x_2}}{\sigma_{x_2}} = \frac{6.6468 - 9.9}{5.0} = -0.6506$$

继续迭代,直至满足收敛条件($\varepsilon < \varepsilon_r$)。迭代结果详见表 9.3,迭代至 23 步时达到收敛。但是,最有可能失效点并不在极限状态曲面上[$g(X^*) = 677.655$]。而且,在第 21、22 和 23 步时,设计点出现振荡。如果添加一个收敛准则,即最有可能失效点是否在极限状态曲面上,那么计算将永远不会收敛。从该例可以很清楚地看出,在一些情况下,由于线性逼近,HL 法将不会收敛。

表 9.3　HL 法的迭代结果(算例 4)

迭代次数	1	2	···	4	5	6
$g(X_k)$	1952.2990	573.8398	···	678.9088	676.7346	677.6550
$\left.\dfrac{\partial g}{\partial x_1}\right\|_{X_k}$	300.0000	133.8982	···	218.0401	56.9049	217.6582
$\left.\dfrac{\partial g}{\partial x_2}\right\|_{X_k}$	294.0300	132.5409	···	54.4352	216.2786	54.61056
β	0.9295	1.5387	···	1.1636	1.1650	1.1657
α_1	−0.7142	−0.7107	···	−0.9702	−0.2544	−0.9699
α_2	−0.7000	−0.7035	···	−0.2422	−0.9671	−0.2434
$x_{1,k}$	6.6808	4.5323	···	4.3553	8.5178	4.3468
$x_{2,k}$	6.6468	4.4877	···	8.4908	4.2666	8.4816
$u_{1,k}$	−0.6638	−1.0935	···	−1.1289	−0.2964	−1.1306
$u_{2,k}$	−0.6506	−1.0825	···	−0.2818	−1.1267	−0.2837
ε	—	0.6554	···	0.002	0.0012	0.0006

算例 5　考虑以下的平面框架结构(图 9.6),计算可靠度指标及最有可能失效点。极限状态的位移表达式为

$$d = \frac{5PL^3}{48EI} \leqslant \frac{L}{30} = d_{\max}$$

式中,$d_{\max}$——允许最大位移;

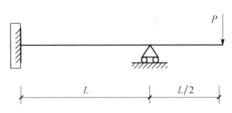

图 9.6　平面框架结构示意图

E——杨氏模量;

I——横截面惯性矩。

该例中考虑三个随机变量,E 和 I 服从正态分布,随机变量 P 的累积分布函数和其他参数为

$$F_P(x) = \exp(-\{\exp[-\alpha(x - \delta)]\})$$

$$\mu_P = \delta + \frac{0.577}{\alpha}, \quad \sigma_P = \frac{1.283}{\alpha}$$

注:该分布即为众所周知的极值 I 型分布。

荷载、梁长、杨氏模量和横截面惯性矩的均值分别为 $\mu_P = 4\text{kN}$、$\mu_L = 5\text{m}$、$\mu_E =$

$2.0 \times 10^7 \, \mathrm{kN/m^2}$ 和 $\mu_I = 10^{-4} \, \mathrm{m^4}$；相应的标准差分别为 $\sigma_P = 1 \mathrm{kN}$、$\sigma_L = 0 \mathrm{m}$、$\sigma_E = 0.5 \times 10^7 \, \mathrm{kN/m^2}$ 和 $\sigma_I = 0.2 \times 10^{-4} \, \mathrm{m^4}$。因此，$L$ 实际为确定性参数，因为 $\sigma_L = 0 \mathrm{m}$。

求解

（1）计算随机变量 P 的相关参数。

$$\mu_P = \delta + \frac{0.577}{\alpha}, \quad \sigma_P = \frac{1.2825}{\alpha}$$

将 $\mu_P = 4 \mathrm{kN}$ 和 $\sigma_P = 1 \mathrm{kN}$ 代入以上公式，可得

$$\delta = 3.5499, \quad \alpha = 1.2825$$

（2）迭代 1。

① 计算 P 的等效正态分布的均值和标准差。首先，假定设计点为均值点 $X_1 = \{E_1, I_1, P_1\}^{\mathrm{T}}$，初始设计点的坐标为

$$E_1 = \mu_E = 2.0 \times 10^7 \, \mathrm{kN/m^2}, \quad I_1 = \mu_I = 10^{-4} \, \mathrm{m^4}, \quad P_1 = \mu_P = 4 \mathrm{kN}$$

P_1 处的密度函数值为

$$\begin{aligned} f_P(P_1) &= \alpha \exp\{-(P_1 - \delta)\alpha - \exp[-(P_1 - \delta)\alpha]\} \\ &= 1.2825 \exp\{-(4 - 3.5499) \times 1.2825 - \exp[-(-4 - 3.5499) \times 1.2825]\} \\ &= 0.4107 \end{aligned}$$

P_1 处的累积分布值为

$$\begin{aligned} F_P(P_1) &= \exp\{-\exp[-(P - \delta)\alpha]\} = \exp\{-\exp[-(4 - 3.5499) \times 1.2825]\} \\ &= 0.5704 \end{aligned}$$

因此，等效正态变量在 P_1 的标准差和均值为

$$\sigma_{P'} = \frac{\phi(\Phi^{-1}(F_P(P_1)))}{f_P(P_1)} = \frac{\phi(\Phi^{-1}(0.5703))}{0.4107} = \frac{0.3927}{0.4107} = 0.9561$$

式中

$$\Phi^{-1}(0.5703) = 0.177, \quad \phi(0.177) = 0.3927$$

$$\mu_{P'} = P_1 - \Phi^{-1}(F_P(P_1))\sigma_{P'} = 4 - \Phi^{-1}(0.5704) \times 0.9561 = 3.8304$$

② 在均值处计算极限状态函数的值及其梯度。

$$g(E_1, I_1, P_1) = EI - 78.12P = 2 \times 10^7 \times 10^{-4} - 78.12 \times 4 = 1687.52$$

$$\frac{\partial g(X_1)}{\partial E} = 10^{-4}, \quad \frac{\partial g(X_1)}{\partial I} = 2 \times 10^7, \quad \frac{\partial g(X_1)}{\partial P} = -78.12$$

③ 应用均值法，计算初始 β 及其方向余弦 α_i。

$$\beta_1 = \frac{\mu_{\bar{g}}}{\sigma_{\bar{g}}} = \frac{g(E_1, I_1, P_1)}{\sqrt{\left[\dfrac{\partial g(E_1, I_1, P_1)}{\partial E}\sigma_E\right]^2 + \left[\dfrac{\partial g(E_1, I_1, P_1)}{\partial I}\sigma_I\right]^2 + \left[\dfrac{\partial g(E_1, I_1, P_1)}{\partial P}\sigma_P\right]^2}}$$

$$= \frac{1687.52}{\sqrt{(10^{-4} \times 0.5 \times 10^7)^2 + (2 \times 10^7 \times 0.2 \times 10^{-4})^2 + (-78.12 \times 0.9561)^2}}$$

$$= 2.6383$$

$$\alpha_E = -\frac{\left.\dfrac{\partial g}{\partial E}\right|_{\mu_X} \sigma_E}{\sqrt{\left[\dfrac{\partial g(E_1, I_1, P_1)}{\partial E} \sigma_E\right]^2 + \left[\dfrac{\partial g(E_1, I_1, P_1)}{\partial I} \sigma_I\right]^2 + \left[\dfrac{\partial g(E_1, I_1, P_1)}{\partial P} \sigma_P\right]^2}}$$

$$= -\frac{10^{-4} \times 0.5 \times 10^7}{\sqrt{(10^{-4} \times 0.5 \times 10^7)^2 + (2 \times 10^7 \times 0.2 \times 10^{-4})^2 + (-78.12 \times 0.9561)^2}}$$

$$= -0.7756$$

$$\alpha_I = -\frac{\left.\dfrac{\partial g}{\partial I}\right|_{\mu_X} \sigma_I}{\sqrt{\left[\dfrac{\partial g(E_1, I_1, P_1)}{\partial E} \sigma_E\right]^2 + \left[\dfrac{\partial g(E_1, I_1, P_1)}{\partial I} \sigma_I\right]^2 + \left[\dfrac{\partial g(E_1, I_1, P_1)}{\partial P} \sigma_P\right]^2}}$$

$$= -\frac{2 \times 10^7 \times 0.2 \times 10^{-4}}{\sqrt{(10^{-4} \times 0.5 \times 10^7)^2 + (2 \times 10^7 \times 0.2 \times 10^{-4})^2 + (-78.12 \times 0.9561)^2}}$$

$$= -0.6205$$

$$\alpha_P = -\frac{\left.\dfrac{\partial g}{\partial P}\right|_{\mu_X} \sigma_P}{\sqrt{\left[\dfrac{\partial g(E_1, I_1, P_1)}{\partial E} \sigma_E\right]^2 + \left[\dfrac{\partial g(E_1, I_1, P_1)}{\partial I} \sigma_I\right]^2 + \left[\dfrac{\partial g(E_1, I_1, P_1)}{\partial P} \sigma_P\right]^2}}$$

$$= -\frac{-78.122 \times 0.9561}{\sqrt{(10^{-4} \times 0.5 \times 10^7)^2 + (2 \times 10^7 \times 0.2 \times 10^{-4})^2 + (-78.12 \times 0.9561)^2}}$$

$$= 0.1159$$

④ 计算一个新设计点坐标。

$$E_2 = \mu_E + \beta_1 \sigma_E \alpha_E = 2 \times 10^7 + 2.6383 \times 0.5 \times 10^7 \times (-0.7756) = 9.7687 \times 10^6$$

$$I_2 = \mu_I + \beta_1 \sigma_I \alpha_I = 10^{-4} + 2.6383 \times 0.2 \times 10^{-4} \times (-0.6205) = 0.6726 \times 10^{-4}$$

$$P_2 = \mu_{P'} + \beta_1 \sigma_{P'} \alpha_P = 3.8304 + 2.6383 \times 0.9561 \times 0.1159 = 4.1227$$

$$u_{E,2} = \frac{E_2 - \mu_E}{\sigma_E} = \frac{9.7687 \times 10^6 - 2 \times 10^7}{0.5 \times 10^7} = -2.0463$$

$$u_{I,2} = \frac{I_2 - \mu_I}{\sigma_I} = \frac{0.6726 \times 10^{-4} - 10^{-4}}{0.2 \times 10^{-4}} = -1.6370$$

$$u_{P,2} = \frac{P_2 - \mu_P}{\sigma_P} = \frac{4.1227 - 3.8304}{0.9561} = 0.3057$$

(3) 迭代 2。

① 在 P_2 计算等效正态分布的均值和标准差，P_2 处的密度函数值为

$$f_P(P_2) = \alpha\exp\{-(P_2-\delta)\alpha - \exp[-(P_2-\delta)\alpha]\}$$
$$= 1.2825\exp\{-(4.1227-3.5499)\times1.2825$$
$$-\exp[-(4.1227-3.5499)\times1.2825]\}$$
$$= 0.3808$$

P_2 处的累积分布值为

$$F_P(P_2) = \exp\{-\exp[-(P_2-\delta)\alpha]\}$$
$$= \exp\{-\exp[-(4.1227-3.5499)\times1.2825]\} = 0.6189$$

因此，等效正态变量在 P_2 的标准差和均值为

$$\sigma_{P'} = \frac{\phi(\Phi^{-1}(F_P(P_1)))}{f_P(P_1)} = \frac{\phi(\Phi^{-1}(0.6189))}{0.3808} = \frac{0.3811}{0.3808} = 1.0007$$

式中

$$\Phi^{-1}(0.6189) = 0.3028, \quad \phi(0.6189) = 0.3811$$

$$\mu_{P'} = P_2 - \Phi^{-1}(F_P(P_2))\sigma_{P'} = 4.1227 - \Phi^{-1}(0.6189)\times1.007 = 3.8197$$

② 在 $X_2(E_2, I_2, P_2)$ 计算极限状态函数的值及其梯度。

$$g(E_2, I_2, P_2) = EI - 78.12P$$
$$= 97.6871\times10^5\times0.6726\times10^{-4} - 78.12\times4.1227 = 334.9737$$

$$\frac{\partial g(X_2)}{\partial E} = 6.726\times10^{-5}, \quad \frac{\partial g(X_2)}{\partial I} = 97.6871\times10^5, \quad \frac{\partial g(X_2)}{\partial P} = -78.12$$

③ 计算初始 β 及其方向余弦 α_i。

$$\beta_2 = \frac{g(X_2) - \dfrac{\partial g(X_2)}{\partial E}\sigma_E\mu_{E,2} - \dfrac{\partial g(X_2)}{\partial I}\sigma_I\mu_{I,2} - \dfrac{\partial g(X_2)}{\partial P}\sigma_P\mu_{P,2}}{\sqrt{\left(\dfrac{\partial g(X_2)}{\partial E}\sigma_E\right)^2 + \left(\dfrac{\partial g(X_2)}{\partial I}\sigma_I\right)^2 + \left(\dfrac{\partial g(X_2)}{\partial P}\sigma_P\right)^2}}$$

$$= \frac{334.9737 + 672.6\times0.5\times2.0463 + 976.87\times0.2\times1.6370 + 78.12\times1.0007\times0.3057}{\sqrt{(6.726\times10^{-5}\times0.5\times10^7)^2 + (9.7687\times10^6\times0.2\times10^{-4})^2 + (-78.12\times1.0007)^2}}$$

$$= 3.4449$$

$$\alpha_E = -\frac{\left.\dfrac{\partial g}{\partial E}\right|_{\mu_X}\sigma_E}{\sqrt{\left(\dfrac{\partial g(E_2, I_2, P_2)}{\partial E}\sigma_E\right)^2 + \left(\dfrac{\partial g(E_2, I_2, P_2)}{\partial I}\sigma_I\right)^2 + \left(\dfrac{\partial g(E_2, I_2, P_2)}{\partial P}\sigma_P\right)^2}}$$

$$= -\frac{6.726\times10^{-5}\times0.5\times10^7}{\sqrt{(6.726\times10^{-5}\times0.5\times10^7)^2 + (9.7687\times10^6\times0.2\times10^{-4})^2 + (-78.12\times1.0007)^2}}$$

$$= -0.8477$$

$$\alpha_I = -\frac{\dfrac{\partial g}{\partial I}\bigg|_{\mu_X}\sigma_I}{\sqrt{\left[\dfrac{\partial g(E_2,I_2,P_2)}{\partial E}\sigma_E\right]^2 + \left[\dfrac{\partial g(E_2,I_2,P_2)}{\partial I}\sigma_I\right]^2 + \left[\dfrac{\partial g(E_2,I_2,P_2)}{\partial P}\sigma_P\right]^2}}$$

$$= -\frac{9.7687\times10^6\times0.2\times10^{-4}}{\sqrt{(6.726\times10^{-5}\times0.5\times10^7)^2 + (9.7687\times10^6\times0.2\times10^{-4})^2 + (-78.12\times1.0007)^2}}$$

$$= -0.4925$$

$$\alpha_P = -\frac{\dfrac{\partial g}{\partial P}\bigg|_{\mu_X}\sigma_P}{\sqrt{\left[\dfrac{\partial g(E_2,I_2,P_2)}{\partial E}\sigma_E\right]^2 + \left[\dfrac{\partial g(E_2,I_2,P_2)}{\partial I}\sigma_I\right]^2 + \left[\dfrac{\partial g(E_2,I_2,P_2)}{\partial P}\sigma_P\right]^2}}$$

$$= -\frac{-78.12\times1.0007}{\sqrt{(6.726\times10^{-5}\times0.5\times10^7)^2 + (9.7687\times10^6\times0.2\times10^{-4})^2 + (-78.12\times1.0007)^2}}$$

$$= 0.1971$$

④ 计算新设计点坐标。

$$E_3 = \mu_E + \beta_2\sigma_E\alpha_E = 2\times10^7 + 3.4449\times0.5\times10^7\times(-0.8477) = 5.3985\times10^6$$

$$I_3 = \mu_I + \beta_2\sigma_I\alpha_I = 10^{-4} + 3.4449\times0.2\times10^{-4}\times(-0.4925) = 0.6607\times10^{-4}$$

$$P_3 = \mu_{P'} + \beta_2\sigma_{P'}\alpha_P = 3.8197 + 3.4449\times1.0007\times0.1971 = 4.4990$$

$$u_{E,3} = \frac{E_3 - \mu_E}{\sigma_E} = \frac{5.3985\times10^6 - 2\times10^7}{0.5\times10^7} = -2.9203$$

$$u_{I,3} = \frac{I_3 - \mu_I}{\sigma_I} = \frac{1.3393\times10^{-4} - 10^{-4}}{0.2\times10^{-4}} = -1.6966$$

$$u_{P,3} = \frac{P_3 - \mu_{P'}}{\sigma_{P'}} = \frac{4.4990 - 3.8197}{1.0007} = 0.6788$$

核查 β 收敛情况，

$$\varepsilon = \frac{|\beta_2 - \beta_1|}{\beta_1} = \frac{3.4449 - 2.6383}{2.6383} = 0.3057$$

因为 $\varepsilon > \varepsilon_r$，所以继续迭代。

继续按照相同的步骤迭代，直到满足收敛准则（$\varepsilon < \varepsilon_r$）为止。迭代结果详见表 9.4。计算出的可靠度指标 $\beta = 3.3222$。由于在最有可能失效点处，与初始值相比极限状态函数趋近于零，因此该点可以看成是离原点坐标最近的点。

表 9.4　HL-RF 法中的迭代结果

迭代次数	1	2	3	4	5	6
$f_P(P_k)$	0.4107	0.3808	0.2824	0.2316	0.2635	0.2732
$F_P(P_k)$	0.5704	0.6189	0.7438	0.7973	0.7748	0.7538

续表

迭代次数	1	2	3	4	5	6
$\sigma_{P'}$	0.9561	1.0007	1.13998	1.2184	1.1835	1.1535
$\mu_{P'}$	3.8304	3.8197	3.7524	3.6939	3.7217	3.7433
$g(E_k, I_k, P_k)$	1687.52	334.9737	5.2055	-12.8426	-1.6961	-0.2352
$\dfrac{\partial g(X_k)}{\partial E}$	1.0×10^{-4}	6.726×10^{-5}	6.6069×10^{-5}	7.9676×10^{-5}	8.5848×10^{-5}	8.7569×10^{-5}
$\dfrac{\partial g(X_k)}{\partial I}$	2×10^{7}	9.7687×10^{6}	5.3985×10^{6}	4.4547×10^{6}	4.1799×10^{6}	4.0432×10^{6}
$\dfrac{\partial g(X_k)}{\partial P}$	-78.12	-78.12	-78.12	-78.12	-78.12	-78.12
β	2.6383	3.4449	3.3766	3.3292	3.3232	3.3222
α_E	-0.7756	-0.8477	-0.9208	-0.9504	-0.9603	-0.9638
α_I	-0.6205	-0.4925	-0.3009	-0.2125	-0.1870	-0.1780
α_P	0.1159	0.1971	0.2482	0.2271	0.2068	0.1984
E_k	9.7687×10^{6}	5.3985×10^{6}	4.4547×10^{6}	4.1799×10^{6}	4.0432×10^{6}	3.9897×10^{6}
I_k	0.6726×10^{-4}	1.3393×10^{-4}	0.7968×10^{-4}	0.8585×10^{-4}	0.8757×10^{-4}	0.8817×10^{-4}
P_k	4.1227	4.4990	4.7079	4.6151	4.5352	4.5035
$u_{E,k}$	-2.0463	-2.9203	-3.1091	-3.1640	-3.1914	-3.2021
$u_{I,k}$	-1.6370	-1.6966	-1.0162	-0.7076	-0.6215	-0.5914
$u_{P,k}$	0.3057	0.6788	0.8381	0.7560	0.6874	0.6590
ε	—	0.3057	0.0198	0.094	0.10	0.0003

9.3.2　二次可靠度方法

　　一次可靠度方法是利用结构极限状态曲面在设计验算点处的切平面代替结构极限状态曲面,以求结构的可靠度指标。显然,其计算精度取决于结构极限状态曲面形状。若结构极限状态曲面与其在设计验算点处的切平面较为接近,则一次可靠度方法有较好的精度,否则将产生较大误差。因此,为提高结构可靠指标的计算精度,二次可靠度方法便应运而生。

　　二次可靠性方法(second-order reliability method,SORM)的基本思路是:采用结构极限状态曲面在设计验算点处的二次曲面来近似结构极限状态曲面,从而求取结构可靠指标(或失效概率)。在设计验算点处采用二次曲面近似,显然较采用切平面能更好地近似拟合结构极限状态曲面。故二次可靠度方法较一次可靠度方法有更好的精度。二次可靠度方法有若干种,如较为简单易行的 ESORM 算法(emprical SORM)及 PFSORM 算法(point-fitting SORM)。

1. ESORM 算法

设结构的功能函数为 $F(U)$，U 为标准正态随机变量，其各分量为相互独立、标准正态随机变量。在设计验算点 u^* 处将 $F(U)$ 展开成泰勒级数，保留二次项，可得 $F(U)$ 的二次近似式为

$$F(U) = \beta_F - \alpha^T U + \frac{1}{2}(U - u^*)^T B(U - u^*) \tag{9.27}$$

$$\alpha = -\frac{\nabla F(u^*)}{|\nabla F(u^*)|}, \quad B = \frac{\nabla^2 F(u^*)}{|\nabla F(u^*)|}, \quad \beta_F = \alpha^T u^*$$

$$\nabla F(u^*) = \left\{ \frac{\partial F}{\partial U_1}\Big|_{u^*} \quad \cdots \quad \frac{\partial F}{\partial U_n}\Big|_{u^*} \right\}^T$$

$$\nabla^2 F(u^*) = \begin{bmatrix} \dfrac{\partial^2 F}{\partial U_1^2}\Big|_{u^*} & \cdots & \dfrac{\partial^2 F}{\partial U_1 \partial U_n}\Big|_{u^*} \\ \vdots & & \vdots \\ \dfrac{\partial^2 F}{\partial U_n \partial U_1}\Big|_{u^*} & \cdots & \dfrac{\partial^2 F}{\partial U_n^2}\Big|_{u^*} \end{bmatrix}$$

$$|\nabla F(u^*)| = \left[\sum_{i=1}^{n} \left(\frac{\partial F}{\partial U_i}\Big|_{u^*} \right)^2 \right]^{\frac{1}{2}}$$

式中，β_F——由一次可靠度方法得到的结构一次可靠度指标。

令

$$X = HU \tag{9.28}$$

式中，X——标准正态变量，其各分量为相互独立、标准正态变量；

　　H——转换矩阵，其第 n 行为 α。

利用式(9.28)，式(9.27)可转换为

$$F'(X) = -(X_n - \beta_F) + \frac{1}{2} \left\{ \begin{matrix} X' \\ X_n - \beta_F \end{matrix} \right\}^T A \left\{ \begin{matrix} X' \\ X_n - \beta_F \end{matrix} \right\}$$

$$X' = (X_1, \cdots, X_{n-1}), \quad A = HBH^T \tag{9.29}$$

过设计验算点 x^* 在 $X_n - X_j$ 内构造一平面，此平面与二次面 $F'(X)$ 的交线方程为

$$a_{jj}X_j^2 + 2a_{nj}X_j(X_n - \beta_F) + a_{nn}(X_n - \beta_F)^2 - 2(X_n - \beta_F) = 0 \tag{9.30}$$

在设计验算点处，此曲线的曲率为

$$K_j = a_{jj}, \quad j = 1, \cdots, n-1 \tag{9.31}$$

式中，a_{jj}——矩阵 A 的对角线元素。

由微分几何知

$$K_s = \sum_{j=1}^{n-1} K_j = \sum_{j=1}^{n-1} K'_j = \sum_{j=1}^{n} a_{jj} - a_{nn} \tag{9.32}$$

式中, K_j——极限状态曲面在设计验算点处的主曲率。

矩阵 A 是由矩阵 B 通过正交变换得到,故有

$$\sum_{j=1}^{n} a_{jj} = \sum_{j=1}^{n} b_{jj}$$
$$a_{nn} = \alpha^T B \alpha \tag{9.33}$$

式中, b_{jj}——矩阵 B 的对角线元素, $j=1,\cdots,n-1$。

将式(9.33)代入式(9.32),有

$$K_s = \sum_{j=1}^{n} b_{jj} - \alpha^T B \alpha \tag{9.34}$$

为进一步简化计算,在设计验算点处采用直径为 $2R$ 的旋转抛物面来拟合极限状态曲面。在独立、标准正态空间中,式(9.29)可被近似表示为

$$F'(X) = -(X_n - \beta_F) + \frac{1}{2R} \sum_{j=1}^{n-1} X_j^2 \tag{9.35}$$

而平均主曲率半径 R 可表示为

$$R = \frac{n-1}{K_s} \tag{9.36}$$

式中, n——随机变量数目;

$X_j(j=1,\cdots,n)$——独立、标准正态随机变量。

由概率论知, $\sum_{j=1}^{n-1} X_j^2$ 服从 $n-1$ 的中心 χ^2 分布,故 $F'(X)$ 为一标准正态变量与一自由度为 $n-1$ 的中心 χ^2 分布变量的线性组合。结构失效概率可表示为

$$P_f = \int_0^{\infty} \Phi\left(\frac{t}{2R} - \beta_F\right) f_{\chi_{n-1}^2}^2(t) \mathrm{d}t \tag{9.37}$$

$$f_{\chi_{n-1}}^2(t) = \frac{1}{\Gamma\left(\dfrac{n-1}{2}\right) 2^{\frac{n-1}{2}}} t^{\frac{n-3}{2}} \exp\left(-\frac{t}{2}\right) \tag{9.38}$$

通过反复试算及回归分析,得 ESORM 算法可靠度指标为

$$\beta_s = -\Phi^{-1}\left\{\Phi(-\beta_F)\left[1 + \frac{\varphi(\beta_F)}{R\Phi(-\beta_F)}\right]^{-\frac{n-1}{2}\left[1 + \frac{2K_s}{10(1+2\beta_F)}\right]}\right\}, \quad \frac{2K_s}{10(1+2\beta_F)} \geqslant 0$$

$$\beta_s = \left[1 + \frac{2.5K_s}{2n - 5R + 25(23 - 5\beta_F)/R^2}\right]\beta_F + \frac{1}{2}K_s\left(1 + \frac{K_s}{40}\right), \quad \frac{2K_s}{10(1+2\beta_F)} < 0$$

$$\tag{9.39}$$

式中,β_s——二次可靠度指标。

需要指出的是,计算分析表明 ESORM 算法不适用于极限状态曲面在曲率异号情况,此时,ESORM 算法将产生较大误差。

2. PFSORM 算法

采用 ESORM 算法计算二次可靠度指标 β_s 时,需要计算矩阵 B。当功能函数中基本随机变量的数目较多,且不能表示为基本随机变量的显函数时,B 矩阵的计算十分烦琐。为了提高计算效率,随之产生 PFSORM 算法。

PFSORM 算法的基本思路是利用结构极限状态曲面上设计验算点附近的一组点来确定二次曲面,用此拟合结构极限状态曲面,再根据此二次曲面采用 ESORM 算法求解结构二次可靠度指标 β_s。因此,此时结构极限状态曲面为二次曲面,故 B 矩阵的计算变得十分容易。

该功能函数为 $G(U')$,U' 为任意分布相关随机向量。根据前面所给出的全分布变换法,可将 $G(U')$ 变换成 $F(U)$,U 为标准正态随机向量,其各分量为相互独立、标准正态变量。拟合 $F(U)$ 的二次曲面可表示为

$$F'(U) = a_0 + \sum_{j=1}^{n} r_j U_j + \sum_{j=1}^{n} \lambda_j U_j^2 \tag{9.40}$$

式中,a_0、r_j、λ_j——待定系数。

令结构设计验算点为 u^*,根据 u^* 在 U_j 轴($j = 1, \cdots, n$)取两个点(可取为拟合点)

$$(U^{*\prime}, u_j^* - \delta), \quad (U^{*\prime}, u_j^* + \delta)$$
$$U^{*\prime} = u_k^*, \quad k = 1, \cdots, n, \quad j \text{ 除外} \tag{9.41}$$

$\delta \sim u^*$ 到拟合点的距离通常可取 $0.1 \sim 0.5$。

在拟合点及设计验算点处,令

$$G(U') = F(U') \tag{9.42}$$

根据式(9.42),可计算式(9.40)中的系数 a_0、r_j、λ_j。计算 $F'(U)$ 后,采用 ESORM 算法容易求得 β_s。

B 与 K_s 计算式为

$$B = \frac{2}{|\nabla F'(u^*)|} \begin{bmatrix} \lambda_1 & & 0 \\ & \ddots & \\ 0 & & \lambda_n \end{bmatrix}$$

$$K_s = \frac{2}{|\nabla F'(u^*)|} \sum_{j=1}^{n} \lambda_j \left[1 - \frac{1}{|\nabla F'(u^*)|^2} (r_j + 2\lambda_j u_j^*)^2 \right] \tag{9.43}$$

$$|\nabla F'(u^*)| = \sqrt{\sum_{j=1}^{n}(r_j + 2\lambda_j u_j^*)^2}$$

$$R = \frac{n-1}{K_s}$$

算例 6　该算例的极限状态函数高度非线性。

$$g(x_1, x_2) = x_1^4 + 2x_2^4 - 20$$

式中，x_1、x_2——正态分布的随机变量，二者均值为 $\mu_{x_1} = \mu_{x_2} = 10.0$，标准差为 $\sigma_{x_1} = \sigma_{x_2} = 5.0$。

应用一次可靠度方法、蒙特卡罗法和 Breitung 法（Breitung K,1984）分别求解可靠度指标 β 和失效概率 P_f。

求解

（1）由一次可靠度方法求出的可靠度指标 $\beta = 2.3654$，由于篇幅所限，求解过程忽略，这里重点阐述二次可靠度方法计算过程。对应的失效概率 P_f 为

$$P_f = \Phi(-\beta) = \Phi(-2.3654) = 0.009004$$

（2）应用蒙特卡罗法，经过 100000 次模拟，计算的失效概率为 $P_f = 0.001950$。与该结果相比，对于高度非线性问题一次可靠度方法计算的结果不精确。因此，需要更精确的算法来求解。

（3）应用 Breitung 法计算失效概率 P_f。

① 计算可靠度指标和最有可能失效点 U^*：应用一次可靠度方法计算可靠度指标 $\beta = 2.3654$。最有可能失效点位于 $U^*(-1.6368, -1.7077)$，在 X 空间中坐标为 $X^*(1.8162, 1.4613)$。

② 在 U^* 计算极限状态面的二阶导数。

$$\frac{\partial g}{\partial u_1} = \frac{\partial g}{\partial x_1}\sigma_1 = 4x_1^3\sigma_1 = 4 \times 1.8162^3 \times 5 = 119.8177$$

$$\frac{\partial g}{\partial u_2} = \frac{\partial g}{\partial x_2}\sigma_2 = 8x_2^3\sigma_2 = 8 \times 1.4613^3 \times 5 = 124.8183$$

$$\frac{\partial^2 g}{\partial x_1^2} = 12x_1^2 = 12 \times 1.8162^2 = 39.5830$$

$$\frac{\partial^2 g}{\partial x_2^2} = 24x_2^2 = 24 \times 1.4613^2 = 51.2495$$

$$\frac{\partial^2 g}{\partial u_1^2} = \frac{\partial^2 g}{\partial x_1^2}\sigma_1^2 = 39.583 \times 5^2 = 989.5747$$

$$\frac{\partial^2 g}{\partial u_2^2} = \frac{\partial^2 g}{\partial x_2^2}\sigma_2^2 = 51.2495 \times 5^2 = 1281.2375$$

$$| \nabla g(U^*) | = \sqrt{\left(\frac{\partial g}{\partial u_1}\right)^2 + \left(\frac{\partial g}{\partial u_2}\right)^2} = \sqrt{(119.8177)^2 + (124.8183)^2} = 173.0199$$

$$B = \frac{\nabla^2 g(U^*)}{| \nabla g(U^*) |} = \frac{1}{| \nabla g(U^*) |} \begin{bmatrix} 989.5747 & 0 \\ 0 & 1281.2375 \end{bmatrix}$$

③ 计算正交矩阵 H。

$$H = \begin{bmatrix} r_2^T \\ r_1^T \end{bmatrix} = \begin{bmatrix} -0.7214 & 0.6925 \\ -0.6529 & -0.7214 \end{bmatrix}$$

④ 通过求解 HBH^T 特征值,计算主曲率。

$$HBH^T = \begin{bmatrix} 6.5277 & -0.8405 \\ -0.8405 & 6.5997 \end{bmatrix}$$

$k_1 = 6.5277$,因此在最有可能失效点处失效面的主曲率是 6.5277。

⑤ 应用 Breitung 公式计算 P_f。

$$P_f = \Phi(-\beta) \prod_{j=1}^{n-1} (1 + k_j\beta)^{-1/2} = \Phi(-2.3654)(1 + 6.5277 \times 2.3654)^{-1/2}$$

$$= 9.0040 \times 10^{-3} \times 0.2466 = 0.00222039$$

⑥ 与一次可靠度方法计算出的结果($P_f = 0.009004$)相比,Breitung 法得出了与蒙特卡罗法($P_f = 0.001950$)更接近的结果。由于二阶逼近,因此得出了更精确的结果。尽管如此,如果 $\beta_{kj} \leqslant -1$,该法将失效,对负曲率也不是很有效。

9.3.3 结构可靠度分析的蒙特卡罗法

1. 蒙特卡罗法

当所要求解的问题是某种事件出现的概率,或是某随机变量的期望值时,可以采用某种"试验"的办法,获得该事件的出现频率,或者该随机变量的均值,将它们作为问题的解。这就是蒙特卡罗法的基本原理。蒙特卡罗法通过抓住事物运动的几何数量和几何特征,应用数学方法来模拟,即进行数字模拟试验。该算法是以概率模型为基础,按照这个模型所描绘的过程,应用模拟试验的结果作为问题近似解。蒙特卡罗法求解可归结为以下三个主要步骤:构造概率过程;对已知概率分布进行抽样;建立各种估计量。

2. 重要抽样分析

在原始的蒙特卡罗法中,样本抽样点选在了均值点。由于失效事件易于发生在概率分布的尾部区域,这就需要大量的样本来得到精确的失效概率计算。而在有限元可靠度分析当中,功能函数的大量计算将导致效率低下,这就使得原始蒙特卡罗法在大多数有限元可靠度的计算当中不再适用。将抽样分布集中于失效域附近，便得到了一个更高效的抽样法。这就是隐藏在重要抽样法背后的基本思想。

通过引入一个指示函数 $I(y)$，例如，如果 $g(x) \leqslant 0$，则 $I(y) = 1$，否则 $I(y) = 0$，失效概率可表达为（Madsen，1986）

$$p_{\mathrm{f}} = \int_{\Omega_y} I(y)\varphi(y)\mathrm{d}y = \int_{\Omega_y} \left[I(y) \frac{\varphi(y)}{f(y)} \right] f(y)\mathrm{d}y \tag{9.44}$$

式中，Ω_y——整个标准正态空间；

$\varphi(\cdot)$——联合正态标准 PDF；

$f(y)$——联合 PDF，其在域中非零，$I(y) = 1$。

可以看到，相对于分布 $f(y)$，方程（9.44）中的最后积分是随机变量 $I(y)\dfrac{\varphi(y)}{f(y)}$ 的期望。这个期望可以通过产生独立统计的随机变量 $I(y)\dfrac{\varphi(y)}{f(y)}$ 计算而得，其中 $I(y)\dfrac{\varphi(y)}{f(y)}$ 从分布 $f(y)$ 中获得。这个样本的平均值是期望的无偏估计，因此，也是 p_{f} 的无偏估计。当选择 $f(y)$ 时，原始蒙特卡罗法的计算结果与 $\varphi(y)$ 一致，抽样在中心均值点进行，也就是标准正态空间的原点。在 IS 分析中，是将抽样分布中心移到用户所指定的点（Melchers，1987），如设计点。

抽样法已在 OpenSees 中实现，通过重复地产生独立的、正态分布随机向量 $\bar{y}$ 来计算方程（9.44），其均值为零、方差为 1。根据 $y = y_{\mathrm{center}} + L\bar{y}$ 将 $\bar{y}$ 进行转换，式中 y_{center} 为用户提供的均值向量，L 为用户提供的协方差矩阵 Σ 的 Cholesky 分解。均值向量定义了样本密度的中心。最有效的选择则是设计点。选择协方差矩阵为单位阵。沿着相应随机变量的轴，增大（减小）对角元元素的值将会扩大（缩小）抽样密度。可以通过增加非对角元元素，使得样本分布朝着想要的方向延长。

将向量 y 转换回原始空间 $x = x(y)$，为了达到此目的需要计算功能函数 $g(x)$。根据输出 $g(x)$，赋予 $I(x)$ 数值。在标准正态空间 $\varphi(y)$ 中对于联合 PDF，变量 $q(y) = I(x(y))\dfrac{\varphi(y)}{f(y)}$ 用以下的公式来计算，抽样密度 $f(y)$ 为

$$f(y) = \frac{1}{(2\pi)^{n/2}\sqrt{\det\Sigma}} \exp\left[-\frac{1}{2}(y - y_{\mathrm{center}})^{\mathrm{T}}\Sigma^{-1}(y - y_{\mathrm{center}}) \right] \tag{9.45}$$

$$\varphi(y) = \frac{1}{(2\pi)^{n/2}} \exp\left(-\frac{1}{2}y^{\mathrm{T}}y \right) \tag{9.46}$$

式中，n——随机变量数目。

失效概率由式（9.47）计算：

$$p_{\text{f}} \approx p_{\text{f,sim}} = \bar{q} = \frac{1}{N} \sum_{i=1}^{N} q_i \tag{9.47}$$

式中，$q_i = q(y_i)$；

　　N——样本数。

　　一个衡量概率计算精度的标准是 $p_{\text{f,sim}}$ 的方差；q_i 是统计独立的、恒等分布的，$p_{\text{f,sim}}$ 的方差为

$$\text{Var}(p_{\text{f,sim}}) = \sum_{i=1}^{n} \frac{1}{N^2} \text{Var}(q_i) = \frac{1}{N} \text{Var}(q) \tag{9.48}$$

式中，$\text{Var}(q)$——方差，应用众所周知的公式所产生的样本来计算：

$$\text{Var}(q) \approx \frac{1}{N-1} \Big[\sum_{i=1}^{n} q_i^2 - \frac{1}{N} \Big(\sum_{i=1}^{N} q_i \Big)^2 \Big] \tag{9.49}$$

　　将方程(9.49)代入方程(9.48)，概率计算的方差为

$$\text{Var}(p_{\text{f,sim}}) \approx \frac{1}{N(N-1)} \Big[\sum_{i=1}^{n} q_i^2 - \frac{1}{N} \Big(\sum_{i=1}^{N} q_i \Big)^2 \Big] \tag{9.50}$$

因此，只需要存储 q_i 之和及 q_i^2 的值。在 OpenSees 中，概率计算的变异系数为

$$\text{c. o. v}(p_{\text{f,sim}}) = \frac{\sqrt{\text{Var}(p_{\text{f,sim}})}}{p_{\text{f,sim}}} \tag{9.51}$$

按照用户定义的数目进行反复抽样，直到以上计算的 c. o. v 低于某一指定的目标才停止。

9.3.4　统计矩法

　　统计矩法是 20 世纪 80 年代初开始引入岩土工程可靠度分析的一种方法。它的基本数学工具是 Rosenblueth 于 1975 年提出的统计矩点估计方法，故又称为 Rosenblueth 法。这是一种近似的方法，当各随机变量的概率分布未知时，只要利用它们的均值和方差，就可以求得状态函数的一阶矩（均值）、二阶矩（方差）、三阶矩和四阶矩，从而求得结构的可靠度指标，且在状态函数值的假定分布下求得结构的失效概率，因而便于应用。

　　统计矩法的基本要点是，在随机变量 $X_i (i=1,2,\cdots,n)$ 的分布函数未知的情况下，无须考虑 X_i 的变化形态，只在区间 $(x_{\min}, x_{\max})$ 上分别对称地取 2 个点，例如，均值 μ_{X_i} 的正负一个标准差 σ_{X_i}，即

$$x_{i1} = \mu_{X_i} + \sigma_{X_i}, \quad x_{i2} = \mu_{X_i} - \sigma_{X_i} \tag{9.52}$$

　　对于 n 个随机变量，可有 $2n$ 个取值点。取值点的所有可能组合有 2^n 个。在 2^n 个组合下，可根据极限状态方程求得 2^n 个状态函数值 $Z_i (i=1,2,\cdots,2^n)$。

如果 n 个随机变量相互独立,每一组合出现的概率相等,则 $Z_i(i=1,2,\cdots,2^n)$ 的均值估计为

$$\mu_z = \frac{1}{2^n} \sum_{i=1}^{2^n} Z_i \tag{9.53}$$

如果 n 个随机变量是相关的,且每一组出现的概率不相等,则其概率值 P_j 的大小取决于变量间的相关系数 ρ

$$P_j = \frac{1}{2^n}(1 + e_1 e_2 \rho_{1,2} + e_2 e_3 \rho_{2,3} + \cdots + e_{n-1} e_n \rho_{n-1,n}) \tag{9.54}$$

式中,$e_i(i=1,2,\cdots,n)$ 按以下规则取值。

当 x_i 取 x_{i1} 时,$e_i=1$;当 x_i 取 x_{i2} 时,$e_i=-1$;$\rho_{n-1,n}$ 为随机变量 X_{n-1} 与 X_n 之间的相关系数。于是,Z 的均值估计值为

$$\mu_z = \sum_{i=1}^{2^n} Z_i \tag{9.55}$$

如此可以推导出安全系数或安全储备的概率分布的四阶表达式。

(1) 一阶矩 M_1。随机变量 Z 的一阶矩,也称为 Z 的均值 μ_Z,其定义为

$$M_1 = E(Z) = \mu_Z = \int_{-\infty}^{+\infty} Z f(Z) \mathrm{d}Z \tag{9.56}$$

其点估计式为

$$M_1 = E(Z) = \mu_Z \approx \sum_{i=1}^{2^n} P_i Z_i \tag{9.57}$$

式中,$E(Z)$——随机变量的期望值。

(2) 二阶矩 M_2。随机变量 Z 的二阶矩,也称为 Z 的方差 σ_Z^2,其定义为

$$M_2 = E[(Z-\mu_z)^2] = \sigma_Z^2 = \int_{-\infty}^{+\infty} (Z-\mu_z) f(Z) \mathrm{d}Z \tag{9.58}$$

其点估计式为

$$M_2 = E[(Z-\mu_z)^2] = \sigma_Z^2 \approx \sum_{i=1}^{2^n} P_i Z_i^2 - \mu_Z^2 \tag{9.59}$$

(3) 三阶矩 M_2。随机变量 Z 的三阶矩定义为

$$M_3 = E[(Z-\mu_z)^3] = E(Z^3) + 3\mu_z^2 E(Z) - 3\mu_z E(Z^2) - \mu_Z^3$$
$$= E(Z^3) - 3\mu_z E(Z^2) + 2\mu_Z^3 \tag{9.60}$$

其点估计式为

$$M_3 \approx \sum_{i=1}^{2^n} P_i Z_i^3 - 3\mu_Z \sum_{i=1}^{2^n} P_i Z_i^2 + 2\mu_Z^3 \tag{9.61}$$

（4）四阶矩 M_4。随机变量 Z 的四阶矩定义为

$$M_4 = E\left[(Z - \mu_Z)^4\right] \tag{9.62}$$

其点估计式为

$$M_4 \approx \sum_{i=1}^{2^n} P_i Z_i^4 - 4\mu_Z M_3 - 6\mu_Z^2 M_2 - \mu_Z^4 \tag{9.63}$$

由极限状态函数 Z 的一阶矩 M_1 和二阶矩 M_2，可求得结构可靠度指标 β，即

$$\beta = M_1 / \sqrt{M_2} \tag{9.64}$$

表征 Z 的离散程度的变异系数 V_Z 为

$$\beta = \sqrt{M_2} / M_1 \tag{9.65}$$

表征 Z 的概率分布的对称程度的偏倚方向的偏态系数 θ_1 为

$$\theta_1 = M_3 / M_2^{\frac{3}{2}} \tag{9.66}$$

表征 Z 的概率分布的凸起程度的偏倚方向的峰态系数 θ_2 为

$$\theta_2 = M_4 / M_2^2 \tag{9.67}$$

失效概率的计算：假设状态函数服从正态分布或对数正态分布，可按中心点法计算失效概率，即

$$P_f = 1 - \Phi(\beta) \tag{9.68}$$

9.4　结构动力可靠度理论基础

9.4.1　概述

结构动力可靠性是指在动力随机荷载作用下，结构在规定时间内、规定的条件下，完成预定功能的可能性。结构的动力可靠性是用动力可靠度来度量的。

结构动力可靠性理论是一门新发展起来的结构动力学分支，它用结构动力学和概率论相结合的方法研究结构在动力随机荷载作用下的可靠性及相应的设计方法。

从结构的动力可靠性的定义可知，结构的动力可靠性分析须涉及以下几个方面：

（1）结构的破坏（或失效）机理、准则与机制。

（2）结构体系或参数的统计识别或统计推断。

（3）荷载的统计分析。

（4）动力反应的概率分析。

（5）基于某种破坏（或失效）准则的可靠性分析。

动力可靠性分析通常包括以下三个基本步骤：

（1）用一般数理统计方法确定结构强度、刚度等概率分布。

（2）确定场地在预定的使用期限内可能遭受的荷载强度。例如，地震动参数（如烈度、峰值加速度、地震持时、地面运动谱和反应谱等）或脉冲风速谱及在某一指定时间内某一平均风速出现的概率。

（3）计算在具有确定发生概率的随机动荷载（地震或强风）作用下结构的条件破坏概率。

1. 首次超越破坏概率机制

在这类问题中，结构的破坏以其动力反应，如控制点的应力、应变或控制点、控制层的位移、延伸率等首次超越临界值或安全界限为标志。在国外的文献中，通常称为首次偏移或首次通过问题。

对于单自由度体系，基本的安全界限有三类。

1）单侧界限

所谓单侧界限（B 界限）是指结构反应 $x(t)$ 的安全域 S 为 $x(t)<b$，且通常界限 $x=b$ 是不随时间变化的。

对于单侧界限来说，随机过程 $x(t)$ 的动力可靠性 P_{s_1} 定义为

$$P_{s_1}(b) = P\{x(t) \leqslant b, 0 < t \leqslant T\} \tag{9.69}$$

即随机过程 $x(t)$ 在时间 $(0,T]$ 内的动力可靠性，定义为 $x(t)$ 在此段时间内不超越界限 $x=b$ 的概率。不难看出，式（9.69）可表示为

$$P_{s_1}(b) = P\{\max x(t) \leqslant b, 0 < t \leqslant T\} \tag{9.70}$$

式中，$\max x(t)$——时间 $(0,T]$ 内随机过程 $x(t)$ 的最大值。

随机过程 $x(t)$ 在合适的初始条件下首次超越安全界限 $x=b$ 的时间 T_{f_1} 为随机变量，其概率分布函数为

$$F_{T_{f_1}}(t) - P\{T_{f_1} \leqslant t, 0 < t \leqslant T\} \tag{9.71}$$

显然，$T_{f_1}(t)$ 的最大值为 $T_{f_1}(T)$，它实际上就是破坏概率，故 $P_{s_1}(b)$ 与 $F_{T_{f_1}}(T)$ 的关系为

$$P_{s_1}(b) = 1 - F_{T_{f_1}}(T) \tag{9.72}$$

即计算动力可靠性等价于求首次超越安全界限的时间的概率分布函数。

2）双侧界限

所谓双侧界限（D 界限）是指结构反应 $x(t)$ 的安全域 S 为 $-b_2 \leqslant x(t) \leqslant b_1$，界

限 $x=b_1$ 和 $x=-b_2$ 一般为常数。当 $b_2 \to \infty$ 时，双侧界限退化为单侧界限。

对于双侧界限来说，动力可靠性 P_{s_2} 定义为

$$P_{s_2}(b_1, -b_2) = P\{\max x(t) \leqslant b_1 \bigcap \min x(t) \geqslant -b_2, 0 < t \leqslant T\} = 1 - F_{T_{f_2}}(T)$$

$$(9.73)$$

即结构在时间 $(0, T]$ 内的动力可靠性，定义为其动力反应 $x(t)$ 的最大值不超越界限 b_1，同时最小值不超越界限 $-b_2$ 的概率。

对于 $b = b_1 = b_2$ 的双侧界限，结构的动力可靠性亦可用结构反应的最大值 $z_m = \max |x(t)|$ 定义为

$$P_{s_2}(b) = P\{z_m \leqslant b, 0 < t \leqslant T\} \tag{9.74}$$

即结构在时间 $(0, T]$ 内的动力可靠性，定义为其反应的最大值。z_m 不超越安全界限 b 的概率。

3) 包络界限

结构动力反应的振幅 $a(t)$（亦常称为包络）也是随机过程，可以由结构反应 $x(t)$ 及其导数 $\dot{x}(t)$ 来表示

$$a(t) = \sqrt{x^2(t) + \frac{\dot{x}^2(t)}{\omega_0^2}} \tag{9.75}$$

式中，ω_0——反应过程 $x(t)$ 的卓越频率（圆频率），而包络过程 $a(t)$ 的安全区域 S 则常常用结构反应 $x(t)$ 及其导数 $\dfrac{\dot{x}(t)}{\omega_0}$ 组成的相平面内的圆来表示，而界限 $a(t) = b$ 称为 E 界限，即包络界限。

包络过程 $a(t)$ 的动力可靠性的定义同单侧界限的动力可靠性的定义相仿，即

$$P_s(b) = P\{\max a(t) \leqslant b, 0 < t \leqslant T\} \tag{9.76}$$

同理，$P_s(b)$ 与 $F_{T_f}(T)$ 的关系为

$$P_s = 1 - F_{T_f}(T) \tag{9.77}$$

2. 疲劳破坏机制

在这类问题中，结构在长期的动力随机荷载作用下，其动力反应在不高的界限（低于或远低于首次超越破坏概率）上多次重复，最后由于累计损伤或裂纹扩张达到某一限值而发生破坏。

解决疲劳损伤的可靠性问题有两种基本模型：累积损伤模型和裂纹扩张模型。

9.4.2　基于极值分布的动力可靠性

当已知结构的极值反应分布时，结构的动力可靠性可以直接由其分布函数

求得。

假设结构反应的极值 x_m 是互相独立的,而结构反应在 $(0,T]$ 内有 n 个极值存在。这 n 个极值的最大值——极大值(或称最大极值):

$$z_m \triangleq \max\{x_m\}$$

的概率分布函数为

$$F_{z_m}(\lambda) \triangleq P_{\text{rob}}\{z_m \leqslant \lambda, 0 < t \leqslant T\} = [F_{x_m}(\lambda)]^n \tag{9.78}$$

式中,$F_{x_m}()$、$F_{z_m}()$——分别为结构反应的极值 x_m 和极大值 z_m 的概率分布函数。

应当指出的是,若 z_m 定义为

$$z_m \triangleq \max\{x_m\}$$

或

$$z_m \triangleq \max\{|x_m|\}$$

则 z_m 分别代表了极值 x_m 的极大值或绝对极值。

结构反应 $x(t)$ 不超越某一破坏界限(双侧相间界限或单侧界限)的概率——$x(t)$ 的动力可靠性可以用结构反应的绝对极值的概率分布函数 $F_{z_m}(\lambda)$ 来表示

$$F_z(\lambda, -\lambda) = F_{z_m}(\lambda) = [F_{x_m}(\lambda)]^n \tag{9.79}$$

因此,结构反应 $x(t)$ 的动力可靠性的计算可以转换为 $x(t)$ 的绝对极值的概率分布函数及其极值点的个数 n 的计算。

当结构反应 $x(t)$ 为窄带过程时,且仅考虑结构反应的绝对极值时,结构反应 $x(t)$ 在时间间隔 $(0,T]$ 内的极值总数 n 的期望值为

$$n = \int_0^T \mu(\lambda, t) \mathrm{d}t \tag{9.80}$$

式中

$$\mu(\lambda, t) = -\int_\lambda^\infty \int_{-\infty}^0 \ddot{x} f_{x\dot{x}\ddot{x}}(x, 0, \ddot{x}) \mathrm{d}\ddot{x} \mathrm{d}x \tag{9.81}$$

$f()$ 为反应的位移、速度和加速度的联合概率密度,若结构反应为零均值的平稳高斯过程,则有

$$n = \frac{\sigma_{\dot{x}} T}{\pi \sigma_x} \tag{9.82}$$

采用式(9.80)和式(9.82)计算结构位移反应和加速度反应的极值会带来一定的误差,因此,应以结构反应超越零线的次数来估计,即持续时间 T 除以结构反应的视频率 ω。

$$n = \frac{T}{\omega} \tag{9.83}$$

对于位移反应来说，ω 应取结构位移反应的视频率，亦即

$$n = \frac{\sigma_{\dot{x}} T}{\pi \sigma_x} \tag{9.84}$$

9.4.3　基于累积损伤破坏机制的疲劳可靠性

当结构反应为确定性周期振动时，疲劳破坏的控制可由应力幅值 S 与循环次数 N 表示为

$$NS^b = c \tag{9.85}$$

式中，b、c——大于零的常数。

当应力幅值不是常数时，Miner 等提出了著名的线性累积损伤公式：

$$\Delta = \sum \Delta_i = \sum \frac{N_i}{N} \tag{9.86}$$

式中，Δ_i——在应力幅值 S_i 下循环次数为 N_i 时的累计损伤，当 $\Delta = 1$ 时，结构发生疲劳破坏。累积损伤公式进一步可表示为

$$\Delta = c^{-1} \sum N_i S^b \tag{9.87}$$

式(9.87)可以用来讨论结构的应力反应为随机过程时的疲劳破坏问题。若以 $D(t)$ 表示由于随机应力 $x(t)$ 在单位时间内造成的疲劳损伤，则有

$$m_D(t) = E[D(t)] = c^{-1} \int_{-\infty}^{\infty} S^b \mathrm{d}S \int_0^{\infty} m f_s(S, t \mid m) f_m(m, t) \mathrm{d}m \tag{9.88}$$

式中，$f_s(S, t \mid m)$——峰值总数为 m 时，峰值为 S 的条件概率密度函数；

$f_m(m, t)$——单位时间内峰值总数 m 的概率密度函数；

而式(9.88)中的后一积分则是幅值在 S 下的单位时间内峰值总数的期望值。

当 $f_s(S, t \mid m)$ 及 $f_m(m, t)$ 为未知或难以求得时，可以取

$$\int_0^{\infty} m f_s(S, t \mid m) f_m(m, t) \mathrm{d}m = E[m(t)] f_s(S, t) \tag{9.89}$$

式中，$E[m(t)]$——单位时间内峰值总数的期望值。不难看出，式(9.89)实际上是假定峰值总数与应力幅值相互独立的随机变量。

$$m_D(t) = c^{-1} E[m(t)] \int_{-\infty}^{\infty} S^b f_s(S, t) \mathrm{d}S \tag{9.90}$$

在时间 $(0, T]$ 内累计损伤 $D_T(t)$ 的期望值为

$$E[D_T(t)] = \int_0^T E[D(t)] \mathrm{d}t \tag{9.91}$$

当随机反应 $x(t)$ 为平稳过程时，$E[D(t)]$ 为常数，故有

$$E[D_T(t)] = TE(D) = Tc^{-1}E(m)\int_{-\infty}^{\infty} S^b f_s(S)\,\mathrm{d}S \qquad (9.92)$$

式(9.92)表明,计算累计损伤期望值的关键在于求得峰值概率密度 $f_s(S)$ 及峰值总数的期望值 $E(m)$。当 $x(t)$ 为窄频过程时,其峰值概率密度可以认为近似服从瑞利分布,若再以正斜率与零线交叉次数的期望值 v_0^+ 来代替峰值总数的期望值,则可以求得

$$E(D) = c - 1[v_0^+(\sqrt{2}\sigma_x)]^b \Gamma\left(\frac{b+2}{2}\right) \qquad (9.93)$$

式中,$\Gamma(\cdot)$——伽马函数。

累计损伤的方差为

$$\sigma_D^2(T) = \int_0^T\int_0^T \varphi_D(t_1,t_2)\,\mathrm{d}t_1\mathrm{d}t_2 - \left\{\int_0^T E[D(t)]\mathrm{d}t\right\}^2 \qquad (9.94)$$

当随机反应 $x(t)$ 为平稳过程时,则疲劳寿命为

$$T = \frac{1}{E(D)} \qquad (9.95)$$

参 考 文 献

高谦,吴顺川,万林海,等. 2007. 土木工程可靠性理论及其应用. 北京:中国建材工业出版社.

李桂青,曹宏,李秋胜,等. 1993. 结构动力可靠性理论及其应用. 北京:地震出版社.

李桂青,李秋胜. 2001. 工程结构时变可靠度理论及其应用. 北京:科学出版社.

柳春光,杜勇刚,刘鑫. 2007. 基于反应谱法的多点激励下桥梁结构抗震可靠性分析. 防灾减灾工程学报,27(3):270-274.

陆立新,吴斌,欧进萍. 2007. 结构动力可靠度的重要抽样法的探讨. 世界地震工程,23(3):270-274.

Arora J S. 2004. Introduction to Optimum Design. London:Elsevier.

Au S K. 2008. First passage probability of elasto-plastic systems by importance sampling with adapted process. Probabilistic Engineering Mechanics,23(2-3):114-124.

Bleistein N,Handelsman R A. 1975. Asymptotic Expansions of Integrals. New York:Holt,Rinehart and Winston.

Breitung K. 1984. Asymptotic approximations for multinormal integrals. Journal of the Engineering Mechanics Division,ASCE,110(3):357-366.

Cai G Q,Elishakoff I. 1994. Refined second-order approximations analysis. Structural Safety,14(4):267-276.

Deodatis G,Shinozuka M. 1988. Stochastic FEM analysis of nonlinear dynamic problems. Stochastic Mechanics,3(2):27-54.

Deodatis G,Shinozuka M. 1991. Weighted integral method. ii:Response variability and reliability.

Journal of Engineering Mechanics, ASCE, 117(8): 1865-1877.

der Kiureghian A, Lin H Z, Hwang S J. 1987. Second order reliability approximations. Journal of Engineering Mechanics, ASCE, 113: 1208-1225.

Elishakoff I. 2004. Safety Factors and Reliability: Friends or Foes? Boston: Kluwer Academic Publishers.

Freudenthal A M, Garrelts J M, Shinozuka M. 1966. The analysis of structural safety. Journal of the Structural Division, ASCE, 92(ST1): 267-325.

Ghanem R G, Spanos P D. 1989. Stochastic finite element expansion for random media. Journal of Engineering Mechanics, 115(5): 1035-1053.

Ghanem R G, Spanos P D. 1991. Stochastic Finite Elements: A Spectral Approach. New York: Springer-Verlag.

Haldar A, Mahadevan S. 2000. Reliability Assessment Using Stochastic Finite Element Analysis. New York: John Wiley & Sons.

Handa K, Anderson K. 1981. Application of finite element method in the statistical analysis of structures // International Conference on Structural Safety and Reliability. New York: Elsevier.

Hart G C, Collins J D. 1970. The treatment of randomness in finite element modeling. SAE Shock and Vibrations Symposium, Los Angeles: 2509-2519.

Hasofer A M, Lind N C. 1974. Exact and invariant second-moment code format. Journal of the Engineering Mechanics Division, ASCE, 100(EM1): 111-121.

He J, Zhao Y G. 2007. First passage times of stationary non-Gaussian structural responses. Computers & Structures, 85(7-8): 431-436.

Hohenbichler M, Rackwitz R. 1981. Non-normal dependent vectors in structural safety. Journal of the Engineering Mechanics Division, ASCE, 107(EM6): 1227-1238.

Hohenbichler M, Rackwitz R. 1988. Improvement of second-order reliability estimates by importance sampling. Journal of the Engineering Mechanics, ASCE, 114(12): 2195-2199.

Isukapalli S S. 1999. Uncertainty analysis of transport-transformation models[PhD Dissertation]. New Brunswick: Rutgers, the State University of New Jersey.

Koyluoglu H U, Nielsen S R K. 1994. New approximations for SORM integrals. Structural Safety, 13(4): 235-246.

Madsen H O, Krenk S, Lind N C. 1986. Methods of Structural Safety. New Jersey: Prentice-Hall, Englewood Cliffs.

Matthies H G, Brenner C E, Bucher C G, et al. 1997. Uncertainties in probabilistic numerical analysis of structures and solids-stochastic finite elements. Structural Safety, 19(3): 283-336.

McKay M D, Beckman R J, Conover W J. 1979. A comparison of three methods for selecting values of input variables in the analysis of output from a computer code. Technometrics, 21(2): 239-245.

Melchers R E. 1987. Structural Reliability Analysis and Prediction. Chichester: Ellis Horwood

Limited.

Nakagiri S,Hisada T. 1982. Stochastic finite element method applied to structural analysis with uncertain parameters. Proceedings of the Fourth International Conference in Australia on FEM,Melbourne:206-211.

Novák D,Lawanwisut W,Bucher C. 2000. Simulation of random fields based on orthogonal transform of covariance matrix and latin hypercube sampling. Proceedings of International Conference on Monte Carlo Simulation MC 2000,Monte Carlo:129-136.

Owen A B. 1994. Controlling correlations in latin hypercube samples. Journal of the American Statistical Association,89(428):1517-1522.

Park J S. 1994. Optimal latin-hypercube designs for computer experiments. Journal of Statistical Planning and Inference,39(1):95-111.

Penmetsa R C,Grandhi R V. 2003. Adaptation of fast fourier transformations to estimate structural failure probability. Finite Elements in Analysis and Design,39(5):473-485.

Rice S O. 1944. Mathematical analysis of random noise. Bell System Technical Journal,(23):282-332.

Rosenblatt M. 1952. Remarks on a multivariate transformation. The Annals of Mathematical Statistics,23(3):470-472.

Schuëller G I. 1997. A state-of-the-art report on computational stochastic mechanics. Journal of Probabilistic Engineering Mechanics,12(4):197-313.

Seung-Kyum C,Grandhi R V,Canfield R A. 2007. Reliability-Based Structural Design. London: Springer.

Shinozuka M,Deodatis G. 1988. Response variability of stochastic finite element systems. Journal of Engineering Mechanics,114(3):499-519.

Sobol I M. 1994. A Primer for the Monte-Carlo Method. San Francisco:CRC Press.

Tatang M A. 1995. Direct incorporation of uncertainty in chemical and environmental engineering systems[PhD Dissertation]. Cambridge:Massachusetts Institute of Technology.

Todd J. 1962. Survey of Numerical Analysis. New York:McGraw-Hill.

Tvedt L. 1984. Two second-order approximations to the failure probability. Veritas Report,Det Norske Veritas.

Wang L P,Grandhi R V. 1995. Improved two-point function approximation for design optimization. AIAA Journal,32(9):1720-1727.

Wyss G D,Jorgensen K H. 1998. A user's guide to LHS:Sandia's latin hypercube sampling software. Sandia National Laboratories.

Xiu D,Karniadakis G. 2002. The wiener-askey polynomial chaos for stochastic differential equations. SIAM Journal on Scientific Computing,24(2):619-644.

Xiu D,Lucor D,Su C,et al. 2002. Stochastic modeling of flow-structure interactions using generalized polynomial chaos. Journal of Fluids Engineering,124(51):51-59.

Zhao Y G,Ono T. 1999. A general procedure for first/second-order reliability method(FORM/

SORM). Structural Safety,21(2):95-112.

Zhao Y G,Ono T. 2001. Moment methods for structural reliability. Structural Safety,23(1):47-75.

Zhao Y G,Ono T. 2004. On the problems of the fourth moment method. Structural Safety,26(3):343-347.

第10章 大跨度空间结构的非线性敏感性分析

近十年来,计算机的计算效率和能力发生了革命性地改变,力学和结构工程领域亦取得了长足的进步,这就使得在计算机上模拟复杂结构的行为成为可能。从而为基于性能的方法奠定了坚实的基础与动力。

只有通过概率分析的方法,才能预测结构的功能,但不可避免,不确定性存在于尺寸参数、材料参数和荷载参数当中,亦存在于模型本身当中。因此,随着结构工程领域进入基于性能的工程领域,不确定性分析和结构可靠度正在变成一种主流议题。

由于种种原因,需要通过有限分析来获取响应量关于模型参数的导数,这种敏感性结果有众多用途,例如,①作为参数重要性的指示器,从而引导合理地分配资源;②评估参数不确定性对响应的影响;③在优化设计和系统识别中决定搜索的方向;④用来搜索一阶可靠度方法中所谓的设计点,从而完成可靠度敏感性分析。确定极限状态函数和有限元响应量的梯度是很有必要的。直接微分法(direct differentiation method,DDM)是计算响应梯度的一个理想选择。响应敏感性(或响应梯度)是一个指标,用来表达当系统参数有一个单位的改变时,引起响应量的变化。在本章中,这个参数包括有限元模型中的材料特性、横截面尺寸、节点坐标和施加的荷载。结构响应则可以是能够描述系统性能的任意量,具有代表性的有变形,如位移、转动和应变;力效应,如弯矩、剪力、轴力或轴应力;或累积量,如损耗能量和累计损伤。

本章将介绍有限元响应敏感性分析的统一框架。首先,介绍高级敏感性方程;然后,给出特定参数的方程,包括节点坐标——形状敏感性方程;引入几种材料模型,并且给出其敏感性方程。

10.1 出直接微分法推导广义响应敏感性方程

在可靠度分析中,应用响应敏感性时有三个要求:稳定性、高效性和精确性,这些要求均可通过直接微分法来解决。直接微分法由于不需要重新进行有限元计算,因此高效,而有限差分法则需要重新进行有限元计算。在每一步中,是通过有限元响应的线性方程来求解响应敏感性的。

许多学者在响应敏感性领域做出了突出的贡献。如早期的 Frank(1978)、Ray 等(1978)、Arora 等(1979)的工作。线性系统的敏感性已成熟,而非线性结构的敏感性问题有待进一步研究。目前直接微分法被认为是最精确、最高效和适用性最强的方法,许多学者对该法进行了改进如 Choi 等(1987)、Tsay 等(1990)、Liu 等(1991a)、Zhang 等(1993)、Kleiber 等(1997)、Conte 等(1999)、Roth 等(2001)。

　　本章首先给出有限元响应的基本方程,接着对这些表达式取微分,从而获得高级敏感性方程。为便于公式推导,将材料参数、横截面尺寸参数、节点坐标和节点荷载均统一使用 h 来表示。另外,本章还考虑到更普遍的塑性动力问题和弹性静力问题。

10.1.1　回顾有限元响应方程

1. 边值问题

Zienkiewicz 等(2000)推导了边值问题的强形式,叙述如下:

线动量平衡

$$\sigma_{ij,j} + \rho b_i = -\ddot{u}_i \tag{10.1}$$

角动量平衡

$$\sigma_{ij} = \sigma_{ji} \tag{10.2}$$

动力

$$\varepsilon_{ij} = \frac{1}{2}(\tilde{u}_{i,j} + \tilde{u}_{j,i} + \tilde{u}_{k,i}\tilde{u}_{k,j}) \tag{10.3}$$

本构定律

$$\sigma_{ij} = \sigma_{ij}(\varepsilon_{ij}, \dot{\varepsilon}_{ij}) \tag{10.4}$$

面荷载

$$t_i = \sigma_{ij}n_j, \quad \text{on} \quad \Gamma_t \tag{10.5}$$

指定位移

$$\tilde{u}_i = \tilde{u}_i^{\text{pre}}, \quad \text{on} \quad \Gamma_u \tag{10.6}$$

式中,σ_{ij}——应力张量;

　　ρ——质量密度;

　　b_i——施加的体力,如重力;

　　$\tilde{u}_i$——位移,其中波浪线是用来区分"精确"位移场和以下定义的节点位移;

　　ε_{ij}——应变张量;

　　$\dot{\varepsilon}_{ij}$——应变率张量;

　　t_i——作用于表面的跟随力,向外单位法向矢量 n_i;

Γ_t——所指定跟随力的表面；

Γ_u——指定位移 $\bar{u}_i^{\mathrm{pre}}$ 的表面。

2. 虚功表达

虚功原理的位移形式表明，若虚位移场在 Γ_u 上满足动力约束，如果外力功与内力功之和为零，那么变形体则处于平衡状态。边值问题的虚功形式可以被看成线动量平衡方程的一个加权、积分形式：

$$\int_{\Omega} \sigma_{ij}\,\delta\varepsilon_{ij}\,\mathrm{d}V = \int_{\Gamma_t} t_i\,\delta\bar{u}_i\,\mathrm{d}A + \int_{\Omega} \rho b_i\,\delta\bar{u}_i\,\mathrm{d}V - \int_{\Omega} \rho\ddot{\bar{u}}_i\,\delta\bar{u}_i\,\mathrm{d}V \qquad (10.7)$$

在基于位移的有限元法中，可以利用形函数 N 乘以节点位移来离散位移场 $\bar{u}_i$。

$$\bar{u}_i = N_{ip}u_p \qquad (10.8)$$

式中，i 在 1 与维数间轮换，而 p 在 1 与自由度数间轮换。同理可以将虚位移场与真实位移场通过形函数联系起来。

3. 动力关系

根据方程(10.3)中的动力关系，可以通过位移场确定应变。对于离散位移场，该关系可写成

$$\mathrm{d}\varepsilon_p = \bar{B}_{pq}\,\mathrm{d}u_q$$

式中，应变分量在向量中为非对角元项，将应变向量转换成工程剪切应变 $\gamma_{ij} = 2\varepsilon_{ij}$。通常将这个关系表达为增量形式，因为矩阵 $\bar{B}$ 取决于节点位移值。当不考虑几何非线性时，这个关系可以简写为 $\varepsilon_p = B_{pq}^o u_q$。存在几何非线性时，可以将矩阵 $\bar{B}$(Zienkiewicz et al.,2000)分离成"线性"项和"非线性"项。首先，应变 ε_p 和包含位移微分 $\bar{u}_{i,j}$ 的 θ_q 关系可以写成

$$\varepsilon_p = \left(H_{pq} + \frac{1}{2}A_{pq}\right)\theta_q \qquad (10.9)$$

式中，矩阵 H_{pq} 仅包含元素 0 与 1，而矩阵 A_{pq} 包含元素 $\bar{u}_{i,j}$。通过定义包含元素 0 和 $\partial/\partial x_i$ 的 ∇_{pq}，式中 x_i 表示节点方向 i，我们可以获得 $\theta_q = \nabla_{pi}\bar{u}_i$。因此，联系应变和节点位移的方程可以写成

$$\mathrm{d}\varepsilon_p = \left(H_{pq} + \frac{1}{2}A_{pq}\right)\nabla_{qk}N_{kr}\,\mathrm{d}u_r = (B_{pr}^o + B_{pr}^{nl})\,\mathrm{d}u_r = \bar{B}_{pr}\,\mathrm{d}u_r \quad (10.10)$$

式中，$B_{pr}^o = H_{pq}\nabla_{qk}N_{kr}$——线性项；

$B_{pr}^{nl} = \frac{1}{2}A_{pq}\nabla_{qk}N_{kr}$ 引入了几何非线性的影响。以同样的方式可以通过速度向量来获得应变率向量，即

$$d\dot{\varepsilon}_p = \hat{B}_{pr} d\dot{u}_r \tag{10.11}$$

式中，$\hat{B}$——矩阵 $\overline{B}$ 的几何非线性项中考虑了速度。

4. 虚功表达的空间离散化

可以将方程(10.8)中的有限元离散化应用到方程(10.7)的虚功方程中，可得

$$\int_{\Omega} \sigma_p \underbrace{\overline{B}_{pq} \delta u_q}_{\delta\varepsilon_p} dV = \int_{\Gamma_t} t_i N_{iq} \delta u_p dA + \int_{\Omega} \rho b_i N_{iq} \delta u_q dV - \int_{\Omega} \rho N_{ip} \ddot{u}_p N_{iq} \delta u_q dV$$

$$\tag{10.12}$$

式中，σ_p——应力张量。

由于假定满足动力约束的虚位移为任意量，δu_q 是一个任意向量。因此，方程(10.12)可以写成

$$\underbrace{\int_{\Omega} \sigma_p \overline{B}_{pq} dV}_{P_q^{\text{int}}} = \underbrace{\int_{\Gamma_t} t_i N_{iq} dA + \int_{\Omega} \rho b_i N_{iq} dV}_{P_q^{\text{ext}}} - \underbrace{\int_{\Omega} \rho N_{ip} N_{iq} dV}_{M_{qp}} \ddot{u}_p \tag{10.13}$$

式中，P_q^{int}——内力向量；

　　　P_q^{ext}——外力向量；

　　　M_{qp}——质量矩阵；

　　　$C_{qp}\dot{u}_p$——人工阻尼项，其中 C_{qp} 为用户指定的阻尼矩阵，包含人工阻尼项的
　　　　　　方程可以写为

$$M_{qp}\ddot{u}_p + C_{qp}\dot{u}_p + P_q^{\text{int}} = P_q^{\text{ext}} \tag{10.14}$$

从方程 (10.13)中可以看出，内力向量 P_q^{int} 通过应力向量 σ_p 隐式地依存于位移，如果考虑几何非线性，那么也将通过矩阵 $\overline{B}_{pq}$ 依存于位移。如果本构关系是线性的($\sigma_p = D_{pq}\varepsilon_q$)，那么可以很容易获得内力项为

$$P_q^{\text{int}} = \hat{K}_{qp} u_p$$

式中，$\hat{K}_{qp}$——刚度矩阵，$\hat{K}_{qp} = \int_{\Omega} \overline{B}_{rq} D_{rs} \overline{B}_{sp} dV$。

5. 时间离散化

对运动方程(10.14)进行空间离散化时，假定外荷载 P_q^{ext} 和响应量 $\dot{u}_p$、$\dot{u}_p$、$\ddot{u}_p$ 及 P_q^{int} 均随时间变化。在某一特定时刻 t_{n+1}，运动方程可以离散化为

$$M_{qp}\ddot{u}_{p(n+1)} + C_{qp}\dot{u}_{p(n+1)} + P_{q(n+1)}^{\text{int}} = P_{q(n+1)}^{\text{ext}} \tag{10.15}$$

接着，节点加速度向量 $\ddot{u}_{p(n+1)}$ 和节点速度向量 $\dot{u}_{p(n+1)}$ 可以通过 $u_{p(n+1)}$、$u_{p(n)}$、$\dot{u}_{p(n)}$ 和 $\ddot{u}_{p(n)}$ 来表达。常用直接积分法 Newmark 和 Wilson 法可以写为

$$\ddot{u}_{p(n+1)} = a_1 u_{p(n+1)} + a_2 u_{p(n)} + a_3 \dot{u}_{p(n)} + a_4 \ddot{u}_{p(n)} \tag{10.16}$$

$$\dot{u}_{p(n+1)} = a_5 u_{p(n+1)} + a_6 u_{p(n)} + a_7 \dot{u}_{p(n)} + a_8 \ddot{u}_{p(n)}$$

系数 a_i 可以通过所选择的时间步进求解法来确定。

6. Newton-Raphson 求解法

时间和空间离散化的方程(10.15)是非线性方程,除非本构关系是线性的、且不考虑几何非线性的影响。在时刻 t_{n+1},节点位移向量 u_p 是未知变量,可以通过 Newton-Raphson 求解法来求解这个未知量。

$$R_{q(n+1)} = M_{qp}\ddot{u}_{p(n+1)} + C_{qp}\dot{u}_{p(n+1)} + P_{q(n+1)}^{\text{int}} - P_{q(n+1)}^{\text{ext}} = 0 \tag{10.17}$$

通过泰勒级数展开,将式(10.17)线性化为

$$R_{q(n+1)}^{(m+1)} = R_{q(n+1)}^{(m)} + \underbrace{\frac{\partial R_{q(n+1)}^{(m)}}{\partial u_p}}_{K_{qp}} (u_{q(n+1)}^{(m+1)} - u_{q(n+1)}^{(m)}) + \cdots = 0 \tag{10.18}$$

可以通过以下迭代式求解 t_{n+1} 时刻的位移,其中上标 m 表示步数

$$u_{p(n+1)}^{(m+1)} = u_{p(n+1)}^{(m)} - \widetilde{K}_{qp}^{-1} R_{q(n+1)}^{(m)} \tag{10.19}$$

可以应用多种求解技术修正切线 $\widetilde{K}_{qp}$ 的值。所谓的修正 Newton-Raphson 求解法是在一个时间步内保持着同一切线量。

通过方程(10.17)将余量对位移向量求导,即可得所需导数

$$\frac{\partial R_{q(n+1)}^{(m)}}{\partial u_p} = M_{qp}\frac{\partial \ddot{u}_p(n+1)}{\partial u_p(n+1)} + C_{qp(n+1)}\frac{\partial \dot{u}_p(n+1)}{\partial u_p(n+1)} + \frac{\partial P_q^{\text{int}}(n+1)}{\partial u_p(n+1)}$$

$$= M_{qp}a_1 + C_{qp(n+1)}a_5 + \frac{\partial P_q^{\text{int}}(n+1)}{\partial \dot{u}_p(n+1)}\frac{\partial \dot{u}_p(n+1)}{\partial u_p(n+1)} + \frac{\partial P_q^{\text{int}}(n+1)}{\partial u_p(n+1)}\Big|_{\dot{u}_{p(n+1)}}$$

$$= M_{qp}a_1 + C_{qp(n+1)}a_5 + C_{qp(n+1)}^{\text{visc}}a_5 + K_{qp(n+1)}$$

$$= M_{qp}a_1 + \hat{C}_{qp(n+1)}a_5 + K_{qp(n+1)}$$

$$\triangleq \widetilde{K}_{qp(n+1)} \tag{10.20}$$

波浪线用来区分动力切线和由于黏滞而产生的阻尼切线 $C_{qp(n+1)}^{\text{visc}}$。假定外载不依存于位移。对应保守系统,这是个合理的假定,在这就是考虑了这种情况。如果结构有跟随荷载,如表面压力,那么这个假设就不合理。

7. 刚度矩阵

静力切线刚度矩阵 K_{qp} 可以通过方程(10.13)中 P_q^{int} 的定义来求得

$$P_q^{\text{int}} = \int_\Omega \sigma_r \bar{B}_{rq} \mathrm{d}V$$

当不包含几何非线性时,内力的切线刚度可以表示为

$$K_{qp}^o = \frac{\partial P_q^{\mathrm{int}}}{\partial u_p} = \int_\Omega \frac{\partial \sigma_r}{\partial u_p} B_{rq}^o \mathrm{d}V = \int_\Omega \frac{\partial \sigma_r}{\partial \varepsilon_s} \frac{\partial \varepsilon_s}{\partial u_p} B_{rq}^o \mathrm{d}V = \int_\Omega \frac{\partial \sigma_r}{\partial \varepsilon_s} B_{sq}^o B_{rq}^o \mathrm{d}V$$

$$(10.21)$$

可以看出来,在材料级水平上,可以对应力应变关系积分来获得全局切线。对于通常的非线性情况,$\overline{B}$ 矩阵取决于位移,另外对切线的贡献为(Zienkiewicz et al. ,2000)

$$K_{qp}^o = \frac{\partial P_q^{\mathrm{int}}}{\partial u_p} = \int_\Omega \frac{\partial \sigma_r}{\partial u_p} \overline{B}_{rq} \mathrm{d}V + \int_\Omega \sigma_r \frac{\partial \overline{B}_{rq}}{\partial u_p} \mathrm{d}V = \int_\Omega \overline{B}_{rq} \frac{\partial \sigma_r}{\partial \varepsilon_s} \overline{B}_{sp} \mathrm{d}V + \int_\Omega \sigma_r \frac{\partial \overline{B}_{rq}}{\partial u_p} \mathrm{d}V$$

$$= \int_\Omega (B_{sp}^o + B_{sp}^{nl})(B_{rq}^o + B_{rq}^{nl}) \mathrm{d}V + \int_\Omega \sigma_r \frac{\partial \overline{B}_{rq}}{\partial u_p} \mathrm{d}V$$

$$= \int_\Omega \frac{\partial \sigma_r}{\partial \varepsilon_s} B_{sp}^o B_{rq}^o \mathrm{d}V + \int_\Omega \frac{\partial \sigma_r}{\partial \varepsilon_s} (B_{sp}^o B_{rq}^{nl} + B_{sp}^{nl} B_{rq}^o + B_{sp}^{nl} B_{rq}^{nl}) \mathrm{d}V + \int_\Omega \sigma_r \frac{\partial \overline{B}_{rq}}{\partial u_p} \mathrm{d}V$$

$$= K_{qp}^o + K_{qp}^{nl} + K_{qp}^\sigma$$

$$(10.22)$$

类似地,应用方程(10.11)可以求得由于材料黏滞产生的切线阻尼矩阵。

$$C_{qp}^{\mathrm{visc}} = \frac{\partial P_q^{\mathrm{int}}}{\partial \dot{u}_p} = \int_\Omega \overline{B}_{rq} \frac{\partial \sigma_r}{\partial \dot{\varepsilon}_s} \hat{B}_{sq} \mathrm{d}V$$

$$(10.23)$$

式中,$\dfrac{\partial \sigma_r}{\partial \dot{\varepsilon}_s} = \eta_{rs}$——材料阻尼切线,这里用到 $\dfrac{\partial \overline{B}_{rq}}{\partial \dot{u}_p} = 0$。

8. 单元积分

在有限单元法中一个重要的问题就是计算体积分来获取刚度矩阵、质量矩阵和内力向量。边值问题的域可以划分为通过结点相连的有限个单元,然后对每个单元求积分,可组集为

$$\int_\Omega (\bullet) \mathrm{d}V = \bigcup_d \int_{\Omega_{el}} (\bullet) \mathrm{d}V$$

$$(10.24)$$

形函数 N_{ip} 由该式定义:$N_{ip} = N_{ip}(\varepsilon_i)$。类似于方程(10.8),单元形状可被描述为

$$x_i = N_{ip} \hat{x}_p$$

$$(10.25)$$

式中,$\hat{x}_p$——节点坐标向量;

　　　N_{ip}——通常被选择为与插值位移场相同的形函数。从单元计算得知,通过下列关系可以将积分转换至父域:

$$\int_{\Omega_{el}} f(x_i) \mathrm{d}x_i = \int_{\langle\rangle} f(\varepsilon_j(x_i)) \mid J_{x_k, \varepsilon_l} \mid \mathrm{d}\varepsilon_j$$

$$(10.26)$$

式中,$\langle\rangle$——父域的边界。

$|J_{x_k,\varepsilon_l}|$——雅可比矩阵的行列式,其中包含特殊单元的所有尺寸信息。为后续的敏感性求导作铺垫,此处对方程(10.26)右边项中的系数作以解释。雅可比矩阵通过下式计算:

$$J_{x_k,\varepsilon_l} = \frac{\partial x_i}{\partial \varepsilon_j} = \frac{\partial N_{ip}}{\partial \varepsilon_j}\hat{x}_p \tag{10.27}$$

由于形函数通常是简单的关于 ε_i 的函数,因此很容易求得形函数的导数。方程(10.26)中的被积函数 $f(\varepsilon_j(x_i))$ 包含的项来自于方程(10.10)中的 $\overline{B}$ 矩阵。这些项为 $\dfrac{\partial N_{ip}}{\partial x_j}$ 和 $\dfrac{\partial \overline{u}_i}{\partial x_j}$,通过式(10.28)和式(10.29)计算。

$$\frac{\partial N_{ip}}{\partial x_j} = \frac{\partial N_{ip}}{\partial \varepsilon_k}\frac{\partial \varepsilon_k}{\partial x_j} \tag{10.28}$$

$$\frac{\partial \overline{u}_i}{\partial x_j} = \frac{\partial N_{ip}}{\partial x_j}u_p = \frac{\partial N_{ip}}{\partial \varepsilon_k}\frac{\partial \varepsilon_k}{\partial x_j}u_p \tag{10.29}$$

式中,$\dfrac{\partial \varepsilon_k}{\partial x_j}$——逆雅可比矩阵的元素。

方程(10.26)中父域的积分可写为

$$\int_{\langle\rangle} f(\varepsilon_i(x_i)) \mid J_{x_k,\varepsilon_l} \mid \mathrm{d}\varepsilon_i \approx \sum_{m=1}^{s} \omega_m f(\varepsilon_i^{(m)}) \mid J_{x_k,\varepsilon_l}^{(m)} \mid \tag{10.30}$$

式中,ω_m——积分权重;

$\varepsilon_i^{(m)}$——包含积分点坐标的矩阵。

10.1.2　高级响应敏感性方程

敏感性方程可以通过方程(10.15)的空间、时间离散化和方程(10.16)中的直接积分法来求得,即

$$M_{qp}(a_1 u_{p(n+1)} + a_2 u_{p(n)} + a_3 \dot{u}_{p(n)} + a_4 \ddot{u}_{p(n)})$$
$$+ C_{qp(n+1)}(a_5 u_{p(n+1)} + a_6 u_{p(n)} + a_7 \dot{u}_{p(n)} + a_8 \ddot{u}_{p(n)}) + P_{q(n+1)}^{\text{int}} = P_{q(n+1)}^{\text{ext}} \tag{10.31}$$

对任意参数 h 求导,可得如下方程:

$$\frac{\partial M_{qp}}{\partial h}(a_1 u_{p(n+1)} + a_2 u_{p(n)} + a_3 \dot{u}_{p(n)} + a_4 \ddot{u}_{p(n)})$$

$$+ M_{qp}\left(a_1\frac{\partial u_{p(n+1)}}{\partial h} + a_2\frac{\partial u_{p(n)}}{\partial h} + \frac{\partial \dot{u}_{p(n)}}{\partial h}a_3 + \frac{\partial \ddot{u}_{p(n)}}{\partial h}a_4\right)$$

$$+ \frac{\partial C_{qp(n+1)}}{\partial h}(a_5 u_{p(n+1)} + a_6 u_{p(n)} + a_7 \dot{u}_{p(n)} + a_8 \ddot{u}_{p(n)})$$

$$+ C_{qp(n+1)}\left(a_5\frac{\partial u_{p(n+1)}}{\partial h} + a_6\frac{\partial u_{p(n)}}{\partial h} + a_7\frac{\partial \dot{u}_{p(n)}}{\partial h} + a_8\frac{\partial \ddot{u}_{p(n)}}{\partial h}\right)$$

$$+ \frac{\partial P_{q(n+1)}^{\text{int}}}{\partial u_{p(n+1)}} \frac{\partial u_{p(n+1)}}{\partial h} + \frac{\partial P_{q(n+1)}^{\text{int}}}{\partial \dot{u}_{p(n+1)}} \frac{\partial \dot{u}_{p(n+1)}}{\partial h} + \frac{\partial P_{q(n+1)}^{\text{int}}}{\partial h} \bigg|_{\substack{u_{p(n+1)} \\ \dot{u}_{p(n+1)}}}$$

$$= \frac{\partial P_{q(n+1)}^{\text{ext}}}{\partial h} \tag{10.32}$$

此处考虑了内力向量通过位移和速度向量对参数 h 的隐式依存关系,也考虑了对参数 h 的显式依存关系。而且在 t_{n+1} 时刻内力向量关于速度向量的导数项可以重写为

$$\frac{\partial P_{q(n+1)}^{\text{int}}}{\partial \dot{u}_{p(n+1)}} \frac{\partial \dot{u}_{p(n+1)}}{\partial h} = C_{qp(n+1)}^{\text{visc}} \left(a_5 \frac{\partial u_{p(n+1)}}{\partial h} + a_6 \frac{\partial u_{p(n)}}{\partial h} + a_7 \frac{\partial \dot{u}_{p(n)}}{\partial h} + a_8 \frac{\partial \ddot{u}_{p(n)}}{\partial h} \right)$$

$$\tag{10.33}$$

材料黏滞产生的阻尼切线 C_{qp}^{visc} 可以通过与方程(10.22)求解刚度矩阵类似的方式来求解,与用户定义的阻尼矩阵 C_{qp} 相结合。通过表示组合阻尼矩阵 $\widetilde{C}_{qp}$,应用符号 $v_p = \dfrac{\partial u_p}{\partial h}$,重组来获取左边项未知位移敏感性 $v_{p(n+1)}$,可以获得以下高级敏感性方程:

$$\widetilde{K}_{qp(n+1)} v_{p(n+1)} = \frac{\partial P_{q(n+1)}^{\text{ext}}}{\partial h} - \frac{\partial P_{q(n+1)}^{\text{int}}}{\partial h} \bigg|_{\substack{u_{p(n+1)} \\ \dot{u}_{p(n+1)}}} - \frac{\partial M_{qp}}{\partial h} \ddot{u}_{p(n+1)}$$

$$- \frac{\partial C_{qp(n+1)}}{\partial h} \dot{u}_{p(n+1)} - M_{qp} (a_2 v_{p(n)} + a_3 \dot{v}_{p(n)} + a_4 \ddot{v}_{p(n)})$$

$$- \widetilde{C}_{qp(n+1)} (a_6 v_{p(n)} + a_7 \dot{v}_{p(n)} + a_8 \ddot{v}_{p(n)}) \tag{10.34}$$

以上结果与 Zhang 等(1993)、Kleiber 等(1997)、Roth 等(2001)等得到的结果一致。该方程的切线 $\widetilde{K}_{qp(n+1)}$ 对应于方程(10.20)的项为

$$\widetilde{K}_{qp(n+1)} = a_1 M_{qp} + a_5 \widetilde{C}_{qp(n+1)} + \overbrace{\frac{\partial P_{q(n+1)}^{\text{int}}}{\partial u_{p(n+1)}}}^{K_{qp(n+1)}} \tag{10.35}$$

忽略动力部分,可以获得简化的敏感性方程,即

$$K_{qp} v_p = \frac{\partial P_q^{\text{ext}}}{\partial h} - \frac{\partial P_q^{\text{int}}}{\partial h} \bigg|_{u_p} \tag{10.36}$$

在位移敏感性 $v_{p(n+1)}$ 中,方程(10.34)是一个线性方程。一旦确定了 $v_{p(n+1)}$,即可应用方程(10.16)中的时间步进法求得 $\dot{v}_{p(n+1)}$ 和 $\ddot{v}_{p(n+1)}$。

10.1.3　关于材料参数的位移敏感性

运动方程(10.14)中包含材料参数,如质量矩阵中的密度或内力向量中的本构参数。另外,用户可以根据刚度矩阵和质量矩阵指定人工阻尼矩阵 C_{qp}。实际

上，方程(10.34)中$\dfrac{\partial P_q^{\text{int}}}{\partial h}\bigg|_{u_p}$、$\dfrac{\partial K_{qp}}{\partial h}$和$\dfrac{\partial M_{qp}}{\partial h}$包含材料参数，以下将推导这些量。

经由方程(10.13)，在t_{n+1}时刻的内力向量可以写成

$$P_{q(n+1)}^{\text{int}} = \int_\Omega \sigma_{p(n+1)} \overline{B}_{pq(n+1)} \,\mathrm{d}V \tag{10.37}$$

关于h对方程(10.37)求导，作为获取条件导数的第一步，方程(10.34)右边项包含条件导数。同样，考虑对h的隐式依存，也通过位移和速度向量考虑显式依存。为了标记书写简明，去掉下标$(n+1)$，对方程(10.37)求导可得

$$\frac{\partial P_q^{\text{int}}}{\partial u_p}\frac{\partial u_p}{\partial h} + \frac{\partial P_q^{\text{int}}}{\partial \dot{u}_p}\frac{\partial \dot{u}_p}{\partial h} + \frac{\partial P_q^{\text{int}}}{\partial h}\bigg|_{\substack{u_p \\ \dot{u}_p}} = \int_\Omega \left(\frac{\partial \sigma_p}{\partial h}\overline{B}_{pq} + \sigma_p \frac{\partial \overline{B}_{pq}}{\partial h} \right)\mathrm{d}V \tag{10.38}$$

在方程(10.38)中，可以发现由方程(10.22)定义的全局刚度矩阵$\dfrac{\partial P_q^{\text{int}}}{\partial u_p}=K_{qp}$和黏滞阻尼矩阵$\dfrac{\partial P_q^{\text{int}}}{\partial \dot{u}_p}=C_{qp}^{\text{visc}}$。将这些关系式代入方程$(10.38)$，然后对$\dfrac{\partial \sigma_p}{\partial h}$和$\dfrac{\partial \overline{B}_{pq}}{\partial h}$应用求导链式法则，得

$$K_{qp}\frac{\partial u_p}{\partial h} + C_{qp}^{\text{visc}}\frac{\partial \dot{u}_p}{\partial h} + \frac{\partial P_q^{\text{int}}}{\partial h}\bigg|_{\substack{u_p \\ \dot{u}_p}}$$

$$= \int_\Omega \left[\left(\frac{\partial \sigma_p}{\partial \varepsilon_r}\frac{\partial \varepsilon_r}{\partial h} + \frac{\partial \sigma_p}{\partial \dot{\varepsilon}_r}\frac{\partial \dot{\varepsilon}_r}{\partial h} + \frac{\partial \sigma_p}{\partial h}\bigg|_{\substack{u_p \\ \dot{u}_p}} \right)\overline{B}_{pq} + \sigma_p\left(\frac{\partial \overline{B}_{pq}}{\partial u_r}\frac{\partial u_r}{\partial h} + \frac{\partial \overline{B}_{pq}}{\partial h}\bigg|_{\substack{u_p \\ \dot{u}_p}} \right) \right]\mathrm{d}V \tag{10.39}$$

将求导链式法则应用到应变求导，可得

$$\frac{\partial \varepsilon_r}{\partial h} = \frac{\partial \varepsilon_r}{\partial u_s}\frac{\partial u_s}{\partial h} + \frac{\partial \varepsilon_r}{\partial h}\bigg|_{u_s} \tag{10.40}$$

$$\frac{\partial \dot{\varepsilon}_r}{\partial h} = \frac{\partial \dot{\varepsilon}_r}{\partial \dot{u}_s}\frac{\partial \dot{u}_s}{\partial h} + \frac{\partial \dot{\varepsilon}_r}{\partial h}\bigg|_{\dot{u}_s} \tag{10.41}$$

通过引入方程(10.10)和方程(10.11)的动力关系，注意到材料切线刚度$k_{pr}=\dfrac{\partial \sigma_p}{\partial \varepsilon_r}$，材料切线黏滞$\eta_{pr}=\dfrac{\partial \sigma_p}{\partial \dot{\varepsilon}_r}$，方程$(10.39)$可以被重写为

$$K_{qp}\frac{\partial u_p}{\partial h} + C_{qp}^{\text{visc}}\frac{\partial \dot{u}_p}{\partial h} + \frac{\partial P_q^{\text{int}}}{\partial h}\bigg|_{\substack{u_p \\ \dot{u}_p}} = \int_\Omega \Bigg(\overline{B}_{pq}k_{pr}\overline{B}_{rs}\frac{\partial u_s}{\partial h} + \overline{B}_{pq}\eta_{pr}\hat{B}_{rs}\frac{\partial \dot{u}_s}{\partial h}$$

$$+ \overline{B}_{pq}\eta_{pr}\frac{\partial \dot{\varepsilon}_r}{\partial h}\bigg|_{\dot{u}_s} + \overline{B}_{pq}k_{pr}\frac{\partial \varepsilon_r}{\partial h}\bigg|_{u_s}$$

$$+ \overline{B}_{pq}\frac{\partial \sigma_p}{\partial h}\bigg|_{\substack{\varepsilon_r \\ \dot{\varepsilon}_r}} + \sigma_p\frac{\partial \overline{B}_{pq}}{\partial u_r}\frac{\partial u_r}{\partial h} + \sigma_p\frac{\partial \overline{B}_{pq}}{\partial h}\bigg|_{u_r} \Bigg)\mathrm{d}V \tag{10.42}$$

通过应用方程(10.22)，将左边项 $K_{qp}\dfrac{\partial u_p}{\partial h}$ 约去右边项的 $\displaystyle\int_\Omega \sigma_p\dfrac{\partial \bar{B}_{pq}}{\partial u_r}\dfrac{\partial u_r}{\partial h}\mathrm{d}V$ 和

$\displaystyle\int_\Omega \bar{B}_{pq}k_{pr}\bar{B}_{rs}\dfrac{\partial u_s}{\partial h}\mathrm{d}V$。同样，应用方程(10.23)，将左边项 $C_{qp}^{\text{visc}}\dfrac{\partial \dot{u}_p}{\partial h}$ 约去右边项的

$\displaystyle\int_\Omega \bar{B}_{pq}\eta_{pr}\hat{B}_{rs}\dfrac{\partial \dot{u}_s}{\partial h}\mathrm{d}V$。因此，方程(10.42)可简化为

$$\dfrac{\partial P^{\text{int}}}{\partial h}\bigg|_{\substack{u_p\\ \dot{u}_p}} = \int_\Omega \left(\bar{B}_{pq}\dfrac{\partial \sigma_p}{\partial h}\bigg|_{\substack{\epsilon_r\\ \dot{\epsilon}_r}} + \sigma_p\dfrac{\partial \bar{B}_{pq}}{\partial h}\bigg|_{u_r}\right.$$
$$\left. + \bar{B}_{pq}\eta_{pr}\dfrac{\partial \dot{\epsilon}_r}{\partial h}\bigg|_{\dot{u}_s} + \bar{B}_{pq}k_{pr}\dfrac{\partial \epsilon_r}{\partial h}\bigg|_{u_s}\right)\mathrm{d}V \qquad (10.43)$$

而且由于动力关系中未包含材料参数，因此可得

$$\dfrac{\partial \bar{B}_{pq}}{\partial h}\bigg|_{u_r} = \dfrac{\partial \dot{\epsilon}_r}{\partial h}\bigg|_{\dot{u}_s} = \dfrac{\partial \epsilon_r}{\partial h}\bigg|_{u_s} = 0 \qquad (10.44)$$

为了获取内力向量的条件导数，保留以下表达式

$$\dfrac{\partial P^{\text{int}}}{\partial h}\bigg|_{\substack{u_p\\ \dot{u}_p}} = \int_\Omega \bar{B}_{pq}\dfrac{\partial \sigma_p}{\partial h}\bigg|_{\substack{\epsilon_r\\ \dot{\epsilon}_r}}\mathrm{d}V \qquad (10.45)$$

该方程与先前 Liu 和 der Kiureghian(1991a)推导的结果一致。尽管如此，当 h 表示节点坐标时，方程(10.44)中的简化形式不再合理。

现在我们来考虑刚度矩阵 K_{qp} 的敏感性，这里未作指定位移的假定，假定仅方程(10.22)中的初始线性刚度，即 K_{qp}^o，包含于高级敏感性方程的右端项。接着，通过对初始材料刚度 k_{rs}^o 求导即可获得刚度矩阵的导数：

$$\dfrac{\partial K_{qp}^o}{\partial h} = \int_\Omega \bar{B}_{rq}\dfrac{\partial k_{rs}^o}{\partial h}B_{sp}^o\mathrm{d}V \qquad (10.46)$$

质量矩阵由集中节点质量和(或)在整个单元提及上对 $\rho N_{iq}N_{ip}$ 求积分而得质量组成，见方程(10.13)。对于前者，$\dfrac{\partial M_{pq}}{\partial h}$ 包含 1 与 0 元素，其中与集中质量对应自由度的元素为 1，其余均为 0。对于后者情况，通过下面的表达式来获取质量矩阵的导数：

$$\dfrac{\partial M_{pq}}{\partial h} = \int_\Omega \dfrac{\partial \rho}{\partial h}N_{ip}N_{iq}\mathrm{d}V \qquad (10.47)$$

式中，如果 h 表示材料密度，则 $\dfrac{\partial \rho}{\partial h}=1$。

10.1.4　非线性敏感性方程

可以依据质量矩阵和刚度矩阵选择人工阻尼模型，通常瑞利阻尼是最佳选择。

在 OpenSees 中，将瑞利阻尼表达为

$$C_{qp} = \alpha_M M_{qp} + \beta_{K_1} K_{qp}^{\text{current}} + \beta_{K_2} K_{qp}^{\text{initial}} + \beta_{K_3} K_{qp}^{\text{lastcommitted}} \tag{10.48}$$

式中，K_{qp}^{current}——切线刚度矩阵，表示为 $K_{qp(n+1)}$；

　　　K_{qp}^{initial}——线性刚度矩阵，表示为 K_{qp}^o；

　　　$K_{qp}^{\text{lastcommitted}}$——上一步的切线刚度矩阵，即 $K_{qp(n)}$。

系数 α_M、β_{K_1}、β_{K_2} 和 β_{K_3} 由分析者自定义。

这部分重点阐述 β_{K_1}（$\beta_{K_1} \neq 0$）和 β_{K_2}（$\beta_{K_2} \neq 0$）对敏感性分析的影响。参见方程 (10.34) 的右端项，若选择 $\beta_{K_1} \neq 0$ 或 $\beta_{K_2} \neq 0$，那么导数 $\dfrac{\partial K_{qp(n+1)}}{\partial h}$ 或 $\dfrac{\partial K_{qp(n)}}{\partial h}$ 将出现在方程（10.34）的右端。根据方程（10.22），这些导数涉及积分项 $\int_\Omega \overline{B}_{rq} k_{rs} \overline{B}_{sp} \mathrm{d}V$ 关于 h 的求导。若存在材料非线性或几何非线性，由于 k_{rs} 和 $\overline{B}_{sp}$ 二者均依存于位移，这就给敏感性分析提出了问题。在这些情况下，位移敏感性 $\dfrac{\partial u_p}{\partial h}$ 将出现在方程 (10.34) 中的右端项，并且对于未知敏感性得到一个非线性方程。

对于这里描述的情况，即对于存在几何非线性或者材料非线性的情况，当选择 $\beta_{K_1} \neq 0$ 或 $\beta_{K_2} \neq 0$ 时，方程（10.34）必须通过迭代格式求解，这是可行的，但是却比不上直接微分法既高效又精确的特点。因此，在这里，推荐 $\beta_{K_1} = 0$，$\beta_{K_2} = 0$，无需对方程（10.34）应用迭代求解。在 OpenSees 中，如果在使用直接微分法进行敏感性分析，β_{K_1} 或 β_{K_2} 不是 0 时，OpenSees 将会给出一个错误信息。

10.1.5　关于节点坐标的位移敏感性

与关于材料参数的求导不同的是，关于节点坐标求导取决于计算单元积分所使用的方法。这部分使用了广义等参公式和高斯积分方法。在后续部分将处理针对特定单元的积分方法。根据方程（10.26）和方程（10.30），可写成

$$\int_{\Omega_{el}} f(x_i) \mathrm{d}x_i \approx \sum_{m=1}^{s} \omega_m f(\varepsilon_i^{(m)}) \mid J_{x_k,\varepsilon_l}^{(m)} \mid \tag{10.49}$$

因此，通过微分乘法即可获得如下导数：

$$\frac{\partial}{\partial h}\Big(\int_{\Omega_{el}} f(x_i)\mathrm{d}x_i\Big) = \sum_{m=1}^{s} \omega_m \Big(\frac{\partial f(\varepsilon_i^{(m)})}{\partial h} \mid J_{x_k,\varepsilon_l}^{(m)} \mid + f(\varepsilon_i^{(m)}) \frac{\partial \mid J_{x_k,\varepsilon_l}^{(m)} \mid}{\partial h}\Big)$$

$$\tag{10.50}$$

由于雅可比行列式包含关于单元尺寸的所有信息，因此 $\dfrac{\partial \mid J_{x_k,\varepsilon_l} \mid}{\partial h}$ 在积分边界上获得了变异性。作为第一步，通过求导链式规则，可以获得该导数：

$$\frac{\partial \mid J_{x_k,\varepsilon_l} \mid}{\partial h} = \frac{\partial \mid J_{x_k,\varepsilon_l} \mid}{\partial J_{x_k,\varepsilon_l}} \frac{\partial J_{x_k,\varepsilon_l}}{\partial h} \tag{10.51}$$

由初级张量微积分(Gurtin,1981)知识可知,矩阵行列式关于矩阵自身的导数为

$$\frac{\partial \mid J_{x_k,\varepsilon_l} \mid}{\partial h} = \mid J_{x_k,\varepsilon_l} \mid (\mid J_{x_k,\varepsilon_l} \mid)^{-\mathrm{T}} \tag{10.52}$$

式中,上标"−T"——矩阵先求逆再求转置。接着,得到了表达式 $\dfrac{\partial J_{x_k,\varepsilon_l}}{\partial h}$。应用方程(10.27),获得如下表达式:

$$\frac{\partial J_{x_k,\varepsilon_l}}{\partial h} = \frac{\partial}{\partial h}\left(\frac{\partial x_k}{\partial \varepsilon_l}\right) = \frac{\partial N_{k\bar{s}}}{\partial \varepsilon_l} \tag{10.53}$$

式中,下标 $\bar{s}$——节点坐标向量中 h 所处的位置。总之,雅可比矩阵行列式的导数可表达为

$$\frac{\partial \mid J_{x_k,\varepsilon_j} \mid}{\partial h} = \mid J_{x_k,\varepsilon_j} \mid (J_{x_k,\varepsilon_j})^{-\mathrm{T}} \frac{\partial N_{k\bar{s}}}{\partial \varepsilon_l} \tag{10.54}$$

现在考虑方程(10.34)右端项中被积函数 $f(\varepsilon_i^{(m)})$。先从内力向量入手,首先对表达式求导来获得 P_q^{int},即

$$P_q^{\mathrm{int}} \approx \sum_{m=1}^{s} \omega_m \sigma_p \overline{B}_{pq} \mid J_{x_k,\varepsilon_l}^{(m)} \mid \tag{10.55}$$

式中,假定右端项的量是在积分点处计算。考虑 P_q^{int} 对 h 的显式依存和对位移和速度响应的隐式依存,求导可得

$$\frac{\partial P_q^{\mathrm{int}}}{\partial u_p} \frac{\partial u_p}{\partial h} + \frac{\partial P_q^{\mathrm{int}}}{\partial \dot{u}_p} \frac{\partial \dot{u}_p}{\partial h} + \frac{\partial P_q^{\mathrm{int}}}{\partial h}\bigg|_{\substack{u_p \\ \dot{u}_p}} \approx \sum_{m=1}^{s} \omega_m \Bigg(\frac{\partial \sigma_p}{\partial h} \overline{B}_{pq} \mid J_{x_k,\varepsilon_l}^{(m)} \mid + \sigma_p \frac{\partial \overline{B}_{pq}}{\partial h} \mid J_{x_k,\varepsilon_l}^{(m)} \mid $$
$$+ \sigma_p \overline{B}_{pq} \mid J_{x_k,\varepsilon_l}^{(m)} \mid (J_{x_k,\varepsilon_l}^{(m)})^{-\mathrm{T}} \frac{\partial N_{k\bar{s}}}{\partial \varepsilon_l} \Bigg) \tag{10.56}$$

通过本构关系和动力关系,对 $\dfrac{\partial \sigma_p}{\partial h}$ 和 $\dfrac{\partial \overline{B}_{pq}}{\partial h}$ 应用求导链式规则,可得

$$\frac{\partial \sigma_p}{\partial h} = \frac{\partial \sigma_p}{\partial \varepsilon_r} \frac{\partial \varepsilon_r}{\partial h} + \frac{\partial \sigma_p}{\partial \dot{\varepsilon}_r} \frac{\partial \dot{\varepsilon}_r}{\partial h} + \frac{\partial \sigma_p}{\partial h}\bigg|_{\substack{\varepsilon_r \\ \dot{\varepsilon}_r}} \tag{10.57}$$

$$\frac{\partial \overline{B}_{pq}}{\partial h} = \frac{\partial \overline{B}_{pq}}{\partial u_r} \frac{\partial u_r}{\partial h} + \frac{\partial \overline{B}_{pq}}{\partial h}\bigg|_{\varepsilon_r} \tag{10.58}$$

在应变求导中应用求导链式规则,将方程(10.40)和方程(10.41)代入方程(10.57)。然后,将方程(10.57)和方程(10.58)代入方程(10.56),可得

$$K_{qp} \frac{\partial u_p}{\partial h} + C_{qp}^{\mathrm{visc}} \frac{\partial \dot{u}_p}{\partial h} + \frac{\partial P_q^{\mathrm{int}}}{\partial h}\bigg|_{\substack{\varepsilon_r \\ \dot{\varepsilon}_r}}$$

$$\approx \sum_{m=1}^{s} \omega_m \mid J_{x_k,\varepsilon_l}^{(m)} \mid \left[\overline{B}_{pq} k_{pr} \overline{B}_{rs} \frac{\partial u_s}{\partial h} + \overline{B}_{pq} k_{pr} \frac{\partial \varepsilon_r}{\partial h}\bigg|_{u_s} \right.$$

$$+ \bar{B}_{pq} \eta_{pr} \hat{B}_{rs} \frac{\partial \dot{u}_s}{\partial h} + \bar{B}_{pq} \eta_{pr} \frac{\partial \dot{\varepsilon}_r}{\partial h} \bigg|_{\dot{u}_s} + \bar{B}_{qp} \frac{\partial \sigma_p}{\partial h} \bigg|_{\substack{\varepsilon_r \\ \dot{\varepsilon}_r}}$$

$$+ \sigma_p \frac{\partial \bar{B}_{pq}}{\partial u_r} \frac{\partial u_r}{\partial h} + \sigma_p \frac{\partial \bar{B}_{pq}}{\partial h} \bigg|_{u_r} + \sigma_p \bar{B}_{pq} (J^{(m)}_{x_i, \varepsilon_j})^{-\mathrm{T}} \frac{\partial N_{\tilde{s}}}{\partial \varepsilon_j} \bigg] \tag{10.59}$$

式中，应用到如下关系：$k_{pr} = \dfrac{\partial \sigma_p}{\partial \varepsilon_r}$，$\eta_{pr} = \dfrac{\partial \sigma_p}{\partial \dot{\varepsilon}_r}$，$\bar{B}_{rs} = \dfrac{\partial \varepsilon_r}{\partial u_s}$ 和 $\hat{B}_{rs} = \dfrac{\partial \dot{\varepsilon}_r}{\partial \dot{u}_s}$。根据方程

(10.22)，右端的 $\bar{B}_{pq} k_{pr} \bar{B}_{rs} \dfrac{\partial u_s}{\partial h}$ 和 $\sigma_p \dfrac{\partial \bar{B}_{pq}}{\partial u_r} \dfrac{\partial u_r}{\partial h}$ 可与左端的项 $K_{qp} \dfrac{\partial u_p}{\partial h}$ 相抵消。同样，

根据方程(10.23)，右端的 $\bar{B}_{pq} \eta_{pr} \hat{B}_{rs} \dfrac{\partial \dot{u}_s}{\partial h}$ 可与左端 $C^{\mathrm{visc}}_{qp} \dfrac{\partial \dot{u}_p}{\partial h}$ 相抵消。即可获得内力向

量的条件求导。

$$\frac{\partial P^{\mathrm{int}}_q}{\partial h} \bigg|_{\substack{u_p \\ \dot{u}_p}} \approx \sum_m^s \omega_m \mid J^{(m)}_{x_k, \varepsilon_l} \mid \bigg[\bar{B}_{pq} k_{pr} \frac{\partial \varepsilon_r}{\partial h} \bigg|_{u_s}$$

$$+ \bar{B}_{pq} \eta_{pr} \frac{\partial \dot{\varepsilon}_r}{\partial h} \bigg|_{\dot{u}_s} + \bar{B}_{qp} \frac{\partial \sigma_p}{\partial h} \bigg|_{\substack{\varepsilon_r \\ \dot{\varepsilon}_r}} + \sigma_p \frac{\partial \bar{B}_{pq}}{\partial h} \bigg|_{u_r}$$

$$+ \sigma_p \bar{B}_{pq} (J^{(m)}_{x_i, \varepsilon_j})^{-\mathrm{T}} \frac{\partial N_{\tilde{s}}}{\partial \varepsilon_j} \bigg] \tag{10.60}$$

结果与先前 Liu 等(1991a)所得结果一致，但更具有普遍性。当 h 包含以下三

个量时，$\bar{B}_{pq} k_{pr} \dfrac{\partial \varepsilon_r}{\partial h} \bigg|_{\dot{u}_s}$、$\bar{B}_{pq} \eta_{pr} \dfrac{\partial \dot{\varepsilon}_r}{\partial h} \bigg|_{\dot{u}_s}$ 和 $\sigma_p \dfrac{\partial \bar{B}_{pq}}{\partial h} \bigg|_{u_r}$ 考虑了动力关系的求导。当 h 表

示节点坐标时就是这种情况。

三个新量均包含应力应变关系的求导。因此，接下来的任务就是对应变位移

矩阵 $\bar{B}_{pq}$ 和应变率-速度矩阵 $\hat{B}_{pq}$ 求导。这就涉及方程(10.28)和方程(10.29)中的

量关于节点坐标求导。结果如下：

$$\frac{\partial}{\partial h} \frac{\partial N_{ip}}{\partial x_j} = \frac{\partial N_{ip}}{\partial \varepsilon_k} \frac{\partial}{\partial h} \frac{\partial \varepsilon_k}{\partial x_j} \tag{10.61}$$

$$\frac{\partial}{\partial h} \frac{\partial \bar{u}_i}{\partial x_j} = \frac{\partial N_{ip}}{\partial \varepsilon_k} \frac{\partial}{\partial h} \frac{\partial \varepsilon_k}{\partial x_j} u_p \tag{10.62}$$

将位移用速度替代，其余与方程(10.62)中 $\hat{B}_{qp}$ 矩阵相同。我们需要计算的是逆雅

可比矩阵的导数，也就是 $\dfrac{\partial}{\partial h} \dfrac{\partial \varepsilon_h}{\partial x_j}$。通常，欲获得逆矩阵 $[T_{ij}]^{-1}$ 的导数，要先从

$T_{ij} [T_{jk}]^{-1} = \delta_{ik}$ 入手，其中 δ_{ik} 是克罗内克函数(Kronecker-delta)。导数变为

$\dfrac{\partial}{\partial h} (T_{ij} [T_{jk}]^{-1}) = \dfrac{\partial T_{ij}}{\partial h} [T_{jk}]^{-1} + T_{il} \dfrac{\partial [T_{lk}]^{-1}}{\partial h} = 0$，从以上可得到我们想要的结果，

$\dfrac{\partial [T_{lk}]^{-1}}{\partial h} = -[T_{li}]^{-1} \dfrac{\partial T_{ij}}{\partial h} [T_{jk}]^{-1}$。于是，逆雅克比矩阵的导数的计算公式为

$$\frac{\partial}{\partial h}\left[\frac{\partial x_j}{\partial \epsilon_k}\right]^{-1} = -\left[\frac{\partial x_i}{\partial \epsilon_j}\right]^{-\mathrm{T}} \frac{\partial}{\partial h}\frac{\partial x_i}{\partial \epsilon_l}\left[\frac{\partial x_l}{\partial \epsilon_k}\right]^{-1} \tag{10.63}$$

雅克比矩阵元素的导数已在方程(10.53)中给出。

内力向量关于节点坐标的条件导数是完整的。方程(10.60)已在 OpenSees 中可以执行并已验证，包括几何非线性效应，但不包括黏性效应($\eta_{pr=0}$)。注意到，如果不考虑几何非线性效应，方程(10.60)可写为

$$\frac{\partial P_q^{\mathrm{int}}}{\partial h}\Big|_{\substack{u_p \\ \dot{u}_p}} \approx \sum_{m=1}^{s} \omega_m \, |J_{x,\epsilon}^{(m)}| \left[B_{pq}^o k_{pr}\frac{\partial B_{rs}^o}{\partial h}u_s + B_{pq}^o \eta_{pr}\frac{\partial \hat{B}_{rs}^o}{\partial h}\dot{u}_s + B_{pq}^o \frac{\partial \sigma_p}{\partial h}\Big|_{\substack{\epsilon_r \\ \dot{\epsilon}_r}} \right.$$
$$\left. + \sigma_p \frac{\partial B_{pq}^o}{\partial h} + \sigma_p B_{pq}^o (J_{x_i,\epsilon_j}^{(m)})^{-\mathrm{T}} \frac{\partial N_{\breve{s}}}{\partial \epsilon_j} \right] \tag{10.64}$$

对于质量矩阵，被积函数为 $\rho N_{iq}N_{ir}$。未包含节点坐标，仅雅可比矩阵的行列式需要求导。利用方程(10.54)，可获得以下质量矩阵导数的表达

$$\frac{\partial M_{pr}}{\partial h} \approx \sum_{m=1}^{s} \omega_m N_{iq}N_{ir} \, |J_{x,\epsilon}^{(m)}| \, (J_{x_k,\epsilon_l}^{(m)})^{-\mathrm{T}} \frac{\partial N_{k\breve{}}}{\partial \epsilon_l} \tag{10.65}$$

现在考虑刚度矩阵的导数，这里仅考虑初始刚度。被积函数的导数可写成

$$\frac{\partial(k_{rs}^o \, B_{sp}^o \, B_{rq}^o)}{\partial h} = k_{rs}^o \left(\frac{\partial B_{sp}^o}{\partial h}B_{rq}^o + B_{sp}^o \frac{\partial B_{rq}^o}{\partial h} \right) \tag{10.66}$$

注意到，$k_{rs}^o = \dfrac{\partial \sigma_r}{\partial \epsilon_s}\Big|_{\epsilon=0}$ 是常数。根据方程(10.61)可计算 B^o 矩阵。因此，可获得以下刚度矩阵导数的表达：

$$\frac{\partial K_{qp}}{\partial h} = \sum_{m=1}^{s} \omega_m \left\{ \left[k_{rs}^o \left(\frac{\partial B_{sp}^o}{\partial h}B_{rq}^o + B_{sq}^o \frac{\partial B_{rp}^o}{\partial h} \right) \right] |J_{x_k,\epsilon_j}^{(m)}| \right.$$
$$\left. + k_{rs}^o B_{sp}^o B_{rp}^o \, |J_{x,\epsilon}^{(m)}| \, (J_{x_k,\epsilon_j}^{(m)})^{-\mathrm{T}} \frac{\partial N_{\breve{s}}}{\partial \epsilon_j} \right\} \tag{10.67}$$

外力向量 P_q^{ext} 由方程(10.13)指定的节点荷载或分布荷载组成。对于前者，当 h 表示节点坐标时，$\partial P_q^{\mathrm{ext}}/\partial h$ 是零。对于后者，必须对 $P_q^{\mathrm{ext,surface}} = \displaystyle\int_{\Gamma_t} t_i N_{iq}\mathrm{d}A$ 和 $P_q^{\mathrm{ext,volume}} = \displaystyle\int_{\Omega} \rho b_i N_{iq}\mathrm{d}V$ 求导。节点坐标未包含于被积函数中，但包含在积分边界中。因此，可得

$$\frac{\partial P_q^{\mathrm{ext,surface}}}{\partial h} = \sum_{m=1}^{s} \omega_m (t_i \quad N_{iq}) \, |J_{x,\epsilon}^{(m)}| \, (J_{x_k,\epsilon_l}^{(m)})^{-\mathrm{T}} \frac{\partial N_{\breve{s}}}{\partial \epsilon_l} \tag{10.68}$$

$$\frac{\partial P_q^{\mathrm{ext,volume}}}{\partial h} = \sum_{m=1}^{s} \omega_m (\rho \quad b_i \quad N_{iq}) \, |J_{x,\epsilon}^{(m)}| \, (J_{x_k,\epsilon_l}^{(m)})^{-\mathrm{T}} \frac{\partial N_{\breve{s}}}{\partial \epsilon_l} \tag{10.69}$$

10.1.6　关于荷载参数的位移敏感性

当 h 表示外荷载参数时，则方程(10.34)右端项中我们主要关心的是 $\partial P_q^{\mathrm{ext}}/\partial h$。

尽管如此,注意到当应用塑性材料、h 表示节点荷载时, $\left.\dfrac{\partial P_q^{\text{int}}}{\partial h}\right|_{u_p}^{\dot u_p}$ 是非零的。

假定外载为分布单元荷载、基底运动或指定节点力。对于第一种情况,应用方程(10.13)和方程(10.30)计算导数,

$$\frac{\partial P_q^{\text{ext,surface}}}{\partial h} = \int_{\Gamma_t} \frac{\partial t_i}{\partial h} N_{iq}\, \mathrm{d}A = \sum_{m=1}^{s} \omega_m \left(\frac{\partial t_i}{\partial h} \quad N_{iq} \right) \mid J_{x,\varepsilon}^{(m)} \mid \tag{10.70}$$

$$\frac{\partial P_q^{\text{ext,volume}}}{\partial h} = \int_{\Omega^o} \frac{\partial b_i}{\partial h} N_{iq}\, \mathrm{d}V = \sum_{m=1}^{s} \omega_m \left(\frac{\partial b_i}{\partial h} \quad N_{iq} \right) \mid J_{x,\varepsilon}^{(m)} \mid \tag{10.71}$$

现在考虑指定的节点荷载情况。定义向量 h_p 和一个确定常数 q_{qp} 的矩阵,于是外力向量可以表示为

$$P_q^{\text{ext}} = q_{qp} h_p \tag{10.72}$$

方程(10.34)右端项的导数为

$$\frac{\partial P_q^{\text{ext}}}{\partial h} = q_{qp}\,\frac{\partial h_p}{\partial h} \tag{10.73}$$

式中, $\dfrac{\partial h_p}{\partial h}$ ——一个向量,包含 0 元素和单位 1 元素。

注意到方程(10.72)包括一个节点荷载参数的特殊情况,在这种情况下 q_{qp} 是对角矩阵。另外,方程(10.72)可以应用一个参数代表所有的节点荷载,可以对每一个节点荷载乘以一个用户自定义系数。

10.2　单轴 Bouc-Wen 模型

Bouc-Wen 模型是一种光滑的滞回材料模型,由 Bouc(1971)和 Wen(1976)提出。该模型的一个很大的特点就是弹性与塑性响应之间是通过平滑段来过渡的,之所以在可靠度计算领域具有很强的适用性,是因为该平滑段能避免梯度不连续性。Baber 和 Noori(1985)拓展了原始的 Bouc-Wen 模型,使得模型具有退化性能。

10.2.1　基本模型假设

应力可定义为线性部分和滞回部分之和。

$$\sigma = \alpha k_o \varepsilon + (1-\alpha) k_o z \tag{10.74}$$

式中, ε ——应变;

z ——滞回变形;

k_o ——弹性刚度;

α——屈服后刚度与弹性刚度比值。

为了考虑退化情况,Baber 和 Noori(1985)推导了如下的滞回变形率:

$$\dot{z} = \frac{A\dot{\varepsilon} - \{\beta \mid \dot{\varepsilon} \mid z \mid z \mid^{n-1} + \gamma\dot{\varepsilon} \mid z \mid^{n}\}v}{\eta} \tag{10.75}$$

式中,β、γ 和 n——控制滞回环形状的参数;

A、v 和 η——控制材料退化的变量。

模型可被重写为

$$\dot{z} = \frac{A - \mid z \mid^{n}\{\beta\mathrm{sgn}(\dot{\varepsilon}z) + \gamma\}v}{\eta}\dot{\varepsilon} = \frac{\partial z}{\partial \varepsilon}\frac{\partial \varepsilon}{\partial h} \tag{10.76}$$

于是可得连续切线刚度的表达(不是一致切线刚度)

$$k = \frac{\partial \sigma}{\partial \varepsilon} = \alpha k_{o} + (1-\alpha)k_{o}\frac{A - \mid z \mid^{n}\{\beta\mathrm{sgn}(\dot{\varepsilon}z) + \gamma\}v}{\eta} \tag{10.77}$$

可以看出是由线性项和滞回项组成了刚度。

材料退化段的演化是由以下方程控制:

$$A = A_{o} - \delta_{A}e$$
$$v = 1 + \delta_{v}e$$
$$\eta = 1 + \delta_{\eta}e \tag{10.78}$$

式中,e 由下列率方程定义:

$$e = (1-\alpha)k_{o}\dot{\varepsilon}z \tag{10.79}$$

式中,A_{o}、δ_{A}、δ_{v} 和 δ_{η}——用户定义的参数。

10.2.2　增量响应方程

首先推导增量方程。从以上方程可得 t_{n+1} 时刻的应力为

$$\sigma_{(n+1)} = \alpha k_{o}\varepsilon_{(n+1)} + (1-\alpha)k_{o}z_{(n+1)} \tag{10.80}$$

应用向后 Euler 格式求解法,将率方程离散化。对于一阶常微分方程 $\dot{y} = f(y(t))$,算法格式为 $y_{(n+1)} = y_{n} + \Delta t f(y_{(n+1)})$。应用到方程(10.75)可得

$$z_{(n+1)} = z_{(n)} + \Delta t \frac{A_{(n+1)} - \mid z_{(n+1)} \mid^{n}\left\{\gamma + \beta\mathrm{sgn}\left[\frac{(\varepsilon_{(n+1)} - \varepsilon_{(n)})}{\Delta t}z_{(n+1)}\right]\right\}v_{(n+1)}}{\eta_{(n+1)}}$$

$$\times \frac{(\varepsilon_{(n+1)} - \varepsilon_{(n)})}{\Delta t} \tag{10.81}$$

可以看出,抵消 Δt,$z_{(n+1)}$ 便是一个非线性方程。应用 Newton 法求解非线性方程 $f(x) = 0$,具有如下表达形式 $x_{m+1} = x_{m} - f(x_{m})/f'(x_{m})$。这里,对方程(10.81)应

用 Newton 法求解 $z_{(n+1)}$。

退化行为的方程可离散为

$$A_{(n+1)} = A_o - \delta_A e_{(n+1)}$$
$$v_{(n+1)} = 1 + \delta_v e_{(n+1)}$$
$$\eta_{(n+1)} = 1 + \delta_\eta e_{(n+1)} \tag{10.82}$$

式中，$e_{(n+1)}$ 可通过离散率方程(10.79)获得，然后应用向后 Euler 格式求解。

$$e_{(n+1)} = e_{(n)} + \Delta t (1 - \alpha) k_o \frac{\varepsilon_{(n+1)} - \varepsilon_{(n)}}{\Delta t} z_{(n+1)} \tag{10.83}$$

式中，Δt 可约去。从式(10.83)可清楚地看出，$z_{(n)}$、$\varepsilon_{(n)}$ 和 $e_{(n)}$ 是历史变量。

10.3　单轴光滑双线性材料

在实际应用当中，单轴双线性材料模型通常用来表示钢材的行为。在这部分，引入了该模型的一个修正模型，目的是为了在屈服点避免发生梯度不连续现象。弹性与塑性响应状态的过渡段用一个圆弧段来表达。通过改变圆弧段的半径可研究不同光滑水平的影响。

10.3.1　基本模型假定

双线性模型具有两个响应域，即弹性域和塑性域。在弹性阶段，切线刚度等于 E；在塑性阶段，刚度等于 bE，其中，$0 < b < 1$。弹性状态与塑性状态过渡段的应力是由屈服强度 σ_y 决定的，卸载假定为弹性的。

弹塑性状态过渡的圆弧段与弹性和塑性响应均相切，在交点处切线刚度重合，如图 10.1 所示。由于应变和应力具有不同的刻度，光滑线在正则化的 x-y 平面

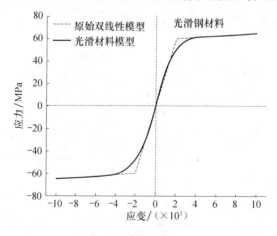

图 10.1　光滑双线性材料

上表示。在 x-y 平面上，屈服强度等于 1.0。相应的屈服应变为 η^{-1}，其中 $\eta > 0$，它是用户定义的参数。第二个自定义的参数是 γ，其中，$0 < \gamma < 1$，它表示光滑段与弹性响应相交的屈服强度部分。注意：为了获得正确的滞回性能，在分析过程当中圆弧段的中心需要修正。

10.3.2　光滑圆弧段的尺寸

如图 10.2 所示，给出了圆心的坐标和圆弧段的半径，注意到在正则化平面里，弹性刚度等于 η，而硬化刚度为 $b\eta$。A_x 和 A_y 分别表示圆弧段的圆心的 x 坐标和 y 坐标，C 是屈服点，点 B 和点 D 分别表示圆弧段与弹性和硬化斜率的交点。

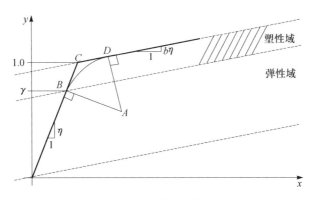

图 10.2　确定光滑圆弧段的中心

由三角形全等得出

$$\overline{BC} = \overline{CD}$$

$$\frac{\overline{BC}}{\sqrt{1+\eta^2}} = \frac{1-\gamma}{\eta} \Rightarrow \overline{BC} = \overline{CD} = \frac{1-\gamma}{\eta}\sqrt{1+\eta^2} \tag{10.84}$$

接着，由相似三角形可得线段 $\overline{BD}$ 在 x 轴和 y 轴上的分量为

$$\Delta x_{BD} = \frac{1-\gamma}{\eta} + \frac{\overline{BC}b\eta}{b\eta\sqrt{1+(b\eta)^2}}$$

$$\Delta y_{BD} = 1-\gamma + \frac{\overline{BC}b\eta}{\sqrt{1+(b\eta)^2}} \tag{10.85}$$

定义 $\overline{AB}$ 和 $\overline{AD}$ 的方程为

$$y_{AB} = -\frac{x}{\eta} + \gamma + \frac{\gamma}{\eta^2} \tag{10.86}$$

$$y_{AD} = -\frac{x}{b\eta} + \gamma + \Delta y_{B-D} + \frac{\gamma}{b\eta}\left(\frac{\gamma}{\eta} + \Delta x_{B-D}\right) \tag{10.87}$$

$\overline{AB}$ 和 $\overline{AD}$ 相交的点，即为圆弧段的中心，它的坐标为

$$A_x = \cfrac{\Delta y_{BD} + \cfrac{1}{b\eta}\left(\cfrac{\gamma}{\eta} + \Delta y_{BD}\right) - \cfrac{\gamma}{\eta^2}}{\cfrac{1}{b\eta} - \cfrac{1}{\eta}} \tag{10.88}$$

$$A_y = -\frac{1}{\eta}A_x + \gamma\left(1 + \frac{1}{\eta^2}\right) \tag{10.89}$$

圆的方程为 $(x - A_x)^2 + (y - A_y)^2 = R^2$，其中，$R$ 是半径。由于点 $\left(\dfrac{\gamma}{\eta}, \gamma\right)$ 位于圆上，R 由式(10.90)确定。

$$R = \sqrt{(\gamma - A_y)^2 + \left(\frac{\gamma}{\eta} - A_x\right)^2} \tag{10.90}$$

总之，在受拉段圆的方程为

$$y = \sqrt{R^2 + (x - A_x)^2} + A_y \tag{10.91}$$

而在受压段圆的方程为

$$y = -\sqrt{R^2 - (x + A_x)^2} - A_y \tag{10.92}$$

通过以下规则转换到应力应变平面：$x = \dfrac{\varepsilon}{\sigma_y}\dfrac{E}{\eta}$ 和 $y = \dfrac{\sigma}{\sigma_y}$。在执行过程中，计算以上圆弧段参数之前，首先将当前应变转换成对应的 x 值。用 σ_y 乘以 y，从而获得返回应力值。

10.3.3　修正圆弧段

前一部分确定了圆弧段的坐标，该坐标适用于单调加载。为了考虑滞回性能，在每一个材料状态必须修正坐标值，可分为以下四种情况：

(1) 在弹性域加载/卸载。

(2) 沿着圆弧在塑性域加载(受压或受拉)。

(3) 在塑性域弹性卸载(受压或受拉)。

(4) 沿着 bE 斜率加载(受压或受拉)。

当属于情况(1)时，确定受拉或受压的圆弧段，以至于它们与弹性加载/卸载线和第二个斜率相连接，比起原始圆弧段参数，推导出平移量，如图 10.3 所示。F 点的应变为 $\varepsilon_F = \dfrac{\sigma_y}{E}$，而 G 点的应变由线性相交来确定。

$$\varepsilon_G = \frac{\sigma_y}{E} + \frac{\varepsilon_{i+1}E - \sigma_{i+1}}{E(1-b)} \tag{10.93}$$

圆弧段沿着应变轴偏移：$\varepsilon_G - \varepsilon_F = \dfrac{\varepsilon_{i+1}E - \sigma_{i+1}}{E(1-b)}$。将该量转换到 $x-y$ 平面内，即为 Δx。相应地沿着 y 轴平移 $b\eta\Delta x$。

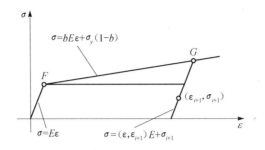

图 10.3　圆心平移,点$(\varepsilon_{i+1},\sigma_{i+1})$表示当前材料状态

当属于情况 2a(沿着圆弧在塑性域加载受压)时,受拉段的圆弧段的参数仍然保持不变,而受压段的圆弧段的参数通过情况(1)的方程来修正,对于 2b(沿着圆弧在塑性域加载受拉)反之亦然。

类似地,当属于情况 4a(沿着 bE 斜率加载受压)时,受拉的圆弧段的参数仍然保持不变,而受压圆弧段的参数通过情况(1)的方程进行修正,情况 4b(沿着 bE 斜率加载受拉)反之亦然。

当属情况 3a(塑性域弹性卸载受压)时,也就是,受拉弹性卸载,那么受压圆弧段的参数通过情况(1)的方程来修正;对于情况 3b(塑性域弹性卸载受拉),受压段也是如此,即受压弹性卸载。

在塑性域弹性卸载时会有两种情况。对于这种情形,对于可能的后续加载,圆弧段的参数需要修正。如图 10.4 所示,难点是确定点 K 的坐标,当点 H 是当前材料状态时,它是强化斜率的切点。可以通过 K 的坐标来确定圆的新圆心。点 J 的坐标为

$$J_x = \frac{H_y + \dfrac{H_x}{b\eta} - (1-b)}{b\eta + \dfrac{1}{b\eta}} \tag{10.94}$$

$$J_y = b\eta J_x + (1-b) \tag{10.95}$$

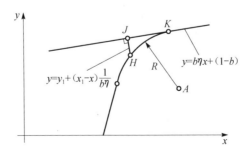

图 10.4　塑性域弹性卸载后确定圆弧中心新坐标

H 和 J 的距离为 $\overline{HJ} = \sqrt{(H_x - J_x)^2 + (H_y - J_y)^2}$，$J$ 和 K 的距离为 $\overline{JK} = \sqrt{R^2 + (\overline{HJ} - R)^2}$，其中，$R$ 是圆的半径。通过三角形相等，得出向量 JK 在 x 轴和 y 轴上的分量为

$$\Delta x_{JK} = \frac{\overline{JK}}{\sqrt{1 + (b\eta)^2}} \tag{10.96}$$

$$\Delta y_{JK} = \frac{b\eta \, \overline{JK}}{\sqrt{1 + (b\eta)^2}} \tag{10.97}$$

通过三角形相等，得出向量 AK 在两个轴上的分量为

$$\Delta x_{AK} = \frac{R}{\sqrt{1 + \left(\frac{1}{b\eta}\right)^2}} \tag{10.98}$$

$$\Delta y_{AK} = \frac{R}{b\eta \sqrt{1 + \left(\frac{1}{b\eta}\right)^2}} \tag{10.99}$$

关于以上定义的量，对于情况 3a 而言，修正后圆的圆心坐标为

$$A_z = J_x + \Delta x_{JK} + \Delta x_{AK} \tag{10.100}$$
$$A_y = J_y + \Delta y_{JK} + \Delta y_{AK} \tag{10.101}$$

对于情况 3a，受压圆弧的圆心的坐标可类似地得到。

10.4　敏感性结果的不连续性

在有限元可靠度分析当中，在搜索所谓的设计点时，会用到响应敏感性。大多数搜索方法均假设响应敏感性是连续的。如果不满足这一假设，那么将会导致收敛难，甚至不能收敛。对于常用的材料模型，很可能会出现响应敏感性不连续的现象，除非采取合适的手段来避免。例如，对于静力问题，沿着拟时间轴，J_2 塑性模型的位移敏感性关于屈服应力会出现不连续现象。本节正是讨论如何采取手段来避免不连续性的问题。

由于数值近似的缘故，有限元响应的计算"噪声"将是响应敏感性不连续的一个来源。例如，在动力分析中如果选择过大的时间步 $\Delta t = t_{n+1} - t_n$，将会发生不连续性现象。尽管如此，由于数值噪声而引发敏感性不连续的可能性远远低于由于材料引发的不连续性。处理该数值噪声最通用的办法就是正确地选择近似参数和容差。

值得注意的是，这里主要关心的是参数空间的不连续性。当这些参数处理为随机变量时，设计点的搜索就在这些参数的空间内进行。将响应敏感性表示为 $\nabla G(h)$，若敏感性连续则需满足如下方程：

$$\lim_{dh \to 0} (\nabla G(h \pm dh) - \nabla G(h)) = 0 \tag{10.102}$$

对于任意小的量 $\varepsilon>0$,若连续,我们可以选择一个有限的、任意小的量 dh,从而 $|\nabla G(h\pm dh)-\nabla G(h)|<\varepsilon$。尽管如此,沿着拟时间轴来研究敏感性结果将会使问题变得更简单。人们或许认为这些不连续性是等效的,因为沿着时间轴出现的不连续性也或许出现在参数空间内。图 10.5 给出了一个示例,一个静力单自由度(SDOF)系统受到加载和卸载的作用,采用双线性材料模型。可以看出,沿着两条线出现了位移敏感性不连续的现象,即沿着粗线发生了屈服,或沿着卸载开始的线。可以发现,对于一个指定的屈服应力,可以沿着拟时间轴来研究位移敏感性问题。因此,接下来将讨论沿着时间轴的不连续性(或动力问题的真实时间轴)。

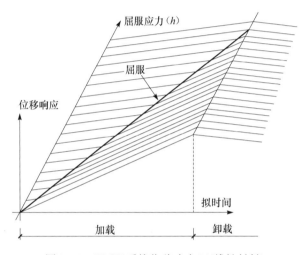

图 10.5　SDOF 系统位移响应(双线性材料)

首先考虑静力情况,仅考虑荷载控制情形。对于静力推覆分析,这是最常用的分析方法。而且其他的分析方法会出现其他一些问题需要来处理。例如,若考虑位移控制方法,则在每一个拟时间步需要指定一个或多个控制自由度。10.1.1 节目的是在单一时间步内,通过对控制平衡方程 $P^{\text{int}}=P^{\text{ext}}$ 求导来计算响应敏感性。很明显控制自由度的位移导数为零,而力敏感性却不是零。该节所考虑的情况是结构产生变形是在力的作用下,而不是在位移的作用下。

10.1.2 节的数值研究中,突然弹性卸载时,没有观察到梯度不连续。为讨论和解释这个发现,考虑方程(10.36)。假定 h 表示结构特性(不是外载参数),方程(10.36)可简写为

$$\frac{\partial u_{p(n+1)}}{\partial h} = K_{qp(n+1)}^{-1}\left(-\frac{\partial P_{q(n+1)}^{\text{int}}}{\partial h}\Bigg|_{u_{p(n+1)}}\right) \tag{10.103}$$

在时刻 t_n 突然的弹性卸载,敏感性结果是连续的,这里首先解决该问题。对于内力向量,通过应用以下线性表达,可以找到提供平衡的位移向量,即

$$P_{q(n+1)}^{\text{int}} = P_{q(n+1)}^{\text{int}} + K_{qp}^{o}(u_{p(n+1)} - u_{p(n)}) \tag{10.104}$$

式中，K_{qp}^o——弹性刚度矩阵。

注意到 $K_{qp(n+1)}=K_{qp}^o$，将方程(10.104)代入式(10.103)，得

$$\frac{\partial u_{p(n+1)}}{\partial h}=-(K_{qp}^o)^{-1}\left[\frac{\partial P_{q(n)}^{int}}{\partial h}+\frac{\partial P_{qp}^o}{\partial h}(u_{p(n+1)}-u_{p(n)})-K_{qp}^o\frac{\partial u_{p(n)}}{\partial h}\right]\quad(10.105)$$

重新整理，两个时间步的位移敏感性之差可表达为

$$\frac{\partial u_{p(n+1)}}{\partial h}-\frac{\partial u_{p(n)}}{\partial h}=-(K_{qp}^o)^{-1}\left[\frac{\partial P_{q(n)}^{int}}{\partial h}+\frac{\partial K_{qp}^o}{\partial h}(u_{p(n+1)}-u_{p(n)})\right]\quad(10.106)$$

为了证明连续性，必须证明：随着 $(t_{n+1}-t_n)\to0$，方程(10.106)右端项的两项趋于零。首先来研究 $\frac{\partial P_{q(n)}^{int}}{\partial h}$，通过应用控制平衡 $P_{q(n)}^{int}=P_{q(n)}^{ext}$，可以证明这个无条件导数是零。只要 h 不表示外力向量，很明显 $\frac{\partial P_{q(n)}^{int}}{\partial h}=0$。接着假定位移敏感性本身是连续的，很明显

$$\lim_{(t_{n+1}-t_n)\to0}(u_{p(n+1)}-u_{p(n)})=0\quad(10.107)$$

因此，由式(10.106)可得

$$\lim_{(t_{n+1}-t_n)\to0}\left(\frac{\partial u_{p(n+1)}}{\partial h}-\frac{\partial u_{p(n)}}{\partial h}\right)=0\quad(10.108)$$

这就证明在突然弹性卸载时，位移敏感性结果是连续的。

尽管 $\frac{\partial P_{q(n)}^{int}}{\partial h}=0$，不能就此得出单一单元力的敏感性是零。相反考虑 $P_{q(n)}^{int}$ 本身，当相邻的单一单元力不为零时，沿着自由度方向的力之和为零。

现在考虑在加载时由于材料状态的改变而导致不连续性的情况，方程(10.104)不再适用。例如，用返回映射算法代替古典塑性材料的线性步。因此，不能证明响应敏感性结果是连续的。如前所述，数值结果是不连续的。当出现不连续时，对于具体的本构模型，人们或许可以数值预测。例如，对于单自由度系统，材料模型为双线性材料模型，除了决策参数 σ_y 外，对于所有的参数，敏感性结果均是连续的。术语"决策参数"是用来确定材料状态改变的参数，如屈服，而不是决定本构模型的刚度/柔度。要想避免这种不连续性，只能利用光滑的材料模型，该模型中材料状态是逐渐过渡的，而不是突然地改变。很容易证明，应用有限差分类型的公式，当位移响应本身没有"关节"(kinks)时，位移敏感性结果不会出现不连续现象。因此，根据以上的导数关系，光滑材料模型不会出现梯度不连续的现象。因此，本节引入了几种该类材料模型。数值结果证实了以上结论。

在动力问题的有限元分析中，方程(10.34)中的所有项均必须考虑在内。问题是这些附加项是否会引入不连续性，这里无从考证。但是，通常会发现，对于惯性力影响，动力分析的位移响应是光滑的。应用有限差分类型的公式，当位移响应本

身没有"关节"时,位移敏感性结果不会出现不连续性。

10.5　参数重要性量度

参数重要性量度是有限元可靠度分析的一个有价值的副产品。对于具体的功能函数,可以根据它们的相对重要性量度对模型参数进行排列。这些信息有众多用途,它可以帮助研究者加深对问题的理解,也可以通过忽略一些不重要的随机变量来减少问题的计算工作量。在设计阶段它可以作为一个指示器来合理分配资源。

在这次研究中,重要性量度可以通过 FOSM 响应统计分析和一次可靠度方法进行可靠度分析得到。在进行 FOSM 分析时,重要性量度可以通过其对功能函数的方差的贡献来得到。方差可以写为

$$\text{Var}(g) = (\nabla g_1 \sigma_1)^2 + (\nabla g_2 \sigma_2)^2 + \cdots + (\nabla g_n \sigma_n)^2 + \sum_{i=1}^{n} \sum_{\substack{j=1 \\ j \neq i}}^{n} \nabla g_i \nabla g_j \sigma_i \sigma_j \rho_{ij}$$

$$(10.109)$$

式中,$\nabla g_i = \dfrac{\partial g}{\partial x_i}$,$\sigma_i$ 是随机变量的标准差。可以看出来,乘积 $(\nabla g_i \sigma_i)^2$ 表示随机变量 x_i 对功能函数的总方差的直接贡献。因此通过一次有限元分析,即可获得 $\nabla g_i \sigma_i$,尽管不费力,但却有价值。应当注意所考虑的功能函数在均值点和设计点处的结构性能有很大区别。在这种情况下,必须考虑由一次可靠度方法计算的重要性量度。

在这次研究中,考虑了由 FOSM 得出的四种重要性量度。首先,考虑在标准正态空间的功能函数,将功能函数在设计点处线性化展开,

$$G \approx \overline{G} = \nabla G (y - y^*) = \| \nabla G \| (\beta - \alpha y) \qquad (10.110)$$

式中,在最后的等式中应用了 $\alpha = -\dfrac{\nabla G}{\| \nabla G \|}$,$\beta = \alpha y^*$。与式(10.109)类似,计算 $\overline{G}$ 的变异,

$$\text{Var}[\overline{G}] = \| \nabla G \|^2 (\alpha_1^2 + \alpha_2^2 + \cdots + \alpha_n^2) = \| \nabla G \|^2 \qquad (10.111)$$

在标准正态空间中,α 绝对值的大小表示相应随机变量的重要性程度。α 为正值,则表示是一个荷载变量;如果 α 是负值,则表示是抗力变量。当随机变量均值为负时,应该引起足够注意。

在无量纲的标准正态空间中,α 是一个有效的重要性量度。尽管如此,当随机变量具有相关性时,y 和原始随机变量 x 就没有一对一的映射。在这种情况下,y 的重要性顺序与 x 的重要性顺序不一样。在这里,根据 der Kiureghian(2003)的办法,在设计点处考虑线性化概率转换 $y = T(x)$

$$y \approx y^* + J_{y^*, x^*} (x - x^*) \qquad (10.112)$$

用等号取代近似号,可以写成

$$y = y^* + J_{y^*,x^*}(\hat{x} - x^*) \tag{10.113}$$

式中,$\hat{x}$ 与 x 有细微的差别。因为 $\hat{x}$ 是 y 的线性函数,它必须有联合正态分布。它的协方差矩阵是

$$\hat{\Sigma} = J_{y^*,x^*}^{-1} J_{y^*,x^*}^{-T} \tag{10.114}$$

在设计点处,随机变量 $\hat{x}$ 被认为是 x 的等效正态变量。$\hat{x}$ 的协方差矩阵 $\hat{\Sigma}$ 取决于设计点,并且与 x 协方差矩阵 Σ 有细微的差别。差值的大小取决于 x 的非正态程度。对于线性化的功能函数,将方程(10.113)线性化的转换代入方程(10.114)后,得到如下线性化功能函数的表达:

$$\overline{G} = - \parallel \nabla G \parallel \alpha J_{y^*,x^*}(\hat{x} - x^*) \tag{10.115}$$

相应的变异为

$$\mathrm{Var}[\overline{G}] = - \parallel \nabla G \parallel^2 (\alpha J_{y^*,x^*} \hat{\Sigma} J_{y^*,x^*}^T \alpha^T) \tag{10.116}$$

基本随机变量的各自的方差的贡献可以从协方差中分离出来。前者是感兴趣的重要性量度,表达为 $\parallel \nabla G \parallel^2 (\parallel \alpha J_{y,x} \parallel \hat{D})^2$,其中 $\hat{D}$ 是标准差 σ_i 的对角矩阵。因此,原始随机变量的正态化的重要性向量被定义为

$$\gamma = \frac{\alpha J_{y,x} \hat{D}}{\parallel \alpha J_{y,x} \hat{D} \parallel} \tag{10.117}$$

注意,对于统计独立的随机变量,$\gamma = \alpha$。

接着,感兴趣的是获得随机变量均值和标准差的重要性等级。为了达到这个目的,应用可靠度敏感性方法(Hohenbichler et al.,1986;Bjerager et al.,1989)

$$\frac{\partial \beta}{\partial \mu_i} = \alpha^T \frac{\partial y^*}{\partial \mu_i} \tag{10.118}$$

$$\frac{\partial \beta}{\partial \sigma_i} = \alpha^T \frac{\partial y^*}{\partial \sigma_i} \tag{10.119}$$

式中,$\dfrac{\partial y^*}{\partial \mu_i}$——在设计点处通过对可靠度转换 $y = T(x)$ 关系式求导而获得。

$\dfrac{\partial \beta}{\partial \mu}$ 和 $\dfrac{\partial \beta}{\partial \sigma}$ 向量中的元素不能直接比较,这是由于随机变量的不同单位所造成的。根据相应的标准差,对方程(10.118)和方程(10.119)进行缩放(Liu et al.,1986),便可得到重要性量度

$$\delta = \nabla_\mu \beta \hat{D} \tag{10.120}$$

$$\eta = \nabla_\sigma \beta \hat{D} \tag{10.121}$$

式中,$\nabla_\mu \beta$、$\nabla_\sigma \beta$——列向量。

在 OpenSees 中,定义了四个重要性量度的参数 α、γ、δ 和 η。它们是一次可靠度方法输出结果的一部分。

10.6　算　　例

10.6.1　算例 1——简单非线性功能函数

已知极限状态方程 $Z=g(f,w)=fw-1140=0$，随机变量 f、w 均服从正态分布，$\mu_f=38$，$\delta_f=0.10$；$\mu_w=54$，$\delta_w=0.05$，求 β、f 和 w 的验算点值及四种重要性量度指标(Bathe,1996)。

借助于 OpenSees 平台，对该算例进行可靠度与敏感性计算，搜索验算点采用改进的 HLRF 法(iHLRF 法)，计算中调用功能函数 15 次，计算结果见表 10.1。从表 10.1 可以看出，这里计算的结果与文献(Bathe,1996)计算结果一致，无论对于可靠度指标 β，还是对于重要性系数 α 与 γ，二者相差甚微。这里的 α 与 γ 值相等，是由于 f 与 w 不存在相关性所致，若存在相关性，则以 γ 为准。从结果可以看出，该处计算结果可靠、准确。

表 10.1　可靠度指标与敏感性系数的对比结果

四种敏感性指标		α	γ	δ	η	验算点值	β
文献	f	-0.9524	-0.9524	—	—	22.57	4.2618
	w	-0.3049	-0.3049	—	—	50.49	
本书算法	f	-0.95313	-0.95313	0.95313	-3.87077	22.57	4.2614
	w	-0.30256	-0.30256	0.30256	-0.39059	50.51	

10.6.2　算例 2——含三个变量的非线性功能函数

计算下列含三个变量的功能函数 $G(X)$ 小于零的失效概率及敏感性[本算例取自文献(Mathakari,2007)]。

$$G(X)=1-\frac{X_2}{1000X_3}-\left(\frac{X_1}{200X_3}\right)^2$$

式中，随机变量 X_1、X_2 和 X_3 的概率分布及分布参数见表 10.2，三个随机变量之间的相关系数分别为：$\rho_{1,2}=0.3$，$\rho_{1,3}=\rho_{2,3}=0.2$。

表 10.2　随机变量分布类型及统计参数

变　量	均　值	标准差	分布模型
X_1	500	100	对数分布
X_2	2000	400	均匀分布
X_3	6.0	0.5	瑞利分布

通过该算例来验证此处算法的有效性。应用本章计算方法，与文献(Mathakari,2007)中算例的结果进行比较，文献中给出了可靠度指标和功能函数对三个随机变量均值与方差的敏感性系数，文献与此处计算结果见表 10.3。从表 10.3 中可以看出，本书计算的结果与文献中差分法计算的结果基本一致，精度足够。由于本书方法与文献均采用了一次可靠度方法，与解析法计算的结果存在一定的差别，这是

由于功能函数有较强的非线性所致。

表 10.3　本书方法与文献计算的可靠度和敏感性对比

指　标	β	$\dfrac{\partial \beta_{\text{FORM}}}{\partial \mu_1}$	$\dfrac{\partial \beta_{\text{FORM}}}{\partial \mu_2}$	$\dfrac{\partial \beta_{\text{FORM}}}{\partial \mu_3}$	$\dfrac{\partial \beta_{\text{FORM}}}{\partial \sigma_1}$	$\dfrac{\partial \beta_{\text{FORM}}}{\partial \sigma_2}$	$\dfrac{\partial \beta_{\text{FORM}}}{\partial \sigma_3}$
解析法	1.874	−0.005779	−0.000829	1.234009	−0.007824	−0.000658	−1.153996
差分法	1.755	−0.005783	−0.000829	1.233918	−0.007801	−0.000658	−1.154651
本书方法	1.787	−0.005779	−0.000830	1.233988	−0.007812	−0.000656	−1.154250

10.6.3　算例 3——11 弦杆平面桁架结构

1. 模型基本参数

以一个静定的简单桁架为例(图 10.6),图中 1、2、…、7 为节点号,①、②、…、⑪代表单元编号。该算例模型基本参数为:11 个弦杆采用相同的横截面 $\phi32\text{mm}\times2.5\text{mm}$,其横截面面积 $A=231.69\text{mm}^2$,弹性模量 E 为 $2.1\times10^{11}\text{N/m}^2$,节点 1 和节点 4 双向固定约束,节点 5 和节点 7 处作用向下的集中力 $P_1=20\text{kN}$,节点 6 处作用向下的集中力 $P_2=40\text{kN}$。将杆件横截面面积(对数正态分布)、集中荷载(正态分布)、弹性模量(对数正态分布)和节点坐标(x、y 两个方向均考虑)作为随机变量,其均值和变异系数分别为:$\mu_A=231.69\text{mm}^2$,变异系数 $d_A=0.05$;$\mu_E=2.1\times10^{11}\text{N/m}^2$,变异系数 $d_E=0.05$;$\mu_{p1}=1.06P_1=21.2\text{kN}$,标准差 $s_{p1}=0.074P_1=1.48\text{kN}$;$\mu_{p2}=1.06P_2=42.4\text{kN}$,标准差 $s_{p2}=0.074P_2=2.94\text{kN}$;节点坐标均值取坐标本身,标准差均取 0.01m。结构体系随机变量总数为:11(杆件横截面面积)+11(弹性模量)+3(外集中荷载)+2×7(2 表示 x、y 两个方向,7 为节点数)=39。此处重点研究敏感性、相关性及节点变异性对该桁架结构可靠度的影响。

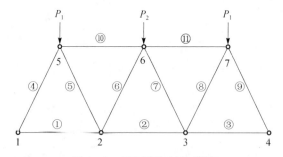

图 10.6　平面桁架结构模型

2. 桁架结构的敏感性分析

对该桁架进行敏感性研究。敏感性分析主要研究可靠度模型中各随机变量或其参数变化情况下对失效概率或可靠度指标的影响规律,它可用来提供各随机变量或其参数之间重要性程度的横向对比。本节主要研究各随机变量对五种功能函数的重要性影响系数,计算结果见表 10.4,表中 E_{i-j}(其中 $i=1\sim11$,$j=1\sim11$)表

表 10.4　各随机参数对五种功能函数的重要性影响系数

随机变量	E_{1-1}	E_{2-2}	E_{3-3}	E_{4-4}	E_{5-5}	E_{6-6}	E_{7-7}	E_{8-8}	E_{9-9}	E_{10-10}	E_{11-11}	A_{1-12}	A_{2-13}	A_{3-14}	A_{4-15}	A_{5-16}	A_{6-17}	A_{7-18}	A_{8-19}	A_{9-20}
UY_2	0.00	-0.16	-0.02	-0.29	-0.15	0.07	-0.08	-0.07	-0.14	-0.15	-0.07	-0.02	-0.06	-0.01	-0.12	-0.06	0.03	-0.03	-0.03	-0.05
UY_3	0.00	-0.16	-0.05	-0.14	-0.07	-0.08	0.07	-0.15	-0.29	-0.07	-0.15	-0.01	-0.06	-0.02	-0.05	-0.03	-0.03	0.03	-0.06	-0.12
UY_5	0.00	-0.09	-0.01	-0.66	0.04	0.04	-0.04	-0.04	-0.07	-0.09	-0.04	-0.03	-0.04	0.00	-0.26	0.01	0.01	-0.02	-0.02	-0.03
UY_6	0.00	-0.16	-0.03	-0.15	-0.08	-0.08	-0.08	-0.08	-0.15	-0.08	-0.08	-0.01	-0.06	-0.01	-0.06	-0.03	-0.03	-0.03	-0.03	-0.06
UY_7	0.00	-0.09	-0.07	-0.07	-0.04	-0.04	0.04	0.04	-0.66	-0.04	-0.09	0.00	-0.04	-0.03	-0.03	-0.02	-0.02	0.01	0.01	-0.26

随机变量	A_{10-21}	A_{11-22}	P_{1-23}	P_{1-24}	P_{2-25}	X_{1-26}	Y_{1-27}	X_{2-28}	Y_{2-29}	X_{3-30}	Y_{3-31}	X_{4-32}	Y_{4-33}	X_{5-34}	Y_{5-35}	X_{6-36}	Y_{6-37}	X_{7-38}	Y_{7-39}
UY_2	-0.06	-0.03	0.25	0.15	0.81	-0.07	-0.04	0.04	0.08	0.00	0.02	0.04	-0.02	0.02	0.02	-0.02	-0.09	-0.01	0.02
UY_3	-0.03	-0.06	0.15	0.25	0.81	-0.04	-0.02	0.00	0.02	-0.04	0.08	0.07	-0.04	0.01	0.02	0.02	-0.09	-0.02	0.02
UY_5	-0.03	-0.02	0.35	0.10	0.54	-0.10	-0.06	0.00	0.08	0.00	0.01	0.03	0.01	0.09	0.00	-0.02	-0.04	-0.01	0.01
UY_6	-0.03	-0.03	0.17	0.17	0.90	-0.04	-0.02	0.00	0.04	0.00	0.04	0.04	-0.02	0.01	0.02	0.00	-0.08	-0.01	0.02
UY_7	-0.02	-0.03	0.10	0.35	0.54	-0.03	-0.01	0.00	0.01	0.00	0.08	0.10	-0.06	0.01	0.01	0.02	-0.04	-0.09	0.00

示第 j 个随机变量为单元 i 的弹性模量；A_{m-n}（其中 $m=1\sim11$，$n=12\sim22$）表示第 n 个随机变量为单元 m 的横截面面积；P_{1-23}、P_{1-24}、P_{2-25}、X_{p-q}、Y_{p-w}（其中 $p=1\sim7$，$q=26,28,\cdots,38$，$w=27,29,\cdots,39$）分别表示第 q 个随机变量为节点 p 的 X 坐标，第 w 个随机变量为节点 p 的 Y 坐标；UY_2、UY_3、UY_5、UY_6、UY_7 分别表示节点 2、3、5、6 和 7 对应的竖向挠度功能函数。

从表 10.4 中可以看出，同一个随机变量，对五个功能函数的影响程度均不一样，例如，节点 2 的竖坐标 Y 对五个功能函数 UY_2、UY_3、UY_5、UY_6、UY_7 的重要性影响系数依次为 0.08、0.02、0.08、0.04 和 0.01。系数均为正值，表明节点 2 竖向坐标的变异性会使得五个功能函数的失效概率增加，从表中其他节点坐标的重要性影响系数可以看出，在计算中需考虑节点坐标的随机性，而通常的做法是将节点坐标作为常量来考虑，忽略其变异性对结构可靠度的影响。对于功能函数 2 来说，作用在节点 6 的集中力 P_2 对其影响最大，重要性系数达 0.81，其值为正表示当荷载增大时，失效概率增加，可靠度降低。紧接着是 E_{4-4}，重要性系数达 -0.29，负号意义与正号相反，表示随着单元 4 的弹性模量的增加，失效概率减小，可靠度得到增加。作用在节点 5、7 的荷载对于功能函数 2 的重要性影响系数分别为 0.25 和 0.15，而对于功能函数 3 而言，重要性系数正好对调，分别为 0.15 和 0.25，表明作用在节点 7 上的节点荷载对节点 2 的影响程度与作用在节点 5 上的节点荷载对节点 3 的影响程度一样，这是由于结构与荷载的对称性所致，从侧面反映了本书计算方法的精确性。

3. 桁架结构的相关性分析

接着分析各功能函数之间的相关性，分以下两种情况：未考虑节点坐标变异性和考虑节点坐标变异性。其中，考虑节点坐标变异性时，x、y 两个方向的标准差均取 0.01m。计算结果见表 10.5。从表中可以看出，对于这两种情况，功能函数 2 与功能函数 3、5 和 6 均高级相关，而与功能函数 7 低级相关；功能函数 2 与 3 之间的相关系数均在 0.9 以上，而功能函数 5 和 7 之间的相关系数最小，均小于 0.5。考虑节点坐标变异性后，功能函数之间的相关系数有所变化，但不是很明显，这是由于所选节点坐标变异性小所致，在结构的可靠度计算中，考虑节点坐标的变异性，结果会更可靠、更精确。

表 10.5　平面桁架节点竖向位移间相关系数

节点编号	未考虑节点坐标随机性					考虑节点坐标随机性(0.01m)				
	2	3	5	6	7	2	3	5	6	7
2	1.000	0.920	0.837	0.960	0.689	1.000	0.915	0.841	0.959	0.691
3	0.920	1.000	0.688	0.960	0.839	0.915	1.000	0.690	0.958	0.843
5	0.837	0.688	1.000	0.726	0.489	0.841	0.690	1.000	0.732	0.497
6	0.960	0.960	0.726	1.000	0.728	0.959	0.958	0.732	1.000	0.733
7	0.689	0.839	0.489	0.728	1.000	0.691	0.843	0.497	0.733	1.000

不同的节点坐标变异系数会导致不同的可靠度结果,这里考虑 11 种节点标准差的情况(分别为 0m、0.01m、0.02m、0.03m、0.04m、0.05m、0.06m、0.07m、0.08m、0.09m、0.10m),结果见表 10.6 和图 10.7。从表 10.6 中可以看出,随着节点变异性的增加,可靠度指标 β 均逐渐减小,尤其功能函数 5、7 的可靠度指标下降最明显,而功能函数 2、3 的可靠度指标下降比较平缓,功能函数 6 的可靠度指标下降最不明显;若将五个功能函数作为串联结构来考虑,不同节点坐标变异下,失效概率从 4.9% 变化到 14.2%。

表 10.6　不同节点坐标标准差下的可靠度指标

节点坐标标准差/m	0	0.01	0.02	0.03	0.04	0.05	0.06	0.07	0.08	0.09	0.10
UY_2	6.660	6.570	6.323	5.969	5.564	5.152	4.757	4.393	4.063	3.767	3.503
UY_3	6.660	6.570	6.318	5.964	5.560	5.149	4.755	4.391	4.061	3.766	3.503
UY_5	15.830	15.590	14.887	13.840	12.630	11.420	10.319	9.350	8.512	7.791	7.169
UY_6	1.657	1.645	1.612	1.560	1.496	1.424	1.349	1.274	1.201	1.132	1.068
UY_7	15.800	15.550	14.850	13.800	12.590	11.390	10.292	9.328	8.495	7.777	7.158
失效概率	0.049	0.050	0.054	0.059	0.067	0.077	0.089	0.101	0.115	0.128	0.142

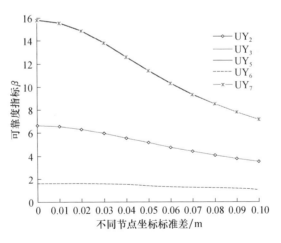

图 10.7　不同节点坐标标准差下的可靠度指标

考虑节点坐标变异性为 0.01m 的情况,其五个功能函数的迭代过程如图 10.8 所示。从图 10.8 中可以看出,功能函数 7、5 的迭代过程重合,功能函数 2、3 的迭代过程也重合,这是由于结构与荷载的对称性所致,侧面反映了结果是精确的,而功能函数 6 的迭代收敛最快,可靠度指标也最低。图 10.9 给出了考虑与未考虑节点 7 坐标变异性可靠度指标迭代对比图,从图 10.9 中可以看出,迭代初始阶段基本重合,后期有了一定的差异,因此,在可靠度计算中,需考虑节点坐标变异性的影响。

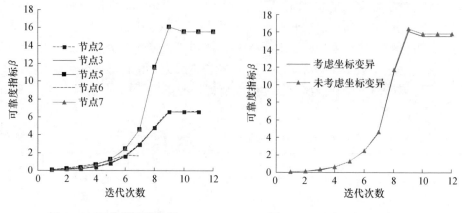

图 10.8　可靠度迭代过程　　　　图 10.9　节点坐标随机性的影响

对桁架进行参数可靠度分析,选取节点 6 为研究对象,考虑不同位移阈值下功能函数 6 的失效概率的变化情况,计算结果如图 10.10 所示。从图 10.10 中可以看出,当竖向位移阈值为 0.01m 时,失效概率为 100%;当位移阈值为 0.012m 时,失效概率约为 45%;当位移阈值为 0.014m 时,失效概率为 0。

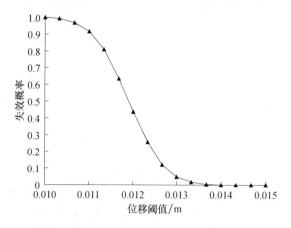

图 10.10　在不同位移阈值下对应的失效概率(节点 6)

10.6.4　算例 4——双层柱面网壳的敏感性分析

1. 模型基本参数

建立曲率半径为 40m、跨度为 69m、纵向长度为 100m 的双层球柱网壳模型(图 10.11),跨度方向划分为 24 个网格,纵向划分为 25 个网格,模型共有 1250 个节点,4800 根杆件,在 ANSYS 进行计算优化时,杆件采用 Link8 单元进行模拟,在

OpenSees 中采用 CorotTruss 单元进行模拟,弹性模量
为 $2.1×10^{11}$ N/m²,密度为 7850kg/m³。网壳两纵向
上层节点三向固定约束,荷载大小选取 2kN/m²,将均
布荷载等效为结点荷载,施加在各节点上。

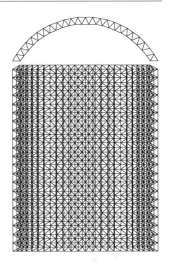

图 10.11　双层球柱网壳模型

　　首先对双层柱面网壳结构进行优化设计。将杆
件横截面面积作为优化对象,将上层跨向杆件横截
面面积统一指定为设计变量 A_1、上层纵向杆件横截
面面积为设计变量 A_2、下层跨向杆件横截面面积为
设计变量 A_3、下层纵向杆件横截面面积为设计变量
A_4、腹杆的杆件横截面面积为设计变量 A_5,将网壳
的最大节点竖向挠度小于规定挠度值和杆件最大轴
应力不超过屈服强度作为状态变量,将总用钢量的
体积 V_{tot} 作为目标变量。在 ANSYS 中进行优化设
计,总共进行 34 步优化设计,第 34 步为最优序列,五种杆件横截面面积和网壳总
体积的优化过程如图 10.12(a)、(b)所示,选取优化后的大跨度双层柱面网壳作为
敏感性分析对象。

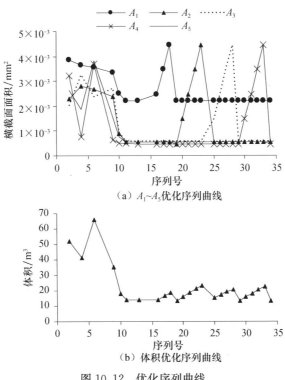

图 10.12　优化序列曲线

2. 各随机变量概率模型

各随机变量的概率模型及数字特征见表 10.7,杆件横截面面积 A_1 的柱状图如图 10.13(a)所示,最大挠度 DD_{max} 的柱状图如图 10.13(b)所示。

表 10.7 随机变量统计参数

随机变量	位 置	杆件号	分布类型	均 值	标准差
E/Pa	所有杆件	1~4800	正态	2.1×10^{11}	4.2×10^9
A_1/mm^2	上层跨向	1~624	对数正态	2188.6	218.86
A_2/mm^2	上层纵向	625~1249	对数正态	533.54	53.354
A_3/mm^2	下层跨向	1250~1824	对数正态	578.99	57.899
A_4/mm^2	下层纵向	1825~2400	对数正态	486.41	48.641
A_5/mm^2	腹杆	2401~4800	对数正态	470	47
P_i/N	上层结点	1~650(节点号)	正态	$1.06P_i(i=1\sim650)$	$0.074P_i$

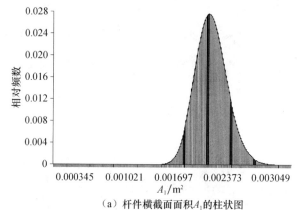

(a) 杆件横截面面积 A_1 的柱状图

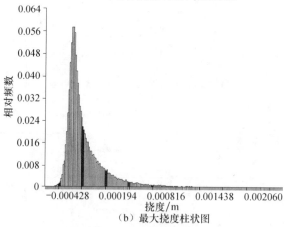

(b) 最大挠度柱状图

图 10.13 参数柱状图

3. 不同材料模型间的耗时与精度比较

此处考虑了两种情况：以荷载 P 为随机变量，然后以荷载、弹性模量及横截面面积为随机变量，应用 SQP(sequential successive quadratic programming)搜索设计点方法进行可靠度计算，计算结果见表 10.8，若只考虑线弹性，可靠度指标大于非线性可靠度结果；以荷载作为随机变量时，光滑双线性模型的计算速度最快，接下来是光滑 Bouc-Wen 材料模型，最慢的是原始双线性模型，其迭代次数远多于前两者，且两种光滑材料模型具有计算精度高的特点，与原始双线性模型相比误差为 2%。第二种情况也得出类似的结论，考虑线性情况时计算速度最快，两种光滑材料模型具有计算速度快、精度高的特点，两者的优点显而易见，而原始的双线性模型需要的迭代次数要远远多于二者，收敛慢、耗时多。

表 10.8　应用 SQP 算法考虑几种材料模型的耗时、收敛程度与精度比较

随机变量及数目		原始双线性模型	光滑 Bouc-Wen 模型	光滑双线性模型	弹性材料模型
荷载 P(650)	耗时	00:19:35	00:11:35	00:09:34	00:06:05
	β	2.6413	2.6358	2.6426	2.9382
荷载、弹性模量及横截面面积(10250)	耗时	01:22:36	00:56:41	00:51:44	00:36:35
	β	2.1716	2.1634	2.1768	2.7254

4. 光滑材料模型及几种算法的应用

考察四种搜索验算点法(即 iHLRF 法、梯度投影法、Polak-He 算法和 SQP 算法)效率与精度，此处考虑两种情况：①以荷载 P 作为随机变量；②以荷载 P、弹性模量 E 和杆件横截面面积共同作为随机变量。将挠度规定值与网壳节点竖向最大挠度值之差定义为唯一功能函数，计算结果见表 10.9。当只以荷载 P 作为随机变量时，共有 650 个随机变量，可以看出 SQP 算法速度最快，Polak-He 算法次之，其他两者较慢，四种算法精度均足够高。最后，以荷载、弹性模量及杆件横截面面积作为随机变量，计算速度由快到慢依次是 SQP 算法、Polak-He 算法、iHLRF 算法和梯度投影法。

表 10.9　应用光滑双线性材料模型及不同算法之间的耗时和精度比较

随机变量及数目		iHLRF	梯度投影法	Polak-He	SQP	蒙特卡罗法(10000 次)
荷载 P(650)	耗时	00:14:42	00:16:26	00:10:55	00:09:34	16:34:10
	β	2.6358	2.6391	2.6412	2.6426	2.6482
荷载、弹性模量及横截面面积(10250)	耗时	01:11:36	01:18:03	00:56:17	00:51:44	22:52:37
	β	2.1821	2.1781	2.1675	2.1768	2.1843

5. 网壳结构响应量的相关性研究

此处对所有节点竖向位移与固定允许位移值之差定义为功能函数,每个节点定义一个功能函数,研究各个功能函数之间的相关性。计算完成后,取出其中一榀桁架(图 10.14),分析该榀桁架上各节点挠度间的相关性,由于该榀桁架相关系数矩阵过大(47×47),因此表 10.10 仅给出了节点间挠度较大区域内的相关系数。从表 10.10 中可以看出,上层节点与下层相邻的节点间的挠度相关性很强,相关系数均在 0.9 以上,属高级相关,局部出现负值,说明两者位移方向相反。图 10.14 绘制出了该榀桁架上层中部节点 13 与其他节点的挠度相关系数曲线,从图 10.15 中可以看出,节点 13 与附近的节点 12、节点 14、节点 86～节点 89 等位移高级相关,而与节点 2～节点 7、节点 19～节点 24、节点 76～节点 81 和节点 94～节点 99 为负相关。这说明这些节点位移与节点 13 位移运动方向相反,当节点 13 有向下的位移时,这些节点群将发生向上的位移。

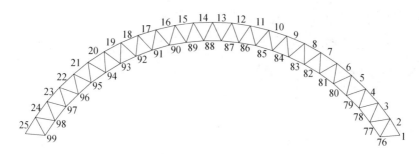

图 10.14　一榀桁架示意图

表 10.10　节点间挠度的相关系数

节点	85	86	87	88	89	90
10	0.960	0.897	0.717	0.437	0.119	−0.17
11	0.917	0.955	0.876	0.675	0.399	0.115
12	0.793	0.923	0.950	0.844	0.634	0.381
13	0.609	0.811	0.938	0.938	0.811	0.609
14	0.381	0.634	0.844	0.950	0.923	0.793
15	0.115	0.399	0.675	0.876	0.955	0.917
16	−0.17	0.119	0.437	0.717	0.897	0.960

6. 非线性有限元敏感性分析

重要性量度可以通过一次可靠度方法计算得到。在标准正态空间中,γ 的绝对值的大小表示相应随机变量的重要性程度。在无量纲的标准正态空间当中,γ 是一个有效的重要性量度。

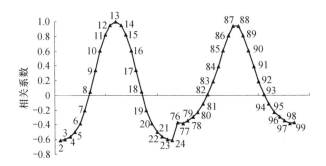

图 10.15 节点 13 竖向挠度与同榀其他节点相关系数

经过对大跨度双层柱面网壳的非线性有限元敏感性计算,得到一些相关结论。图 10.16 为随机输出参数最大挠度 D_{MAX}、最大轴应力与 $A_1 \sim A_6$、P 和 E 敏感性图。可以看出,对于最大挠度来说,对 A_1 最敏感,上层跨向杆件的横截面面积大小直接影响网壳挠度的大小,其次是下层跨向杆件的截面积尺寸的大小 A_3,接着是腹杆的横截面面积 A_5,然后依次是 A_4、A_2、荷载与弹性模量。其中,弹性模量的影响可以忽略不计,因此控制网壳的最大挠度最有效的手段是增加上层跨向杆件的横截面面积,A_1 直接影响最大挠度的大小。对于最大轴应力来说,对荷载最敏感,其次是上层跨向杆件的横截面面积大小,接着是 A_3、A_5 和 A_2,弹性模量与 A_4 的影响可忽略不计,因此又可以看出控制网壳最大轴应力最有效的手段也是增加上层跨向杆件的横截面面积,A_1 直接影响最大应力的大小,A_3 也对其影响很大。

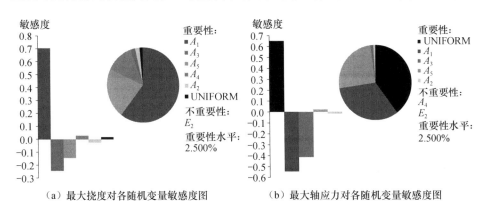

(a)最大挠度对各随机变量敏感度图　　　　(b)最大轴应力对各随机变量敏感度图

图 10.16 响应量对各随机变量敏感度图

篇幅所限,下面仅考虑最大轴应力的情况,计算可靠度指标对随机变量均值、方差的敏感性指标 δ 和 η。表 10.11 列出了可靠度指标对随机变量均值和标准差敏感性指标,图 10.17、图 10.18 分别列出了各随机变量均值和标准差敏感性指标柱状图。从表 10.11 和图 10.17 中发现,荷载的均值对网壳杆件的最大轴应力影响最明显,荷载和 A_5 的增大都会降低可靠度指标,$A_1 \sim A_4$ 和弹性模量的增加都会提高可靠。其中,A_1 和 A_3 的增大会明显地提高可靠度指标,A_1 与 A_3 正是网壳上下层横向杆件的横截面面积,增加二者面积可以有效控制此类双层柱面网壳杆件的最大轴应力。

表 10.11　随机变量均值、标准差敏感性指标

随机变量	荷　载	弹性模量	A_1	A_2	A_3	A_4	A_5
δ	-1.852	0.139	1.513	0.205	1.405	0.105	-0.261
η	-2.045	-0.081	-0.186	-0.016	-0.154	-0.132	-0.235

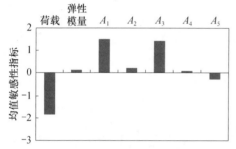

图 10.17　均值敏感性指标

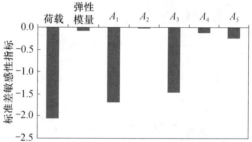

图 10.18　标准差敏感性指标

从表 10.11 和图 10.18 中发现任意一个随机变量的变异性增加都将降低可靠度指标,随机变量荷载、A_1 和 A_3 变异性的影响最显著,腹杆的截面面积 A_5 也较明显,其他几个变量的变异性影响较弱。

7. 结论

该算例对大跨度双层柱面网壳可靠度、相关性和敏感性进行了计算,引入算法使得数值计算更易收敛、效率高,引入的两种光滑模型使得非线性有限元可靠度计算更易收敛,并且使得按照常规方法不能收敛的问题也变得收敛。结果表明,引入的光滑材料模型在大跨度空间结构的可靠度、相关性与敏感性分析当中简单易行,效率和精度均比较高。

对双层柱面网壳整体进行系统可靠度计算,研究响应量间的相关性,得出了一些有价值的结论,研究了同榀桁架中相邻节点间的相关程度和同榀桁架中各节点间的相关程度。在大跨度空间双层柱面网壳的可靠度、相关性与敏感性计算中,SQP 算法效率最高,紧接着是 Polak-He 算法,Polak-He 算法是一种很有效的搜索方法,而 iHLRF 法和梯度投影法效率相对较低,耗时较多。

10.6.5　算例 5——输电塔

以一个简单输电塔为例(图 10.19),模型基本参数为:底部角肢距为 13.5m,总

高为 35m,层高为 5m,为计算方便,将 126 根杆件选为同一横截面,节点 1、5、7 和 8 三向固定约束,节点 31 和 32 处作用水平集中力,杆件横截面尺寸、物理和几何参数及其对应的随机变量统计信息见表 10.12,在 OpenSees 中采用 CorotTruss 单元来模拟杆件。以输电塔节点 31 和 32 的水平位移和指定位移之差作为功能函数,研究功能函数对各随机变量重要性敏感程度及均值和方差的敏感性程度。通常在工程结构的可靠度计算中忽略节点坐标的随机性,本算例考虑了节点三个方向坐标的随机性,并研究了其随机性大小对功能函数的影响。

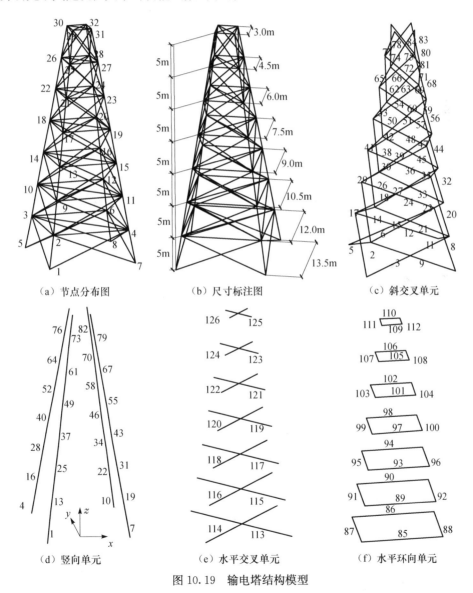

（a）节点分布图　　　　　（b）尺寸标注图　　　　　（c）斜交叉单元

（d）竖向单元　　　　　（e）水平交叉单元　　　　　（f）水平环向单元

图 10.19　输电塔结构模型

表 10.12　输电塔随机变量统计参数

随机变量	数　量	均　值	变异系数	相关系数	服从分布
横截面面积 A/mm^2	126	231.69	0.05	0.3	对数正态分布
弹性模量 E/Pa	126	2.1×10^{11}	0.05	0.3	对数正态分布
屈服强度 $f_y/(\mathrm{N/m}^2)$	126	3.55×10^8	0.1	0.3	对数正态分布
应变硬化率 b	126	0.01	0.1	0.3	对数正态分布
外荷载 P/N	2	15900	1110	0	正态分布
节点坐标	32(节点数)×3(三向)	节点坐标	10mm,30mm(标准差)	—	正态分布

此处将杆件的横截面面积 A、弹性模量 E、屈服强度 f_y、应变硬化率 b、外荷载 P 和节点坐标作为随机变量来考虑,各随机变量分布情况及其分布参数见表 10.12,算例中随机变量总数为:126(横截面面积)+126(弹性模量)+126(屈服强度)+126(应变硬化率)+2(外集中荷载)+32×3(三个方向的坐标)=602。分别应用 FOSM 和一次可靠度方法对输电塔结构进行可靠度与敏感性计算,其中应用 FOSM 对输电塔进行敏感性计算时,考虑节点坐标随机性大小对各敏感性系数的影响。

为研究节点坐标变异性对该输电塔结构敏感性的影响,首先将节点坐标标准差取为 0.01m,将输电塔的变形能力作为考察对象,即将节点 32 的水平 x 位移与指定位移 0.7m 之差作为功能函数,FOSM 计算的结果见表 10.13。其中节点 32 的荷载位移曲线如图 10.20 所示。从表 10.13 中可以看出,此功能函数对作用于节点 31 和 32 的水平荷载最敏感,二者的重要性系数均很高,分别为 -0.6383 和 -0.6357,其值为负,表明该随机变量属荷载类型。排在荷载之后的是杆件 13、16、19 和 22 的屈服强度(第二层竖向杆件),杆件 1、4、7 和 10 的屈服强度(最底层竖向杆件),杆件 25、28、31 和 34 的屈服强度(第三层竖向杆件),其值均为正,表明此随机变量属荷载类型。此功能函数对杆件 1、4、7 和 10 的横截面面积(最底层竖向杆件),杆件 13、16、19 和 22 的横截面面积(第二层竖向杆件),杆件 25、28、31 和 34 的横截面面积(第三层竖向杆件),其值均为正,表明此随机变量属抗力类型。杆件 87 和 88 的弹性模量也有较高的重要性系数,其值均为正,表明此随机变量属抗力类型。杆件 1、4、7 和 10 的应变硬化率,杆件 13、16、19 和 22 的应变硬化率,其值均为正,表明此随机变量属抗力类型。值得注意的是节点坐标的随机性对此功能函数有不容忽视的影响,如节点 32 的 z 坐标随机性,节点 2、4、3、6、9、11、10 和 12(位于第 2,3 层)等 x 坐标变异性,均有较高的敏感性系数。节点坐标的重要性系数有正有负,表明其既不属于抗力类型,也不属于荷载类型。可以看出,进入塑性阶段,除了对外荷载最敏感外,顶部节点水平最大位移对输电塔下部杆件的屈服应力和下部杆件的横截面面积更敏感。

表 10.13　FOSM 获得的部分重要性参数排序（节点坐标标准差为 0.01m）

重要性排序	随机变量序号	重要性系数	参数代表含义
1	506	−0.6383	作用于节点 31 的水平集中外荷载
2	505	−0.6357	作用于节点 32 的水平集中外荷载
3	265	0.1361	单元 13 的屈服强度
4	268	0.1361	单元 16 的屈服强度
5	271	0.1361	单元 19 的屈服强度
6	274	0.1361	单元 22 的屈服强度
7	253	0.1348	单元 1 的屈服强度
8	256	0.1348	单元 4 的屈服强度
9	259	0.1348	单元 7 的屈服强度
10	262	0.1348	单元 10 的屈服强度
11	277	0.08728	单元 25 的屈服强度
12	280	0.08728	单元 28 的屈服强度
13	283	0.08728	单元 31 的屈服强度
14	286	0.08728	单元 34 的屈服强度
15	127	0.02997	单元 1 的横截面面积
16	130	0.02997	单元 4 的横截面面积
17	133	0.02997	单元 7 的横截面面积
18	136	0.02997	单元 10 的横截面面积
19	139	0.02986	单元 13 的横截面面积
20	142	0.02986	单元 16 的横截面面积
21	145	0.02986	单元 19 的横截面面积
22	148	0.02986	单元 22 的横截面面积
23	151	0.01834	单元 25 的横截面面积
24	154	0.01834	单元 28 的横截面面积
25	157	0.01834	单元 31 的横截面面积
26	160	0.01834	单元 34 的横截面面积
27	87	0.01566	单元 87 的弹性模量
28	88	0.01566	单元 88 的弹性模量
29	379	0.0123	单元 1 的屈服比
30	382	0.0123	单元 4 的屈服比
31	385	0.0123	单元 7 的屈服比
32	388	0.0123	单元 10 的屈服比
33	391	0.01042	单元 13 的屈服比
34	394	0.01042	单元 16 的屈服比
35	397	0.01042	单元 19 的屈服比
36	400	0.01042	单元 22 的屈服比
53	602	−0.005032	节点 32 的 z 坐标

续表

重要性排序	随机变量序号	重要性系数	参数代表含义
56	510	-0.003432	节点 2 的 x 坐标
57	516	0.003432	节点 4 的 x 坐标
58	513	-0.003431	节点 3 的 x 坐标
59	522	0.003431	节点 6 的 x 坐标
65	531	-0.003209	节点 9 的 x 坐标
66	537	0.003209	节点 11 的 x 坐标
67	534	-0.003206	节点 10 的 x 坐标
68	540	0.003206	节点 12 的 x 坐标
95	511	0.001663	节点 2 的 y 坐标
96	517	0.001663	节点 4 的 y 坐标
97	514	-0.001662	节点 3 的 y 坐标
98	523	-0.001662	节点 6 的 y 坐标
99	543	-0.001634	节点 13 的 x 坐标
100	549	0.001634	节点 15 的 x 坐标

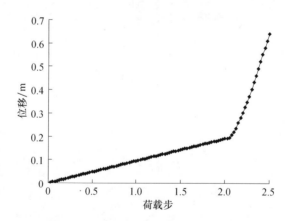

图 10.20　节点 32 在 x 方向上的荷载位移曲线

　　将节点坐标标准差取 0.03m，观察增大其变异性后对各随机变量重要性排序的影响，FOSM 计算结果见表 10.14。与表 10.13 相比可看出，该功能函数对外荷载依然最敏感，表中所列的各单元屈服强度的重要性排序均不改变，其重要性系数均有所下降。横截面面积的重要性排序也是如此，重要性系数也有所下降。但可明显地看出，节点 32 的 z 方向的重要性排序得到显著提升，从表 10.13 的第 53 位提升至表 10.14 的第 29 位，相应地重要性系数从 -0.005032 变为 -0.01509，重要性系数得到很大提高；由于节点坐标变异性的增加，其他节点坐标的重要性系数均有明显的增加，大约均提高了约 2 倍。由于节点坐标的标准差提高了 2 倍，即由开始的 0.01m 提高至后来的 0.03m,相应地表 10.14 中的节点坐标的重要性系数也在表 10.13 的基础上提高了两倍,在以后的研究工作中该结论值得进一步探讨。

表 10.14　FOSM 获得的重要性排序(节点坐标标准差为 0.03m)

重要性序号	随机变量序号	重要性系数	参数意义
1	506	−0.63790	作用于节点 31 的水平集中外荷载
2	505	−0.63530	作用于节点 32 的水平集中外荷载
3	265	0.13600	单元 13 的屈服强度
4	268	0.13600	单元 16 的屈服强度
5	271	0.13600	单元 19 的屈服强度
6	274	0.13600	单元 22 的屈服强度
7	253	0.13470	单元 1 的屈服强度
8	256	0.13470	单元 4 的屈服强度
9	259	0.13470	单元 7 的屈服强度
10	262	0.13470	单元 10 的屈服强度
11	277	0.08722	单元 25 的屈服强度
12	280	0.08722	单元 28 的屈服强度
13	283	0.08722	单元 31 的屈服强度
14	286	0.08722	单元 34 的屈服强度
15	127	0.02995	单元 1 的横截面面积
16	130	0.02995	单元 4 的横截面面积
17	133	0.02995	单元 7 的横截面面积
18	136	0.02995	单元 10 的横截面面积
19	139	0.02984	单元 13 的横截面面积
20	142	0.02984	单元 16 的横截面面积
21	145	0.02984	单元 19 的横截面面积
22	148	0.02984	单元 22 的横截面面积
23	151	0.01833	单元 25 的横截面面积
24	154	0.01833	单元 28 的横截面面积
25	157	0.01833	单元 31 的横截面面积
26	160	0.01833	单元 34 的横截面面积
27	87	0.01565	单元 87 的弹性模量
28	88	0.01565	单元 88 的弹性模量
29	602	−0.01509	节点 32 的 z 坐标
30	379	0.01229	单元 1 的屈服比
31	382	0.01229	单元 4 的屈服比
32	385	0.01229	单元 7 的屈服比
33	388	0.01229	单元 10 的屈服比

重要性序号	随机变量序号	重要性系数	参数意义
34	391	0.01041	单元 13 的屈服比
35	394	0.01041	单元 16 的屈服比
36	397	0.01041	单元 19 的屈服比
37	400	0.01041	单元 22 的屈服比
38	510	-0.01029	节点 2 的 x 坐标
39	513	-0.01029	节点 3 的 x 坐标
40	516	0.01029	节点 4 的 x 坐标
41	522	0.01029	节点 6 的 x 坐标
42	599	-0.01023	节点 31 的 z 坐标
43	531	-0.009621	节点 9 的 x 坐标
44	537	0.009621	节点 11 的 x 坐标
45	534	-0.009612	节点 10 的 x 坐标
46	540	0.009612	节点 12 的 x 坐标
63	511	0.004987	节点 2 的 y 坐标
64	517	0.004987	节点 4 的 y 坐标
65	514	-0.004982	节点 3 的 y 坐标
66	523	-0.004982	节点 6 的 y 坐标
67	543	-0.004898	节点 13 的 x 坐标
68	549	0.004898	节点 15 的 x 坐标
69	546	-0.00489	节点 14 的 x 坐标
70	552	0.00489	节点 16 的 x 坐标
77	519	-0.003323	节点 5 的 x 坐标
78	528	0.003323	节点 8 的 x 坐标
79	507	-0.003275	节点 1 的 x 坐标
80	525	0.003275	节点 7 的 x 坐标

　　研究各随机变量的重要性系数在 FOSM 和一次可靠度方法计算中的差异,亦即研究在均值点和验算点处重要性系数的差异。将节点坐标标准差取 0.01m,应用一次可靠度方法计算功能函数对各随机变量的重要性系数,以及对各随机变量的均值和方差的敏感性系数,计算结果列于表 10.15 中。当各随机变量不相关性时,其重要性量度通过 α 来确定,当随机变量间存在相关性时,应按表 10.15 中的 γ 来确定,此处横截面面积、弹性模量、屈服强度、应变硬化率存在相关性,因此以 γ 来表示其重要性量度。与表 10.13 相比,可以看出前 11 位随机变量的重要性排序不变,但其重要性系数的值有所变化,外荷载的重要性系数绝对值由 0.6383 增加至 0.64907,变化幅度不是很大。屈服强度的重要性系数有较明显地下降;单元 40、46、37 和 43(第四层竖向杆件)的屈服强度分别提升至 15~18 位;各横截面面

积的重要性系数也有所下降；节点坐标的重要性排序有所变化，且重要性系数有所下降。又从表 10.15 可以看出，功能函数对各随机变量的均值和方差的敏感性排序，与对随机变量重要性排序完全一致。

表 10.15　FORM 获得的重要性排序（节点坐标标准差为 0.01m）

排　序	变量序号	α	γ	δ	η	参数意义
1	506	0.50172	0.64907	−0.50172	−0.04715	节点 31 的水平集中荷载
2	505	0.50172	0.64907	−0.50172	−0.04715	节点 32 的水平集中荷载
3	265	−0.11825	−0.11824	0.09323	−0.01603	单元 13 的屈服强度
4	268	−0.10691	−0.11824	0.09323	−0.01603	单元 16 的屈服强度
5	271	−0.09883	−0.11824	0.09323	−0.01603	单元 19 的屈服强度
6	274	−0.0928	−0.11824	0.09323	−0.01603	单元 22 的屈服强度
7	253	−0.40971	−0.11761	0.09273	−0.01594	单元 1 的屈服强度
8	256	−0.22237	−0.11761	0.09273	−0.01594	单元 4 的屈服强度
9	259	−0.1637	−0.11761	0.09273	−0.01594	单元 7 的屈服强度
10	262	−0.13494	−0.11761	0.09273	−0.01594	单元 10 的屈服强度
11	277	−0.0669	−0.0848	0.06684	−0.01128	单元 25 的屈服强度
12	283	−0.06135	−0.0848	0.06684	−0.01128	单元 31 的屈服强度
13	280	−0.06383	−0.08478	0.06682	−0.01127	单元 28 的屈服强度
14	286	−0.05926	−0.08478	0.06682	−0.01127	单元 34 的屈服强度
15	292	−0.03511	−0.05126	0.04039	−0.00668	单元 40 的屈服强度
16	298	−0.03347	−0.05126	0.04039	−0.00668	单元 46 的屈服强度
17	289	−0.0361	−0.05124	0.04038	−0.00668	单元 37 的屈服强度
18	295	−0.03423	−0.05124	0.04038	−0.00668	单元 43 的屈服强度
19	127	−0.10096	−0.02644	0.02046	−0.0008	单元 1 的横截面面积
20	130	−0.05404	−0.02644	0.02046	−0.0008	单元 4 的横截面面积
21	133	−0.0393	−0.02644	0.02046	−0.0008	单元 7 的横截面面积
22	136	−0.03207	−0.02644	0.02046	−0.0008	单元 10 的横截面面积
23	139	−0.02764	−0.02624	0.0203	−0.00079	单元 13 的横截面面积
24	142	−0.02484	−0.02624	0.0203	−0.00079	单元 16 的横截面面积
25	145	−0.02285	−0.02624	0.0203	−0.00079	单元 19 的横截面面积
26	148	−0.02136	−0.02624	0.0203	−0.00079	单元 22 的横截面面积
27	151	−0.01496	−0.01798	0.01391	−0.00053	单元 25 的横截面面积
28	154	−0.01421	−0.01798	0.01391	−0.00053	单元 28 的横截面面积
29	157	−0.01361	−0.01798	0.01391	−0.00053	单元 31 的横截面面积
30	160	−0.0131	−0.01798	0.01391	−0.00053	单元 34 的横截面面积
31	87	−0.01008	−0.01504	0.01167	−0.00069	单元 87 的弹性模量
32	88	−0.00997	−0.01504	0.01167	−0.00069	单元 88 的弹性模量
33	379	−0.0301	−0.01189	0.00931	−0.00096	单元 1 的应变硬化率

续表

排　序	变量序号	α	γ	δ	η	参数意义
34	382	-0.01706	-0.01189	0.00931	-0.00096	单元 4 的应变硬化率
35	385	-0.01298	-0.01189	0.00931	-0.00096	单元 7 的应变硬化率
36	388	-0.01098	-0.01189	0.00931	-0.00096	单元 10 的应变硬化率
37	163	-0.0079	-0.01051	0.00813	-0.0003	单元 37 的横截面面积
38	166	-0.00766	-0.01051	0.00813	-0.0003	单元 40 的横截面面积
39	169	-0.00744	-0.01051	0.00813	-0.0003	单元 43 的横截面面积
40	172	-0.00726	-0.01051	0.00813	-0.0003	单元 46 的横截面面积
41	391	-0.00876	-0.01024	0.00801	-0.00083	单元 13 的应变硬化率
42	394	-0.00803	-0.01024	0.00802	-0.00083	单元 16 的应变硬化率
61	602	0.00407	0.00527	-0.00407	0	节点 32 的 z 坐标
64	599	0.00287	0.00372	-0.00287	0	节点 31 的 z 坐标
75	510	0.00239	0.0031	-0.00239	0	节点 2 的 x 坐标
76	513	0.00239	0.0031	-0.00239	0	节点 3 的 x 坐标
77	516	-0.00239	-0.0031	0.00239	0	节点 4 的 x 坐标
78	522	-0.00239	-0.0031	0.00239	0	节点 6 的 x 坐标
79	531	0.00229	0.00297	-0.00229	0	节点 9 的 x 坐标
80	537	-0.00229	-0.00297	0.00229	0	节点 11 的 x 坐标
81	534	0.00229	0.00296	-0.00229	0	节点 10 的 x 坐标
82	540	-0.00229	-0.00296	0.00229	0	节点 12 的 x 坐标

　　对比表 10.15 与表 10.13 可发现,在均值点和验算点处随机变量的重要性排序有所不同,且各随机变量的重要性系数也相应有所不同,二者计算的敏感性结果大致一致。这是由于结构的性能在均值点和设计点相近的缘故,也即二者非线性程度基本一致。很多情况下在设计点的非线性程度要高于均值点处的非线性程度,二者结果不一致。对于此例尽管差别不是很大,但这暗示了一条有价值的信息,在使用变量缩减法时,通常是首先进行 FOSM 对各随机变量进行重要性排序,然后取前若干个重要性排序靠前的随机变量作为随机变量,将其余随机变量当成不变量来处理,最后应用比较耗时的一次可靠度计算方法来计算可靠度及敏感性,因此可以节省大幅计算量,有时或许会来带一定的误差,具体问题应该具体对待。

10.6.6　算例6——平板网架结构

　　建立跨度为 18m 的正交正放平板网架结构[图 10.21(a)、图 10.21(b)],网格大小为 3m×3m,模型共有 85 个节点,288 个杆件,杆件截面取 ϕ89mm×3.5mm,横截面面积为 940.12mm²,在 OpenSees 中采用 CorotTruss 单元模拟弦杆,弹性模量为 2.1×10^{11}N/m²,密度为 7850kg/m³。网架周边节点采用三向约束。将杆件横截面面积、荷载、弹性模量、钢材屈服强度 f_y 和应变硬化率 b 和节点坐标

（x、y、z 三个方向均考虑）作为随机变量,其分布类型与统计参数见表 10.16。结构体系随机变量总数为:288(杆件横截面面积)＋288(弹性模量)＋288(屈服强度)＋288(应变硬化率)＋85(集中荷载)＋3×85(3 表示 x、y、z 三个方向,85 为节点数)＝1492。本算例主要研究网架结构在变形能力下功能函数对各随机变量的敏感性,考察随机变量杆件横截面面积间的相关性、弹性模量间的相关性、屈服强度 f_y 间的相关性和应变硬化率 b 间的相关性对网架结构可靠度的影响规律;并采用随机变量缩减技术,对网架进行不同数量的可靠度计算,来验证变量缩减技术的高效性与准确性;最后研究节点坐标变异性的大小对网架结构可靠度的影响规律。

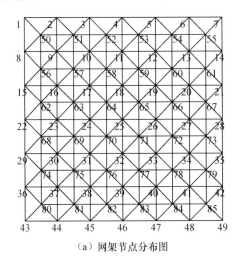

（a）网架节点分布图　　（b）网架下层杆件分布图

图 10.21　网架节点、下层单元分布图

表 10.16　平板网架结构随机变量统计参数

随机变量	数量	均值	变异系数	相关系数	服从分布
横截面面积 A/mm^2	288	940.12	0.05	0～0.8	对数正态分布
弹性模量 E/Pa	288	2.1×10^{11}	0.05	0～0.8	对数正态分布
屈服强度 $f_y/(\mathrm{N/m}^2)$	288	3.55×10^8	0.10	0～0.8	对数正态分布
应变硬化率 b	288	0.02	0.10	0～0.8	对数正态分布
荷载 P/N	85	$1.06P_i$	$0.074P_i$	—	正态分布
节点坐标	255	节点坐标	10mm(标准差)	—	正态分布

1. 各随机变量间相关性大小对网架结构可靠度的影响

1）杆件横截面面积之间的相关系数对网架可靠度指标的影响

以网架节点 25 竖向挠度值与阈值 0.5m 之差作为功能函数,考虑不同杆件横

截面面积间的相关系数大小对网架结构可靠度的影响规律。仅将杆件横截面面积指定为随机变量,其他参数均指定为确定量,分别将杆件横截面面积间的相关系数指定为 0.0、0.1、0.2、0.3、0.5 和 0.8,计算结果如图 10.22 和表 10.17 所示,图 10.23 为六种相关系数下的可靠度指标迭代过程,表 10.17 为六种相关性下的可靠度指标大小及其对应的功能函数调用次数。从图 10.22 和表 10.17 可以看出,随着杆件横截面面积相关系数的增加,此功能函数的可靠度逐渐降低,功能函数调用次数大致逐渐减少,若不考虑杆件横截面面积间的相关性,则会高估网架结构的抗变形能力;可靠度指标在相关系数 0 与 0.1 之间变化最显著。

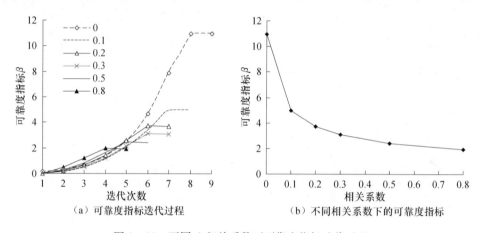

（a）可靠度指标迭代过程　　　　　（b）不同相关系数下的可靠度指标

图 10.22　不同 A 相关系数下可靠度指标迭代过程

表 10.17　不同 A 相关系数下网架的可靠度指标

相关系数	0.0	0.1	0.2	0.3	0.5	0.8
可靠度指标 β	10.959	4.9763	3.706	3.0826	2.4247	1.934
功能函数调用次数	2621	2327	2033	2033	1740	1448

2）杆件弹性模量间相关系数对网架可靠度指标的影响

以网架节点 25 竖向挠度值与阈值 0.45m 之差作为功能函数,考虑不同杆件弹性模量间的相关性大小对网架结构可靠度的影响规律。仅将杆件弹性模量指定为随机变量,其他参数均指定为不变量,并分别将杆件弹性模量间的相关系数指定为 0、0.1、0.2、0.3、0.5 和 0.8,计算结果如图 10.23 和表 10.18 所示。图 10.23 为六种相关系数下的可靠度指标迭代过程,表 10.18 为六种相关系数下的可靠度指标大小及其对应的功能函数调用次数。从图 10.23 和表 10.18 可以看出,随着杆件弹性模量相关系数的增加,此功能函数的可靠度也在逐渐降低,功能函数调用次数变化不明显,若不考虑杆件弹性模量间的相关性,则会造成结构的不安全;可靠度指标也在相关系数为 0.0 与 0.1 之间变化最为显著。

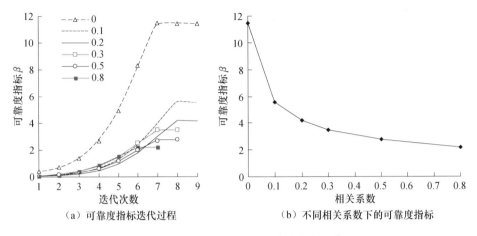

（a）可靠度指标迭代过程　　　　　　　（b）不同相关系数下的可靠度指标

图 10.23　不同 E 相关系数下可靠度指标迭代过程

表 10.18　不同 E 相关系数下网架的可靠度指标

相关系数	0.0	0.1	0.2	0.3	0.5	0.8
可靠度指标 β	11.458	5.5439	4.1718	3.4842	2.7504	2.1987
功能函数调用次数	2615	2621	2621	2326	2326	2033

3）屈服强度 f_y 间相关系数对网架可靠度指标影响

同样以网架节点 25 竖向挠度值与阈值 0.7m 之差作为功能函数,考虑不同杆件屈服强度间的相关性大小对网架结构可靠度的影响规律。仅将杆件屈服强度指定为随机变量,其他参数均指定为不变量,并分别将杆件屈服强度间的相关系数指定为 0、0.1、0.2、0.3、0.5 和 0.8,计算结果如图 10.24 和表 10.19 所示。图 10.24 为六种相关系数下的可靠度指标迭代过程,表 10.19 为六种相关系数下的可靠度

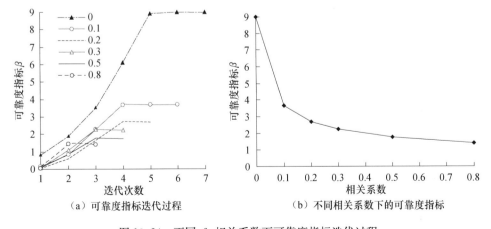

（a）可靠度指标迭代过程　　　　　　　（b）不同相关系数下的可靠度指标

图 10.24　不同 f_y 相关系数下可靠度指标迭代过程

指标大小及其对应的功能函数调用次数。从图 10.24 和表 10.19 可以看出，随着杆件横截面面积相关系数的增加，此功能函数的可靠度逐渐降低。

表 10.19　不同 f_y 相关系数下网架的可靠度指标

相关系数	0	0.1	0.2	0.3	0.5	0.8
可靠度指标 β	9.0017	3.6813	2.7012	2.2343	1.7493	1.392
功能函数调用次数	2028	1737	1448	1157	1157	867

4) 应变硬化率 b 间相关系数对网架可靠度指标影响

同样以网架节点 25 竖向挠度值与阈值 0.45m 之差作为功能函数，考虑不同杆件应变硬化率间的相关性大小对网架结构可靠度的影响规律。仅将杆件应变硬化率指定为随机变量，杆件应变硬化率间的相关系数取值同上，计算结果如图 10.25 和表 10.20 所示。从图 10.25 和表 10.20 可以看出，随着杆件应变硬化率相关系数的增加，此功能函数的可靠度逐渐降低，若不考虑杆件横截面面积间的相关性，则会高估网架结构的抗变形能力。

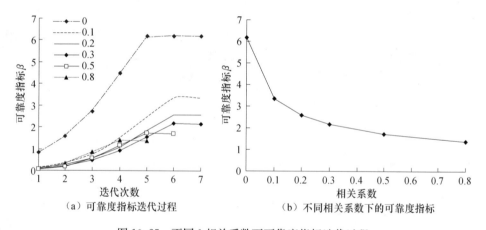

（a）可靠度指标迭代过程　　（b）不同相关系数下的可靠度指标

图 10.25　不同 b 相关系数下可靠度指标迭代过程

表 10.20　不同 b 相关系数下网架的可靠度指标

相关系数	0	0.1	0.2	0.3	0.5	0.8
可靠度指标 β	6.1797	3.3559	2.5705	2.1626	1.7186	1.3798
功能函数调用次数	2028	2032	2032	2032	1740	1448

2. 网架结构的重要性系数排序

结构可靠度研究的一个重要方面就是考察结构可靠度对随机变量的敏感性。对于大型复杂结构，随机因素很多，基于随机有限元的可靠度计算会十分费时，如果还要考虑材料的非线性效应,计算量更大。为减小工作量而又使精度满足工程需要,这里首先进行敏感性分析,若某些随机变量敏感性很小,则在计算过程中可以将这些随机变量作为常数来处理,从而节省工作量,提高计算效率。

1) 各随机变量重要性排序

将平板网架的最大挠度节点(上层中心节点 25)的最大挠度与指定阈值的差值作为功能函数,研究此功能函数对各随机变量的敏感性,将横截面面积、弹性模量、屈服强度、应变硬化率、外荷载和所有节点三个方向的坐标作为随机变量,计算结果见表 10.21。从表 10.21 可以看出,此功能函数对距离节点 25 下层最近的四个杆件 97、102、127 和 132 的屈服强度最敏感,重要性系数达到-0.223;紧接着是作用于节点 25 的集中荷载;此功能函数对与节点 25 相邻的下层节点 64、65、70 和 71 的集中荷载也很敏感。该功能函数对节点 25 周围的节点荷载和杆件屈服强度较远处的节点荷载与杆件屈服强度更敏感;该功能函数对节点 25 的 y 向坐标也很敏感,其排序也达到第 26 位,重要性系数为-0.0959,节点 64、65、70 和 71 的重要性系数也达到 0.0682,重要性排序达到 55、56、57 和 58 位。值得注意的是,离节点 25 很远的节点 4、22、28 和 46 的 y 向坐标变异性对此功能函数也产生重要影响,此四个节点为约束节点,而分别与该四个节点相邻的 8 个约束节点的 y 向变异性对网架的最大挠度产生较大影响。因此,节点坐标的变异性对网架变形能力的可靠度有不可忽略的影响,在以变形能力作为控制的网架可靠度计算中,须将节点坐标的变异性考虑进去,否则计算结果不准确。

表 10.21　FORM 计算得到的随机变量重要性排序

重要性排序	随机变量序号	重要性量度系数	参数意义
1	673	-0.223	单元 97 的屈服强度
2	678	-0.223	单元 102 的屈服强度
3	703	-0.223	单元 127 的屈服强度
4	708	-0.223	单元 132 的屈服强度
5	1177	0.178	节点 25 的集中荷载
6	1216	0.145	节点 64 的集中荷载
7	1217	0.145	节点 65 的集中荷载
8	1222	0.145	节点 70 的集中荷载
9	1223	0.145	节点 71 的集中荷载
10	1170	0.137	节点 18 的集中荷载
11	1176	0.137	节点 24 的集中荷载
12	1178	0.137	节点 26 的集中荷载
13	1184	0.137	节点 32 的集中荷载
14	1169	0.112	节点 17 的集中荷载
15	1171	0.112	节点 19 的集中荷载

续表

重要性排序	随机变量序号	重要性量度系数	参数意义
16	1183	0.112	节点 31 的集中荷载
17	1185	0.112	节点 33 的集中荷载
18	668	−0.111	单元 92 的屈服强度
19	683	−0.111	单元 107 的屈服强度
20	698	−0.111	单元 122 的屈服强度
21	713	−0.111	单元 137 的屈服强度
22	724	−0.103	单元 148 的屈服强度
23	743	−0.103	单元 167 的屈服强度
24	842	−0.103	单元 266 的屈服强度
25	861	−0.103	单元 285 的屈服强度
26	1311	−0.0959	节点 25 的 y 向节点坐标
27	1210	0.0929	节点 58 的集中荷载
28	1211	0.0929	节点 59 的集中荷载
29	1215	0.0929	节点 63 的集中荷载
30	1218	0.0929	节点 66 的集中荷载
31	1221	0.0929	节点 69 的集中荷载
32	1224	0.0929	节点 72 的集中荷载
33	1228	0.0929	节点 76 的集中荷载
34	1229	0.0929	节点 77 的集中荷载
35	728	−0.0832	单元 152 的屈服强度
36	739	−0.0832	单元 163 的屈服强度
37	748	−0.0832	单元 172 的屈服强度
38	767	−0.0832	单元 191 的屈服强度
39	818	−0.0832	单元 242 的屈服强度
40	837	−0.0832	单元 261 的屈服强度
41	846	−0.0832	单元 270 的屈服强度
42	857	−0.0832	单元 281 的屈服强度
43	672	−0.0781	单元 96 的屈服强度
44	674	−0.0781	单元 98 的屈服强度
45	677	−0.0781	单元 101 的屈服强度
46	679	−0.0781	单元 103 的屈服强度
47	702	−0.0781	单元 126 的屈服强度
48	704	−0.0781	单元 128 的屈服强度
49	707	−0.0781	单元 131 的屈服强度
50	709	−0.0781	单元 133 的屈服强度
55	1428	0.0682	节点 64 的 y 向节点坐标
56	1431	0.0682	节点 65 的 y 向节点坐标

续表

重要性排序	随机变量序号	重要性量度系数	参数意义
57	1446	0.0682	节点 70 的 y 向节点坐标
58	1449	0.0682	节点 71 的 y 向节点坐标
95	1248	−0.0544	节点 4 的 y 向节点坐标
96	1302	−0.0544	节点 22 的 y 向节点坐标
97	1320	−0.0544	节点 28 的 y 向节点坐标
98	1374	−0.0544	节点 46 的 y 向节点坐标
107	1245	−0.0363	节点 3 的 y 向节点坐标
108	1251	−0.0363	节点 5 的 y 向节点坐标
109	1281	−0.0363	节点 15 的 y 向节点坐标
110	1299	−0.0363	节点 21 的 y 向节点坐标
111	1323	−0.0363	节点 29 的 y 向节点坐标
112	1341	−0.0363	节点 35 的 y 向节点坐标
113	1371	−0.0363	节点 45 的 y 向节点坐标
114	1377	−0.0363	节点 47 的 y 向节点坐标

2) 不同数量重要性系数下的可靠度计算

利用以上计算得出的随机变量的重要性次序,接着研究取不同数量的重要性随机参数对网架结构可靠度的影响程度,分别取前 200、300、400、500、600、700、800 和 1000 个重要性随机变量和所有的 1492 个随机变量作为研究对象,剩余随机变量作为不变量来处理,九种情况的计算迭代过程如图 10.26 所示,计算结果见表 10.22。从图 10.26 和表 10.22 中可以看出,随着所考虑随机变量个数的增加,可靠度指标越来越逼近真实值。若仅取前 200 个最重要的随机变量,尽管可靠度

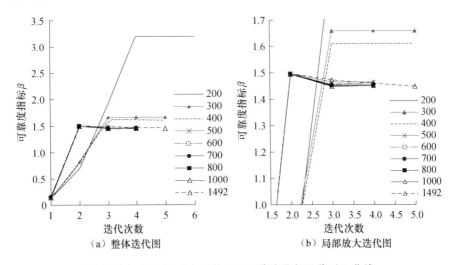

图 10.26　不同随机变量数量下可靠度指标迭代对比曲线

与敏感性计算耗时只有 89s,但其可靠度指标达 3.1968,与真实值相距甚远,误差达到 120.55%。随着最重要随机变量个数的增加,可靠度指标逐渐逼近真实值,误差逐渐减少,同时耗时也在增大。当最重要随机变量的个数取至前 500 个时,可靠度指标 β 值为 1.464,已经逼近了真实可靠度指标 1.4495,误差仅为 1%,消耗计算时间仅为 180s,而此网架随机变量总计 1492 个,前 500 个仅占所有随机变量的 1/3,耗时更是大幅地减少,若将 1492 个随机变量均考虑进去,那么需要 1637s 才能完成可靠度计算,耗时将近缩减后的 10 倍。

表 10.22　不同随机变量数量下可靠度计算的效率与误差对比

变量数目	200	300	400	500	600	700	800	1000	1492
可靠度指标 β	3.1968	1.6584	1.6084	1.464	1.456	1.4532	1.4519	1.4504	1.4495
误差/%	120.6	14.41	10.96	1.00	0.45	0.26	0.17	0.06	0.00
耗时/s	89	115	160	180	220	278	365	519	1637
功能函数调用次数	1209	1506	2006	2004	2404	2804	3204	4004	7466

因此,对于大型结构的可靠度与敏感性计算,首先应用 FOSM 进行重要性量度排序,然后取前若干位随机变量对结构进行可靠度计算(在误差范围允许内),可以节省大量的计算时间和工作量。

3. 随机节点坐标的变异性对网架重要性系数及可靠度的影响

这里主要研究节点坐标的随机性大小对网架变形能力的可靠度影响规律。仅将节点坐标指定为随机变量,其他参数均指定为不变量,分别将节点坐标标准差指定为 0.01m、0.03m、0.05m、0.07m、0.09m 和 0.11m,研究在此六种节点坐标标准差下网架结构的可靠度。以网架节点 25 竖向挠度值与阈值 0.45m 之差作为功能函数,计算结果如图 10.27 和表 10.23 所示。图 10.27 为六种节点坐标标准差下

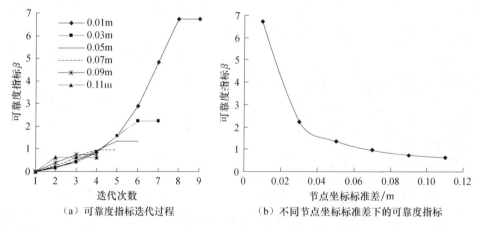

（a）可靠度指标迭代过程　　　　　（b）不同节点坐标标准差下的可靠度指标

图 10.27　不同节点坐标变异系数下网架的可靠度指标迭代过程

的可靠度指标迭代过程,表 10.23 为六种节点坐标标准差下的可靠度指标大小及其对应的功能函数调用次数。从图 10.27 和表 10.23 可以看出,随着节点坐标标准差的增加,此功能函数的可靠度逐渐降低,尤其节点坐标标准差在 0.01m 和 0.03m 之间下降最显著,因此节点坐标的定位准确与否直接影响着网架的变形,可见,节点坐标的变异性在网架结构的可靠度计算中不容忽视。

表 10.23　不同节点坐标变异系数下网架的可靠度指标

节点坐标标准差	0.01m	0.03m	0.05m	0.07m	0.09m	0.11m
可靠度指标 β	6.7314	2.2438	1.3463	0.9616	0.7479	0.6119
功能函数调用次数	2324	1802	1542	1283	1025	1024

4. 结论

(1) 敏感性分析是空间钢结构可靠度分析的一个重要方面,其分析结果可提供失效概率对随机变量变化的重要性排序。对于大型结构的可靠度与敏感性计算,首先应用省时 FOSM 进行重要性量度排序,然后取前若干位随机变量对结构进行较费时的一次可靠度方法计算,可以节省大量的计算时间和工作量。一般情况下,FOSM 与一次可靠度方法计算的敏感性结果基本一致,这是由于结构的性能在均值点和设计点相近的缘故,但同时也应注意,某些情况下在设计点的非线性程度要远高于均值点处的非线性程度,二者会得到不一致的结果。

(2) 概率重要性分析是结构可靠度分析的"副产品",它不像确定性重要性分析那样需要进行额外的有限元分析,因此并不增加结构可靠度计算量。α、γ、δ 和 η 四类重要性量度的变化规律基本一致,此四个敏感性系数在空间钢结构的敏感性分析中能很好地体现某一功能函数对各随机变量的敏感性。重要性向量 α 和 γ 还可以表明随机变量的本质特征,当其值为负时,属荷载类型,为正时,表明属抗力类型;但节点坐标的变异性均不属于以上两种情况,有时 α 和 γ 值为正,有时为负。

(3) 对于书中进入塑性阶段的输电塔结构而言,若以顶点水平变形作为衡量目标,除了对顶点处的集中荷载最敏感外,其功能函数对下部几层的杆件屈服强度、横截面面积和节点坐标等也很灵敏。对于进入塑性阶段的平板网架结构挠度控制而言,功能函数对控制点周围的荷载和节点坐标、下层杆件最敏感,有趣的是,此功能函数对某些周边约束的节点坐标也很敏感。

(4) 通常在工程结构的可靠度计算中,将节点坐标作为不变量来处理,这样就会造成一定的误差,根据书中算例的计算结果表明,节点坐标的变异性会对空间钢结构的可靠性及敏感性产生较大的影响,其随机性不容忽略。对于空间网架结构,随着节点变异性的增大,可靠度指标迅速下降,尤其节点坐标标准差在一定范围之内下降最明显。节点坐标的重要性量度系数随其自身变异性的增大而逐渐增大,而同时杆件横截面面积、弹性模量、屈服强度、应变硬化率和外荷载对应的重要性量度系数逐渐减小。

　　(5)科学地选取随机变量间的相关性,关系到能否准确地计算空间钢结构的可靠度。算例表明,随着杆件横截面面积、弹性模量、屈服强度和应变硬化率自身相关性的增大,计算出的空间钢结构的可靠度逐渐降低。

参 考 文 献

Arora J S, Haug E J. 1979. Methods of design sensitivity analysis in structural optimization. AIAA Journal,17(9):970-974.

Au S K, Beck J L. 2001. First excursion probabilities for linear systems by very efficient importance sampling. Probabilistic Engineering Mechanics,16(3):193-207.

Baber T T, Noori M N. 1985. Random vibration of degrading, pinching systems. Journal of Engineering Mechanics,111(8):1010-1026.

Bathe K J. 1996. Finite Element Procedures. Englewood Cliffs:Prentice Hall.

Bjerager P, Krenk S. 1989. Parameter sensitivity in first order reliability theory. Journal of Engineering Mechanics,115(7):1577-1582.

Bouc R. 1971. Mathematical model for hysteresis. Report to the Centre de Recherches Physiques, Marseille.

Breitung K. 1989. Asymptotic approximations for probability integrals. Probabilistic Engineering Mechanics,4(4):187-190.

Choe D E, Gardoni P, Rosowsky D, et al. 2009. Seismic fragility estimates for reinforced concrete bridges subject to corrosion. Structural Safety,31(4):275-283.

Choi K K, Santos J L T. 1987. Design sensitivity analysis of non-linear structural systems. Part I: Theory. International Journal of Numerical Methods in Engineering,24(11):2039-2055.

Conte J P. 2000. Finite element response sensitivity analysis in earthquake engineering. Proceedings of the Cina-US Millennium Symposium of Earthquake Engineering:Earthquake Engineering Frontiers in the New Millennium,Beijing.

Conte J P, Vijalapura P K, Meghella M. 1999. Consistent finite element sensitivity in seismic reliability analysis. Proceedings of 13th ASCE Engineering Mechanics Division Conference,Baltimore.

Cook R D, Malkus D S, Plesha M E. 1989. Concepts and Applications of Finite Element Analysis. 3rd ed. New York:John Wiley & Sons.

Crisfield M A. 1991. Non-Linear Finite Element Analysis of Solids and Structures. New York: John Wiley & Sons.

der Kiureghian A. 2000. The geometry of random vibrations and solutions by FORM and SORM.

Journal of Engineering Mechanics,15(1):81-90.

der Kiureghian A. 2003. Lecture notes in CE229-structural reliability. University of California.

der Kiureghian A,DeStefano M. 1991. Efficient algorithm for second-order reliability. Journal of Engineering Mechanics,ASCE,117(12):2904-2923.

der Kiureghian A, Haukaas T,Fujimura K. 2006. Structural reliability software at the University of California,Berkeley. Structural Safety,28(1-2):44-67.

der Kiureghian A,Taylor R L. 1983. Numerical methods in structural reliability. Proceedings of the 4th International Conference on Applications of Statistics and Probability in Civil Engineering,Florence.

der Kiureghian A, Zhang Y. 1999. Space-variant finite element reliability analysis. Computer Methods in Applied Mechanics and Engineering,168(1-4):173-183.

Ditlevsen O. 1979. Narrow reliability bounds for structural systems. Journal of Structural Mechanics,7(4):453-472.

Ditlevsen O,Madsen H O. 1996. Structural Reliability Methods. New York:Wiley,Chichester.

Franchin P. 2004. Reliability of uncertain inelastic structures under earthquake excitation. Journal of Engineering Mechanics,130(2):180-191.

Frank P M. 1978. Introduction to System Sensitivity Theory. New York:Elsevier, Academic Press.

Gardoni P,Mosalam K M,der Kiureghian A. 2003. Probabilistic seismic demand models and fragility estimates for RC bridges. Journal of Earthquake Engineering,7(S1):79-106.

Gu Q,Conte J. 2003. Convergence studies in nonlinear finite element response sensitivity analysis. Proceedings of the 9th International Conference on Applications of Statistics and Probability in Civil Engineering,San Francisco.

Gurtin M E. 1981. An Introduction to Continuum Mechanics. New York:Academic Press.

Hasofer A M,Lind N C. 1974. Exact and invariant second-moment code format. Journal of Engineering Mechanics,100(1):111-121.

Haukaas T. 2003. Finite element reliability and sensitivity methods for performance-based engineering[PhD Dissertation]. Berkeley:University of California.

Haukaas T,der Kiureghian A. 2006. Strategies for finding the design point in non-linear finite element reliability analysis. Probabilistic Engineering Mechanics,21(2):133-147.

Haukaas T, Scott M H. 2006. Shape sensitivities in the reliability analysis of nonlinear frame structures. Computers and Structures,84(15-16):964-977.

Hohenbichler M,Rackwitz R. 1986. Sensitivity and importance measures in structural reliability. Civil Engineering Systems,3(4):203-209.

Kleiber M,Antunez H,Hien T, et al. 1997. Parameter Sensitivity in Nonlinear Mechanics. New York:John Wiley & Sons.

Koduru S D, Haukaas T. 2010. Probabilistic seismic loss assessment of a vancouver high-rise building. Journal of Structural Engineering,136(3):235-245.

Koduru S D, Haukaas T, Elwood K J. 2007. Probabilistic evaluation of global seismic capacity of degrading structures. Earthquake Engineering and Structural Dynamics, 36(13):2043-2058.

Koo H. 2003. FORM, SORM and simulation techniques for nonlinear random vibrations[PhD Dissertation]. Berkeley: University of California.

Li C C, der Kiureghian A. 1995. Mean out-crossing rate of nonlinear response to stochastic input. Proceedings of the 7th International Conference on Applications of Statistics and Probability in Civil Engineering, Paris.

Li H. 1999. An inverse reliability method and its applications in engineering design[PhD Dissertation]. Vancouver: University of British Columbia.

Liu P L, der Kiureghian A. 1986. Multivariate distribution models with prescribed marginals and covariances. Probabilistic Engineering Mechanics, 1(2):105-112.

Liu P L, der Kiureghian A. 1991a. Finite element reliability of geometrically nonlinear uncertain structures. Journal of Engineering Mechanics, 17(8):1806-1825.

Liu P L, der Kiureghian A. 1991b. Optimization algorithms for structural reliability. Structural Safety, 9(3):161-178.

Mathakari S, Gardoni P, Agarwal P, et al. 2007. Reliability-based optimal design of electrical transmission towers using multi-objective genetic algorithms. Computer-Aided Civil and Infrastructure Engineering, 22(4):282-292.

Ray D, Pister K S, Polak E. 1978. Sensitivity analysis for hysteretic dynamic systems: Theory and applications. Computer Methods in Applied Mechanics and Engineering, 14(2):179-208.

Roth C P, Grigoriu M. 2001. Sensitivity analysis of dynamic systems subjected to seismic loads. State University of New York.

Sachin M, Paolo G, Pranab A, et al. 2007. Reliability-based optimal design of electrical transmission towers using multi-objective genetic algorithms. Computer-Aided Civil and Infrastructure Engineering, 22(4):282-292.

Soyoz S, Feng M Q, Shinozuka M. 2010. Structural reliability estimation with vibration-based identified parameters. Journal of Engineering Mechanics, 136(1):100-106.

Tsay J J, Arora J S. 1990. Nonlinear structural design sensitivity analysis for path dependent problems. Part 1: General theory. Computer Methods in Applied Mechanics and Engineering, 81(2):183-208.

Wen Y K. 1976. Method for random vibration of hysteretic systems. Journal of Engineering Mechanics Division, 102(EM2):249-263.

Zhang Y, der Kiureghian A. 1993. Dynamic response sensitivity of inelastic structures. Computer Methods in Applied Science and Engineering, 108(1-2):23-36.

Zienkiewicz O C, Taylor R L, Zhu J Z. 2000. The Finite Element Method. 5th ed. Oxford, Boston: Butterworth-Heinemann.

第11章 大跨空间结构的非线性有限元可靠度分析

有限元是模拟结构性能的主导工具。本章将有限元法和可靠度方法结合起来，形成有限元可靠度方法。1983 年，der Kiureghian 和 Taylor 第一次将一次可靠度方法和有限元方法结合起来。自从那以后，出现了大量的改进方法，如 Liu 和 der Kiureghian(1991a)、Gutierrez 等(1994)、Zhang 和 der Kiureghian(1997)、der Kiureghian 和 Zhang(1999)、Sudret 和 der Kiureghian(2000)、Imai 和 Frangopol (2000)、Haldar 和 Mahadevan(2000)、Frier 和 Sorensen(2003)。

为了获得各种功能事件的概率计算，在基于性能的工程中应用了结构可靠度计算方法。结构的功能通常由结构的响应量来指定，如应变、位移、应力、力和累积响应指标(累积塑性应变或累积耗散能量)。结构响应的确定性数值预测通常由有限元法计算而得。有限元可靠度方法是将先进的可靠度方法(如一次可靠度方法、二次可靠度方法和重要抽样法)与有限元方法结合起来，从而获得预定功能标准的概率估算。这些方法通常对于线性和非线性结构问题均适用。本章的研究目的有以下两个方面：阐述 OpenSees 中的新方法；应用该软件来识别和解决在非线性有限元可靠度分析中所遇到的问题。

11.1 基于性能的地震工程中的可靠度分析

结构设计的安全水平通常由社会或者结构的所有者来指定。在引入荷载抗力系数设计法(LRFD)之前，应用的是容许应力法。在这两种方法中，规范通过指定安全系数或荷载抗力系数来考虑结构特性、几何缺陷和所处环境的不确定性。近年来，出现了基于性能设计方法的概念。应用先进的计算工具模拟实际结构的性能，对该设计方法起到了助推作用。比起过去模糊的规范条款，现在社会或业主可以知晓在某一破坏水平下结构能够满足实际功能标准的概率水平。这些性能水平囊括从立即入住至防止整体倒塌几个阶段。对于合理设计的结构而言，大多数功能标准失效是小概率事件。也就是说，失效事件均处于响应概率分布的尾部，这就决定了能应用何种有限元方法来处理。而且，在大多数失效模式中，必须考虑非线性结构响应。本节正是基于以上几点进行计算分析。

在太平洋地震工程研究中心，性能通常被定义为决策变量(DV)。通常，它们是破坏指标(DM)的函数,破坏指标是工程需求参数(EDP)的函数,而破坏指标也是强度指标(IM)的函数。我们举一范例,峰值地震动加速度是IM,无侧限混凝土柱的应变是EDP,混凝土破坏程度是DM,而维修费用是DV。方程(11.1)阐明了这些量的内在依存性。

$$IM \rightarrow EDP \rightarrow DM \rightarrow DV \tag{11.1}$$

每一个箭头均表示一个模型。例如,对于一个给定的IM,模拟模型提供了EDP;对于给定的EDP,破损模型提供了DM。若这些量没有与模型直接用箭头相连,则假定是相互独立的。例如,对于EDP,则DM是假定独立于IM的。

必须将IM、EDP、DM和DV均视为随机变量。在每一个模型中均引入随机性,有多种方法能计算该失效事件(由DV定义)的概率,如应用全概率原理。对于一个连续随机变量X,一个事件A的全概率为

$$P(A) = \int_{-\infty}^{\infty} P[A \mid X = x] f(x) \mathrm{d}x \tag{11.2}$$

假定$X=x$,则$P[A \mid X = x]$是A的条件概率,而$f(x)$是X的概率密度函数(PDF)。假定强度指标的PDF $f(\mathrm{im})$是已知的,可将方程(11.2)应用于方程(11.1)。通过全概率准则,可以获得工程需求参数的累积分布函数(CDF)$F(\mathrm{edp})$

$$P(\mathrm{edp}) = P[\mathrm{EDP} \leqslant \mathrm{edp}] = \int_{-\infty}^{\infty} P[\mathrm{EDP} \leqslant \mathrm{edp} \mid \mathrm{IM} = \mathrm{im}] f(\mathrm{im}) \mathrm{d}(\mathrm{im}) \tag{11.3}$$

通过求导可获得相应的PDF

$$f(\mathrm{edp}) = \frac{\mathrm{d}F(\mathrm{edp})}{\mathrm{d}(\mathrm{edp})} \tag{11.4}$$

同样,在DM和DV中同样使用该步骤,最终的结果为一个三重积分

$$F(\mathrm{dv}) = \int_{-\infty}^{\infty} \int_{-\infty}^{\infty} \int_{-\infty}^{\infty} F(\mathrm{dv} \mid \mathrm{dm}) f(\mathrm{dm} \mid \mathrm{edp}) f(\mathrm{edp} \mid \mathrm{im}) f(\mathrm{im}) \mathrm{d}(\mathrm{im}) \mathrm{d}(\mathrm{edp}) \mathrm{d}(\mathrm{dm}) \tag{11.5}$$

式中,对于给定的DM=dm,$F(\mathrm{dv}\mid\mathrm{dm})$表示DV的条件累积密度函数(conditional CDF);$f(\mathrm{dm}\mid\mathrm{edp})$和$f(\mathrm{edp}\mid\mathrm{im})$是DM和EDP的条件概率密度函数。三重积分可以视为矩阵-矢量四重乘积进行计算,其中将$f(\mathrm{im})$排列为一个向量,将条件累积密度函数和概率密度函数的值$F(\mathrm{dv}\mid\mathrm{dm})$、$f(\mathrm{dm}\mid\mathrm{edp})$和$f(\mathrm{edp}\mid\mathrm{im})$排列为矩阵,矩阵的行与列等于随机变量离散值的数目。

使用合适的模型,应用本节的可靠度方法进行一次计算分析即可解决整个问题,而不用分别计算条件概率$F(\mathrm{dv}\mid\mathrm{dm})$、$f(\mathrm{dm}\mid\mathrm{edp})$和$f(\mathrm{edp}\mid\mathrm{im})$。在可靠度分

析中,将 IM 和模型参数视为随机变量即可实现此目的。有限元模型本身提供了 IM→EDP 和 EDP→DM 模型。当将 DM→DV 作为输入量时,即可计算出由 DV 所定义的事件的概率。

11.2 随 机 模 型

古典的有限元模型中的参数是确定的。在有限元可靠度分析中,将这些参数不确定性化即成为一个重要的任务。这部分给出了边缘和联合概率密度分布的公式。为方便起见,应用了 Nataf 族的联合分布(Liu et al.,1986)。通过指定随机变量的边缘分布和相关性结构,即可完全定义该族的联合分布。

11.2.1 边缘分布函数的种类

在 OpenSees 中,可以选择程序所提供的各种分布类型,也可自定义分布类型。程序可供选择的分布包括正态分布、对数正态分布、负对数正态分布、指数分布、平移指数分布、瑞利分布、平移瑞利分布、均匀分布、伽马分布、贝塔分布、极值Ⅰ型最大分布、极值Ⅰ型最小分布、极值Ⅱ型最大分布、极值Ⅲ型最小分布和威布尔分布。

11.2.2 自定义分布

可以应用任意形状的概率密度函数定义想要得到的分布类型。概率密度函数必须遵从正则化规则,即 $\int_{-\infty}^{\infty} f(x)\mathrm{d}x = 1$。事实上,OpenSees 也会自动检查定义的概率密度函数是否满足该规则,如果没有进行正则化处理,程序将会提示用户应一致增加或减小所有分布函数值,从而满足正则化条件。如果分布函数值存在负值,程序也会给出错误提示信息。可以指定任意数量的点,可通过命令行或文件指定这些点。

根据在离散点 $x_1 < x_2 < \cdots < x_n$ 指定的概率密度函数值,可以通过在这些值间线性插值获得概率密度函数 $f(x)$ 的任意值。应用梯形积分规则,即可获得累积分布函数。

$$F(x) = \int_{-\infty}^{x} f(x)\mathrm{d}x$$

确定了离散点 $\tilde{x}_i = \min\{x_i \mid F(x_i) > p\}$ 后,即可获得逆累积密度函数。

$$x = F^{-1}(p)$$

解所在的概率密度函数间隔间的斜率为

$$a = \frac{f(x_i) - f(x_{i-1})}{x_i - x_{i-1}}$$

解为

$$x = x_{i-1} + \frac{-B + \sqrt{B^2 - 4AC}}{2A}$$

式中，$A = \frac{a}{2}$，$B = f(x_{i-1})$，$C = F(x_{i-1}) - p$；若 $a = 0$，那么

$$x = \frac{p - F(x_{i-1}) + f(x_{i-1}) x_{i-1}}{f(x_{i-1})}$$

11.2.3　相关性结构

每一组随机变量可分配一个相关系数 ρ，其中，$-1 \leqslant \rho \leqslant 1$。如果 $\rho = 0$，则表明无相关性；而当 $\rho = \pm 1$ 时，表明是完全正相关或完全负相关。

可将所有的相关系数组集到一个矩阵中 $R = [\rho_{ij}]$，式中 i 和 j 表示随机变量编号。矩阵的对角元素全为 1.0。矩阵 R 须为正定，若随机变量为线性关系，则 R 将奇异。若以任意的方式指定 R 中的元素，则 R 或许将不会满足该条件。因此应检验矩阵的正定性，并给出随机变量组间的相关结构。在 OpenSees 中，程序会自动完成此步骤。对于后者，应用了稳态随机过程的概念。考虑一个稳态随机过程 $x(t)$，其自相关函数为 $\rho(\tau)$，其中 τ 是两个时间点的绝对差值。若选择一系列离散点 t_i，$i = 1, \cdots, n$，对于所选择的任意 t_i，$\rho(\tau)$ 是有效的自相关函数，那么含有元素 $\rho_{ij} = \rho(|t_i - t_j|)$ 的自相关矩阵便是正定的。在 OpenSees 中，这些相关性结构通过给每一个随机变量分配一个"时间"值来指定。这就能从已知的有效相关函数建立有效的相关性矩阵。

有效的相关函数 $\rho(\tau)$ 应满足如下条件：

（1）$\rho(\tau)$ 必须对称。

（2）$|\rho(\tau)|$ 必须以 $\rho(0)$ 为界，也就是 $|\rho(\tau)| \leqslant \rho(0)$。

（3）$\rho(\tau)$ 必须为非负定函数，也就是，它的傅里叶变换必须是处处非负。

（4）如果 τ 在 0 处是连续的，在所有 τ 处，$\rho(\tau)$ 亦必须是连续的。

（5）若随机过程没有周期成分，那么 $\lim_{|\tau| \to} \rho(\tau) = 0$。

在 OpenSees 中，实现了满足上述条件的相关性结构有

$$\rho_{ij} = \exp\left(-\frac{|i - j|}{\theta}\right)$$

$$\rho_{ij} = \exp\left(-\frac{|i - j|^2}{\theta^2}\right)$$

$$\rho_{ij} = \frac{1}{1 + \theta(i - j)^2}$$

$$\rho_{ij} = \begin{cases} \dfrac{1}{1+\theta(i-j)^2}, & |i-j| > 0 \\ 0, & |i-j| \leqslant 0 \end{cases} \qquad (11.6)$$

除了以上几种相关性结构外,在软件中还实现了 Dunnett-Sobel 模型(Dunnett et al.,1955)。在这个模型当中,相关矩阵的对角项元素为

$$\rho_{ij} = r_i r_j, \quad i \neq j \qquad (11.7)$$

r 是自定义的向量,它的元素满足条件 $-1 < r_i < 1 (i \neq j)$。R 的对角元元素均设置为 1。相关性矩阵是正定的。如果所有 $x \neq 0$,$x^\mathrm{T} R x > 0$,那么称矩阵 R 为正定的。对于方程(11.7)中所给的相关矩阵,应用指标记号(重复指标求和),则 $x^\mathrm{T} R x$ 有两项贡献。首先,R 的对角项为

$$x_i \delta_{ij} x_j = x_i^2 \qquad (11.8)$$

式中,δ_{ij}——克罗内克 δ 函数(Kronecker delta)。注意到

$$x_i^2 > x_i^2 r_i^2 \qquad (11.9)$$

其次,来自 R 的非对角项贡献为

$$x_i \rho_{ij} x_j = x_i r_i r_j x_j, \quad i \neq j \qquad (11.10)$$

注意到 $x_i r_i r_j x_j = (x_i r_i)^2$。根据方程(11.8)和方程(11.10),应用方程(11.9)不等式关系,可得

$$x^\mathrm{T} R x > (x_i r_i)^2 > 0 \qquad (11.11)$$

以上关系表明该相关性矩阵是正定的。

11.2.4　联合概率分布

在一次可靠度方法、二次可靠度方法和重要性抽样法(IS)的可靠度分析中,一个重要步骤就是搜索所谓的验算点。搜索验算点是在独立标准正态空间中进行的,因此有必要将原始随机变量向量转换到独立标准正态空间当中。本节主要介绍联合概率密度分布的选择和标准正态空间的转换。

在 OpenSees 中,为联合分布提供了 Nataf 模型(Liu et al.,1986)。通过指定随机变量的边缘分布和相关性矩阵来完成该类联合分布的定义。比起其他联合分布模型,如 Morgenstern 模型,Nataf 模型相对可适用范围更广的相关值,具体范围值取决于分布类型。该模型的实现过程首先考虑随机变量 x 为联合正态的情况。均值向量可表示为 $M_x = \{\mu_i\}$,协方差矩阵为 $\Sigma_{xx} = [\rho_{ij} \sigma_i \sigma_j]$。为将 x 转换到独立标准正态空间,我们求寻这一线性转换关系 $y = a_0 + A x$,其中 $M_y = 0$,$\Sigma_{yy} = I$。将线性函数的均值和方差表示为含有未知量 a_0 和 A 的方程:

$$M_y = a_0 + AM_x = 0 \tag{11.12}$$

$$\Sigma_{yy} = A\Sigma_{xx}A^{\mathrm{T}} = I \tag{11.13}$$

由于 Σ_{xx} 是正定矩阵,我们可以写成 $\Sigma_{xx} = \hat{L}\hat{L}^{\mathrm{T}}$,其中,$\hat{L}$ 是 Σ_{xx} Cholesky 分解的下三角矩阵。代入方程(11.13)可得

$$A\Sigma_{xx}A^{\mathrm{T}} = I = (A\hat{L})(\hat{L}A^{\mathrm{T}}) = (A\hat{L})(A\hat{L})^{\mathrm{T}} = I \tag{11.14}$$

很明显可以看出 $A\hat{L} = I$,于是可得

$$A = \hat{L}^{-1} \tag{11.15}$$

接着,由方程(11.12)得

$$a_0 + \hat{L}^{-1}M_x = 0 \quad \Rightarrow \quad a_0 = -\hat{L}^{-1}M_x \tag{11.16}$$

因此,可将相关正态随机变量 x 转换至独立标准正态空间:

$$y = \hat{L}^{-1}(x - M_x) \tag{11.17}$$

　　协方差矩阵可以实施同样的转换,协方差矩阵可写为 ΣDRD,式中 $D = \mathrm{diag}(\sigma_i)$ 是标准差的对角矩阵,而 R 是相关矩阵。应用同样的转换,可得如下变换:

$$y = L^{-1}D^{-1}(x - M_x) \tag{11.18}$$

式中,L——相关矩阵 R 的下三角分解,亦即 $R = LL^{\mathrm{T}}$。这种形式的转换是有利的,因此分解在无量纲矩阵 R 中进行,而不是协方差矩阵,协方差矩阵中的元素通常具有混合量纲的特点。以上转换的雅可比变换为

$$J_{y,x} = \frac{\partial y}{\partial x} = L^{-1}D^{-1} = \hat{L}^{-1} \tag{11.19}$$

　　现在考虑以下情况,x 由非正态但统计独立的随机变量组成。在这种情况下,由如下概率保守转换将每一个随机变量转换到标准独立空间:

$$\Phi(y_i) = F_i(x_i) \quad \Rightarrow \quad y_i = \Phi^{-1}(F_i(x_i)) \tag{11.20}$$

式中,$\Phi(\cdot)$——标准正态累积分布函数;

$F_i(\cdot)$——x_i 的累积分布函数。

　　在方程(11.20)第一部分中,左右两端同时对 x_i 求导,可得这种变换的雅可比矩阵。应用链式法则 $\dfrac{\partial}{\partial x} = \dfrac{\partial}{\partial y}\dfrac{\partial y}{\partial x}$ 可得

$$J_{y,x} = \frac{\partial y}{\partial x} = \mathrm{diag}\left[\frac{f(x_i)}{\varphi(y_i)}\right] \tag{11.21}$$

　　现在考虑相关非正态随机变量的情况,非正态随机变量具有联合 Nataf 分布。

首先将原始随机变量 x 转换为一系列标准正态随机变量 z。

$$\Phi(z_i) = F_i(x_i) \quad \Rightarrow \quad z_i = \Phi^{-1}(F_i(x_i)) \tag{11.22}$$

接着，假定随机变量 z 是联合正态分布，对于 x 就产生了所谓的 Nataf 分布 (Liu et al. ,1986)。通过初等概率变换规则 $f(x)\mathrm{d}x_1\mathrm{d}x_2\cdots\mathrm{d}x_n=\varphi(z,R_0)\mathrm{d}z_1\mathrm{d}z_2\cdots\mathrm{d}z_n$，可以获得 x 的联合概率密度函数。

$$f(x) = \varphi(z,R_0)\frac{\mathrm{d}z_1\mathrm{d}z_2\cdots\mathrm{d}z_n}{\mathrm{d}x_1\mathrm{d}x_2\cdots\mathrm{d}x_n} = \varphi(z,R_0)\frac{f(x_1)f(x_2)\cdots f(x_n)}{\varphi(x_1)\varphi(x_2)\cdots\varphi(x_n)} \tag{11.23}$$

式中，$\varphi(z,R_0)$——z 的联合正态概率密度函数，z 的相关性矩阵为 R_0。对方程 (11.22)关于 x_i 求导即可得方程(11.23)第二个等号关系式。应用方程(11.18)和方程(11.20)，可得独立标准正态变量的最后变换，即

$$y = L_0^{-1}z = L_0^{-1}\begin{bmatrix}\Phi^{-1}(F(x_1))\\\Phi^{-1}(F(x_2))\\\vdots\\\Phi^{-1}(F(x_n))\end{bmatrix} \tag{11.24}$$

式中，L_0——标准相关正态随机变量 z 的相关性矩阵 R_0 的下三角分解。

从先前几种特殊的情况，可以很容易看出方程(11.24)中雅可比矩阵变换为

$$J_{y,x} = L_0^{-1}\mathrm{diag}\left[\frac{f(x_i)}{\varphi(z_i)}\right] \tag{11.25}$$

接下来的任务是在 x 的相关性矩阵 $R=\rho_{ij}$ 基础上，获取 z 的相关性矩阵 $R_0=\rho_{0,ij}$。两个连续随机变量 X 和 Y 的相关系数可写为

$$\rho_{XY} = \int_{-\infty}^{\infty}\int_{-\infty}^{\infty}\left(\frac{X-\mu_X}{\sigma_X}\right)\left(\frac{Y-\mu_Y}{\sigma_Y}\right)f_{XY}(x,y)\mathrm{d}x\mathrm{d}y \tag{11.26}$$

式中，μ——均值；

　　σ——标准差的值；

　　$f_{XY}(x,y)$——联合概率密度函数。

在这种情况下，联合概率密度函数像式(11.23)中的一样，产生以下将 ρ_{ij} 和 $\rho_{0,ij}$ 关联起来的积分方程：

$$\begin{aligned}\rho_{ij} &= \int_{-\infty}^{\infty}\int_{-\infty}^{\infty}\left(\frac{x_i-\mu_i}{\sigma_i}\right)\left(\frac{x_j-\mu_j}{\sigma_j}\right)\varphi_2(z_i,z_j,\rho_{0,ij})\frac{f(x_i)f(x_j)}{\varphi(x_i)\varphi(z_j)}\mathrm{d}x_i\mathrm{d}y_j\\&= \int_{-\infty}^{\infty}\int_{-\infty}^{\infty}\left(\frac{F^{-1}(\Phi(z_i)-\mu_i)}{\sigma_i}\right)\left(\frac{F^{-1}(\Phi(z_j)-\mu_j)}{\sigma_j}\right)\varphi_2(z_i,z_j,\rho_{0,ij})\mathrm{d}z_i\mathrm{d}z_j\end{aligned}$$

$$\tag{11.27}$$

式中,$F^{-1}(\cdot)$——逆累积分布函数;双变量标准正态概率密度函数为

$$\varphi_2(z_i, z_j, \rho) = \frac{1}{2\pi\sqrt{1-\rho^2}} e^{-\frac{1}{2(1-\rho^2)}(z_i^2 - 2z_i z_j \rho + z_j^2)} \qquad (11.28)$$

通过应用方程(11.27),可以获得相关性矩阵 $\rho_{0,ij}$。Liu 和 der Kiureghian(1986)给出了一系列概率分布的 $\rho_{0,ij}$ 闭合近似表达,这些表达在 OpenSees 可供选择。$\rho_{0,ij}$ 和 ρ_{ij} 之间的差别很小,但对于高度非正态分布差异很大。OpenSees 中应用牛顿法解决了方程(11.27),用户可自定义概率分布类型。

在这里随机变量是通过边缘分布和相关性结构来刻画的,随机变量可以映射到 OpenSees 的有限元模型当中。例如,随机变量可以包括材料属性、几何尺寸和外载变量等。

11.3　功 能 函 数

在基于性能的工程中应用可靠度分析方法时,经过一定的途径定义功能标准是很重要的,可以通过功能函数来达到此目的。在结构可靠度分析中,"失效"表示事件不能满足功能标准。而对于一定范围内的功能函数,计算其失效概率的方法已经达到了成熟阶段,比定义本构失效简单得多,本节将对此展开讨论。

11.3.1　构件和系统可靠度问题

功能函数可由工程需求参数、损伤指标或决策变量来定义。所定义失效事件的概率计算提供了"构件"可靠度问题。尽管如此,该功能标准的失效可能不等同于整个结构系统的失效。因此,可以将"系统"可靠度问题定义为一系列的构件可靠度问题和一系列构件失效的组合。

这部分既讨论计算构件失效概率计算的问题,又讨论系统可靠度概率计算的问题。求解系统可靠度问题时,可使用构件失效概率及其相关信息。

11.3.2　功能函数的一般特点

结构构件的功能函数可表示为 $g(x)$,其中,x 是基本随机变量的向量。功能函数中 x 可以是结构响应的隐式表达。尽管如此,$g(x)$ 至少在 x 的可行域中,关于 x 必须是连续的,必须是关于 x 可微的。功能函数的数值将失效状态和安全状态划分开。

$g > 0$,安全。

$g = 0$,极限状态。

$g < 0$,失效。

在不相关的标准正态变量 y 中,功能函数可表示为 $G(y)$,于是

$$G(y(x)) = g(x) \quad \Leftrightarrow \quad g(x(y)) = G(y) \tag{11.29}$$

有限元可靠度方法有一个很大的特点，就是有限元求解的响应量包含在功能函数当中。例如，一个简单的阈值功能函数为

$$g = 阈值 - 响应量 \tag{11.30}$$

当不确定的响应量超过指定的阈值时，功能函数将会是负值，表明失效。在 OpenSees 中，应力、应力合力、应变、位移和累积指标均可定义为方程(11.30)中的响应量。注意所指定的阈值和计算的响应都可能是随机变量 x 的函数。

11.3.3　基于性能的地震工程的功能函数

基于性能的工程方法是对真实结构性能的仿真。业主或规程指定了所需的功能目标，这个功能目标就是决策变量或函数。在基于性能的工程当中，与地震事件相对应，划分为以下四个性能水平(Federal Emergency Management Agency, 2000)：

(1) 运作性能：事件不影响居住者或建筑物所应具备的功能。

(2) 立即入住性能：居住者立即返回建筑物。

(3) 生命安全性能。

(4) 防止倒塌性能。

对于每一个功能需求，业主或规程条款决定可接受的破坏水平。对于一个地震事件，如在 50 年内发生 50% 的概率，则需要立即入住性能。另一方面，对于一个地震事件，在 50 年内发生 2% 的概率，则仅生命安全性能能满足此要求。

11.4　计算功能函数概率和响应统计

在结构可靠度分析中，主要关心的是能够完成指定功能的失效概率。在最简单的仅有一个功能函数情况下，构件可靠度问题可表示为

$$p_{\mathrm{f}} = \int_{g(x) \leqslant 0} f(x)\mathrm{d}x \tag{11.31}$$

式中，p_{f}——失效概率；

x——随机有限元模型参数向量；

$g(x)$——功能函数；

$f(x)$——x 的联合概率密度函数。

注意到是对整个随机变量 x 求积分，在有限元可靠度分析当中随机变量 x 的数目或许很大。这样，方程(11.31)的闭合解是不能获得的，除了一些特例外。由

于这个原因,为了解决这个积分问题,引入了若干近似计算方法,其中包括一阶可靠度方法、二阶可靠度方法、抽样法、响应面法和数值积分法。当随机变量数目大于 3 或者 4 时,后者将不再适用。而且,在有限元可靠度分析当中,最好是能减少计算 g 及其梯度的数目,这就使得一次可靠度方法、二次可靠度方法和重要性抽样法更易应用,而蒙特卡罗抽样法对于小概率事件则不是明智的选择。一次可靠度方法、二次可靠度方法和重要性抽样法的一个共同点是:它们都应用了所谓的设计点。当把随机变量转换在标准正态空间中,在失效域中该点就是最有可能失效点,同样,这点亦是逼近极限状态面的理想点。在一次可靠度方法分析中,是在设计点处的切平面近似逼近极限状态面,然后计算失效概率。而对于二阶可靠度方法,是在设计点处的二次切平面近似逼近极限状态面,然后计算失效概率。重要性抽样法是将设计点作为抽样中心来获得失效概率。在 OpenSees 中已实现一次可靠度方法、重要性抽样法和二次可靠度方法。尽管如此,二次可靠度方法中,只局限于一种简单的算法来计算第一主曲率,从而拟合抛物面。它由 der Kiureghian 和 de Stefano(1991)引入。

在讨论能解决方程(11.31)中概率积分的方法以前,首先阐述 OpenSees 中计算响应量二阶矩的方法。

11.4.1 二阶矩响应统计

为了计算有限元响应量的二阶矩统计,在 OpenSees 中应用了两个方法。它们可以用来计算响应量的均值、方差及响应量间的相关系数。第一种方法是以均值为中心点,然后对随机变量的函数采用一阶泰勒级数逼近。

$$g(x) \approx g(\mu) + \nabla g(x - \mu) \tag{11.32}$$

式中,μ——随机变量 x 的均值向量;

梯度 $\nabla g = \begin{bmatrix} \dfrac{\partial g}{\partial x_1} & \cdots & \dfrac{\partial g}{\partial x_n} \end{bmatrix}$——梯度行向量。

该方法需要在均值点处进行一次有限元分析和响应敏感性计算。如果不用直接微分法,而用有限差分法计算梯度,那么就需要再次进行有限元分析。

均值的一阶近似计算,是在随机变量的均值处计算函数值。

$$E(g) = \mu_g \approx g(\mu) \tag{11.33}$$

方差

$$\text{Var}(g) = \sigma_g^2 \approx \nabla g \Sigma \nabla g^{\text{T}} \tag{11.34}$$

式中,Σ——随机变量 x 的协方差矩阵。

函数 g_1 和 g_2 间的协方差为

$$\text{Cov}(g_1, g_2) = \sigma_g^2 \approx \nabla g \Sigma \nabla g^{\text{T}} \tag{11.35}$$

相应的相关系数由正态化的协方差获得

$$\rho_{g_1,g_2} = \frac{\mathrm{Cov}(g_1,g_2)}{\sigma_{g_1}\sigma_{g_2}} \tag{11.36}$$

方程(11.33)～方程(11.36)已在 OpenSees 中实现,这几个方程是用来计算定义的功能函数的二阶矩统计。如果想要计算一个响应量的统计数据,那么功能函数应仅需定义响应量即可。例如,如果要定义结点 7 沿着自由度方向 1 的位移,那么功能函数将被定义为 $g=u_{7,1}$。若定义两个或更多的功能函数,那么相关系数将被自动计算出。此处,以上方法被称为 FOSM 法。

另外一个方法是在 OpenSees 中已实现的抽样法。首先产生样本 $x_i, i=1,\cdots,$ N,计算出相应的功能函数值 $g(x_i)$。均值的计算表达式为

$$E(g) = \mu_g \approx \frac{1}{N}\sum_{i=1}^{N}g(x_i) \tag{11.37}$$

方差的估算为

$$\mathrm{Var}(g) = \sigma_g^2 \approx \frac{1}{N-1}\left\{\sum_{i=1}^{N}g(x_i)^2 - \frac{1}{N}\left[\sum_{i=1}^{N}g(x_i)\right]^2\right\} \tag{11.38}$$

同样的,功能函数 g_1 和 g_2 间的协方差为

$$\mathrm{Cov}(g_1,g_2) \approx \frac{1}{N-1}\left\{\sum_{i=1}^{N}g_1(x_i)g_2(x_i) - \frac{1}{N}\left[\sum_{i=1}^{N}g_1(x_i)\right]\left[\sum_{i=1}^{N}g_2(x_i)\right]\right\} \tag{11.39}$$

相应的相关系数可由方程(11.36)求解得到。

计算出的均值的变异系数提供了一个估算抽样法精度的方法,即

$$\mathrm{c.o.v}(\mu_g) = \frac{\sigma_g}{\mu_g\sqrt{N}} \tag{11.40}$$

11.4.2　一次可靠度方法

一次可靠度方法通过两个重要运算解决方程(11.31)中的可靠度问题。第一,转换为不相关标准正态空间,找到设计点;第二,在设计点上近似拟合极限状态面,然后应用标准正态空间的特性计算出概率。在非线性有限元可靠度分析当中,对于以上第一点是个巨大的挑战,将在 11.5 节中详细讨论。

从标准正态空间的原点坐标到设计点(表示为 y^*)的距离称为可靠度指标,用 β 表示。一阶概率计算为

$$p_f \approx p_{f1} = \Phi(-\beta) \tag{11.41}$$

式中,$\Phi(\cdot)$——标准正态累积分布函数。在设计点处,通常定义 α 向量为负正态

化梯度行向量,如

$$\alpha = -\frac{\nabla G}{\| \nabla G \|} \tag{11.42}$$

式中,$\nabla G = \begin{bmatrix} \dfrac{\partial G}{\partial y_1} & \cdots & \dfrac{\partial G}{\partial y_n} \end{bmatrix}$。其中,$\beta = \alpha y^*$。另外,在一次可靠度方法中 α 是几个重要性指标"副产品"之一。在实际的工程设计当中,这些参数是很有价值的。它们可以用来减少模型中随机变量的数目。

11.4.3　重要抽样分析

在原始的蒙特卡罗法中,样本抽样点选在均值点。由于失效事件易于发生在概率分布的尾部区域,这就需要大量的样本来得到精确的失效概率计算。而在有限元可靠度分析当中,功能函数的大量计算将导致效率低下,这就使得原始蒙特卡罗法在大多数有限元可靠度的计算当中不再适用。将抽样分布集中于失效域附近,便得到一个更高效的抽样法。这就是隐藏在重要抽样法背后的基本思想。

通过引入一个指示函数 $I(y)$,例如,如果 $g(x) \leqslant 0$,则 $I(y) = 1$,否则 $I(y) = 0$,重写方程(11.31),得到(Ditlevsen et al.,1996)

$$p_f = \int_{\Omega_y} I(y)\phi(y)\mathrm{d}y = \int_{\Omega_y} \left[I(y)\frac{\phi(y)}{f(y)} \right] f(y)\mathrm{d}y \tag{11.43}$$

式中,Ω_y——整个标准正态空间;

$\varphi(y)$——联合正态标准概率密度函数;

$f(y)$——联合概率密度函数,其在域中非零,$I(y) = 1$。

可以看到,相对于分布 $f(y)$,方程(11.43)中的最后积分是随机变量 $I(y)\dfrac{\phi(y)}{f(y)}$ 的期望。这个期望可以通过产生独立统计的随机变量 $I(y)\dfrac{\phi(y)}{f(y)}$ 计算而得,其中 $I(y)\dfrac{\phi(y)}{f(y)}$ 从分布 $f(y)$ 中获得。这个样本的平均值是期望的无偏估计,因此,也是 p_f 的无偏估计。当选择 $f(y)$ 时,原始蒙特卡罗法的计算结果与 $\varphi(y)$ 一致,抽样在中心均值点进行,也就是标准正态空间的原点。在重要性抽样法分析中,是将抽样分布中心移到用户所指定的点,如设计点。

抽样法已在 OpenSees 中实现,通过重复地产生独立的、正态分布随机向量 $\bar{y}$ 来计算方程(11.43),其均值为零、方差为 1。根据 $y = y_{\text{center}} + L\bar{y}$ 将 $\bar{y}$ 进行转换,式中 y_{center} 是用户提供的均值向量,L 是用户提供的协方差矩阵 Σ 的 Cholesky 分解。均值向量定义样本密度的中心。最有效的选择则是设计点。选择协方差矩阵为单位阵。沿着相应随机变量的轴,增大(减小)对角元元素的值将会扩大(缩小)

抽样密度,增加非对角元元素,可以使样本分布朝着想要的方向延长。

将向量 y 转换回原始空间 $x=x(y)$,为了达到此目的,需要计算功能函数 $g(x)$。根据输出 $g(x)$,赋予 $I(x)$ 数值。在标准正态空间 $\phi(y)$ 中对于联合概率密度函数,变量 $q(y)=I(x(y))\dfrac{\phi(y)}{f(y)}$ 用以下的表达来计算,抽样密度 $f(y)$ 为

$$f(y) = \frac{1}{(2\pi)^{n/2} \sqrt{\det \Sigma}} \exp\left[-\frac{1}{2}(y-y_{\text{center}})^{\text{T}} \Sigma^{-1}(y-y_{\text{center}})\right] \quad (11.44)$$

$$\phi(y) = \frac{1}{(2\pi)^{n/2}} \exp\left(-\frac{1}{2}y^{\text{T}}y\right) \quad (11.45)$$

式中,n——随机变量数目。

失效概率的计算公式为

$$p_{\text{f}} \approx p_{\text{f, sim}} = \bar{q} = \frac{1}{N}\sum_{i=1}^{N} q_i \quad (11.46)$$

式中,$q_i = q(y_i)$;

　　N——样本数。

一个衡量概率计算精度的标准是 $p_{\text{f, sim}}$ 的方差,q_i 是统计独立的、恒等分布的,$p_{\text{f, sim}}$ 的方差为

$$\text{Var}(p_{\text{f, sim}}) = \sum_{i=1}^{n} \frac{1}{N^2} \text{Var}(q_i) = \frac{1}{N} \text{Var}(q) \quad (11.47)$$

式中,$\text{Var}(q)$——方差,应用众所周知的公式所产生的样本来计算,

$$\text{Var}(q) \approx \frac{1}{N-1}\left[\sum_{i=1}^{n} q_i^2 - \frac{1}{N}\left(\sum_{i=1}^{N} q_i\right)^2\right] \quad (11.48)$$

将方程(11.48)代入方程(11.47),概率计算的方差为

$$\text{Var}(p_{\text{f, sim}}) \approx \frac{1}{N(N-1)}\left[\sum_{i=1}^{n} q_i^2 - \frac{1}{N}\left(\sum_{i=1}^{N} q_i\right)^2\right] \quad (11.49)$$

因此,只需要去存储 q_i 之和和 q_i^2 的值。在 OpenSees 中,概率计算的变异系数为

$$\text{c. o. v}(p_{\text{f, sim}}) = \frac{\sqrt{\text{Var}(p_{\text{f, sim}})}}{p_{\text{f, sim}}} \quad (11.50)$$

按照定义的数目进行反复抽样,直到以上计算的 c. o. v 低于某一指定的目标才停止。

11.4.4　参数可靠度分析

在 OpenSees 中,提供了一个特别的工具,通过一系列可靠度分析可得到概率结果。通过指定功能函数参数化阈值,计算有限元响应量的累积分布函数和概率

密度函数。同样的,在有限元模型中指定需求参数,即能绘制出易损性曲线。更一般地,可靠度结果可以作为一个指定参数的函数而得到。

考虑功能函数 $g(x, \theta)$,θ 是需要改变的参数。在离散值 θ 处,当易损性和累积分布函数曲线包括失效概率计算时,需要应用一次可靠度方法的敏感性结果来得到相应的概率密度函数曲线。出于这个目的,对一次可靠度方法计算失效概率 $p_{\mathrm{fl}} = \Phi(-\beta)$ 关于 θ 求导

$$\frac{\partial}{\partial \theta} \Phi(-\beta) = \frac{\partial}{\partial \theta} (1 - \Phi(\beta)) = -\frac{\partial \beta}{\partial \theta} \frac{\partial}{\partial \beta} \Phi(\beta) = -\frac{\partial \beta}{\partial \theta} \varphi(\beta) \tag{11.51}$$

可靠度指标的偏微分是(Hohenbichler et al. ,1986)

$$\frac{\partial \beta}{\partial \theta} = \frac{1}{\| \nabla G \|} \frac{\partial g}{\partial \theta} \tag{11.52}$$

式中,$\dfrac{\partial g}{\partial \theta}$ 很容易被计算出,因为 θ 是以简单的代数形式存在于功能函数中。在 OpenSees 中,响应量的概率密度结果和参数可靠度结果一同被自动计算出。

11.4.5　系统可靠度分析

一个系统可靠度分析定义多个功能函数,每一个功能函数代表一个构件,用户定义若干组构件,它们的联合失效组成系统失效。下面考虑三种情况。

如果任意一个构件失效,则整个串联系统失效,即任一功能函数呈现出负值。因此失效域可以被写成各个失效构件的并集。

$$f_{\mathrm{s}} = \{ \bigcup_{k=1}^{K} g_k(x) \leqslant 0 \} \tag{11.53}$$

如果所有构件失效,则整个并联系统失效。失效域因此可以被写成各个单独构件的失效域的交集。

$$f_{\mathrm{s}} = \{ \bigcap_{k=1}^{K} g_k(x) \leqslant 0 \} \tag{11.54}$$

比起以上两种特殊的情况,混联结构体系更常见。这种系统的失效域可定义为

$$f_{\mathrm{s}} = \{ \bigcup_{k=1}^{K} \bigcap_{k \in C_k} g_k(x) \leqslant 0 \} \tag{11.55}$$

式中,C_k——第 k 个指标集,在第 k 个割集中定义构件指标,并集是针对所有系统的割集。

计算系统的失效概率不是一个小问题。在 OpenSees 当中,对于串联系统,是通过原始蒙特卡罗法和计算概率界限来解决问题的。通过由指示函数 I 对抽样法进行,描的是关于系统失效,而不是单个元件失效。对于串联系统,用所谓的 KHD

边界法计算失效概率的边界值(Kounias,1968;Hunter,1976;Ditlevsen,1979)。

下限

$$P_{\mathrm{f,s}} \geqslant P_1 + \sum_{k=2}^{K} \max\left(P_k - \sum_{l=1}^{k-1} P_{kl,0}\right) \tag{11.56}$$

上限

$$P_{\mathrm{f,s}} \leqslant P_1 + \sum_{k=2}^{K} \left(P_k - \max_{l<k} P_{kl}\right) \tag{11.57}$$

式中, P_k——第 k 个功能函数的失效概率;

P_{kl}——第 k 和第 l 元件的联合失效概率。后者需要进行含有两个构件的并联可靠度计算。在一次可靠度方法分析中,通过 $P_{kl} \approx \Phi(-\beta_i, -\beta_j, \rho_{ij})$ 来估算,其中 $\Phi(\cdot, \cdot, \rho)$ 是双正态累积分布函数,通过式(11.58)计算(Ditlevsen et al.,1996):

$$\Phi(-\beta_i, -\beta_j, \rho_{ij}) = \Phi(-\beta_i)\Phi(-\beta_j) + \int_0^{\rho_{ij}} \frac{1}{2\pi\sqrt{1-\rho^2}}$$

$$\times \exp\left[-\frac{\beta_i^2 + \beta_j^2 - 2\rho\beta_i\beta_j}{2(1-\rho^2)}\right] \mathrm{d}\rho \tag{11.58}$$

式中,相关系数根据各自的 α 向量给出, $\rho_{ij} = \alpha_i \alpha_j^{\mathrm{T}}$。

11.5　搜索设计点

设计点是以下约束优化问题的解:

$$y^* = \arg\min\{\|y\| \mid G(y) = 0\} \tag{11.59}$$

式中, y——标准正态空间的随机变量的向量;

y^*——设计点;

G——空间中的功能函数;

"arg min"——函数的最小量。

在关于优化的参考文献中,如 Polak(1997),有很多解决不等式的约束优化问题的算法。而方程(11.59)是等式约束。因此,此处提出几种算法来解决下面这个替代问题:

$$y^* = \arg\min\{\|y\| \mid G(y) \leqslant 0\} \tag{11.60}$$

在标准正态空间中,当原点在可靠域中时,方程(11.59)和方程(11.60)等价。但在失效域中时,亦即 $g(\|y\|=0)<0$,那么方程(11.60)的解就是原点,该点其实不是方程(11.59)的真实设计点。因此,当应用方程(11.60)时,应该引起足够注意。

11.5.1　一般的搜索方法

所谓的 HLRF 算法是由 Hasofer 和 Lind(1974) 提出的,后来 Rackwitz 和 Fiessler(1978)将该法拓展到了非正态随机变量领域,在结构可靠度分析中,这种算法或许是最流行的用来解决方程(11.59)中约束优化问题的办法。众所周知,这种算法在特定的条件下是不稳定、不收敛的。Liu 和 der Kiureghian(1991b)、Zhang 和 der Kiureghian(1997)通过增添线性搜索规划改进了 iHLRF 算法。应用这些算法是为了解决非线性有限元可靠度问题。针对这些问题,对已有算法进行改进,从而提出新的算法。

在这考虑的所有算法的关键步骤都是一样的,在 OpenSees 中是通过以下步骤来完成的。

(1) 将原始空间中给定的起始点 x_1 转换到标准正态空间中对应的点 y_1,该步由方程(11.24)完成。

(2) 计算并储存功能函数 $g(x_1)$ 的值 G_0,用来为后续的缩放做准备。如果起始点靠近极限状态面,那么就取 $G_0=1$。

(3) 若问题不收敛,但没有达到指定的最大迭代次数,则有以下步骤。

① 将正态空间的 y_i 值反向转换到原始空间 x_i 中。第一次迭代会跳过此步,因为 x_1 已知。

② 执行 OpenSees 有限元程序,计算功能函数 $g(x_i)$ 的值。注意到更新后随机变量必须传递给有限元程序。

③ 有限元响应得到后,在 OpenSees 中应用直接微分法或者有限差分法计算梯度。当功能函数中仅包括位移量时,需要计算的梯度向量是 $\dfrac{\partial u}{\partial x}$。由于对功能函数梯度的需求,该向量为

$$\nabla_y G = \frac{\partial g}{\partial u}\frac{\partial u}{\partial x}\frac{\partial x}{\partial y} = \frac{\partial g}{\partial u}\frac{\partial u}{\partial x}J_{x,y} = \frac{\partial g}{\partial u}\frac{\partial u}{\partial x}(J_{y,x})^{-1}$$

梯度 $\dfrac{\partial g}{\partial u}$ 很容易计算出,因为 g 通常是 u 的代数函数,雅克比矩阵 $J_{y,x}$ 也将会被计算出。

④ 根据收敛准则,核查收敛性。

⑤ 如果没有达到收敛,指定子步:$y^{(m+1)}=y^{(m)}+\lambda d$,其中 d 是搜索方向向量,λ 是子步大小。

11.5.2　收敛准则

所研究的几种方法没有一种可以保证肯定能找到全局设计点,在优化设计中

这是一个本质性的挑战。尽管如此,对于满足特定的收敛准则或者优化条件的局部解,可以证实能够收敛。局部解通常就是真实的全局解。通常根据问题的上下文可以进行核对。如果有疑惑,应该从不同的起始点反复进行求解来确认所求设计点就是全局解。

设计点搜索必须满足两个收敛准则:第一,设计点应该在极限状态面上,即 $G=0$;第二,设计点应该尽可能接近坐标原点。用方程形式表示,第一个准则可表示为

$$\left|\frac{G}{G_0}\right| < e_1 \tag{11.61}$$

式中,G_0——一个缩放值,通常选为功能函数起始点处的值。

在 OpenSees 中,用于可以自定义 G_0 的数值,这一选择对重新开始搜索是有用处的,在初始点处的极限状态函数值已经很小。常数 e_1 是自定义的容差,通常选取 $e_1 = 10^{-3}$。

第二个收敛准则考虑两个向量,即 y 和 $\alpha = -\dfrac{\nabla G}{\|\nabla G\|}$。在设计点处,梯度向量必须指向标准正态空间的坐标原点。因此,α 和 y 在设计点处必须在同一条直线上。这个收敛准则可以被表达为 y 和 y 在方向 α 上的分量差。后者被表达为 $\alpha y \alpha^{\mathrm{T}}$,如图 11.1 所示,准则可以被写成

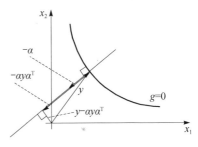

图 11.1　设计点收敛准则示意图

$$\| y - \alpha y \alpha^{\mathrm{T}} \| < e_2 \tag{11.62}$$

式中,e_2——用户自定义的容差,通常选取为 10^{-3}(Liu et al.,1989)。

这里将方程(11.62)的准则进行修改。该准则是一个检测向量 α 和 y 重合程度的指标。从图 11.1 可以容易地看出,当向量 y 的幅值增大时,由方程(11.62)定义的准则将变得更加严格,这是由于检测的是向量差,而不是两个向量之间的夹角的缘故。当 β 的值较大时,将会导致不收敛。于是接下来给出两个修改措施。

第一个措施:为了核查收敛性,将 y 向量标准化为单位长度。也就是在 y 空间中到原点的单位长度对于方程(11.62)的收敛准则是合适的。为了保证稳定性和独立于试算点至原点的距离,引入以下修改后的准则:

$$\left\| \frac{y}{\|y\|} - \left(\alpha \frac{y}{\|y\|}\right)\alpha^{\mathrm{T}} \right\| < e_2 \tag{11.63}$$

但是有如下条件:如果 $\|y\| < 1.0$,则需要重新使用方程(11.62)中的准则。

第二个措施是考虑向量 α 和 y 之间的角度。由基本的向量几何关系知,这个角度的余弦值用 θ 表示,满足以下关系式:

$$\cos\theta = \frac{\alpha y}{\|y\|} \tag{11.64}$$

因为在设计点处 θ 等于零,因此 $\cos\theta$ 等于 1。又一准则表达如下:

$$1-\frac{\alpha y}{\parallel y \parallel} < e_2 \tag{11.65}$$

注意到方程(11.65)与方程(11.59)的优化条件相关。方程(11.59)中优化问题的拉格朗日公式可以被写为 $l=\frac{1}{2} \parallel y \parallel^2 + \gamma G(y)=0$。第一个优化条件是 $g=0$,而第二个优化条件需要在设计点处拉格朗日梯度为零,也就是

$$\nabla l = y + \gamma \nabla G^{\mathrm{T}} = 0 \tag{11.66}$$

很明显,拉格朗日乘子 $\gamma = \dfrac{\parallel y \parallel}{\parallel \nabla G \parallel}$ 对两个向量进行了缩放,如果两个向量是并联的,则方程(11.66)之和为零,即

$$\frac{y}{\parallel y \parallel} + \frac{\nabla G^{\mathrm{T}}}{\parallel \nabla G \parallel} = 0 \tag{11.67}$$

用 $\dfrac{y^{\mathrm{T}}}{\parallel y \parallel}$ 乘以方程(11.67),并应用 $\alpha = -\dfrac{\nabla G}{\parallel \nabla G \parallel}$,则获得方程(11.65)。因此,方程(11.65)可以作为一个检查方程(11.59)中优化问题的方法。

11.5.3　子步大小的选取和限制搜索至可靠域

搜索法中最具特色的便是搜索方向,在非线性有限元可靠度中,子步大小的选择也是同等重要的。文中提及的算法都冠以"线性搜索",这是由于后一子步大小的选择是沿着一个预先选取的搜索方向进行的。理论上,子步大小确定后,所谓的评价函数最小,通常会导致一个收敛最优率。尽管如此,这种策略又提出了一个新的优化问题,即沿着搜索方向向量的评价函数最小化问题。因此,通常所用的策略是使用 Armijo 法则(Polak,1997)。该规则中子步大小按照如下选取:

$$\lambda = b^k \tag{11.68}$$

式中,b——自定义值,其中 $0<b<1.0$。

　　k——一个整数,其初始值为 0。k 以单位大小增加,直到找到一个可接受的子步,也就是说,直到评价函数减小到一定量。

通常将 b 取为 0.5,这时如果试算步大小不合适的话,则子步大小可选为一半。在 Armijo 法则中,初试子步大小为 $\lambda_0 = b^0 = 1.0$。在 OpenSees 中对此进行修改,由于初始子步大小为 1.0 时,或许会导致试算步离失效域太远,结果导致有限元分析的结果不收敛。图 11.2 通过假定结构的力-位移曲线阐述这个问题。通常结构在设计点处的非线性程度要高于起始点处(通常选取为均值点)的非线性程度。由于这个原因,搜索算法通常会过高地估计所需的随机强度/刚度缩减,从而

导致随机荷载变量的增加。因此,通常会出现搜索方法的第一个试算步离非线性域太远,有时候会导致有限元计算的不收敛。

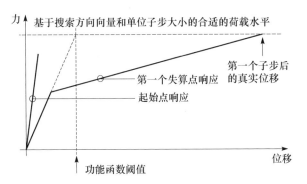

图 11.2　非线性有限元可靠度分析中"过大"的子步

针对此,OpenSees 中提出了几种改进的方法。首先,Armijo 规则的子步大小修改为

$$\lambda = b_0 \cdot b^k \tag{11.69}$$

用户定义的系数 b_0,通常默认值为 1.0,但其值是可以改变的,而不是只能为 1.0。用户也决定子步数量的选取。在进行非线性有限元可靠度分析时,这一简单的修改被证明是非常有效的。而且在许多情况下,OpenSees 中的 Armijo 规则能否检测有限元分析是否能够收敛,取决于有限元误差的严重程度。对于可恢复的不收敛事件,若试算点不可行,则可根据规则 $k = k+1$,对子步大小进行缩减。

第二个改进的方法是"边界球"法,它避免了有限元分析的不收敛问题。用户可以选择初始超球面的半径,将试算点限制在其中。例如,猜测的初始球半径可选为 $\beta_{\text{sphere}} = 2.0$。选择的过程取决于期望的可靠度指标。如果在超球中搜索不到设计点,可以将球的半径逐渐增大。OpenSees 规定了球半径大小的演化规则。

另一个可行的办法是修改选择搜索方向向量的算法,使得搜索在安全域中进行。

11.5.4　梯度投影法

梯度投影法(the gradient projection algorithm)是本书研究中最为简单的算法,它解决了方程(11.59)的问题,其主要特点是:在子域中沿着极限状态面完成搜索,子域中 $G=0$。当然,对于非线性极限状态函数,该法不可能精准的在极限状态面上立刻找到试算点。因此首先做一个猜测,认为极限状态面是线性的,随后的求根算法将试算点带到极限状态面上。

在每一步当中,推导初始搜索方向 d,确保搜索方向垂直于 ∇G,并位于由 ∇G

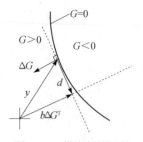

图 11.3 梯度投影法的
初始搜索方向

和 y 所确定的平面上,如图 11.3 所示。以上第一点实际可表达为 $\nabla G d = 0$。第二点可表达为 $d = ay + b\nabla G^{\mathrm{T}}$,其中,$a$ 和 b 是未知常数。如图 11.3 所示,选择线性函数的解 d,可得 $b\nabla G^{\mathrm{T}} = y + d$。因此 $a = -1$,b 可以通过 $\nabla G d = 0$ 求解。

$$\nabla G d = \nabla G(-y + b\nabla G^{\mathrm{T}}) = -\nabla G y + b \parallel \nabla G \parallel^2 = 0$$

$$\Rightarrow b = \frac{\nabla G y}{\parallel \nabla G \parallel^2} \tag{11.70}$$

搜索方向向量如下:

$$d = -y + \frac{\nabla G y}{\parallel \nabla G \parallel^2} \nabla G^{\mathrm{T}} = -[I - \alpha^{\mathrm{T}}\alpha]y \tag{11.71}$$

注意,$\alpha^{\mathrm{T}}\alpha$ 产生一个矩阵,I 是个识别矩阵。

如前所述,除非极限状态函数是线性的,否则新的试算点将不会位于极限状态面。通过应用求根法对此进行改进。于是问题可以被描述为:以试算点为起点,沿着方向 ∇G,搜寻函数 $G(y) = 0$ 的根。为解决该问题,提出了几种策略,在 OpenSees 中可应用两个著名的算法,即弦截法和修正牛顿法。两种方法均使用如下递推法则:

$$y^{(m+1),(p+1)} = y^{(m+1),(p)} - \frac{G(y^{(m+1),(p)})}{k} \frac{\nabla G(y^{(m)})^{\mathrm{T}}}{\parallel \nabla G(y^{(m)}) \parallel} \tag{11.72}$$

式中,m——搜索设计点的子步数;

p——求根法中的计数器;

k——切线变量。

上面表达式中最后的商是正态化方向向量,也就是全局搜索法中上一试算点的 ∇G。两种算法的区别系数是切线变量 k。

在修正牛顿法中,k 等于上一试算点梯度向量的范数,也就是 $\parallel \nabla G(y^{(m)}) \parallel$,如图 11.4 所示。在修正牛顿算法当中,切线值保持不变,这就使得修该法的效率比起严格的牛顿法有所下降,但是整体上耗时减小,因为需要修正梯度。

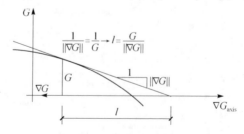

图 11.4 多维空间内修正牛顿法的子步长度

弦截法依据上一步的极限状态函数的值对 k 进行修正。

$$k = \frac{G(y^{(m+1),(p)}) - G(y^{(m+1),(p-1)})}{\| y^{(m+1),(p)} - y^{(m+1),(p-1)} \|} \tag{11.73}$$

在搜索设计点的第一步中会遇到怎样搜寻极限状态面上的初始点的问题。用户通常不能指定面上的起始点。如果用户将标准正态空间的坐标原点选择为起始点，那么 $y=0$ 和 $d=0$，因此算法失败。

在 OpenSees 中，通过解决线性问题可以找到指向极限状态面的方向。通过应用搜索方向向量 $d = \left(\dfrac{G}{\| \nabla G \|} + \alpha y \right) \alpha^{\mathrm{T}} - y$，搜索到线性化功能函数的设计点。沿着方向向量应用求根法找到第一个试算点，也就是通过迭代方法找到梯度投影法的第一个试算点。

$$y^{(p+1)} = y^{(p)} + \frac{G(y^{(p)})}{k} \frac{\left(\dfrac{G}{\| \nabla G \|} + \alpha^{\mathrm{T}} y \right) \alpha - y}{\left\| \left(\dfrac{G}{\| \nabla G \|} + \alpha^{\mathrm{T}} y \right) \alpha - y \right\|} \tag{11.74}$$

因为方向梯度向量 d 是未知的，因此在修正牛顿法中选择 $k = \| \nabla G y^{(m)} \|$。

搜索法共有的特点是：通过评价函数沿着所选择的搜索方向选择步长大小。或许可以为梯度投影法选择一个评价函数，但是对于其他算法却不奏效。在梯度投影法中，通常将搜索方向选择为极限状态面的切面。因此，对于非线性功能函数，比起前一步骤，下一步的第一个试算点至少对于其中一个优化条件很可能失效。因此评价函数的下降方向不再有价值，或许可以通过 α-y 共线收敛准则建立评价函数。但是依然不能保证收敛性，而且收敛速度也是一个大问题。

在 OpenSees 中执行梯度投影法时，用户可以选择固定的子步大小或者一个与可选择的价值函数相结合的 Armijo 法则。如果选择固定的子步大小，试算点就落在极限状态面上，而与子步大小的值 λ 无关，从而确定搜索方向。如果应用 Armijo 法则，线性搜索的所有试算点都投影到极限状态面上。也就是说，线性搜索实际上是沿着极限状态面完成的。因为评价函数核查与子步大小规则是分开考虑的，这就使得在梯度投影法中允许应用灵活的线性搜索。

11.5.5　iHLRF 算法

iHLRF 算法或许是求解方程(11.59)最普遍的算法。这种算法的原始形式是由 Hasofer 和 Lind(1974)、Rackwitz 和 Fiessler(1978)提出的，后来 Liu 和 der Kiureghian(1991b)、Zhang 和 der Kiureghian(1997)对其进行了改进，增添了线性搜索规划。

该算法的搜索方向被认为是方程(11.71)的梯度投影法的拓展。而梯度投影法假定试算点在极限状态面上,而 iHLRF 算法却不是。图 11.5 展示了在搜索方向向量的表达式中如何增添另外一项,也就是 $\dfrac{G}{\parallel\nabla G\parallel^2}\nabla G_k^{\mathrm{T}}$。该项与方程(11.72)中修正牛顿法的求根法本质上是一样的。搜索方向向量的完整表达如下:

$$d = -y - \left(\frac{\nabla Gy}{\parallel\nabla G\parallel^2}\right)\nabla G^{\mathrm{T}} - \left(\frac{\nabla G}{\parallel\nabla G\parallel^2}\right)\nabla G^{\mathrm{T}} \tag{11.75}$$

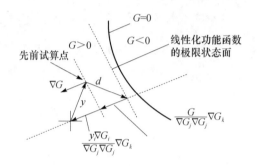

图 11.5　HLRF 算法的搜索方向为一矢量和

按照如上方法选择搜索方向向量,并使得初始子步大小 $\lambda=1$,那么对于线性功能函数,一步即可找到设计点。OpenSees 中方程(11.75)是按下列形式给出的:

$$d = \left(\frac{G}{\parallel\nabla G\parallel} + \alpha y\right)\alpha^{\mathrm{T}} - y \tag{11.76}$$

Armijo 规则的形式如下:

$$m(y^{(m+1)}) - m(y^{(m)}) \leqslant + a\lambda[\nabla m(y^{(m)})^{\mathrm{T}}d] \tag{11.77}$$

Zhang 和 der Kiureghian(1997)建议使用下面的评价函数:

$$m(y) = \frac{1}{2}\parallel y\parallel^2 + c\mid G\mid \tag{11.78}$$

关于评价函数的核查有如下注释:

罚参数 c 不是唯一的,其值的选择会影响收敛速度。Zhang 和 der Kiureghian(1997)研究表明,要想在所搜方向上使得评价函数减小,就必须使条件 $c\geqslant\dfrac{\parallel y\parallel}{\parallel\nabla G\parallel}$ 成立。在 OpenSees 中,罚参数 c 按照如下规则选取:

$$c = \gamma\frac{\parallel y\parallel}{\parallel\nabla G\parallel} + \eta \tag{11.79}$$

式中,y 和 ∇G 是上一试算点的值。常数 $\gamma>1,\eta\geqslant0$ 是由用户定义的,是为了保证满足以上条件。目前,在分析过程中,γ 和 η 只能通过如下方式改变数值:停止搜索,应用 γ 和 η 的新值,从上一个试算点重新开始计算。在 OpenSees 中,二者的默认值分别为 $\gamma=2, \eta=10$。

11.5.6 Polak-He 算法

Polak 和 He(1991)提出了这个通用非线性优化算法,即 Polak-He 算法,Royset(2002)也对该法展开了讨论。可以用该法求解方程(11.60)中的问题。该法在可靠度领域尚未得到应用。尽管如此,它本身具有的特点,使得其在有限元可靠度领域有广泛的应用前景。它主要的优势在于其控制参数,控制参数可以强迫搜索在安全域中进行,本节正是应用了这些特点。尽管如此,注意到 Polak-He 算法只具有非线性收敛的特点,这就表明缩放变量:功能函数的数值。由于这个原因,用户应该对功能函数进行缩放,使其初始点接近 10。

Polak(1997)提出该算法,意在求解约束优化问题,该约束具有 p 个成本函数、q 个约束。每一步中,在获得搜索方向向量之前,先要求解一个无约束优化问题。无约束优化问题的未知数是 $\mu_0, \mu_1, \mu_2, \cdots, \mu_q$ 和 $\nu_1, \nu_2, \cdots, \nu_p$,受到下列条件限制

$$\sum_{j=1}^q \mu_j = 1, \quad \sum_{k=1}^p \nu_k = 1, \quad 0 \leqslant \mu_j \leqslant 1, \quad 0 \leqslant \nu_k \leqslant 1 \qquad (11.80)$$

式中,$p=q=1$。因此,$\nu_1=1$ 和未约束最小化问题形式为

$$\theta = -\min_{\mu_0, \mu_1} \left\{ \mu_0 \gamma G_+ + \mu_1 (G_+ - G) + \frac{1}{2\delta} \| \mu_0 y + \mu_1 \nabla G \|^2 \right\} \qquad (11.81)$$

式中,$G_+ = \max\{0, G\}$;

$\gamma、\delta$——用户定义的参数,在下面将会进行讨论。

这个无约束优化问题可以用矩阵的形式表示:

$$\theta = -\min_{\mu_1} \{ \mu^T A \mu + b^T \mu \} \qquad (11.82)$$

式中,$\mu = [\mu_0, \mu_1]^T, A = \dfrac{1}{2\delta} \begin{bmatrix} y^T y & \nabla G y \\ \nabla G y & \nabla G \nabla G^T \end{bmatrix}, b = [\gamma G_+ \quad G_+ \quad -G]$。

由于方程(11.80)的第一个条件,无约束最小化问题沿着 $\mu_0 = 1 - \mu_1, 0 \leqslant \mu_1 \leqslant 1$ 有解,因此,一个辅助的未知变量可表达为 $z = \mu_0 = 1 - \mu_1$。方程(11.81)的问题可以被重写成 $\theta = -\min_z \{ a z^2 + b z + c \}$,式中,常数 $a、b$ 和 c 可以从方程(11.82)$A、b$ 中提取。

$$a = \frac{1}{2\delta} y^T y + \frac{1}{2\delta} \nabla G \nabla G^T - \frac{1}{\delta} \nabla G y$$

$$b = r G_+ - (G_+ - G) + \frac{1}{\delta} \nabla G y - \frac{1}{\delta} \nabla G \nabla G^T$$

$$c = \frac{1}{2\delta} \nabla G \nabla G^T + (G_+ - G)$$

极值点为 $x=-(b/2a)$，但当 $a=0$ 时，函数是线性的，极值在终点 $\mu_0=0$ 或 $\mu_1=0$。在任何情况下，其中一个终点是正确的解，在 OpenSees 中会进行验证。

为了求解 μ_0 和 μ_1，搜索方向向量为

$$d = -\mu_0 y - \mu_1 \nabla G^{\mathrm{T}} \tag{11.83}$$

Polak(1997)也将价值函数写为

$$m(y^{(m)}, y^{(m+1)}) \leqslant a\lambda\theta \tag{11.84}$$

式中，θ——方程(11.81)的解。

组合价值函数 m 可被定义为

$$\tilde{m}(a,b) = \max\left\{ \frac{1}{2}\parallel b \parallel^2 - \frac{1}{2}\parallel a \parallel^2 - \gamma G(a)_+, G(b) - G(a)_+ \right\} \tag{11.85}$$

如前所述，Polak-He 算法具有一个重要的特点是用户可以影响搜索路径。事实上，以上方程中参数 γ 就是为了这个目的。γ 和 δ 的默认值均为 1.0。为了使得试算步快速逼近失效域，可以增加 γ 的值。尽管如此，这与有限元分析的目的相反。因此，对于高度非线性有限元问题，γ 最好取比较小的值，例如，可取 $\gamma=0.1$。在 OpenSees 执行当中，参数 γ 和 δ 都是由用户指定。在第一步中参数 δ 可取 1.0，在随后的子步中，可以通过下列表达式计算：

$$\delta = \frac{\dfrac{1}{2}\parallel y^{(m+1)} \parallel^2 - \dfrac{1}{2}\parallel y^{(m)} \parallel^2 - y^{(m)\mathrm{T}}(y^{(m+1)} - y^{(m)})}{\parallel y^{(m+1)} - y^{(m)} \parallel^2} \tag{11.86}$$

11.5.7　连续二次规划法

本书中连续二次规划法是解决方程(11.59)最复杂的算法。Liu 和 der Kiureghian(1991a)提出连续二次规划法是为解决这些特殊的优化问题，在 OpenSees 中使用此法。

连续二次规划法是基于拉格朗日式子的优化问题。方程(11.59)问题的拉格朗日式子为

$$l = \frac{1}{2}\parallel y \parallel^2 + \gamma g = 0 \tag{11.87}$$

式中，γ——拉格朗日乘子，它迫使点在极限状态面上。因此，在方程(11.87)中 y 和 γ 是未知数。现在的问题是一个无约束形式，因此应用了牛顿法。

迭代的牛顿法对于方程(11.87)可写为(Luenberger,1984)如下形式：

$$\begin{bmatrix} y^{(m+1)} \\ \gamma^{(m+1)} \end{bmatrix} = \begin{bmatrix} y^{(m)} \\ \gamma^{(m)} \end{bmatrix} - \alpha^{(m)} \overbrace{\underbrace{\begin{bmatrix} \nabla_y^2 l^{(m)} & \nabla G^{\mathrm{T}(m)} \\ \nabla G^{(m)} & 0 \end{bmatrix}}_{[d \quad k]^{\mathrm{T}}}}^{A^{-1}} \overbrace{\begin{bmatrix} y^{(m)} \\ g^{(m)} \end{bmatrix}}^{b} \tag{11.88}$$

式中,$\nabla_y^2 l^{(m)}$——拉格朗日 Hessian(二阶求导)矩阵。

在有限元分析中,计算 Hessian 矩阵是不可行的,所以应用连续的计算方法。首先假定 $\nabla_y^2 l$ 的近似值,通常为单位矩阵,应用方程(11.88)的牛顿法,每次求解后修正其值。在此次研究中,应用 BFGS 法(Broyden-Fletcher-Goldfarb-Shanno)对 Hessian 矩阵进行求解。总之,以下的算法均在 OpenSees 中得以实现。在计算临时参数 i 的式子中,$\bar{c}$ 和 $\bar{e}$ 是用户自选参数,在每一步中将 $\nabla_y^2 l(m)$、δ、c 和 γ 存储为历史变量。初值为:$\nabla_y^2 l(m)=I,\delta=1,c=\bar{c},\gamma=1$,其中,$I$ 为单位矩阵。

(1)计算搜索方向,修正历史变量 δ 和 c。

① 组建方程(11.88)的系数矩阵 A 和向量 b。

② 通过求解方程 $[d \quad k]^T = A^{-1} b$,获得方向向量 d 和系数 k。

③ 修正历史变量 δ。

$$\delta^{(m+1)} = \min\left\{\delta^{(m)}, \frac{d^T[\nabla_y^2 l]d}{d^T d}\right\}$$

④ 计算临时变量 $e = \dfrac{d^T d}{(k-\gamma)^2}$,如果 $\gamma \neq k$,那么 $e = \bar{e}$。

⑤ 计算临时参数 $i = \mathrm{ceiling}\left(\dfrac{\ln(0.25e\delta(1-0.25\delta))}{\ln\bar{c}}\right)$,式中,向上取整函数将小数取整,并取大于该数的整数。

⑥ 修正历史变量 $c = \max\{c, \bar{c}^i\}$,其中 $\bar{c}^i$ 表示 $\bar{c}$ 对 i 求幂。

(2)核查评价函数准则。

① 计算新的拉格朗日乘子值(但是没有将其存储为历史变量,因为需要使用修正方法,用旧值逼近 Hessian 矩阵)。

$$\gamma^{(m+1)} = \gamma^{(m)} + \lambda(k - \gamma^{(m)})$$

式中,γ——子步大小,如可由 Armijo 法则确定。

② 在旧的和新的试算点处计算方程(11.87)中的拉格朗日函数,分别得到

$$l^{(m+1)} = l(y^{(m)} + \lambda d)$$
$$l^{(m)} = l(y^{(m)})$$

如果 $l^{(m+1)} - l^{(m)} \leqslant a\lambda(\nabla_y l)^T d$,那么子步 λ 可接受。否则需要进行如 11.5.3 节所述的子步缩减。根据 $\nabla_y l = y + \nabla G$,在旧的试算点处计算拉格朗日函数的梯度。

(3)修正 Hessian 矩阵的近似值,如果需要新的子步,则 $B \approx [\nabla_y^2 l]$。

① 计算在旧试算点处拉格朗日梯度 $\nabla_y l^{(m)}$。

② 修正拉格朗日乘子的历史变量。

$$\gamma^{(m+1)} = \gamma^{(m)} + \lambda(k - \gamma^{(m)})$$

③ 在新试算点处计算拉格朗日梯度 $\nabla_y l^{(m+1)}$。

④ 在新旧试算点处计算中间变量 $\tilde{q}$,其值等于拉格朗日函数的梯度值之差。

$$\tilde{q} = \nabla_y l^{(m+1)} - \nabla_y l^{(m)}$$

⑤ 如果 $d^{\mathrm{T}}\tilde{q} \geqslant 0.2\lambda d^{\mathrm{T}}[\nabla_y^2 l]d$,则计算中间参数 $\theta=1.0$;否则

$$\theta = \frac{0.8\lambda d^{\mathrm{T}}[\nabla_y^2 l]}{\lambda d^{\mathrm{T}}[\nabla_y^2 l]d - d^{\mathrm{T}}\tilde{q}}$$

⑥ 计算中间量。

$$q = \theta\tilde{q} + (1-\theta)\lambda(Bd)$$

⑦ 修正 Hessian 矩阵近似值。

$$B^{(m+1)} = B^{(m)} + \frac{q^{\mathrm{T}}q}{\lambda q^{\mathrm{T}}d} - \frac{1}{d^{\mathrm{T}}B^{(m)}d}(B^{(m)}dd^{\mathrm{T}}B^{(m)})$$

式中,$B^{(m)}$——Hessian 矩阵在前一点处的近似值。

11.6　算　例

11.6.1　算例 1——简单非线性功能函数

已知极限状态方程 $Z=g(f,w)=fw-1140=0$,随机变量 f、w 均服从正态分布,$\mu_f=38,\delta_f=0.10$;$\mu_w=54,\delta_w=0.05$,求 β、f 和 w 的验算点之值(赵国藩,1996)。

借助于 OpenSees 平台,对该算例进行可靠度计算,搜索验算点采用 iHLRF 法,计算中调用功能函数的次数为 15 次,计算结果见表 11.1。从表 11.1 可以看出,此处计算的可靠度指标 β 结果与文献(赵国藩,1996)计算结果一致,二者相差甚微。因此此处计算结果可靠、准确。

表 11.1　可靠度指标与验算点值的对比结果

算　法	随机变量	验算点值	β
文献	f	22.57	4.2618
	w	50.49	
引入的算法	f	22.57	4.2614
	w	50.51	

11.6.2　算例 2——简单桁架结构

为了验证引入的光滑双线性材料模型和 Bouc-Wen 材料模型的可靠性和高

效性,以一个 7 根杆元的简单桁架为例
(图 11.6),模型基本参数为:7 根弦杆采用
相同的横截面 $\phi32\text{mm}\times2.5\text{mm}$,其横截面
面积 $A=231.69\text{mm}^2$,弹性模量 $E=2.1\times$
10^{11}N/m^2,节点 1、3 双向约束,节点 2 处作
用向下的集中力 $P=110\text{kN}$,分别采用两种
光滑模型对桁架结构进行可靠度计算,用
ANSYS 提供的蒙特卡罗法对结果进行验

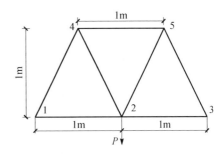

图 11.6　桁架模型

证,将杆件横截面面积(对数正态分布)、集中荷载(正态分布)和弹性模量(正态分
布)定义为随机变量,其均值和方差分别为: $\mu_A=231.69\text{mm}^2$,标准差 $\sigma_A=$
23.169mm^2; $\mu_E=2.1\times10^{11}\text{N/m}^2$,标准差 $\sigma_E=4.2\times10^9\text{N/m}^2$; $\mu_p=1.06P=$
116.6kN,标准差 $\sigma_p=0.074P=8.14\text{kN}$。将下弦中节点 2、上弦节点 4、5 的竖向
位移与给定位移阈值之差定义为功能函数。经过计算,两种光滑模型下的可靠度
指标见表 11.2。

表 11.2　应用不同材料模型计算结果对比

功能函数	光滑双线性模型		Bouc-Wen 材料模型		双线性模型(MCM,1 万次)	
	β	耗时	β	耗时	β	耗时
0.05-uy2	2.4299		2.4294		2.4311	
0.05-uy4	1.9395	00:00:10	1.9381	00:00:12	1.9400	03:15:42
0.05-uy5	1.9395		1.9381		1.9400	

注:表中 uy2、uy4 和 uy5 分别表示节点 2、4、5 的竖向位移。

　　从表 11.2 可以看出,在指定三个功能函数中,采用两种光滑材料模型计算的
可靠度指标与蒙特卡罗法计算的结果基本一致,因此可以说引入的光滑材料模型
有足够的精度。图 11.7 为采用双线性光滑材料模型时,其三个节点可靠度指标的

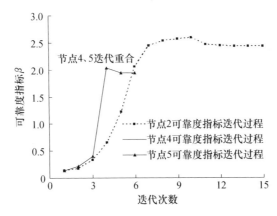

图 11.7　可靠度指标迭代过程(光滑双线性模型)

迭代过程。从图 11.7 可以看出,可靠度指标越大,需要越多的迭代次数和越长的迭代时间;节点 4 与 5 的可靠度指标迭代过程重合,这是由于结构和荷载的对称性所致,符合实际情况。

11.6.3　算例3——11 弦杆平面桁架结构

1. 模型基本参数

以一个静定的简单桁架为例(图 11.8),图中 1、2、…、7 为节点号,①、②、…、⑪代表单元编号。模型基本参数为:11 个弦杆采用相同的横截面 $\phi32\text{mm}\times2.5\text{mm}$,其横截面面积 $A=231.69\text{mm}^2$,弹性模量 $E=2.1\times10^{11}\text{N/m}^2$,节点 1 和 4 双向固定约束,节点 5、7 处作用向下的集中力 $P_1=20\text{kN}$,节点 6 处作用向下的集中力 $P_2=40\text{kN}$。以杆件横截面面积(对数正态分布)、集中荷载(正态分布)、弹性模量(对数正态分布)和节点坐标(x、y 两个方向均考虑)作为随机变量,其均值和变异系数分别为:$\mu_A=231.69\text{mm}^2$,变异系数 $\delta_A=0.05$;$\mu_E=2.1\times10^{11}\text{N/m}^2$,变异系数 $\delta_E=0.05$;$\mu_{p1}=1.06P_1=21.2\text{kN}$,标准差 $\sigma_{p1}=0.074P_1=1.48\text{kN}$;$\mu_{p2}=1.06P_2=42.4\text{kN}$,标准差 $\sigma_{p2}=0.074P_2=2.96\text{kN}$;节点坐标均值取坐标本身,标准差均取 0.01m。结构体系随机变量总数为:11(杆件横截面面积)+11(弹性模量)+3(外集中荷载)+2×7(2 表示 x、y 两个方向,7 为节点数)=39。以下弦中节点 2、3,上弦节点 5、6 和 7 的竖向位移和给定位移(0.013m)之差作为功能函数,研究该桁架的可靠度,并比较引入几种算法的效率与精度。为验算结果精度,应用 ANSYS 提供的蒙特卡罗法对结果进行验证。

对该桁架进行参数可靠度分析,选取 6 节点为研究对象,考虑不同位移阈值下功能函数 6 的失效概率变化情况,计算结果如图 11.9 所示,可以看出,当竖向位移阈值为 0.01m 时,失效概率为 100%;当位移阈值为 0.012m 时,失效概率约为45%;当位移阈值为 0.014m 时,失效概率为 0。

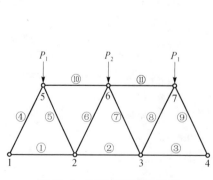

图 11.8　平面桁架结构模型

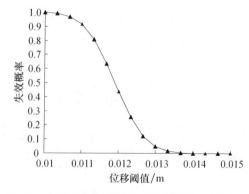

图 11.9　不同挠度阈值对应的失效概率(节点 6)

2. 不同搜索算法对比分析

此部分对不同搜索验算点方法进行对比分析,分别应用 iHLRF、梯度投影法、Polak-He 算法和 SQP 算法对该桁架结构进行可靠度计算,此处不考虑节点变异性,仅将杆件的弹性模量、横截面面积和外荷载作为随机变量,考察节点 6 处的功能函数,将其节点竖向位移与指定阈值 0.013m 之差作为功能函数。利用四种搜索验算点法计算的可靠度指标见表 11.3,从表 11.3 可以看出,四种方法均具有足够高的计算精度,而且 Polak-He 算法和 SQP 算法具有更高的计算效率。

表 11.3 不同搜索法的精度与效率对比

算 法	iHLRF	梯度投影法	Polak-He 算法	SQP 算法	MCM(5 万次)
可靠度指标	1.6570	1.6568	1.65643	1.65621	1.6527
计算耗时/s	1	4	<1	<1	4200

11.6.4 算例 4——双层柱面网壳结构

1. 网壳结构模型的建立

建立曲率半径为 25m、矢高为 5m、跨度为 32.49m、纵向长度为 29.7m 的双层柱面网壳模型(图 11.10),在 ANSYS 中进行计算时,杆件采用 Link8 单元,在 OpenSees 中采用 CorotTruss 单元,初始杆件截面选取为 $\phi83mm \times 4mm$,弹性模量为 $2.1 \times 10^{11} N/m^2$,密度为 7850kg/m³。网壳两端上层节点三向固定铰支座,荷载大小选取 $2kN/m^2$,将均布荷载等效为结点荷载,施加在上弦各节点。

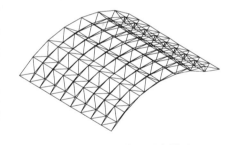

图 11.10 双层柱面网壳模型

首先对该双层柱面网壳结构进行优化设计。为了验证 OpenSees 计算出的结果,在 ANSYS 和 OpenSees 中分别对网壳进行静力计算,二者得出同样的计算结果,最大挠度值只有 0.0173m,远小于规范要求的跨度方向的 32.49/400＝0.081225m,而最大轴应力为 129MPa,远小于杆件的屈服强度 400MPa。还发现网壳杆件的轴应力分布有一定规律性,上层跨向杆件的轴应力很大,而且大多数值大小比较接近,下层跨向杆件轴应力次之,接着是腹杆,然后是上层纵向杆件的轴应力,下层纵向杆件的轴应力最小。这种分布规律为优化提供了依据,优化既要考虑结构总用钢量,同时得考虑施工方便的因素,这就要求网壳所选杆件横截面类型不能过多,因此将上层跨向杆件的横截面面积统一设定为设计变量 A_1、上层纵向杆件横截面面积为设计变量 A_2、下层跨向杆件横截面面积为设计变量 A_3、下层纵向杆件横截面面积为设计变量 A_4、腹杆的杆件横截面面积为设计变量 A_5,以网壳的最大结点竖向挠度小于 0.081225m 和杆件最大轴应力达到屈服强度 400MPa 为状态变量,以总用钢量的体积为目标变量,在 ANSYS 中进行优化设计。首先进行单步运行法(single run)进行初步优化,然后进行扫描法(DV sweep)进行最终优化。总共进行了 141 步优化设计,第 132 步为最优序列。在优化过程中,最大轴应力与优化设计序列号之间的关系曲线如图 11.11 所示,杆件优化结果见表 11.4。由于篇幅所限,杆件的横截面面积、总体积与优化设计序列号之间的关系曲线不再一一列出,将选取优化后的双层柱面网壳作为可靠度和敏感性分析的研究对象。

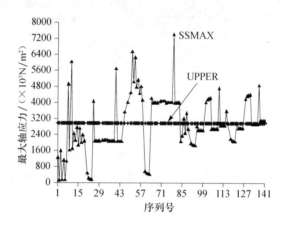

图 11.11　最大轴应力与优化序列号之间的关系曲线

表 11.4　优化前后网壳杆件横截面面积

截　面	A_1/mm²	A_2/mm²	A_3/mm²	A_4/mm²	A_5/mm²	最大挠度/m	最大轴应力/(N/m²)
初始面积	992.74	992.74	992.74	992.74	992.74	-0.0173	-0.129×10^9
优化后面积	464.090	13.793	45.868	10.000	31.942	-0.0591	-0.298×10^9

2. OpenSees 中几种算法与模型的可靠度分析

恒荷载、弹性模量、杆件横截面面积的均值和标准差见表 11.5。

表 11.5　随机变量统计参数

随机变量	位　置	分布类型	均　值	标准差
E/Pa	—	正态	2.1×10^{11}	4.2×10^9
A_1/mm²	上层跨向	对数正态	464.09	46.409
A_2/mm²	上层纵向	对数正态	13.793	1.3793
A_3/mm²	下层跨向	对数正态	45.868	4.5868

随机变量	位　置	分布类型	均　值	标准差
A_4/mm^2	下层纵向	对数正态	10.000	1.0000
A_5/mm^2	腹杆	对数正态	31.942	3.1942
P/N	上层结点	正态	$1.06P_i$	$0.074P_i$

注：P_i 为节点荷载，$i=1,2,\cdots,80$。

1）四种搜索算法对比

采用优化后的双层球面网壳作为研究对象，材料模型采用双线性模型，屈服强度为 400MPa，弹性模量为 $2.1\times10^{11}\,N/m^2$，应变硬化率（即后屈服正切与初始弹性正切的比值）取 0.02，为了较全面地比较几种算法效率，本节考虑下面几种情况：①将荷载 P 作为随机变量；②将杆件横截面面积作为随机变量；③将荷载 P、弹性模量 E 和横截面面积共同作为随机变量。分别对以上三种情况采用四种搜索方法，即 iHLRF 算法、梯度投影法、Polak-He 算法和 SQP 算法，比较几种算法的精度与计算速度。为了方便地计算并比较四种算法的速度与精度，以规范挠度限值与结点竖向最大挠度值之差作为唯一功能函数。计算结果见表 11.6，可以看出，当只以荷载 P 作为随机变量时，共有 80 个随机变量，很明显 SQP 算法速度最快，最先得到可靠度指标，接着是 Polak-He 算法，梯度投影法次之，计算速度最慢的是 iHLRF 算法，四种算法精度均足够高。接着以杆件横截面面积为随机变量，总共有 804 个随机变量，计算结果见表 11.6。从表 11.6 中可以看出，SQP 算法速度最快，iHLRF 算法次之，接着是 Polak-He 算法，梯度投影法速度最慢，四种算法精度足够。最后将荷载、弹性模量及横截面面积作为随机变量，可以看出，计算速度由快至慢依次是：SQP 算法、Polak-He 算法、iHLRF 算法、梯度投影法。综合以上结果可以看出，SQP 算法和 Polak-He 算法效果更好；在各种优化算法中，SQP 算法对功能函数的调用次数最少，因此计算工作量少，效率最高。本节在大跨度空间结构当中引进的 Polak-He 算法与 SQP 算法速度基本相当。

表 11.6　不同算法之间的耗时与精度比较

随机变量及数目		iHLRF 算法	梯度投影法	Polak-He 算法(500)	SQP 算法(0.1)	MCM
荷载(80)	耗时	00:03:28	00:01:45	00:00:55	00:00:35	—
	β	2.43214	2.42480	2.43255	2.43214	—
横截面面积(804)	耗时	00:19:54	00:25:38	00:25:07	00:15:56	—
	β	6.18806	6.18864	6.18831	6.18806	—
荷载、弹性模量及横截面面积(1088)	耗时	00:18:19	00:31:06	00:16:43	00:15:36	03:25:15
	β	2.27730	2.26875	2.27811	2.27730	2.28350

注：Polak-He 算法后面括号中的 500 表示对功能函数乘以缩放因子大小，使得功能函数的值接近 10，其大小影响计算速度。SQP 算法括号中的 0.1 表示势函数选择的大小为 0.1，同样其大小影响计算速度。

　　为了验证结果的正确性,以第三组为研究对象,即将荷载、弹性模量及横截面面积作为随机变量,利用 ANSYS 软件的可靠度分析模块,应用蒙特卡罗的超拉丁抽样法对该网壳进行可靠度分析,选取样本数为 10000,以规范允许最大挠度值与结点最大挠度之差作为功能函数,计算结果见表 11.6。可以看出,OpenSees 中四种计算方法的结果可信且耗时短。图 11.12 为随机输出参数 D_{MAX} 的样本历史曲线,其中 D_{MAX} 是竖向结点最大挠度,图 11.13 为杆件横截面面积 A_1 与 D_{MAX} 的散点图,可以看出二者成反比,随着面积的增大,挠度在变小,还可以看出 A_1 与 D_{MAX} 具有很大的相关性。图 11.14 为随机输出参数 D_{MAX} 与 A_1、A_2、A_3、A_4、A_5、P 和 E 灵敏度图,从图中可以看出,敏感性从大到小依次为:$A_1 > P > E > A_3 > A_5 > A_2 > A_4$,由于 D_{MAX} 对 A_4 不敏感,图中未显示出。因此,在网壳设计中,应当注意对 A_1 的重视。

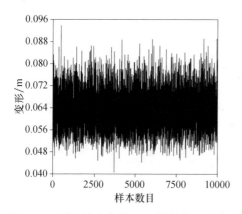

图 11.12　随机输出参数 D_{MAX} 的样本历史曲线　　图 11.13　横截面面积 A_1 与 D_{MAX} 散点图

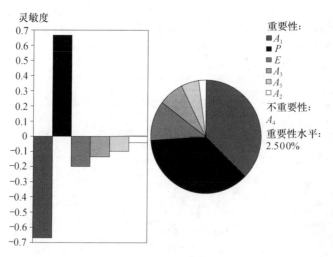

图 11.14　参数 D_{MAX} 对参数 A_1、A_2、A_3、A_4、A_5、P 和 E 灵敏度图

2) 同种算法比较

对于 Polak-He 算法,极限状态函数(功能函数)的数值大小影响数值收敛速度,由于这个原因,应该对功能函数值进行比例缩放,使得起始点大致为 10,建议在 5~15。这并没有给可靠度分析带来任何弊端,因为功能函数可以乘以一个正数被任意地缩放,而不会影响计算结果。为了阐述缩放系数对计算速度的影响,对功能函数分别乘以系数 300、400、500、600 和 700,计算结果见表 11.7。从表中可以看出,五种缩放系数下,精度都足够,但是计算速度却相差较大,功能函数乘以系数 500 的计算速度最快,所以应尽可能使功能函数的数值大小靠近 10,合理选取缩放系数对于可靠度计算的效率很重要,在计算过程中,应引起足够的注意。

表 11.7　不同缩放因子对 Polak-He 算法计算耗时与精度的影响

算　法	300	400	500	600	700
缩放后功能函数值	5.58	7.44	9.30	11.16	13.03
耗时	00:29:14	00:24:06	00:16:43	00:19:21	00:19:52
可靠度指标	2.27792	2.27812	2.27811	2.27852	2.27794

在 SQP 算法中,OpenSees 中势函数选择的数值大小亦直接影响着可靠度计算速度,甚至是否收敛。分别选取其大小为 0.1、0.2、0.3、0.4 作为研究对象,结果见表 11.8。可以看出,选取不同的数值,计算速度也有差异,但不是十分明显,但是却影响是否收敛,当选取值为 0.4 时,结果不收敛,因此,应该根据具体的问题选取合适的数值大小。

表 11.8　不同势函数选择值对 SQP 算法的计算耗时及精度的影响

不同势函数选择值	0.1	0.2	0.3	0.4
耗时	00:15:36	00:15:33	00:15:51	不收敛
可靠度指标	2.2773	2.2773	2.2773	—

3) 不同材料比较

为了深入比较四种算法的计算效率,为了研究非线性与线性得出的可靠度指标的区别,对网壳又进行线性静力有限元可靠度分析,考虑以下两种情况:首先将荷载 P 作为随机变量,然后将荷载、弹性模量及杆件横截面面积作为随机变量,分别应用四种搜索方法进行可靠度计算,计算结果见表 11.9。可以明显地看出,如果只考虑材料的线弹性,网壳的可靠度指标均大于非线性可靠度分析的结果。将荷载作为随机变量考虑时,四种算法的可靠度指标均为 2.59,而非线性计算的结果是 2.43,从表 11.9 又可以看出,Polak-He 算法速度最快,SQP 算法紧随其后,接着是梯度投影法,最后是 iHLRF 算法;当将荷载、弹性模量和横截面面积作为随机变量时,也得出了类似的结论,线弹性计算的可靠度指标均大于非线性计算结果,仍得出类似的结论,Polak-He 算法效率最高,SQP 算法次之,接着是 Gradient Projecton 算法,相比较 iHLRF 算法效率最低。因此,Polak-He 算法和 SQP 算法具有计算精度高、速度快的特点,因此在大跨度空间结构中具有广阔的应用前景。

表 11.9　材料模型为线弹性材料模型时四种算法的耗时与精度比较

随机变量及数目		iHLRF 算法	梯度投影法	Polak-He 算法(500)	SQP 算法(0.1)
荷载 P(80)	耗时	00:03:32	00:00:37	00:00:14	00:00:15
	β	2.58982	2.58983	2.58982	2.58982
荷载、弹性模量及横截面面积(1088)	耗时	00:13:16	00:17:03	00:12:40	00:12:50
	β	2.4523	2.4562	2.4531	2.4524

在非线性有限元可靠度分析中,对于特定的材料模型,约束函数会有不连续的梯度,它将导致搜索方法的不收敛,这里将 Bouc-Wen 光滑非线性材料模型引入大跨度空间网格结构的可靠度分析中,其模型的特点是:从弹性阶段向塑性阶段时是逐渐地过渡的,而不是突然地过渡,这就减少了不连续性发生的可能。这里考虑了两种情况:将荷载 P 作为随机变量;将荷载、弹性模量及杆件横截面面积作为随机变量,分别应用四种搜索方法进行可靠度计算,计算结果见表 11.10,可以看出,对于这里考虑的两种情况,Polak-He 算法和 SQP 算法速度最快,而梯度投影法和 iHLRF 算法计算速度较慢。

表 11.10　材料模型为 Bouc-Wen 非线性材料模型时四种算法的耗时与精度比较

随机变量及数目		iHLRF 算法	梯度投影法	Polak-He 算法(500)	SQP 算法(0.1)
荷载 P(80)	耗时	00:03:42	00:02:45	00:01:10	00:01:05
	β	2.4456	2.4325	2.4365	2.4412
荷载、弹性模量及横截面面积(1088)	耗时	00:20:32	00:28:42	00:15:32	00:14:01
	β	2.2784	2.2712	2.2790	2.2782

11.6.5　算例 5——网架结构的可靠度研究

建立跨度为 30m、纵向长度为 42m、厚度为 1.8m 的双层网架结构模型(图 11.15)。在 ANSYS 中杆件采用 Link8 单元模拟,在 OpenSees 中采用 CorotTruss 单元模拟,初始杆件横截面面积均为 $0.001m^2$,弹性模量为 $2.1 \times 10^{11} N/m^2$,密度为 $7850kg/m^3$。网架两端上层节点三向固定铰支,荷载大小选取 $2kN/m^2$,将均布荷载等效为结点荷载施加于上弦节点,上层合计有 165 个节点,下层有 140 个节点,杆件总数为 1120 个。

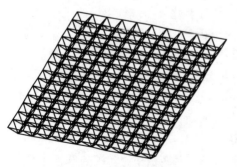

图 11.15　双层网架模型

　　首先对双层网架结构进行优化设计,将上层跨向杆件的横截面面积统一设定为设计变量 A_1、上层纵向杆件横截面面积为设计变量 A_2、下层跨向杆件横截面面积为设计变量 A_3、下层纵向杆件横截面面面积为设计变量 A_4、腹杆的杆件横截面面积为设计变量 A_5,以网架的最大结点竖向挠度小于 0.12m 和杆件最大轴应力达到屈服强度 400MPa 为状态变量,以总用钢量的体积为目标变量,在 ANSYS 中进行优化设计。首先进行单步运行法进行初步优化,然后采用扫描法进行最终优化,总共进行了 42 步优化设计,第 19 步为最优序列。在优化过程中,杆件的五种横截面面积、总体积与优化设计序列号之间的关系曲线如图 11.16 所示。表 11.11 为随机变量统计参数。

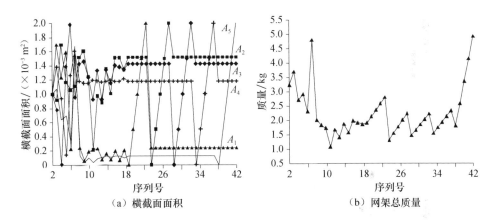

图 11.16　五种杆件横截面面积、网架总质量与优化设计序列号之间的关系曲线

表 11.11　随机变量统计参数

随机变量	位　　置	分布类型	均　　值	标准差
E/Pa	—	正态	2.1×10^{11}	4.2×10^9
A_1/mm^2	上层纵向	对数正态	501.5	50.15
A_2/mm^2	上层跨向	对数正态	1518.3	151.83
A_3/mm^2	下层纵向	对数正态	1427.8	142.78
A_4/mm^2	下层跨向	对数正态	1182.4	118.24
A_5/mm^2	腹杆	对数正态	128.60	12.86
P/N	上层结点	正态	$1.06P_i$	$0.074P_i$

注:P_i 为节点荷载,$i=1,2,\cdots,165$。

1. 四种算法计算效率的对比

以优化后的双层网架作为研究对象,为了较全面地比较几种算法效率,考虑下面几种情况：①以荷载 P 为随机变量；②以杆件横截面面积作为随机变量；③以荷载 P、弹性模量 E 和横截面面积共同作为随机变量。分别对以上三种情况采用四种搜索方法，即 iHLRF 算法、梯度投影法、Polak-He 算法和 SQP 算法。为了方便地计算并比较四种算法的速度与精度，以规范挠度限值与结点竖向最大挠度值之差作为唯一功能函数，计算结果见表 11.12。可以看出，仅以荷载 P 作为随机变量时，共有 165 个随机变量，可以看得出 Polak-He 算法速度最快，接着是 SQP 算法，iHLRF 算法次之，最慢的是梯度投影法，四种算法精度相当。以杆件横截面积为随机变量，总共 1120 个随机变量，从表 11.12 中可以看出，SQP 算法速度最快，iHLRF 算法次之，接着是 Polak-He 算法，梯度投影法最慢，四种算法精度足够。以荷载、弹性模量及横截面面积为随机变量，总共有 2405 个随机变量，计算速度由快到慢依次是：SQP 算法、Polak-He 算法、iHLRF 算法、梯度投影法。从以上结果可以看得出，SQP 算法和 Polak-He 算法效果较好。为了验证结果正确性，计算了第三种情况的可靠度，利用 ANSYS 软件的蒙特卡罗可靠度分析模块，选取样本数为 15000，计算结果见表 11.12，可以看出，OpenSees 中四种计算方法的计算的结果可信，且耗时短。图 11.17 为随机截面 $Area_5$ 参数的样本历史曲线，图 11.18(a) 为参数 DMAX 对参数 $A_1 \sim A_5$、P 和 E 灵敏度图，DMAX 为结点竖向最大位移，从图中可以看出，敏感性从大到小依次为：$P > A_3 > A_5 > E > A_1 > A_2 > A_4$。图 11.18 (b) 为参数 S_{MAX} 对参数 $A_1 \sim A_5$、P 和 E 灵敏度图，S_{MAX} 为杆件最大轴应力，从图中可以看出，敏感性从大到小依次为：$A_5 > P > A_3 > A_2 > A_1 > A_4$，由于 E 对其影响小，故为显示出。因此，在网架设计中对 A_3 与 A_5 应给予足够的关注。

表 11.12　不同算法之间的耗时与精度比较

随机变量及数目		iHLRF 算法	梯度投影法	Polak-He 算法(2500)	SQP 算法(0.1)	MCM
荷载 P(165)	耗时	00:02:52	00:05:12	00:01:01	00:01:00	—
	β	2.9272	2.9272	2.9272	2.9256	—
截面积(1120)	耗时	00:21:54	00:24:27	00:17:54	00:15:14	—
	β	5.5123	5.5075	5.5154	5.5012	—
荷载、弹性模量及横截面面积(2405)	耗时	00:38:05	00:43:24	00:24:51	00:21:02	08:09:24
	β	2.3768	2.3740	2.3747	2.3752	2.396

注：Polak-He 算法后面括号中的 2500 表示对功能函数乘以缩放因子大小，使得功能函数的值接近 10，其大小影响计算速度。SQP 算法括号中的 0.1 表示势函数选择的大小为 0.1，同样其大小影响计算速度。

2. 因子取值对算法效率的影响

将荷载作为随机变量，共计 165 个随机变量。对于 Polak-He 算法，功能函数的数值大小影响收敛速度，需对功能函数值进行缩放，使得起始点大致为 10，建议

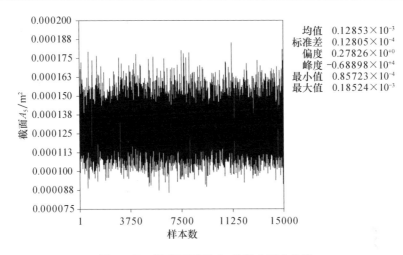

图 11.17　横截面面积 A_5 的样本历史曲线

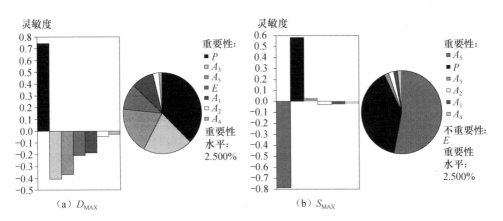

图 11.18　参数 D_{MAX}、S_{MAX} 对参数 A_1、A_2、A_3、A_4、A_5、P 和 E 灵敏度图

在 5～15。为了阐述缩放系数对计算速度的影响,对功能函数分别乘以系数 1500、2000、2500、3000 和 3500,计算结果见表 11.13。可以看出五种缩放系数下,精度都足够,但是计算速度却相差较大,功能函数乘以系数 2500、3000 和 3500 的计算速度较快,因此合理地选取缩放系数对于可靠度计算的效率显得很重要,在计算过程中应引起足够的注意。

表 11.13　不同缩放因子对于 Polak-He 计算耗时与精度的影响

算　法	1500	2000	2500	3000	3500
缩放后功能函数值	6.0086	8.0115	10.014	12.017	14.02
耗时	00:06:26	00:04:29	00:01:01	00:01:00	00:01:00
可靠度指标	2.9254	2.9255	2.9272	2.9272	2.9272

　　此处仅将荷载作为随机变量来考虑,因此模型共 165 个随机变量。对于 SQP 算法,势函数选择的取值大小直接影响着可靠度计算效率,甚至关系到能否正常收敛,因此这里将其分别取值为 0.1、0.2、0.3 和 0.4,计算结果见表 11.14,从表中可以看出,选取不同大小的数值,计算速度也有明显的差异。

表 11.14　SQP 算法中不同势函数选择时的计算耗时及精度

不同势函数选择数值	0.1	0.2	0.3	0.4
耗时	00:01:00	00:02:11	00:03:24	00:09:54
可靠度指标	2.9256	2.9256	2.9256	2.9256

3. 不同材料比较

　　为深入比较四种算法的计算效率,为了得出非线性与线性可靠度指标的区别,对网架进行线性静力有限元可靠度分析,考虑两种情况:一是将荷载 P 作为随机变量;二是将荷载、弹性模量及杆件横截面面积作为随机变量,分别应用四种搜索方法进行可靠度计算,计算结果见表 11.15。可以明显地看出,若只考虑线弹性情形,网架的可靠度指标均大于非线性可靠度分析的结果;SQP 算法速度最快,Polak-He 算法紧随其后,接着是 iHLRF 算法,最后是梯度投影法。将荷载、弹性模量和横截面面积作为随机变量,亦得出类似的结论。因此,SQP 算法和 Polak-He 算法具有计算精度高、收敛速度快的特点。

表 11.15　材料模型为线弹性材料时四种算法的耗时与精度比较

随机变量及数目		iHLRF 算法	梯度投影法	Polak-He 算法(2500)	SQP 算法(0.1)
荷载 P(165)	耗时	00:02:11	00:04:23	00:00:55	00:00:52
	β	2.9582	2.9572	2.9582	2.9582
荷载、弹性模量及横截面面积(2405)	耗时	00:34:11	00:40:06	00:21:28	00:18:52
	β	2.5052	2.5085	2.5052	2.5053

　　在非线性有限元可靠度分析中,对于特定的材料模型,约束函数会有不连续的梯度,它将导致搜索方法的不收敛,这里将 Bouc-Wen 光滑非线性材料模型引入空间网架结构的可靠度分析中。此处考虑了两种情况:将荷载 P 作为随机变量;将荷载、弹性模量及杆件横截面面积作为随机变量,分别应用四种搜索方法进行可靠度计算,计算结果见表 11.16,可以看出,这里所考虑的两种情况下 Polak-He 算法和 SQP 算法速度较快,而梯度投影法和 iHLRF 算法计算速度较慢。

表 11.16　材料模型为 Bouc-Wen 非线性材料时四种算法的耗时与精度比较

随机变量及数目		iHLRF 算法	梯度投影法	Polak-He 算法(2500)	SQP 算法(0.1)
荷载 P(165)	耗时	00:03:14	00:06:01	00:01:42	00:01:35
	β	2.9314	2.9312	2.9314	2.9312
荷载、弹性模量及横截面面积(2405)	耗时	00:40:12	00:45:40	00:26:35	00:23:52
	β	2.3845	2.3842	2.3846	2.3845

4. 结论

本章除了将已有的 iHLRF 算法、梯度映射法和 SQP 算法引进大跨度空间结构可靠度分析外，又首次将 Polak-He 算法引入大跨度空间结构的非线性可靠度分析中，并且对影响其收敛和计算速度的因素做了详细的阐述，对几种算法进行了精度上和计算速度上的比较，得出以下结论：

（1）通过修正已有的算法和引进新的算法解决了试算点离失效域太远使得结果不能数值收敛的问题，经过几种算法的计算对比，结果发现 SQP 算法和 Polak-He 算法计算效率较高，iHLRF 算法和梯度映射法效果较差。

（2）通过应用光滑的 Bouc-Wen 模型材料解决了对于特定的材料模型约束函数会有不连续的梯度，并将导致搜索方法的不收敛的问题。

（3）Polak-He 算法是一种很有效的搜索方法，其特有的控制参数使得搜索在可靠域中进行；对于计算速度和精度，合理地选取缩放系数显得尤为重要。Polak-He 算法是一种高效的计算方法。注意当功能函数乘以缩放系数时，应尽可能使功能函数的值接近 10。

参 考 文 献

赵国藩. 1996. 工程结构可靠性理论与应用. 大连：大连理工大学出版社.

Bebamzadeh A, Haukaas T. 2008. Second-order sensitivities of inelastic finite-element response by direct differentiation. Journal of Engineering Mechanics, 134(10): 867-880.

Breitung K. 1989. Asymptotic approximations for probability integrals. Probabilistic Engineering Mechanics, 4(4): 187-190.

der Kiureghian A, de Stefano M. 1991. Efficient algorithm for second-order reliability. Journal of Engineering Mechanics, ASCE, 117(12): 2904-2923.

der Kiureghian A, Zhang Y. 1999. Space-variant finite element reliability analysis. Computer Methods in Applied Mechanics and Engineering, 168(1-4): 173-183.

Ditlevsen O. 1979. Narrow reliability bounds for structural systems. Journal of Structural Mechanics, 7(4): 453-472.

Ditlevsen O, Madsen H O. 1996. Structural Reliability Methods. Chichester, New York: Wiley.

Dunnett C W, Sobel M. 1955. Approximations to the probability integral and certain percentage points of a multivariate analogue of student's t-distribution. Biometrica, 42(1-2): 258-260.

Federal Emergency Management Agency. 2000. Prestandard and Commentary for the Seismic Rehabilitation of Buildings, FEMA 356.

Frier C, Sorensen J. 2003. Stochastic finite element analysis of non-linear structures modeled by plasticity theory. Proceedings of the 9th International Conference on Applications of Statistics and Probability in Civil Engineering, San Francisco.

Gutierrez M, Carmeliet J, de Borst R. 1994. Finite element reliability methods using diana. Proceedings of the 1st International DIANA Conference. Netherlands: Kluwer Academic Publishers: 255-263.

Haldar A, Mahadevan S. 2000. Reliability Assessment Using Stochastic Finite Element Analysis. New York: John Wiley & Sons.

Hasofer A M, Lind N C. 1974. Exact and invariant second-moment code format. Journal of Engineering Mechanics, 100(1): 111-121.

Haukaas T. 2003. Finite element reliability and sensitivity methods for performance-based engineering[PhD Dissertation]. Berkeley: University of California.

Haukaas T. 2006. Efficient computation of response sensitivities for inelastic structures. Journal of Structural Engineering, 132(2): 260-266.

Haukaas T, der Kiureghian A. 2005. Parameter sensitivity and importance measures in nonlinear finite element reliability analysis. Journal of Engineering Mechanics, 131(10): 1013-1026.

Haukaas T, der Kiureghian A. 2006. Strategies for finding the design point in non-linear finite element reliability analysis. Probabilistic Engineering Mechanics, 21(2): 133-147.

Haukaas T, der Kiureghian A. 2007. Methods and object-oriented software for FE reliability and sensitivity analysis with application to a bridge structure. Journal of Computing in Civil Engineering, 21(3): 151-163.

Haukaas T, Scott M H. 2006. Shape sensitivities in the reliability analysis of nonlinear frame structures. Computers & Structures, 84(15): 964-977.

Hohenbichler M, Rackwitz R. 1986. Sensitivity and importance measures in structural reliability. Civil Engineering Systems, 3(4): 203-209.

Hunter D. 1976. An upper bound for the probability of a union. Journal of Applied Probability, 13(3): 597-603.

Imai K, Frangopol D M. 2000. Geometrically nonlinear finite element reliability analysis of structural systems. i: Theory ii: Applications. Computers and Structures, 77(6): 677-709.

Koduru S D. 2008. Performance-based Earthquake Engineering with the First-order Reliability Method[PhD Dissertation]. Vancouver: University of British Columbia.

Koduru S D, Haukaas T. 2006. Uncertain reliability index in finite element reliability analysis. International Journal of Safety and Reliability, 1(1-2): 77-101.

Koduru S D, Haukaas T. 2010. Feasibility of FORM in finite element reliability analysis. Structural Safety, 32(2): 145-153.

Kounias E G. 1968. Bounds for the probability of a union, with applications. Annals of Mathematical Statistics, 39(6): 2154-2158.

Liu P L, Lin H Z, der Kiureghian A. 1989. CalREL user manual. University of California.

Liu P L, der Kiureghian A. 1986. Multivariate distribution models with prescribed marginals and covariances. Probabilistic Engineering Mechanics, 1(2): 105-112.

Liu P L, der Kiureghian A. 1991a. Finite element reliability of geometrically nonlinear uncertain structures. Journal of Engineering Mechanics, 17(8): 1806-1825.

Liu P L, der Kiureghian A. 1991b. Optimization algorithms for structural reliability. Structural Safety, 9(3): 161-178.

Luenberger D G. 1984. Linear and Nonlinear Programming. 2nd ed. New York: Addison-Wesley.

McKenna F T. 1997. Object-oriented finite element programming: Frameworks for analysis, algorithms and parallel computing[PhD Dissertation]. Berkeley: University of California.

McKenna F, Fenves G L, Scott M H. 2002-06-30. Open system for earthquake engineering simulation. http://opensees.berkeley.edu.

Melchers R E. 1999. Structural Reliability Analysis and Prediction. 2nd ed. Chichester: John Wiley & Sons.

Park Y J, Ang A H S. 1985. Mechanistic seismic damage model for reinforced concrete. Journal of Structural Engineering, 111(4): 722-739.

Polak E. 1997. Optimization: Algorithms and Consistent Approximations. New York: Springer-Verlag.

Polak E, He L. 1991. A unified steerable phase i-phase ii method of feasible directions for semi-infinite optimization. Journal of Optimization Theory and Applications, 69(1): 83-107.

Rackwitz R, Fiessler B. 1978. Structural reliability under combined load sequences. Computers and Structures, 9(5): 489-494.

Royset J O. 2002. Reliability-based design optimization of series structural systems[PhD Dissertation]. Berkeley: University of California.

Scott M H, Haukaas T. 2006. Modules in OpenSees for the next generation of performance-based engineering. Proceedings of the 17th Analysis and Computation Specialty Conference, ASCE Structures Congress, Saint Louis: 1-12.

Scott M H, Haukaas T. 2008. Software framework for parameter updating and finite-element response sensitivity analysis. Journal of Computing in Civil Engineering, 22(5): 281-291.

Sudret B, der Kiureghian A. 2000. Stochastic finite element methods and reliability. A State-of-the-Art Report. University of California.

Zhang Y, der Kiureghian A. 1993. Dynamic response sensitivity of inelastic structures. Computer Methods in Applied Science and Engineering, 108(1-2): 23-36.

Zhang Y, der Kiureghian A. 1994. First-excursion probability of uncertain structures. Probabilistic Engineering Mechanics,9(1-2):135-143.

Zhang Y,der Kiureghian A. 1997. Finite element reliability methods for inelastic structures. University of California.

Zienkiewicz O,Taylor R. 2000. The Finite Element Method. 5th ed. Oxford:Butterworth-Heinemann.

第 12 章　基于功能度量法的空间网格结构的可靠度分析

12.1　引　　言

一次可靠度方法因具有高效和省时等优点而被广泛采用,它适于非线性程度较低的功能函数。当功能函数在设计点附近曲率较大时,在迭代过程中有时会在设计点附近左右摆动致使不收敛;当可靠度指标 β 较大时,收敛慢。对于大跨度空间钢结构来说,其几何非线性与材料非线性均很显著,在进行可靠度计算时,应用一次可靠度方法时计算变得不稳定。针对此,首次将近年来提出的功能度量法(performance measure approach,PMA)引入大跨度空间钢结构的非线性有限元可靠度计算当中。在可靠度指标法中,约束函数评估这样一个子问题被转化为搜索标准正态随机变量空间中极限状态曲面失效概率最大处的最可能失效点的问题。与可靠度指标法不同的是,在功能度量法中,约束函数评估被处理为搜索具有规定的目标可靠指标的最小功能目标问题,功能度量法是基于可靠度的结构优化设计中评估概率约束的一种方法。为验证功能度量法在大跨度钢结构非线性有限元可靠度中的高效性与稳定性,分别采用可靠度指标法和功能度量法对四种矢跨比下单层球面网壳进行可靠度计算,数值结果表明,与可靠度指标法相比,功能度量法具有更高的效率和更好的数值稳定性。

12.2　可靠度指标法与功能度量法

12.2.1　可靠度指标法

1. 基本概念

一个正态随机变量 X 可以通过式(12.1)转换为标准正态随机变量 U。

$$U = \frac{X - \mu}{\sigma} \tag{12.1}$$

式中,μ、σ——随机变量 X 的均值和标准差。

如果所有的随机变量都转换为统计独立的标准正态随机变量,且极限状态方程 $g(u)=0$ 为线性,那么在 U 空间中可靠度指标(reliability index,RI)β 就是从原

点坐标到失效面 $g(U)=0$ 的最短距离。失效概率可以由式(12.2)计算出。

$$P_f = \Phi(-\beta) = 1 - \Phi(\beta) \qquad (12.2)$$

式中

$$\Phi(\beta) = \int_{-\infty}^{\beta} \frac{1}{2\pi} \exp\left(-\frac{1}{2} u^2\right) \mathrm{d}u$$

失效点被确定后可以计算出可靠度指标,因此,这个问题可以表达为搜索 u,使 $\beta = |u| = \sqrt{u^{\mathrm{T}} u}$ 的最小化约束为

$$g(u) = 0 \qquad (12.3)$$

应用拉格朗日算子法,并将 $g(u)=0$ 展开至一阶项,可获得如下表达式:

$$u^{(k+1)} = \frac{G_u^{\mathrm{T}(k)} u^{(k)} - g(u^{(k)})}{G_u^{\mathrm{T}(k)} G_u^{(k)}} G_{u^{(k)}} \qquad (12.4)$$

式中

$$G_{u^{(k)}} = \left\{\frac{\partial g}{\partial u_1}, \frac{\partial g}{\partial u_2}, \cdots, \frac{\partial g}{\partial u_n}\right\}^{\mathrm{T}} = \left\{\sigma_1 \frac{\partial g}{\partial x_1}, \sigma_2 \frac{\partial g}{\partial x_2}, \cdots, \sigma_n \frac{\partial g}{\partial x_n}\right\}^{\mathrm{T}}$$

当随机变量为非正态分布时,可以通过 Rackwitz-Fiessler 将其转换为正态分布。

$$F_X(x) = \Phi(u) \qquad (12.5)$$

式中,$F_X(x)$——非正态累计概率;

$\Phi(u)$——标准正态累计概率。

2. 可靠度指标法的敏感性

可靠度的敏感性推导为

$$\frac{\mathrm{d}\beta}{\mathrm{d}d} = \frac{G_d}{\sqrt{G_{u^*}^{\mathrm{T}} G_{u^*}}} \qquad (12.6)$$

式中,G_d、G_{u^*}——极限状态方程关于设计变量和标准正态随机变量的导数向量。

设计变量可以分为两类:一类是与随机变量相关的特征值 z_i,另一类是与随机变量分布无关的确定参数 y_i。由于 z_i 是隐式的,极限状态方程由 x_i 和 z_i 表示,因此,考虑式(12.5)的转换,式(12.6)的导数可表达为

$$G_{d_i|_{d_i=y_i}} = \frac{\partial g(x, y)}{\partial y_i}$$

$$G_{d_i|_{d_i=z_i}} = \frac{\partial g(x, y)}{\partial z_i} = \sum_{k=1}^{n} \frac{\partial g(x, y)}{\partial x_k} \frac{\partial x_k}{\partial z_i} = \sum_{k=1}^{n} \frac{\partial g(x, y)}{\partial x_k} \frac{\partial F_{X_k}^{-1}(\Phi(u_i), z)}{\partial z_i}$$

$$G_{u_i} = \frac{\partial g(x,y)}{\partial u_i} = \frac{\partial g(x,y)}{\partial x_i} \frac{\partial x_i}{\partial u_i} = \frac{\partial g(x,y)}{\partial x_i} \frac{\partial F_{X_i}^{-1}(\Phi(u_i),z)}{\partial u_i}$$

$$= \frac{\partial g(x,y)}{\partial x_i} \frac{\partial F_{X_i}^{-1}(\Phi(u_i),z)}{\partial \Phi(u_i)} \Phi(u_i) \tag{12.7}$$

式中，n——随机变量的数目；

$\phi(\cdot)$——标准正态概率密度函数。

如果 $d_i = z_i$，可以将敏感性表达为另外一种形式，这种形式不需要计算极限状态方程的微分。基于可靠度指标的几何定义，敏感性可以表达为

$$\frac{\partial \beta}{\partial z_i} = \frac{\partial}{\partial z_i} \sqrt{u^{\mathrm{T}} u} = \frac{1}{\beta} \sum_{k=1}^{n} u_k \frac{\partial u_k}{\partial z_i} = \frac{1}{\beta} \sum_{k=1}^{n} u_k \frac{\partial \Phi^{-1}(F_{X_k}(x_k,z))}{\partial z_i}$$

$$= \frac{1}{\beta} \sum_{k=1}^{n} \frac{u_k}{\phi(\Phi^{-1}(F_{X_k}(x_k,z)))} \frac{F_{X_k}(x_k,z)}{\partial z_i} \tag{12.8}$$

12.2.2　功能度量法

功能度量法由 Tu 于 1999 年提出，Lee 和 Kwak、Kirjner-Neto 等、Kiureghian 和 Polak、Royset 等也对该法进行了相关研究，然而国内关于功能度量法的研究还很少，作者仅发现易平和杨迪雄等做了相关研究。

可靠度指标是通过搜索最可能失效点（most probable failure point，MPFP）而获得，而目标可靠度指标与 MPFP 没有任何关系。在功能度量法中，概率约束满足与否可通过目标功能的正负来判断，目标功能的计算过程与可靠度指标正好相反。功能度量法中，所要找寻的是离坐标原点的距离等于目标可靠度的点，继而确定使得功能函数数值最小的点。众所周知，极限状态函数为负表示失效，所以可由功能函数数值的正负来判定是否满足概率约束。这就是功能度量法的基本思想，功能度量法是寻找最小功能目标点（minimum performance target point，MPTP），而不是 MPFP。因此，功能度量法可表达为搜索 u，使得 $f(d)$ 最小约束：

$$a_{i,\text{target}}(d) \geqslant 0, \quad i = 1,2,\cdots,p \tag{12.9}$$

1. 概率功能度量的求解

概率功能度量 $G_p(d)$ 为 U 空间中的一个优化问题，对任意给定 d，求 u^*。

$$\min G(d,u)$$
$$\text{s. t. } \|u\| = \beta_t \tag{12.10}$$

从而

$$G_p = G(d,u^*)$$

设计点 u^* 是半径为 $\beta_{,t}$ 的球面上所有点中,功能函数值最小的一个点,因此该点称为最小功能目标点。以上这个优化问题具有球面约束的特点,可应用改进均值法来求解,其迭代过程可由该优化问题的 KKT(Karush-Kuhn-Tucker)条件来推导,该条件可表达为

$$u^*/\parallel u^*\parallel +\lambda\nabla_u G(d,u^*)=0,\quad \parallel u^*\parallel =\beta_{,t} \tag{12.11}$$

两边同乘 $(\nabla_u G)^{\mathrm{T}}$,可得

$$
\frac{(\nabla_u G)^{\mathrm{T}}u^*}{\parallel u^*\parallel}+\lambda(\nabla_u G)^{\mathrm{T}}\nabla_u G=\frac{\parallel\nabla_u G\parallel\cdot\parallel u^*\parallel\cos\alpha}{\parallel u^*\parallel}
$$
$$
+\lambda\parallel\nabla_u G\parallel^2\Rightarrow\cos\alpha+\lambda\parallel\nabla_u G\parallel=0 \tag{12.12}
$$

式中,α——$\nabla_u G$ 与 u^* 之间夹角,可以分为以下两种情形。

(1) 如果 $\lambda>0$,则 $\nabla_u G$ 与 u^* 反向,即 $\alpha=180°$,因此可得 $\lambda=\dfrac{1}{\parallel\nabla_u G\parallel}$。又由于 $u^{*\mathrm{T}}\nabla_u G<0$,所以 $G(d,0)>0$,因此 $\beta=\parallel u^*\parallel$。将 λ 代入式(12.11)得

$$u^*=-\parallel u^*\parallel\frac{\nabla_u G(d,u^*)}{\parallel\nabla_u G(d,u^*)\parallel}=-\beta_{,t}\frac{\nabla_u G(d,u^*)}{\parallel\nabla_u G(d,u^*)\parallel} \tag{12.13a}$$

(2) 如果 $\lambda<0$,则 $\nabla_u G$ 与 u^* 同向,即 $\alpha=0°$,因此可得 $\lambda=-\dfrac{1}{\parallel\nabla_u G\parallel}$。又由于 $u^{*\mathrm{T}}\nabla_u G>0$,所以 $G(d,0)<0$,因此 $\beta=\parallel u^*\parallel$。将 λ 代入式(12.11)得

$$u^*=\parallel u^*\parallel\frac{\nabla_u G(d,u^*)}{\parallel\nabla_u G(d,u^*)\parallel}=\beta_{,t}\frac{\nabla_u G(d,u^*)}{\parallel\nabla_u G(d,u^*)\parallel} \tag{12.13b}$$

通过图形来阐述可靠度指标法(RIA)与功能度量法是等效的。图 12.1(a)、(b)是 d 在标准正态空间中几个功能函数曲线。图 12.1(a)、(b)中 $G(d,0)>0$,u^* 与 $\nabla_u G$ 方向相反,即 $u^{*\mathrm{T}}\nabla_u G<0$,而 RIA 中 $\beta=+\parallel u^*\parallel>\beta_{,t}$,表明满足概率约束;PMA 中,$G_p=0.8>0$,亦表明满足约束,可见二者是等效的。图 12.1(c)、(d)中 $G(d,0)<0$,u^* 和 $\nabla_u G$ 方向相同,即 $u^{*\mathrm{T}}\nabla_u G>0$,而 RIA 中 $\beta=-\parallel u^*\parallel>\beta_{,t}$,表明不满足约束;PMA 中,$G_p=-0.8<0$,亦表明不满足约束,二者亦等效。图 12.2 展示的是搜索 MPFP 和最小功能目标点的迭代过程。搜索 MPFP 时需要若干步迭代,而搜索最小功能目标点时,直接就落在 $|u|=\beta_{\text{target}}$ 上。

2. 目标功能的敏感性

由于目标功能 a_{target} 是功能函数在最小功能目标点处的值,与 RIA 相比,其敏感性更易获得。目标功能关于设计变量的敏感性等于极限状态方程的微分。

$$\frac{\mathrm{d}a_{\text{target}}}{\mathrm{d}d}=G_d=\frac{\mathrm{d}g}{\mathrm{d}d} \tag{12.14}$$

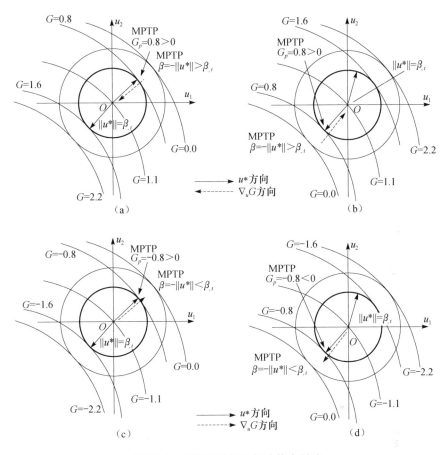

图 12.1　可靠度指标法与功能度量法

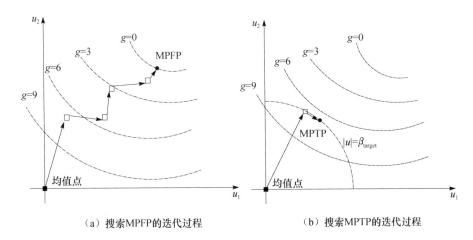

（a）搜索MPFP的迭代过程　　　　　　　（b）搜索MPTP的迭代过程

图 12.2　寻找 MPFP 与 MPTP 的迭代过程

　　关于可靠度指标和目标功能的敏感性,注意到,式(12.6)中可靠度指标的敏感性总是非线性的,而如果功能函数是非线性,式(12.14)中的目标功能的敏感性亦是非线性的。

3. 减少过多迭代过程

　　MPFP 和最小功能目标点的搜索效率直接影响计算速度,因此减少迭代过程对于改进计算效率尤为重要。图 12.3 展示出搜索过程中三种典型的代表性迭代历史曲线。图 12.3(a)、(c)最终收敛,而图 12.3(b)发散。为了减少迭代过程,引入下面方法。假定 $u^{(k-1)}$、$u^{(k)}$ 和 $u^{(k+1)}$ 是中间过渡点,在搜索中连续的更新。当第三个点 $u^{(k+1)}$ 与 $u^{(k-1)}$ 的距离比与 $u^{(k)}$ 的距离近时,将会发生过多的迭代。因此可以通过式(12.15)来判断是否出现过多的迭代。

$$\frac{u^{(k-1)\mathrm{T}}u^{(k+1)}}{|u^{(k-1)}||u^{(k+1)}|} > \frac{u^{(k)\mathrm{T}}u^{(k+1)}}{|u^{(k)}||u^{(k+1)}|} \tag{12.15}$$

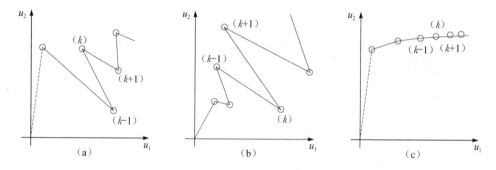

图 12.3　搜索 MPFP 和 MPTP 的三种迭代代表形式

　　在这种情况下 $u^{(k+1)}$ 应被 u^{new} 取代,

$$u^{\mathrm{new}} = \beta^{\mathrm{new}}\frac{u^{(k-1)} + u^{(k)}}{|u^{(k-1)} + u^{(k)}|} \tag{12.16}$$

式中,β^{new}——u^{new} 的幅值,由式(12.17)确定来满足式(12.3)和式(12.10)等式约束。

$$\beta^{\mathrm{new}} = \begin{cases} \dfrac{\beta^{(k)}g(u^{(k-1)}) - \beta^{(k-1)}g(u^{(k)})}{g(u^{(k-1)}) - g(u^{(k)})}, & \text{对于 MPFP 搜索} \\ \beta_{\mathrm{target}}, & \text{对于 MPTP 搜索} \end{cases} \tag{12.17}$$

12.3　算例1——四种矢跨比下双层柱面网壳的可靠度研究

12.3.1　模型参数

　　此例以四种矢跨比的双层柱面网壳为研究对象,如图 12.4~图 12.6 所示,网壳跨度均为 30m,四种矢跨比分别为 1/2、1/3、1/4 和 1/5(图 12.5),对应的矢半径分别为 15m、15.811m、16.771m 和 17.493m。该网壳两纵边上层节点三向约束,端部上层节点竖向约束,网壳屋面沿柱壳曲面均布满跨荷载值 2.0kN/m²,将荷载等效为集中荷载施加于各节点上;采用 Q235 钢材;网壳节点均为铰接,杆件仅受轴力作用。为计算方便,将此网壳的杆件截面统一选为 φ121mm×4.0mm。根据杆件所处位置不同,将整个网壳的杆件划分为五大类,分别为上层跨向杆件(A_1)、上层纵向杆件(A_2)、下层跨向杆件(A_3)、下层纵向杆件(A_4)和腹杆(A_5),将杆件的五种横截面面积、弹性模量和等效外荷载考虑为随机变量,其随机统计参数列于表 12.1。计算中合计共考虑 231 个随机变量,其中将网壳所有杆件的弹性模量作为一个随机变量考虑、将 5 种类型杆件的横截面面积分别定义为 5 个随机变量、将上层所有集中等效节点荷载分别定义为一个随机变量(上层共计 225 个节点),计算中同时考虑几何非线性和材料非线性。为计算简便,将网壳节点最大位移与给定允许最大挠度之差作为唯一功能函数。

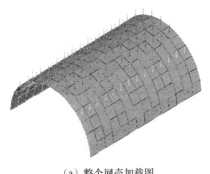

（a）整个网壳加载图

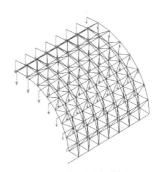

（b）1/4网壳加载图

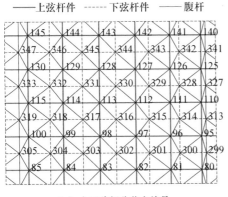

（c）上下弦部分节点编号

——上弦杆件　----- 下弦杆件　——腹杆

144-节点编号　　　133-杆件编号

（d）上弦部分杆件与节点编号

图 12.4　网壳加载及部分杆件编号图(矢跨比 1/2)

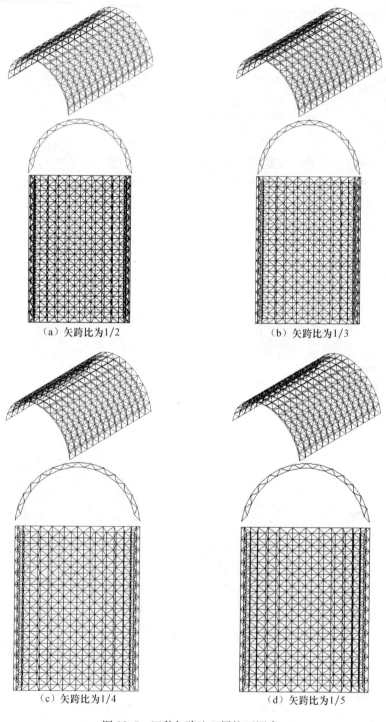

（a）矢跨比为1/2　　　　　　　　　　（b）矢跨比为1/3

（c）矢跨比为1/4　　　　　　　　　　（d）矢跨比为1/5

图 12.5　四种矢跨比双层柱面网壳

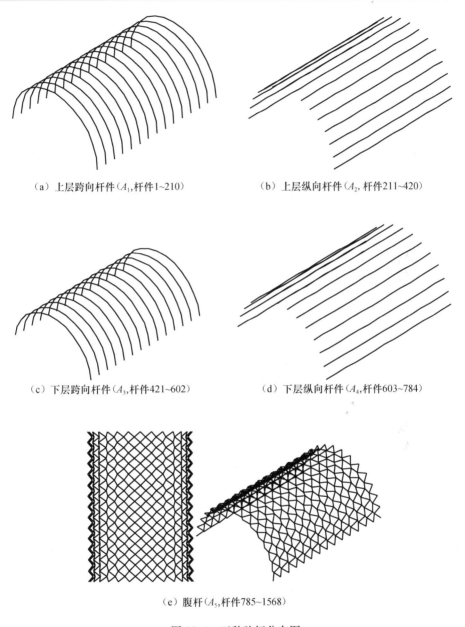

（a）上层跨向杆件（A_1,杆件1~210）　　　　（b）上层纵向杆件（A_2, 杆件211~420）

（c）下层跨向杆件（A_3,杆件421~602）　　　　（d）下层纵向杆件（A_4,杆件603~784）

（e）腹杆（A_5,杆件785~1568）

图 12.6　五种弦杆分布图

　　该处直接应用 OpenSees 提供的 RIA 来计算网壳的可靠度,并以 OpenSees 作为计算平台,编程实现功能度量法。应用 OpenSees 提供的 iHLRF 算法计算四种矢跨比网壳的可靠度与敏感性。

表 12.1　随机变量统计参数

随机变量	描　述	分布类型	均　值	标准差
E/Pa	弹性模量	对数正态	2.1×10^{11}	4.2×10^{9}
A_1/m^2	杆件横截面面积	对数正态	0.0005	0.0005×0.05
A_2/m^2	杆件横截面面积	对数正态	0.0005	0.0005×0.05
A_3/m^2	杆件横截面面积	对数正态	0.0005	0.0005×0.05
A_4/m^2	杆件横截面面积	对数正态	0.0005	0.0005×0.05
A_5/m^2	杆件横截面面积	对数正态	0.0005	0.0005×0.05
$P_i(i=1\sim225)/\text{N}$	等效节点荷载	正态	$1.06P_i$	$0.074P_i$

12.3.2　不同矢跨比下双层柱面网壳结构的可靠度对比分析

　　为了验证功能度量法的稳定性与高效性,以双层柱面网壳为研究对象,分别采用功能度量法和 RIA 对其进行可靠度计算分析,期间考虑了四种矢跨比(1/2、1/3、1/4 和 1/5)。计算结果列于表 12.2。从表 12.2 可以看出,当网壳矢跨比为 1/2 时,应用 RIA 计算得到的可靠度指标为 3.22,其所需计算时间为 31 分 23 秒。应用 PMA 计算时,分别给定球半径为 2.8m 和 3.5m,当球半径为 2.8m 时,所求的功能函数的大小为 0.165,符号为正,耗费时间为 4 分 28 秒,约束满足,与 RIA 法结论一致;当球半径为 3.5 时,功能函数值为负,大小为 0.234,约束不满足,与 RIA 法结论一致。随着网壳跨高比的减小,矢高也逐渐减小,网壳竖向挠度在逐渐增大,因此其可靠度指标在逐渐减小,表 12.2 中 RIA 体现了这一现象。从表 12.2 中可以看出,随着矢跨比的减小,可靠度指标在逐渐减小,而且可靠度计算消耗的时间也越来越短;但当矢跨比为 1/5 时,由于矢跨比过小,网壳的几何非线性与材料非线性程度相对比较高,使得可靠度计算不能正常收敛,而应用功能度量法则可顺利收敛。可见功能度量法和 RIA 描述概率约束是等效的,且功能度量法具有更高效、更稳定的特点。

表 12.2　四种矢跨比下 RIA 与 PMA 算法效率的比较

矢跨比		RIA			PMA		
		β	耗时	结论	G_p	耗时	结论
1/2	$\beta_t=2.8$	3.22	00:31:23	$>\beta_t$,约束满足	0.165	00:04:28	>0,约束满足
	$\beta_t=3.5$			$<\beta_t$,约束不满足	-0.234	00:05:01	<0,约束不满足
1/3	$\beta_t=2.5$	2.84	00:28:53	$>\beta_t$,约束满足	0.121	00:04:10	>0,约束满足
	$\beta_t=3.0$			$<\beta_t$,约束不满足	-0.207	00:04:55	<0,约束不满足
1/4	$\beta_t=2.3$	2.48	00:23:42	$>\beta_t$,约束满足	0.105	00:05:21	>0,约束满足
	$\beta_t=2.7$			$<\beta_t$,约束不满足	-0.186	00:05:46	<0,约束不满足
1/5	$\beta_t=2.0$	不收敛	—		0.095	00:05:53	>0,约束满足
	$\beta_t=2.4$		—		-0.142	00:06:35	<0,约束不满足

12.3.3 双层柱面网壳的可靠度分析

这里以网壳的最大挠度为主要考察对象,将最大位移与阈值之差作为功能函数,计算网壳在不同阈值下,网壳可靠度的变化趋势,计算结果如图12.7所示。从图12.7(a1)、(b1)、(c1)、(d1)可以看出,随着网壳矢跨比的减小,网壳最大绝对挠度在逐渐增大,最大绝对挠度的概率密度分布基本不发生变化,大致服从正态分布;从图12.7(a2)、(b2)、(c2)、(d2)可以看出,四种矢跨比下,阈值越大,网壳可靠度越高,阈值越小,网壳失效的概率就越大。

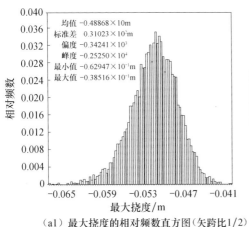

（a1）最大挠度的相对频数直方图（矢跨比1/2）

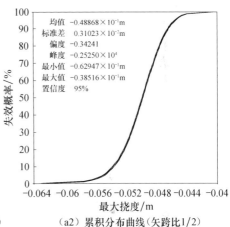

（a2）累积分布曲线（矢跨比1/2）

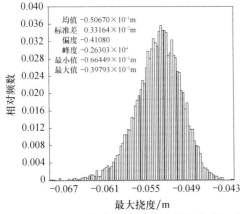

（b1）最大挠度的相对频数直方图（矢跨比1/3）

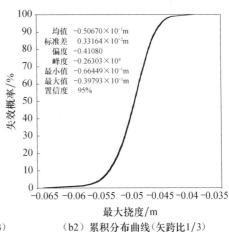

（b2）累积分布曲线（矢跨比1/3）

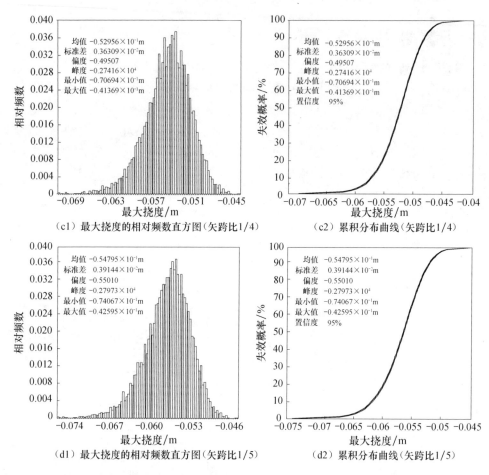

（c1）最大挠度的相对频数直方图（矢跨比1/4）　　（c2）累积分布曲线（矢跨比1/4）

（d1）最大挠度的相对频数直方图（矢跨比1/5）　　（d2）累积分布曲线（矢跨比1/5）

图 12.7　双层柱面网壳在四种矢跨比下最大挠度的概率密度及其累积分布曲线

12.3.4　双层柱面网壳的敏感性分析

本节以四种矢跨比网壳的敏感性为研究对象,研究功能函数对各随机变量的敏感性,并考察矢跨比对各随机变量重要性排序的影响。经过计算发现该网壳的最大变形发生在上层中部节点 113,因此在节点 113 处定义功能函数,敏感性计算结果如图 12.8 和表 12.3 所示。从图 12.8(a)～(d)和表 12.3 中可以看出,对于矢跨比为 1/2 的情况,该功能函数对弹性模量的敏感性最高,敏感性系数达到 0.816,下层跨度方向杆件的横截面面积 A_3 的敏感性次之,数值大小为 0.417,接着分别是 A_1 和 A_5,重要性排名第 5 位是作用于节点 113 上的集中荷载(节点编号如图 12.4 所示),敏感性达到-0.078,还可以看出,作用于节点 113 附近的其他节点荷载对该功能函数的敏感性较高。由于本节将各节点荷载单独考虑为随机变量,而未将其作为整体来考虑,而单个集中荷载的敏感性系数必定会低于整个网壳结构的弹性模量或者几种类型的横截面面积,因此会出现图 12.8 和表 12.3 中外荷载敏感系数"低"的现象;其他三种矢跨比也可以得出类似的结论。

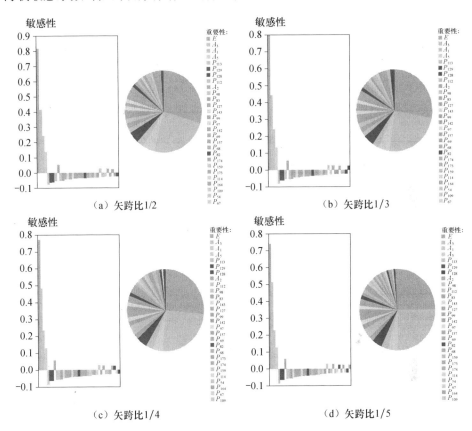

图 12.8   四种矢跨比下最大挠度对各随机输入变量的敏感性图

表 12.3   四种矢跨比网壳的参数重要性排序

重要性排序	1/2		1/3		1/4		1/5	
	参数	敏感性	参数	敏感性	参数	敏感性	参数	敏感性
1	E	0.816	E	0.798	E	0.770	E	0.745
2	A_3	0.417	A_3	0.443	A_3	0.483	A_3	0.518
3	A_1	0.243	A_1	0.240	A_1	0.234	A_1	0.230
4	A_5	0.137	A_5	0.133	A_5	0.128	A_5	0.126
5	P_{113}	−0.078	P_{113}	−0.081	P_{113}	−0.084	P_{113}	−0.086
6	P_{129}	−0.062	P_{129}	−0.063	P_{129}	−0.064	P_{129}	−0.065
7	P_{128}	−0.060	P_{128}	−0.062	P_{128}	−0.064	P_{128}	−0.064
8	P_{112}	−0.054	P_{112}	−0.055	A_2	0.057	A_2	0.059

续表

重要性排序	1/2		1/3		1/4		1/5	
	参数	敏感性	参数	敏感性	参数	敏感性	参数	敏感性
9	A_2	0.054	A_2	0.055	P_{112}	-0.056	P_{98}	-0.058
10	P_{98}	-0.052	P_{98}	-0.054	P_{98}	-0.056	P_{112}	-0.057
11	P_{83}	-0.052	P_{83}	-0.053	P_{83}	-0.055	P_{83}	-0.057
12	P_{127}	-0.043	P_{127}	-0.045	P_{143}	-0.047	P_{143}	-0.050
13	P_{143}	-0.042	P_{143}	-0.045	P_{127}	-0.046	P_{127}	-0.047
14	P_{99}	-0.042	P_{99}	-0.043	P_{99}	-0.045	P_{99}	-0.046
15	P_{97}	-0.039	P_{142}	-0.040	P_{142}	-0.042	P_{142}	-0.043
16	P_{142}	-0.038	P_{97}	-0.040	P_{97}	-0.041	P_{97}	-0.043
17	P_{69}	-0.036	P_{157}	-0.037	P_{157}	-0.040	P_{157}	-0.04
18	P_{157}	-0.036	P_{69}	-0.037	P_{69}	-0.039	P_{69}	-0.040
19	P_{68}	-0.036	P_{68}	-0.036	P_{82}	-0.038	P_{82}	-0.040
20	P_{82}	-0.034	P_{82}	-0.036	P_{68}	-0.038	P_{68}	-0.039
21	P_{174}	-0.033	P_{174}	-0.034	P_{173}	-0.036	P_{159}	-0.037
22	P_{159}	-0.032	P_{173}	-0.033	P_{174}	-0.035	P_{173}	-0.037
23	P_{173}	-0.031	P_{159}	-0.033	P_{159}	-0.035	P_{174}	-0.036
24	P_{114}	-0.031	P_{114}	-0.033	P_{114}	-0.035	P_{114}	-0.036
25	P_{164}	-0.030	P_{164}	-0.030	P_{54}	-0.030	P_{54}	-0.030
26	P_{109}	0.028	P_{54}	-0.029	P_{164}	-0.029	P_{67}	-0.030
27	P_{54}	-0.028	P_{109}	0.028	P_{67}	-0.029	P_{164}	-0.029
28	P_{67}	-0.026	P_{67}	-0.027	P_{109}	0.029	P_{109}	0.029
29	P_{41}	0.026	P_{41}	0.026	P_{158}	-0.027	P_{158}	-0.028
30	P_{197}	-0.026	P_{197}	-0.025	P_{41}	0.026	P_{144}	-0.028
31	P_{104}	0.024	P_{158}	-0.025	P_{144}	-0.026	P_{41}	0.027
32	P_{158}	-0.023	P_{104}	0.024	P_{100}	-0.025	P_{100}	-0.027
33	P_{151}	-0.023	P_{100}	-0.023	P_{197}	-0.024	P_{84}	-0.024

　　从表 12.3 可以看出,随着矢跨比的减小(矢高逐渐减小),弹性模量的敏感性逐渐减小,矢跨比 1/2、1/3、1/4 和 1/5 对应的敏感性系数分别为 0.816、0.798、0.770 和 0.745。这表明随着矢跨比的减小,弹性模量的重要性逐渐降低。而下层跨度方向杆件的横截面面积的重要性恰好与弹性模量相反,从 0.417 逐渐增大至 0.518,表明随着矢跨比的减小,A_3 的重要性逐渐升高。A_1 和 A_5 变化趋势与弹性模量相同,表明随着矢跨比的减小,A_1 和 A_5 的重要性逐渐降低。而集中荷载随着矢跨比的减小,重要性系数在逐渐增大,表明荷载对该功能函数的影响逐渐升高;就 5 种杆件的横截面面积而言,其重要性排序依次为:$A_3 > A_1 > A_5 > A_2 > A_4$,因此可以看出跨度方向杆件的横截面面积对该功能函数的影响最大,而纵向杆件的横截面面积的影响很小,A_4 甚至未出现在重要性排序的前 33 位之内。位于节点

113、129、128、112 和 98 的集中荷载的敏感性系数很高,均在重要性排序的前 10 位以内,这是因为这些节点离节点 113 近,直接影响着节点 113 变形所致。

12.3.5　双层柱面网壳的可靠度及敏感性分析

本节将均布荷载、5 个杆件横截面面积和弹性模量分别定义为一个随机变量,因此共计 7 个随机变量,考察各随机变量对功能函数的敏感性。定义包含 3 个考察指标的 3 个功能函数,3 个指标分别为网壳最大变形、网壳总塑性应变能和总屈服杆件数,本节研究 3 个功能函数之间的相关性,并研究 7 个随机变量对这 3 个功能函数的敏感性。由于网壳上层大部分集中竖向节点荷载值不相等,而本节欲将总体均布荷载定义为一个随机变量,因此又定义了一个荷载缩放系数 K,即在 $2.0 \mathrm{kN/m^2}$ 的基础上同时乘以系数 K,统一对各节点荷载进行缩放。为研究塑性应变能的敏感性,使得网壳进入塑性状态,本节将均布荷载缩放系数取为 1.25,仅以矢跨比为 1/2 的双层柱面网壳为研究对象。随机变量基本信息见表 12.4。

表 12.4　随机变量统计参数

随机变量	描　述	分布类型	均　值	标准差
E/Pa	弹性模量	对数正态	2.1×10^{11}	4.2×10^{9}
$A_1/\mathrm{m^2}$	杆件横截面面积	对数正态	0.0005	0.0005×0.05
$A_2/\mathrm{m^2}$	杆件横截面面积	对数正态	0.0005	0.0005×0.05
$A_3/\mathrm{m^2}$	杆件横截面面积	对数正态	0.0005	0.0005×0.05
$A_4/\mathrm{m^2}$	杆件横截面面积	对数正态	0.0005	0.0005×0.05
$A_5/\mathrm{m^2}$	杆件横截面面积	对数正态	0.0005	0.0005×0.05
K	荷载缩放系数	正态	1.06×1.25	0.074×1.25

这里分别研究 3 个功能函数之间的相关性及功能函数与随机变量间的相关性,由于将荷载缩放系数取值为 1.25,此时已有杆件进入了屈服状态。计算结果如表 12.5、表 12.6 和图 12.9~图 12.11 所示,图 12.9(a)、图 12.10(a)、图 12.11(a)为 3 个指标的概率累积分布曲线,表 12.5 为 7 个随机变量与 3 个指标间的相关系数。从表 12.5 和图 12.9(b)可以看出,对于将最大位移定义为功能函数的情况,荷载缩放系数的敏感性最大,数值为 -0.874,且数值为负(在定义功能函数时,所提取的最大挠度值为负),表明随着荷载系数的增大,对于该功能函数的网壳的可靠度降低。而网壳的几何参数 A_3 对网壳可靠度影响次之,敏感性系数达到 0.347;弹性模量的敏感性系数也很大,达到 0.222。可以看出,这里计算的杆件横截面面积重要性排序与 12.3.4 节计算结果一致,在 5 种杆件截面积当中,A_4 的影响最低,甚至可以忽略不计;但弹性模量 E 的排序发生了变化,12.3.4 节中位于 5 种截面积之前,而这里位于 A_3 之后、A_1 之前,这是由于这里将荷载缩放系数取为

1.25,有不少杆件进入塑性的缘故。进一步表明,随着网壳结构荷载等级的增加,网壳逐渐进入塑性状态,弹性模量的重要性排序会逐渐降低,而杆件横截面面积的重要性逐渐得到提升。从表 12.5 和图 12.10(b)可以看出,对于将总塑性应变能定义为功能函数的情况,荷载缩放系数 K 对该功能函数最敏感,荷载越大,可靠度越低;同样,而网壳的几何参数 A_3 对网壳可靠度影响次之,敏感性系数达到 0.430;几何参数 A_1 对网壳可靠度也有较大的影响。从表 12.5 和图 12.11(b)可以看出,对于将杆件屈服数定义为功能函数的情况,也是荷载缩放系数 K 对该功能函数最为敏感,且敏感性系数绝对值亦是 0.874,其他随机变量敏感性从高到低依次为:$A_3 > A_1 > A_5 > A_2 > E > A_4$。

表 12.5　随机变量与 3 个指标间的相关系数(矢跨比 1/2)

指　标	K	A_1	A_2	A_3	A_4	A_5	E
最大位移	−0.874	0.141	0.030	0.347	(0.011)	0.057	0.222
总塑性应变能	0.871	−0.074	−0.031	−0.430	(−0.012)	−0.040	−0.073
杆件屈服数	0.874	−0.191	−0.027	−0.336	(−0.007)	−0.029	(−0.015)

注:括号内的数字表示相关系数不显著;E 表示弹性模量。

表 12.6　3 个指标间的相关系数(矢跨比 1/2)

指　标	最大位移	总塑性应变能	杆件屈服数
最大位移	1.000	−0.978	−0.947
总塑性应变能	−0.978	1.000	0.957
杆件屈服数	−0.947	0.957	1.000

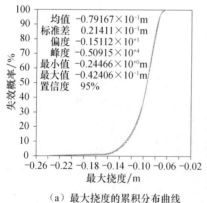
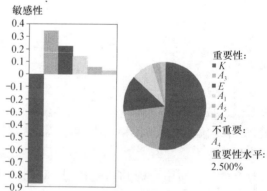

(a) 最大挠度的累积分布曲线　　　(b) 功能函数对随机变量敏感性饼图

图 12.9　最大挠度对各随机输入变量的敏感性图(矢跨比 1/2)

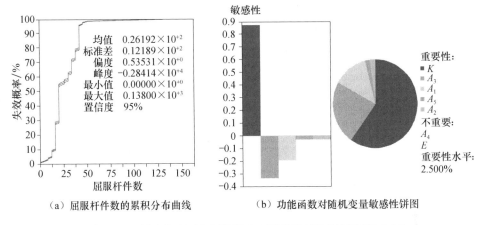

（a）屈服杆件数的累积分布曲线　　　（b）功能函数对随机变量敏感性饼图

图 12.10　最大挠度对各随机输入变量的敏感性图（矢跨比 1/2）

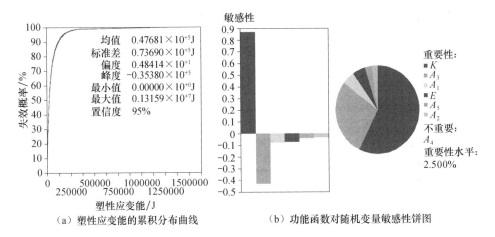

（a）塑性应变能的累积分布曲线　　　（b）功能函数对随机变量敏感性饼图

图 12.11　最大挠度对各随机输入变量的敏感性图（矢跨比 1/2）

表 12.6 为 3 个指标间的相关系数，从表中可以看出，三者的相关系数很大，均属于高级相关，由于在定义功能函数时，提取最大位移的值为负。因此，最大位移与总塑性应变能和杆件屈服数均高级负相关，若将最大位移取绝对值，那么将变为高级正相关，仅相差一负号而已，内在本质完全一致。

12.3.6　双层柱面网壳的可靠度及敏感性分析

本节讨论随机变量相关性对双层柱面网壳结构的可靠度与敏感性的影响。12.3.5 节将所有杆件的弹性模量定义为一个随机变量，而本节将网壳所有杆件的弹性模量分别定义为一个随机变量，随机变量横截面面积不发生改变，从而考察网壳的可靠度与敏感性。本节仅以矢跨比为 1/2 的双层柱面网壳为研究对象，模型总计 1798 个随机变量，随机变量统计参数见表 12.7。

表 12.7　随机变量统计参数

随机变量	描　述	分布类型	均　值	标准差
$E_i(i=1\sim1568)/\text{Pa}$	弹性模量	正态	2.1×10^{11}	4.2×10^{9}
A_1/m^2	杆件横截面面积	对数正态	0.0005	0.0005×0.05
A_2/m^2	杆件横截面面积	对数正态	0.0005	0.0005×0.05
A_3/m^2	杆件横截面面积	对数正态	0.0005	0.0005×0.05
A_4/m^2	杆件横截面面积	对数正态	0.0005	0.0005×0.05
A_5/m^2	杆件横截面面积	对数正态	0.0005	0.0005×0.05
$P_j(j=1\sim225)/\text{N}$	等效节点荷载	正态	$1.06P_i$	$0.074P_i$

　　计算结果如图 12.12 和表 12.8 所示,图 12.12(a)为最大挠度的概率累积分布曲线,图 12.12(b)和表 12.8 为主要随机变量的敏感性饼图及重要性排序。可以看出,五种杆件横截面面积的重要性排序未发生变化,重要性依次为 $A_3>A_1>A_5>A_2>A_4$。这里由于将弹性模量分开考虑,将各自杆件的弹性模量均定义为一个随机变量,因此其敏感性看起来"排序靠后",但实质上总体弹性模量的重要性未发生变化。节点 113 附近的集中荷载敏感性系数依旧较大,个别杆件弹性模量的敏感性系数也较高,如杆件 106、107、121、92、93,这些杆件均为上弦杆件,在节点 113 附近,如图 12.4(d)所示。

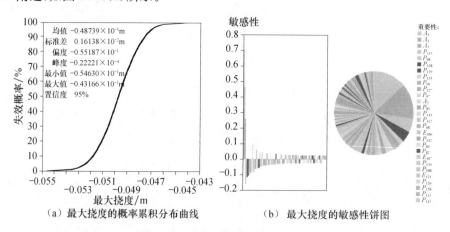

（a）最大挠度的概率累积分布曲线　　　　（b）最大挠度的敏感性饼图

图 12.12　最大挠度的累积分布曲线及其敏感性饼图(矢跨比 1/2)

表 12.8　主要随机变量敏感性系数及等级(矢跨比 1/2)

等　级	随机输入变量	敏感性	标准化	等　级	随机输入变量	敏感性	标准化
1	A_3	0.701	13.41%	5	P_{98}	-0.118	2.25%
2	A_1	0.462	8.84%	6	P_{128}	-0.115	2.21%
3	A_5	0.257	4.92%	7	P_{129}	-0.106	2.02%
4	P_{113}	-0.159	3.04%	8	P_{114}	-0.091	1.73%

续表

等　级	随机输入变量	敏感性	标准化	等　级	随机输入变量	敏感性	标准化
9	P_{99}	-0.090	1.73%	52	E_{1379}	0.027	0.53%
10	P_{127}	-0.088	1.67%	53	E_{566}	0.027	0.52%
11	P_{97}	-0.087	1.66%	54	P_{96}	-0.027	0.52%
12	A_2	0.084	1.60%	55	P_{85}	-0.027	0.52%
13	P_{83}	-0.084	1.60%	56	E_{226}	0.027	0.52%
14	P_{143}	-0.083	1.59%	57	E_{438}	-0.027	0.52%
15	P_{112}	-0.068	1.30%	58	E_{1326}	0.027	0.52%
16	P_{68}	-0.064	1.22%	59	P_{188}	-0.027	0.51%
17	E_{106}	0.058	1.12%	60	E_{864}	-0.026	0.50%
18	P_{142}	-0.058	1.12%	61	E_{818}	0.026	0.50%
19	P_{84}	-0.056	1.07%	62	E_{317}	0.026	0.49%
20	P_{82}	-0.055	1.06%	63	E_{726}	-0.026	0.49%
21	E_{107}	0.048	0.92%	64	E_{473}	0.025	0.48%
22	P_{144}	-0.046	0.89%	65	E_{788}	-0.025	0.48%
23	P_{100}	-0.045	0.87%	66	E_{753}	0.025	0.48%
24	E_{121}	0.042	0.80%	67	E_{158}	-0.025	0.48%
25	P_{126}	-0.042	0.79%	68	P_{20}	0.025	0.47%
26	P_{158}	-0.040	0.77%	69	E_{1023}	-0.025	0.47%
27	P_{111}	-0.040	0.76%	70	P_{70}	-0.025	0.47%
28	P_{145}	-0.039	0.74%	71	E_{119}	0.025	0.47%
29	P_{69}	-0.038	0.73%	72	E_{261}	0.025	0.47%
30	E_{92}	0.038	0.72%	73	P_{140}	0.025	0.47%
31	P_{202}	-0.037	0.71%	74	E_{1116}	0.024	0.47%
32	P_{174}	-0.037	0.70%	75	E_{1459}	-0.024	0.47%
33	P_{54}	-0.036	0.69%	76	P_{87}	0.024	0.46%
34	E_{93}	0.036	0.68%	77	E_{1249}	0.024	0.46%
35	P_{172}	-0.035	0.68%	78	E_{1186}	0.024	0.46%
36	E_{1282}	-0.035	0.67%	79	P_{160}	-0.024	0.46%
37	P_{67}	-0.034	0.66%	80	E_{623}	-0.024	0.46%
38	P_{66}	-0.034	0.66%	81	E_{476}	0.024	0.46%
39	P_{159}	-0.033	0.64%	82	E_{488}	0.024	0.46%
40	P_{173}	-0.033	0.63%	83	E_{371}	-0.024	0.45%
41	E_{475}	0.033	0.63%	84	E_{519}	0.024	0.45%
42	P_{38}	-0.032	0.61%	85	P_{24}	0.024	0.45%
43	P_{53}	-0.031	0.59%	86	P_{163}	0.024	0.45%
44	P_{190}	-0.031	0.59%	87	P_{175}	-0.024	0.45%
45	P_{157}	-0.030	0.57%	88	E_{427}	0.023	0.45%
46	E_{431}	-0.030	0.57%	89	E_{1519}	-0.023	0.45%
47	E_{1364}	0.030	0.57%	90	E_{1152}	-0.023	0.45%
48	E_{134}	0.029	0.56%	91	P_{156}	-0.023	0.45%
49	P_{130}	-0.028	0.54%	92	E_{528}	0.023	0.44%
50	E_{613}	-0.028	0.53%	93	E_{537}	0.023	0.44%
51	P_{52}	-0.028	0.53%	94	E_{509}	0.023	0.44%

等　级	随机输入变量	敏感性	标准化	等　级	随机输入变量	敏感性	标准化
95	P_{81}	-0.023	0.44%	99	E_{502}	0.023	0.43%
96	E_{1096}	-0.023	0.44%	100	E_{555}	0.022	0.43%
97	P_{73}	0.023	0.43%	101	P_{71}	0.022	0.43%
98	E_{50}	0.023	0.43%	102	E_{1275}	0.022	0.43%

12.3.7　双层柱面网壳的可靠度及敏感性分析

本节将网壳所有杆件的弹性模量和横截面面积、节点荷载分别定义为随机变量,从而研究所有随机变量对网壳的可靠度与敏感性的影响。本节仅以矢跨比为 1/2 的双层柱面网壳为研究对象,模型总计 3361 个随机变量,随机变量统计参数见表 12.9。

表 12.9　随机变量统计参数

随机变量	描　述	分布类型	均　值	标准差
$E_i(i=1\sim1568)/\mathrm{Pa}$	弹性模量	正态	2.1×10^{11}	4.2×10^9
$A_j(j=1\sim1568)/\mathrm{m^2}$	杆件横截面面积	对数正态	0.0005	0.0005×0.05
$P_k(k=1\sim225)/\mathrm{N}$	等效节点荷载	正态	$1.06P_i$	$0.074P_i$

计算结果如图 12.13 和表 12.10 所示,图 12.13(a)为最大挠度的概率累积分布曲线,对比图 12.7(a1)和图 12.12(a)可以发现,随着各随机变量相关性的降低,最大挠度的平均值在逐渐减小,但减小幅值不是很大。例如,图 12.7(a1)中最大挠度平均值为 0.04887m,图 12.12(a)中最大挠度平均值为 0.04874m,图 12.13(a)中最大挠度平均值为 0.04872m。图 12.13(b)和表 12.10 为主要随机变量的

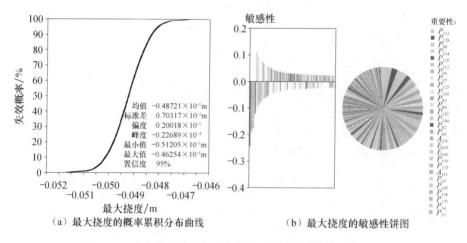

（a）最大挠度的概率累积分布曲线　　　　　（b）最大挠度的敏感性饼图

图 12.13　最大挠度的累积分布曲线及敏感性饼图(矢跨比 1/2)

敏感性饼图及重要性排序。可以明显地看出,节点 113 附近的集中荷载的敏感性明显高于其他随机变量,直至第 17 位杆件 110 横截面面积的敏感性系数为 0.112,杆件 107、106 的弹性模量的敏感性也较高,重要性分别位列第 18 和 19 位,杆件和节点详图如图 12.4(c)、(d)所示。

表 12.10 主要随机变量敏感性系数及等级(矢跨比 1/2)

等 级	随机输入变量	敏感性	标准化	等 级	随机输入变量	敏感性	标准化
1	P_{113}	−0.358	3.44%	38	A_{96}	0.065	0.63%
2	P_{128}	−0.245	2.36%	39	P_{115}	−0.063	0.61%
3	P_{98}	−0.240	2.31%	40	P_{96}	−0.062	0.59%
4	P_{114}	−0.206	1.98%	41	P_{172}	−0.061	0.59%
5	P_{129}	−0.190	1.83%	42	P_{52}	−0.061	0.59%
6	P_{112}	−0.187	1.80%	43	P_{141}	−0.061	0.58%
7	P_{99}	−0.186	1.79%	44	P_{188}	−0.057	0.55%
8	P_{97}	−0.185	1.78%	45	E_{120}	0.057	0.55%
9	P_{127}	−0.183	1.76%	46	P_{70}	−0.055	0.53%
10	P_{143}	−0.182	1.75%	47	A_{515}	0.054	0.52%
11	P_{83}	−0.175	1.68%	48	P_{111}	−0.053	0.51%
12	P_{84}	−0.142	1.37%	49	A_{82}	0.053	0.51%
13	P_{142}	−0.139	1.33%	50	A_{124}	0.053	0.51%
14	P_{144}	−0.124	1.19%	51	E_{502}	0.053	0.51%
15	P_{82}	−0.121	1.17%	52	P_{156}	−0.051	0.49%
16	P_{68}	−0.117	1.13%	53	E_{93}	0.050	0.49%
17	A_{110}	0.112	1.08%	54	A_{540}	0.050	0.48%
18	E_{107}	0.107	1.03%	55	E_{497}	0.050	0.48%
19	E_{106}	0.106	1.02%	56	A_{554}	0.049	0.47%
20	P_{159}	−0.105	1.01%	57	A_{125}	0.046	0.45%
21	P_{157}	−0.097	0.94%	58	P_{66}	−0.045	0.44%
22	A_{111}	0.094	0.90%	59	P_{38}	−0.045	0.43%
23	P_{67}	−0.092	0.89%	60	E_{503}	0.044	0.43%
24	P_{145}	−0.090	0.87%	61	P_{81}	−0.044	0.43%
25	P_{158}	−0.089	0.86%	62	P_{160}	−0.044	0.43%
26	P_{173}	−0.080	0.77%	63	A_{493}	0.043	0.41%
27	P_{54}	−0.079	0.77%	64	E_{515}	0.042	0.40%
28	P_{53}	−0.078	0.75%	65	P_{190}	−0.041	0.40%
29	P_{126}	−0.076	0.74%	66	E_{528}	0.040	0.38%
30	P_{69}	−0.076	0.73%	67	A_{506}	0.040	0.38%
31	E_{121}	0.076	0.73%	68	P_{204}	−0.040	0.38%
32	P_{130}	−0.075	0.72%	69	A_{528}	0.040	0.38%
33	P_{100}	−0.073	0.70%	70	E_{537}	0.038	0.37%
34	A_{97}	0.071	0.68%	71	E_{78}	0.038	0.36%
35	E_{92}	0.070	0.67%	72	A_{519}	0.038	0.36%
36	P_{85}	−0.069	0.67%	73	A_{139}	0.038	0.36%
37	P_{174}	−0.067	0.64%	74	A_{501}	0.038	0.36%

等　级	随机输入变量	敏感性	标准化	等　级	随机输入变量	敏感性	标准化
75	A_{1082}	−0.037	0.36%	118	A_{494}	0.029	0.28%
76	A_{138}	0.037	0.36%	119	P_{51}	−0.028	0.27%
77	E_{475}	0.037	0.36%	120	E_{591}	0.028	0.27%
78	P_{23}	−0.037	0.36%	121	E_{523}	0.028	0.27%
79	E_{488}	0.037	0.35%	122	A_{68}	0.028	0.27%
80	A_{489}	0.036	0.35%	123	A_{1337}	−0.028	0.27%
81	A_{514}	0.035	0.33%	124	E_{79}	0.028	0.27%
82	P_{132}	0.035	0.33%	125	E_{738}	−0.028	0.27%
83	A_{518}	0.035	0.33%	126	E_{316}	0.028	0.27%
84	A_{531}	0.034	0.33%	127	P_{175}	−0.028	0.27%
85	E_{519}	0.034	0.33%	128	E_{63}	0.028	0.27%
86	E_{134}	0.034	0.33%	129	E_{498}	0.028	0.27%
87	E_{474}	0.034	0.32%	130	E_{879}	0.028	0.27%
88	A_{567}	0.034	0.32%	131	E_{539}	0.027	0.26%
89	P_{189}	−0.034	0.32%	132	A_{54}	0.027	0.26%
90	E_{1145}	−0.034	0.32%	133	E_{587}	−0.027	0.26%
91	A_{502}	0.033	0.32%	134	E_{501}	0.027	0.26%
92	E_{540}	0.033	0.32%	135	P_{207}	0.027	0.26%
93	A_{510}	0.033	0.32%	136	A_{83}	0.027	0.26%
94	E_{1078}	0.033	0.32%	137	A_{386}	0.027	0.26%
95	A_{1144}	−0.033	0.31%	138	E_{476}	0.027	0.26%
96	A_{230}	0.032	0.31%	139	E_{296}	0.027	0.26%
97	E_{511}	0.032	0.31%	140	A_{522}	−0.027	0.26%
98	A_{581}	0.032	0.31%	141	A_{1080}	0.027	0.26%
99	A_{476}	0.032	0.30%	142	E_{1243}	−0.027	0.26%
100	E_{135}	0.031	0.30%	143	A_{1342}	−0.027	0.26%
101	A_{523}	0.031	0.30%	144	E_{510}	0.027	0.26%
102	E_{1326}	0.031	0.30%	145	P_{39}	−0.027	0.26%
103	E_{486}	0.031	0.30%	146	A_{437}	−0.026	0.25%
104	A_{1219}	0.031	0.30%	147	A_{504}	0.026	0.25%
105	P_{37}	−0.031	0.29%	148	E_{499}	0.026	0.25%
106	A_{505}	0.030	0.29%	149	E_{297}	−0.026	0.25%
107	E_{1407}	0.030	0.29%	150	E_{559}	−0.026	0.25%
108	E_{271}	0.030	0.29%	151	E_{701}	−0.026	0.25%
109	E_{485}	0.030	0.29%	152	A_{1022}	0.026	0.25%
110	E_{516}	0.030	0.29%	153	E_{1143}	0.026	0.25%
111	E_{410}	−0.030	0.29%	154	A_{743}	−0.026	0.25%
112	A_{842}	0.030	0.29%	155	E_{590}	0.026	0.25%
113	A_{30}	−0.029	0.28%	156	A_{527}	0.026	0.25%
114	E_{1247}	0.029	0.28%	157	A_{335}	0.026	0.25%
115	P_{187}	−0.029	0.28%	158	A_{1358}	−0.026	0.25%
116	A_{399}	−0.029	0.28%	159	E_{964}	−0.026	0.25%
117	E_{877}	0.029	0.28%	160	P_{117}	0.026	0.25%

续表

等　级	随机输入变量	敏感性	标准化	等　级	随机输入变量	敏感性	标准化
161	E_{157}	0.026	0.25%	187	A_{1165}	0.024	0.23%
162	E_{1556}	−0.026	0.25%	188	P_{139}	0.024	0.23%
163	P_{194}	−0.026	0.25%	189	E_{541}	0.024	0.23%
164	P_{102}	0.025	0.24%	190	A_{377}	0.024	0.23%
165	E_{487}	0.025	0.24%	191	A_{846}	0.024	0.23%
166	A_{996}	0.025	0.24%	192	A_{1241}	0.024	0.23%
167	A_{902}	0.025	0.24%	193	P_{124}	0.024	0.23%
168	A_{731}	−0.025	0.24%	194	A_{946}	0.024	0.23%
169	A_{98}	0.025	0.24%	195	E_{506}	0.024	0.23%
170	A_{89}	−0.025	0.24%	196	E_{122}	0.023	0.23%
171	A_{877}	−0.025	0.24%	197	E_{237}	0.023	0.23%
172	A_{1350}	−0.025	0.24%	198	E_{509}	0.023	0.23%
173	A_{289}	−0.025	0.24%	199	A_{486}	−0.023	0.23%
174	E_{472}	0.025	0.24%	200	A_{195}	0.023	0.22%
175	A_{1057}	0.025	0.24%	201	E_{1185}	−0.023	0.22%
176	A_{126}	0.025	0.24%	202	P_{203}	−0.023	0.22%
177	E_{356}	0.024	0.24%	203	E_{892}	0.023	0.22%
178	A_{503}	0.024	0.23%	204	A_{1158}	−0.023	0.22%
179	E_{1372}	−0.024	0.23%	205	A_{1113}	0.023	0.22%
180	A_{1323}	−0.024	0.23%	206	E_{416}	−0.023	0.22%
181	E_{226}	0.024	0.23%	207	A_{1400}	0.023	0.22%
182	E_{595}	0.024	0.23%	208	E_{735}	−0.023	0.22%
183	A_{1356}	−0.024	0.23%	209	A_{1266}	−0.023	0.22%
184	E_{138}	0.024	0.23%	210	A_{104}	0.023	0.22%
185	A_{557}	0.024	0.23%	211	E_{881}	0.023	0.22%
186	E_{550}	0.024	0.23%	212	A_{583}	0.022	0.22%

12.4　算例2——四种矢跨比下双层凯威特型球面网壳的可靠度及敏感性研究

　　本节以四种矢跨比的双层球面网壳为研究对象,如图 12.14 所示,网壳跨度均为 50m,四种矢跨比分别为 1/3、1/4、1/5 和 1/6。网壳均由 2017 根杆件组成,总节点数为 434,该网壳上层周边节点三向约束。为考虑各随机变量对塑形指标的敏感性,对于矢跨比为 1/3、1/4 和 1/5 的网壳,网壳均布荷载取 4.5kN/m²,对于矢跨比为 1/6 的网壳,由于对该较小矢跨比的网壳,过大的荷载会导致不收敛,因此这里荷载取 3.8kN/m²,将荷载等效为集中荷载施加于各节点上[图 12.15(a)];

采用 Q235 钢材;网壳节点均为铰接,杆件仅受轴力作用。将杆件横截面面积、弹性模量和荷载作为随机变量,可靠度计算中同时考虑几何非线性和材料非线性。此处将网壳变形、进入塑形杆件数、平均塑性应变、塑性应变和塑性应变能分别定义为功能函数,考察各随机变量对以上各指标的敏感性,进一步研究功能函数之间的相关性。图 12.15(b)为网壳顶部节点序号细部图。

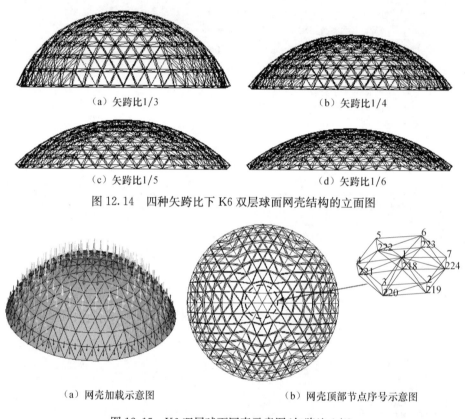

（a）矢跨比 1/3　　　　　　　　　　（b）矢跨比 1/4

（c）矢跨比 1/5　　　　　　　　　　（d）矢跨比 1/6

图 12.14　四种矢跨比下 K6 双层球面网壳结构的立面图

（a）网壳加载示意图　　　　　　　　（b）网壳顶部节点序号示意图

图 12.15　K6 双层球面网壳示意图(矢跨比 1/3)

　　根据随机变量考虑的方式不同,此处考虑两种情况。第一种情况:将所有杆件的弹性模量视为一个随机变量、将所有杆件的横截面面积考虑为一个随机变量、将所有杆件的屈服强度考虑为一个随机变量、将均布荷载作为一个随机变量来考虑。第二种情况:根据网壳杆件的分布规律,将网壳杆件划分为 7 种类型,将 7 种类型杆件的横截面面积、弹性模量和屈服强度分别作为一个随机变量来考虑,将均布荷载作为一个随机变量,这样每个矢跨比的网壳将有 22 个随机变量,分别为 7 个横截面面积随机变量、7 个弹性模量随机变量、7 个屈服强度随机变量和 1 个竖向荷载随机变量。

12.4.1　竖向荷载、杆件横截面面积、屈服强度和弹性模量四个随机变量

1. 弹性模量和截面积均服从对数正态分布

这里考虑以上提及的第一种情况，即总计定义四个随机变量，研究此四个随机变量对网壳功能函数的影响，随机变量的概率信息详见表 12.11。弹性模量与横截面面积的概率密度曲线如图 12.16 所示。

表 12.11　随机变量统计参数

随机变量	描　述	分布类型	均　值	标准差
E/Pa	弹性模量	对数正态	2.1×10^{11}	$2.1\times10^{11}\times0.05$
$A/\mathrm{mm^2}$	杆件横截面面积	对数正态	0.002	0.002×0.05
P/N	均布荷载	正态	$1.06P$	$0.074P$
Y_{ie}/N	屈服强度	正态	2.35×10^8	$2.35\times10^8\times0.05$

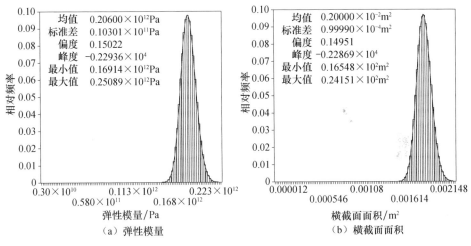

图 12.16　弹性模量和横截面面积的概率密度曲线

1）矢跨比 1/3

图 12.17 为矢跨比为 1/3 的网壳的最大挠度、塑性应变能、总塑性应变和屈服杆件数的概率累积分布曲线。从图 12.17（a）可以看出，最大挠度的均值为 0.0535m，标准差为 0.0074m，偏度接近 1.0，而正态分布的偏度为 0，因此该分布具有正偏离，也称右偏态，此时数据位于均值右边的比位于左边的多，最大挠度超过 0.065m 的概率是 7.05%，超过 0.06m 的概率是 17.62%，超过 0.05m 的概率是 64.95%，而超过 0.04m 的概率则达到了 98.93%。从图 12.17（b）可以看出，塑性应变能的均值为 158.3J，标准差为 400.35J，偏度达到 1.2。从图 12.17（c）可以

看出,总塑性应变的均值为 0.004,标准差为 0.0053,偏度达到 3.42。从图 12.17
(d)可以看出,屈服杆件数的均值为 7.67,标准差为 5.1,偏度达到 1,在该荷载水
平下,网壳有较少杆件进入塑性状态,网壳塑性发展不深。

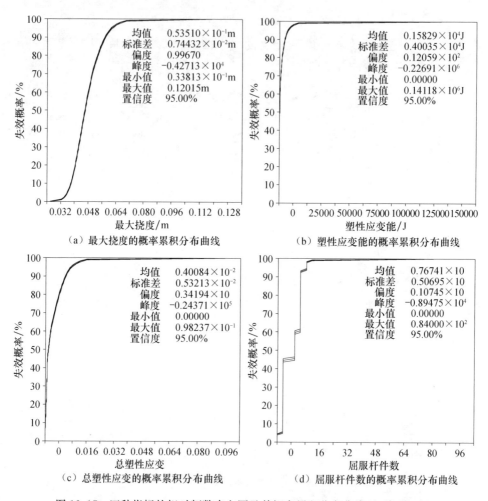

图 12.17　四种指标的相对频数直方图及其概率累积分布曲线(矢跨比 1/3)

　　图 12.18 为四种指标间的部分相关性示意图。从图 12.18(a)中可以看出,网
壳屈服杆件数和杆件的平均塑性应变相关程度较高。从图 12.18(b)中可以看出,
最大位移和网壳屈服杆件数相关程度很低。从图 12.18(c)中可以看出,网壳最大
位移和总塑性应变相关程度很高,表明随着网壳最大挠度的增加,总塑性应变亦会
随着增加,从图 12.18(d)中可以看出,最大位移和塑性应变能的相关程度较高。
从图 12.18(e)中可以看出,塑性应变能和杆件屈服数的相关程度较高。从
图 12.18(f)中可以看出,塑性应变能和总塑性应变的相关程度很高。

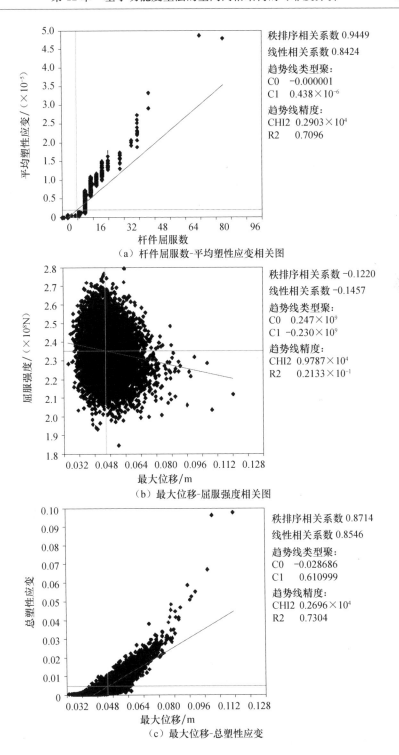

秩排序相关系数 0.9449

线性相关系数 0.8424

趋势线类型聚:
C0　−0.000001
C1　0.438×10^{-6}

趋势线精度:
CHI2 0.2903×10^4
R2　0.7096

（a）杆件屈服数-平均塑性应变相关图

秩排序相关系数 −0.1220

线性相关系数 −0.1457

趋势线类型聚:
C0　0.247×10^9
C1　-0.230×10^9

趋势线精度:
CHI2 0.9787×10^4
R2　0.2133×10^{-1}

（b）最大位移-屈服强度相关图

秩排序相关系数 0.8714

线性相关系数 0.8546

趋势线类型聚:
C0　−0.028686
C1　0.610999

趋势线精度:
CHI2 0.2696×10^4
R2　0.7304

（c）最大位移-总塑性应变

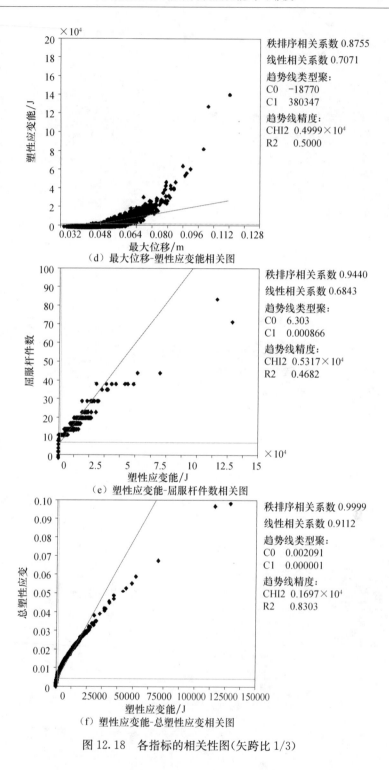

图 12.18　各指标的相关性图(矢跨比 1/3)

　　图 12.19 为四种指标对各随机变量的敏感性图,表 12.12 给出了四个随机变量与五个指标间的相关系数。从图 12.19(a)和表 12.12 可以看出,网壳最大挠度对竖向荷载最敏感,敏感性系数达到 0.719,其值为正,表明随着荷载的增加,网壳的最大挠度也随着增大;接着对杆件横截面面积较敏感,敏感性系数达到 -0.519,其值为负,表明随着杆件横截面面积的增加,网壳的最大挠度将会减少;而最大挠度对弹性模量的敏感性系数为 -0.368,其值亦为负;最大挠度对屈服强度最不敏感,敏感性系数为 -0.122,表明在该荷载水平下,网壳进入塑性状态的杆件不多所致,可以从图 12.17(d)得到验证,屈服杆件的均值仅为 7.7,网壳只有个别杆件进入塑性状态,荷载水平较高时,会有大量杆件进入塑性状态,最大挠度对屈服强度的敏感性必定会增大。

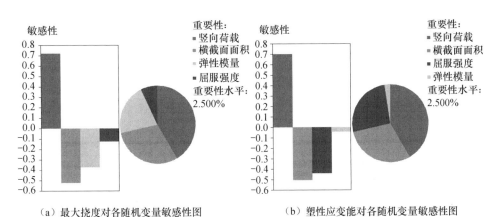

（a）最大挠度对各随机变量敏感性图　　　　　（b）塑性应变能对各随机变量敏感性图

（c）平均/总塑性应变对各随机变量敏感性图　　　（d）屈服杆件数对各随机变量敏感性图

图 12.19　五种指标对各随机变量的敏感性图(矢跨比 1/3)

表 12.12　随机变量与指标间相关系数(矢跨比 1/3)

考察指标	竖向荷载	横截面面积	弹性模量	屈服强度
最大挠度	0.719	−0.519	−0.368	−0.122
塑性应变能	0.700	−0.503	−0.041	−0.439
平均塑性应变	0.698	−0.502	−0.036	−0.444
总塑性应变	0.698	−0.502	−0.036	−0.444
屈服杆件数	0.643	−0.465	(0.004)	−0.447

从图 12.19(b)、(c)、(d)和表 12.12 可以看出,网壳塑性应变能、总塑性应变和屈服杆件数均对荷载最敏感,接着对杆件横截面面积较敏感,对杆件屈服强度也有较大的敏感性,而对弹性模量最不敏感。

表 12.13 为五个指标间的相关系数,从表 12.13 中可以看出,最大挠度与塑性应变能相关系数达到了 0.875,属于高级相关,同样与平均塑性应变和总塑性应变的相关系数也达到 0.871,亦属于高级相关;5 种指标间的相关系数均高于或等于 0.799,均属于高级相关;平均塑性应变和总塑性应变相关系数为 1.0,这是由于二者仅相差一个缩放系数的缘故。

表 12.13　五个指标间的相关系数(矢跨比 1/3)

考察指标	最大挠度	塑性应变能	屈服杆件数	平均塑性应变	总塑性应变
最大挠度	1.000	0.875	0.799	0.871	0.871
塑性应变能	0.875	1.000	0.944	1.000	1.000
屈服杆件数	0.799	0.944	1.000	0.945	0.945
平均塑性应变	0.871	1.000	0.945	1.000	1.000
总塑性应变	0.871	1.000	0.945	1.000	1.000

2) 网壳矢跨比为 1/4

本节以矢跨比为 1/4 的网壳的可靠度与敏感性为研究对象。图 12.20 为矢跨比为 1/4 的网壳的最大挠度、塑性应变能、总塑性应变和屈服杆件数的累积分布曲线。从图 12.20(a)可以看出,最大挠度的均值为 0.0512m,标准差为 0.0072m,最小值为 0.033m,最大值为 0.1m。与矢跨比为 1/3 网壳相比,网壳最大变形的均值有所减小,塑性应变能和总塑性应变有很大幅度的减小,而屈服杆件数目增多。

图 12.21(a)~(d)为五种指标对各随机变量的敏感性图,表 12.14 为随机变量与指标间相关系数。从图 12.21 和表 12.14 可以看出,最大挠度、塑性应变能、总/平均塑性应变和屈服杆件数均对荷载最敏感;接着均对杆件横截面面积较敏感;与弹性模量相比,后四个指标对屈服强度较敏感,而最大挠度对弹性模量则更敏感;屈服杆件数对弹性模量的敏感性可以忽略不计,数值大小仅为 0.002。与矢跨比为 1/3 的网壳相比,塑性应变能、总/平均塑性应变和屈服杆件数对屈服强度的敏感性均有所提高。

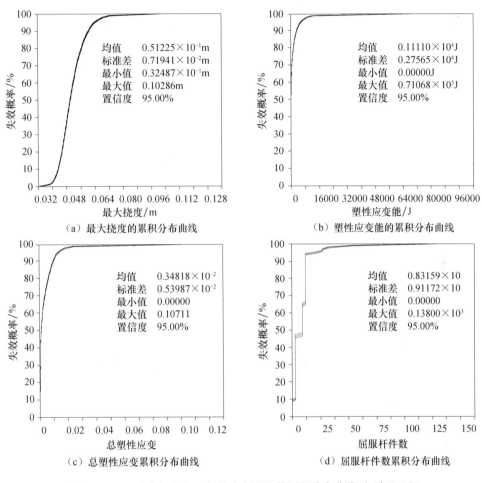

（a）最大挠度的累积分布曲线　　　（b）塑性应变能的累积分布曲线

（c）总塑性应变累积分布曲线　　　（d）屈服杆件数累积分布曲线

图 12.20　四种指标的相对频数直方图及其累积分布曲线（矢跨比 1/4）

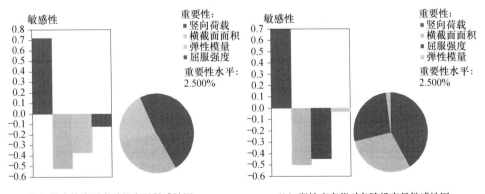

（a）最大挠度对各随机变量敏感性图　　　（b）塑性应变能对各随机变量敏感性图

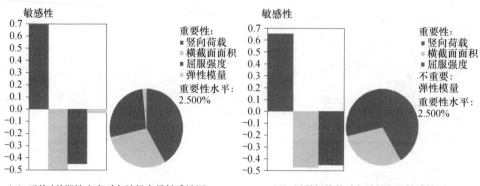

（c）平均/总塑性应变对各随机变量敏感性图　　　　（d）屈服杆件数对各随机变量敏感性图

图 12.21　五种指标的敏感性图（矢跨比 1/4）

表 12.14　随机变量与指标间相关系数（矢跨比 1/4）

考察指标	竖向荷载	横截面面积	弹性模量	屈服强度
最大挠度	0.718	−0.519	−0.369	−0.121
塑性应变能	0.696	−0.500	−0.032	−0.446
平均塑性应变	0.695	−0.499	−0.028	−0.450
总塑性应变	0.695	−0.499	−0.028	−0.450
屈服杆件数	0.654	−0.472	(0.002)	−0.453

表 12.15 为五个指标间的相关系数，从表 12.15 中可以看出，最大挠度与塑性应变能相关系数达到 0.867，与平均塑性应变和总塑性应变的相关系数也达到 0.864；五种指标间的相关系数均高于或等于 0.809，均属于高级相关。与矢跨比为 1/3 的网壳相比，最大挠度与塑性应变能、最大挠度与总/平均塑性应变的相关系数均有所减小，而与屈服杆件数的相关系数稍有增加。

表 12.15　考察指标间相关系数（矢跨比 1/4）

考察指标	最大挠度	塑性应变能	屈服杆件数	平均塑性应变	总塑性应变
最大挠度	1.000	0.867	0.809	0.864	0.864
塑性应变能	0.867	1.000	0.956	1.000	1.000
屈服杆件数	0.809	0.956	1.000	0.957	0.957
平均塑性应变	0.864	1.000	0.957	1.000	1.000
总塑性应变	0.864	1.000	0.957	1.000	1.000

3）矢跨比 1/5

本节以矢跨比为 1/5 的网壳的可靠度与敏感性为研究对象。图 12.22 为矢跨比为 1/5 的网壳的最大挠度和屈服杆件数的概率累积分布曲线。从图 12.22（a）可以看出，最大挠度的均值为 0.059m，标准差为 0.0012m，最小值为 0.036m，最大值为 0.267m。与矢跨比为 1/3、1/4 的网壳相比,网壳最大变形的均值明显增大,网壳屈服杆件数目也有所增加,类似地,塑性应变能和总塑性应变明显增大。

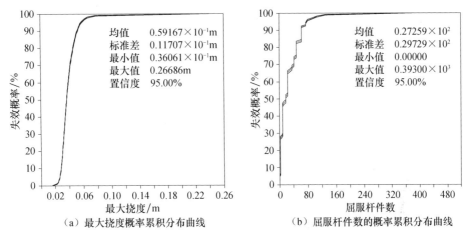

图 12.22　最大挠度和屈服杆件数累积分布曲线(矢跨比 1/5)

表 12.16 为五种指标对各随机变量的敏感性。从表 12.16 可以看出,最大挠度、塑性应变能、总/平均塑性应变和屈服杆件数均对荷载最敏感;接着均对杆件横截面面积较敏感;与弹性模量相比,后四个指标对屈服强度较敏感,而最大挠度对弹性模量则更敏感;屈服杆件数对弹性模量的敏感性可以忽略不计,数值大小仅为0.006。与矢跨比为 1/3 和 1/4 的网壳相比,最大挠度、塑性应变能、总/平均塑性应变和屈服杆件数对屈服强度的敏感性均有所提高。

表 12.16　四个随机变量与五个指标间的相关系数(矢跨比 1/5)

考察指标	竖向荷载	横截面面积	弹性模量	屈服强度
最大挠度	0.726	−0.525	−0.312	−0.184
塑性应变能	0.698	−0.501	−0.033	−0.445
平均塑性应变	0.694	−0.499	−0.023	−0.453
总塑性应变	0.694	−0.499	−0.023	−0.453
屈服杆件数	0.674	−0.488	(0.006)	−0.468

表 12.17 为五个指标间的相关系数,从表 12.17 中可以看出,最大挠度与塑性应变能相关系数达到 0.91,与平均塑性应变和总塑性应变的相关系数也达到0.904,均属高级相关;五种指标间的相关系数均高于或等于 0.88。与矢跨比为1/3 和 1/4 的网壳相比,最大挠度与塑性应变能、屈服杆件数和总/平均塑性应变的相关性均有明显的增加,其他各指标间的相关性均大于矢跨比为 1/3 和 1/4 的情况。

表 **12.17**　考察指标间相关系数(矢跨比 1/5)

考察指标	最大挠度	塑性应变能	屈服杆件数	平均塑性应变	总塑性应变
最大挠度	1.000	0.910	0.880	0.904	0.904
塑性应变能	0.910	1.000	0.987	1.000	1.000
屈服杆件数	0.880	0.987	1.000	0.988	0.988
平均塑性应变	0.904	1.000	0.988	1.000	1.000
总塑性应变	0.904	1.000	0.988	1.000	1.000

4) 矢跨比 1/6

本节以矢跨比为 1/6 的网壳的可靠度与敏感性为主要研究对象。篇幅所限,这里不再给出几个指标的概率累积分布曲线,仅给出四个随机变量与五个指标间的相关系数及五个指标间的相关系数,计算结果见表 12.18 和表 12.19。从表 12.18 可以看出,网壳最大挠度、塑性应变能、总/平均塑性应变和屈服杆件数均对竖向荷载最敏感,紧接着对横截面面积和屈服强度也很敏感,除了最大挠度、弹性模量较敏感外,其他四个指标对弹性模量的影响也已忽略不计。与矢跨比为1/3、1/4 和 1/5 的网壳相比,竖向荷载对五个指标的影响程度在下降,弹性模量对塑性应变能、总/平均塑性应变和屈服杆件数的影响明显降低。

表 **12.18**　随机变量与指标间相关系数(矢跨比 1/6)

考察指标	竖向荷载	横截面面积	弹性模量	屈服强度
最大挠度	0.710	−0.514	−0.393	−0.090
塑性应变能	0.677	−0.488	−0.015	−0.450
平均塑性应变	0.675	−0.487	−0.011	−0.453
总塑性应变	0.675	−0.487	−0.011	−0.453
屈服杆件数	0.660	−0.476	0.002	−0.463

表 **12.19**　考察指标间相关系数(矢跨比 1/6)

考察指标	最大挠度	塑性应变能	屈服杆件数	平均塑性应变	总塑性应变
最大挠度	1.000	0.816	0.793	0.813	0.813
塑性应变能	0.816	1.000	0.983	1.000	1.000
屈服杆件数	0.793	0.983	1.000	0.983	0.983
平均塑性应变	0.813	1.000	0.983	1.000	1.000
总塑性应变	0.813	1.000	0.983	1.000	1.000

表 12.19 为五个指标间的相关系数,从表 12.19 中可以看出,最大挠度与塑性应变能相关系数达到了 0.816,与平均塑性应变和总塑性应变的相关系数也达到0.813,均属于高级相关;五种指标间的相关系数均高于或等于 0.793,表明所考察的五个指标相关性均很高。

5) 不同荷载系数

矢跨比为 1/6 网壳结构的均布荷载值为 3.8kN/m²,是考虑不同的荷载等级,考察荷载等级不同对各指标间和随机变量对指标的影响规律,本节以矢跨比为 1/6、作用均布荷载为 3.5kN/m² 的网壳结构的可靠度域敏感性为重点研究对象。

篇幅所限,这里不再给出几个指标的概率累积分布曲线,仅给出四个随机变量与五个指标间的相关系数及五个指标间的相关系数,计算结果见表 12.20 和表 12.21。从表 12.20 可以看出,同样荷载对五个指标的影响程度最高,横截面面积次之,屈服强度的影响也很大;与 12.4.1 节中荷载为 3.8kN/m² 情况相比,弹性模量对最大挠度和屈服杆件数的影响明显增大,弹性模量对其他三个指标的影响变得更小。

表 12.20　随机变量与指标间相关系数(矢跨比 1/6)

考察指标	竖向荷载	横截面面积	弹性模量	屈服强度
最大挠度	0.695	−0.501	−0.454	(−0.018)
塑性应变能	0.596	−0.438	(−0.001)	−0.420
平均塑性应变	0.595	−0.437	(0.000)	−0.421
总塑性应变	0.595	−0.437	(0.000)	−0.421
屈服杆件数	0.587	−0.430	(0.009)	−0.422

表 12.21　考察指标间相关系数(矢跨比 1/6)

考察指标	最大挠度	塑性应变能	屈服杆件数	平均塑性应变	总塑性应变
最大挠度	1.000	0.674	0.659	0.673	0.673
塑性应变能	0.674	1.000	0.988	1.000	1.000
屈服杆件数	0.659	0.988	1.000	0.989	0.989
平均塑性应变	0.673	1.000	0.989	1.000	1.000
总塑性应变	0.673	1.000	0.989	1.000	1.000

表 12.21 为五个指标间的相关系数,与表 12.19 相比,最大挠度与塑性应变能、总/平均塑性应变和屈服杆件数的相关性均明显地降低,与总/平均塑性应变的相关系数降低为 0.673,减低幅度较大;塑性应变能与屈服杆件数的相关性稍有增加;屈服杆件数与总/平均塑性应变相关性也有所增加。

2. 杆件的弹性模量和横截面面积均服从正态分布

本节研究随机变量服从不同概率分布时,概率分布对可靠度和敏感性的影响。以矢跨比为 1/3 的网壳为研究对象,随机变量的概率信息见表 12.22。

表 12.22　随机变量统计参数

随机变量	描　述	分布类型	均　值	标准差
E/Pa	弹性模量	正态	2.1×10^{11}	$2.1\times10^{11}\times0.05$
A/mm^2	横截面面积	正态	0.002	0.002×0.05
P/N	均布荷载	正态	$1.06P$	$0.074P$
Y/N	屈服强度	正态	2.35×10^8	$2.35\times10^8\times0.05$

　　篇幅所限,三个指标的概率密度和累积分布曲线不再给出,这里仅给出随机变量与考察指标和指标间的相关系数,计算结果见表 12.23 和表 12.24,从表 12.24 可以看出,当横截面面积和弹性模量服从不同的分布时,竖向荷载与三个指标的相关系数改变不明显,横截面面积、屈服强度和三个指标的相关系数改变较明显。

表 12.23　横截面面积和弹性模量服从不同概率分布时指标间相关系数比较

考察指标	竖向荷载		横截面面积		弹性模量		屈服强度	
	对数正态	正态	对数正态	正态	对数正态	正态	对数正态	正态
最大挠度	0.719	0.721	−0.519	−0.504	−0.368	−0.365	−0.122	−0.141
塑性应变能	0.700	0.702	−0.503	−0.492	−0.041	−0.038	−0.439	−0.454
屈服杆件数	0.643	0.651	−0.465	−0.451	(0.004)	(0.009)	−0.447	−0.460

表 12.24　横截面面积和弹性模量服从不同概率分布时指标间相关系数失效概率比较

指　标	最大挠度		塑性应变能		屈服杆件数	
	对数正态	正态	对数正态	正态	对数正态	正态
最大挠度	1.000	1.000	0.875	0.876	0.799	0.801
塑性应变能	0.875	0.876	1.000	1.000	0.944	0.945
屈服杆件数	0.799	0.801	0.944	0.945	1.000	1.000

　　从表 12.24 还可以看出,当将杆件横截面面积和弹性模量假定为不同概率分布时,这三种指标间的相关性发生改变。当将杆件横截面面积和弹性模量假定为正态分布时,最大挠度与塑性应变能和屈服杆件的相关性均得到微小增加,塑性应变能与屈服杆件数间的相关性亦得到较小的提高,总体而言,当两个随机变量服从正态分布时,对指标间的相关系数影响不大。

　　表 12.25 为两个随机变量服从不同概率分布时,最大挠度失效概率值。从表 12.25 可以看出,当将杆件横截面面积和弹性模量假定为正态分布时,结构的可靠度发生了微小变化,在一些挠度阈值下,可靠度降低,一些挠度阈值下,可靠度增加,但改变的幅度不大。

表 12.25　横截面面积和弹性模量服从不同概率分布时最大挠度失效概率比较

挠度阈值	对数正态	正　态
0.065	7.05%	7.2%
0.06	17.62%	17.36%
0.05	64.95%	65.18%
0.04	98.93%	99.11%

12.4.2　双层球面网壳的可靠度及敏感性分析

12.4.1 节将所有杆件的弹性模量、横截面面积和屈服强度各自定义为一个随机变量,这里根据杆件在网壳中的分布情况,将网壳杆件分为 7 个类型(图 12.23),即上层环向杆件(A_1)、上层径向及斜杆(A_2)、下层环向杆件(A_3)、下层径向及斜杆(A_4)、腹部竖向杆件(A_5)、腹部环向斜杆件(A_6)和腹部径向斜杆件(A_7)。将 7 个类型杆件的横截面面积、弹性模量和屈服强度均定义为一个随机变

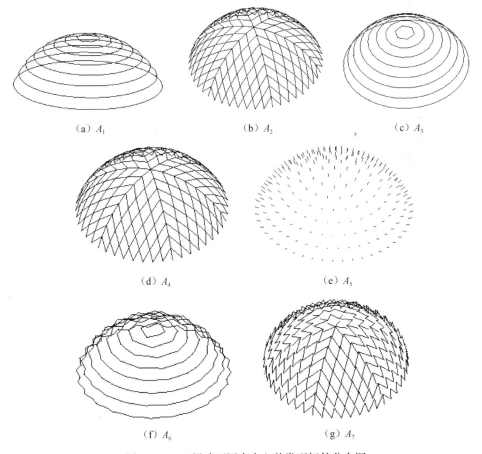

(a) A_1　　　　　　(b) A_2　　　　　　(c) A_3

(d) A_4　　　　　　(e) A_5

(f) A_6　　　　　　(g) A_7

图 12.23　双层球面网壳中七种类型杆件分布图

量,将网壳杆件划分为 7 个类型的目的是研究以上各类型杆件对网壳功能函数的影响规律,将均布荷载定义为一个随机变量,因此模型中随机变量共计 22 个,随机变量的概率信息见表 12.26。

表 12.26　随机变量统计参数

随机变量	描述	分布类型	均值	标准差
$E_i(i=1\sim7)$/Pa	弹性模量	对数正态	2.1×10^{11}	4.2×10^9
$A_i(i=1\sim7)$/m²	杆件横截面面积	对数正态	0.002	0.002×0.05
P/N	等效节点荷载	正态	$1.06P_i$	$0.074P_i$
$Y_i(i=1\sim7)$/Pa	屈服强度	正态	2.35×10^8	$2.35\times10^8\times0.05$

1. 弹性模量和横截面面积均服从对数正态分布

1) 矢跨比 1/3

本节以矢跨比为 1/3 的网壳的可靠度与敏感性为研究对象。图 12.24 为矢

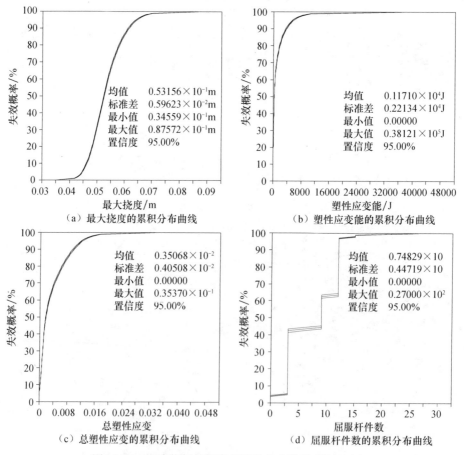

（a）最大挠度的累积分布曲线　　　　（b）塑性应变能的累积分布曲线

（c）总塑性应变的累积分布曲线　　　　（d）屈服杆件数的累积分布曲线

图 12.24　四个指标的概率累积分布曲线（矢跨比 1/3）

跨比为 1/3 的网壳的最大挠度、塑性应变能、总塑性应变和屈服杆件数的累积分布曲线。从图 12.24(a) 可以看出，最大挠度的均值为 0.053m，标准差为 0.006m，最小值为 0.035m，最大值为 0.088m。从图 12.24(b) 可以看出，最大挠度超过 0.065m 的概率是 4.07%，超过 0.06m 的概率是 13.16%，超过 0.05m 的概率是 67.5%，而超过 0.04m 的概率则达到了 99.7%。图 12.24(b)～(d) 分别为塑性应变能、总塑性应变和屈服杆件数的累积分布曲线。

计算结果如图 12.25 和表 12.27 所示。图 12.25(a)～(d) 为五种指标对各随机变量的敏感性图。从图 12.25(a) 可以看出，网壳最大变形对竖向荷载(K)最敏感，敏感性系数达到 0.886；紧接着对下层径向及斜杆的弹性模量(E_4)较敏感，敏感性系数达到 -0.224；接着最大位移对下层径向及斜杆的横截面面积(A_4)的敏感性系数为 -0.218；最大位移其他随机变量的敏感性从强到弱依次为：2 类横截面面积(A_2)＞1 类截面面积(A_1)＞2 类屈服强度(Y_2)＞2 类弹性模量(E_2)＞7 类横截面面积(A_7)＞7 类弹性模量(E_7)＞1 类屈服强度(Y_1)＞3 类横截面面积(A_3)＞3 类弹性模量(E_3)＞1 类弹性模量(E_1)，而 5 类弹性模量、6 类弹性模量、5 类横

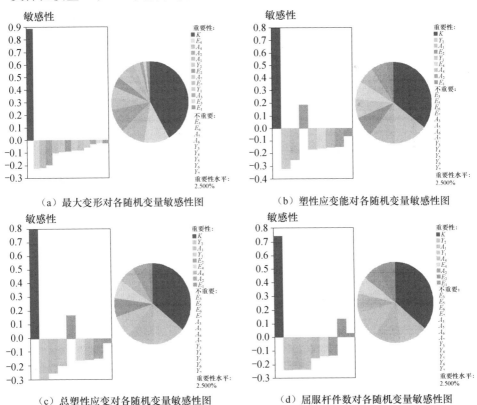

（a）最大变形对各随机变量敏感性图　　　　（b）塑性应变能对各随机变量敏感性图

（c）总塑性应变对各随机变量敏感性图　　　　（d）屈服杆件数对各随机变量敏感性图

图 12.25　五种指标的敏感性图(矢跨比 1/3)

截面面积、6 类横截面面积、3 类～7 类屈服强度的影响均可忽略不计。所有敏感性系数详见表 12.27,表 12.27 中 K 表示均布荷载,$E_1 \sim E_7$ 分别表示 7 类杆件的弹性模量,$A_1 \sim A_7$ 分别表示 7 类杆件的横截面面积,$Y_1 \sim Y_7$ 分别表示 7 类杆件的屈服强度。

表 12.27 随机变量与指标间相关系数(矢跨比 1/3)

考察指标	K	E_1	E_2	E_3	E_4	E_5	E_6	E_7
最大变形	0.886	−0.026	−0.087	−0.026	−0.224	(0.006)	(−0.003)	−0.082
总塑性应变能	0.794	−0.064	0.186	(−0.021)	−0.158	(0.008)	(0.002)	(0.004)
屈服杆件数	0.741	0.026	0.131	(−0.015)	−0.143	(0.013)	(−0.008)	(0.006)
平均塑性应变	0.797	−0.034	0.167	(−0.020)	−0.160	(0.009)	(0.001)	(0.006)
总塑性应变	0.797	−0.034	0.167	(−0.020)	−0.160	(0.009)	(0.001)	(0.006)
考察指标	A_1	A_2	A_3	A_4	A_5	A_6	A_7	
最大变形	−0.102	−0.195	−0.030	−0.218	(−0.003)	(0.001)	−0.082	
总塑性应变能	−0.250	−0.148	(−0.012)	−0.154	(−0.006)	(0.011)	(−0.001)	
屈服杆件数	−0.237	−0.137	(−0.009)	−0.155	(−0.006)	(0.001)	(0.005)	
平均塑性应变	−0.253	−0.147	(−0.012)	−0.156	(−0.006)	(0.008)	(0.002)	
总塑性应变	−0.253	−0.147	(−0.012)	−0.156	(−0.006)	(0.008)	(0.002)	
考察指标	Y_1	Y_2	Y_3	Y_4	Y_5	Y_6	Y_7	
最大变形	−0.059	−0.093	(−0.001)	(0.003)	(0.015)	(−0.002)	(−0.001)	
总塑性应变能	−0.168	−0.321	(0.012)	(−0.005)	(0.011)	(−0.012)	(0.000)	
屈服杆件数	−0.237	−0.242	(0.003)	(−0.019)	(0.019)	(−0.009)	(−0.006)	
平均塑性应变	−0.200	−0.299	(0.010)	(−0.006)	(0.012)	(−0.011)	(−0.001)	
总塑性应变	−0.200	−0.299	(0.010)	(−0.006)	(0.012)	(−0.011)	(−0.001)	

从图 12.25(b)可以看出,塑性应变能对竖向荷载最敏感,敏感性系数达到 0.794;紧接着对 2 类屈服强度较敏感,敏感性系数达到 −0.321;接着塑性应变能对 1 类横截面面积的敏感性系数为 −0.250;最大位移其他随机变量的敏感性从强到弱依次为:2 类弹性模量＞1 类屈服强度＞4 类弹性模量＞4 类横截面面积＞2 类横截面面积＞1 类弹性模量,而 3 类弹性模量、5 类～7 类弹性模量、3 类横截面面积、5 类～7 类横截面面积、3 类～7 类屈服强度的影响均可忽略不计。所有敏感性系数详见表 12.27。

图 12.25(c)是总塑性应变对各随机变量的敏感性图,从图 12.25(c)可以看出,总塑性应变对各随机变量的敏感性从强到弱依次为:竖向荷载＞2 类屈服强度＞1 类横截面面积＞1 类屈服强度＞2 类弹性模量＞4 类弹性模量＞4 类横截面面积＞2 类横截面面积＞1 类弹性模量,而 3 类弹性模量、5 类～7 类弹性模量、3 类横截面面积、5 类～7 类横截面面积、3 类～7 类屈服强度的影响均可忽略不计。所有敏感性系数详见表 12.27。

图 12.25(d)是屈服杆件数对各随机变量的敏感性图,从图 12.25(d)可以看出,屈服杆件数对各随机变量的敏感性从强到弱依次为:竖向荷载＞2 类屈服强度＞1 类横截面面积＞1 类屈服强度＞4 类横截面面积＞4 类弹性模量＞2 类横截面面积＞2 类弹性模量＞1 类弹性模量,而 3 类弹性模量、5 类～7 类弹性模量、3 类横截面面积、5 类～7 类横截面面积、3 类～7 类屈服强度的影响均可忽略不计。

表 12.28 为五个指标间的相关系数,从表 12.28 中可以看出,最大挠度与塑性应变能相关系数达到 0.871,与总/平均塑性应变的相关系数达到 0.877,均属于高级相关。五种指标间的相关系数均高于或等于 0.819。

表 12.28 考察指标间相关系数(矢跨比 1/3)

考察指标	最大挠度	塑性应变能	屈服杆件数	平均塑性应变	总塑性应变
最大挠度	1.000	0.871	0.819	0.877	0.877
塑性应变能	0.871	1.000	0.905	0.996	0.996
屈服杆件数	0.819	0.905	1.000	0.921	0.921
平均塑性应变	0.877	0.996	0.921	1.000	1.000
总塑性应变	0.877	0.996	0.921	1.000	1.000

2)几种矢跨比比较

篇幅所限,这里不再对其他矢跨比网壳的敏感性和可靠度计算结果一一进行阐述与分析,将矢跨比为 1/4、1/5、1/6 网壳的四个指标间的相关系数列于表 12.29,将四种矢跨比下网壳最大变形、塑性应变能、总塑性应变和屈服杆件数分别列于表 12.30～表 12.33。从表 12.29 及表 12.28 可以看出,随着矢跨比的减小,最大挠度与塑性应变能、总塑性应变之间的相关系数先减小后增大;随着矢跨比的减小,塑性应变能与屈服杆件数的相关系数持续减小,而与总塑性应变的相关系数持续增大;随着矢跨比的减小,屈服杆件数与塑性应变能之间的相关系数持续减小,与总塑性应变之间的相关系数先增大后减小。

表 12.29 考察指标间相关系数(矢跨比 1/4、1/5、1/6)

考察指标	最大挠度			塑性应变能			屈服杆件数			总塑性应变		
	1/4	1/5	1/6	1/4	1/5	1/6	1/4	1/5	1/6	1/4	1/5	1/6
最大挠度	1.00	1.00	1.00	0.84	0.91	0.93	0.81	0.83	0.80	0.85	0.91	0.91
塑性应变能	0.84	0.91	0.93	1.00	1.00	1.00	0.91	0.89	0.78	0.10	0.99	0.99
屈服杆件数	0.81	0.83	0.80	0.91	0.89	0.78	1.00	1.00	1.00	0.93	0.93	0.75
总塑性应变	0.85	0.91	0.91	0.10	0.99	0.99	0.93	0.93	0.75	1.00	1.00	1.00

表 12.30 为四种矢跨比下网壳最大变形对各随机变量敏感性,表中 $E_1 \sim E_7$ 表示 7 类杆件的弹性模量、$A_1 \sim A_7$ 表示 7 类杆件的横截面面积、$Y_1 \sim Y_7$ 表示 7 类杆件的屈服强度、K 表示外载。从表 12.30 可以看出,对于矢跨比为 1/3 和 1/4 的

网壳,对最大变形最敏感的前 4 个随机变量均相同,依次为 $K > E_4 > A_4 > A_2$;而对于矢跨比为 1/5 和 1/6 的网壳,对最大变形最敏感的前 4 个随机变量均相同,依次为 $K > A_2 > E_4 > A_4$,前 4 位重要性排序中仅与矢跨比为 1/5 和 1/6 网壳不同的是,A_2 由第 4 位上升至第 2 位;对于矢跨比为 1/3 和 1/6 的网壳,最大变形对前 13 个随机变量均较敏感,影响不可忽略,而矢跨比为 1/5 的网壳,最大变形对前 11 个随机变量均较敏感,对于矢跨比为 1/4 的网壳,最大变形对前 10 个随机变量均较敏感。而此处总计考虑随机变量个数为 22 个,因此在可靠度与敏感性其他的随机变量可均用确定量来表示,这样一来随机变量个数约减少了一半,为计算带来方便。在这些重要的随机变量中,可以看出第 5 类和第 7 类杆件的横截面面积、弹性模量和屈服强度均未在表中出现,因此这两大类杆件的随机性在计算中可忽略不计。

表 12.30　网壳最大变形对各随机变量敏感性

次序	1/3			1/4			1/5			1/6		
	变量	敏感性	百分比/%	变量	敏感性	百分比/%	变量	敏感性	百分比/%	变量	敏感性	百分比/%
1	K	0.886	42.01	K	0.872	42.28	K	0.870	41.46	K	0.886	42.58
2	E_4	−0.224	10.60	E_4	−0.239	11.59	A_2	−0.227	10.80	A_2	−0.233	11.21
3	A_4	−0.218	10.31	A_4	−0.233	11.30	E_4	−0.223	10.64	E_4	−0.201	9.67
4	A_2	−0.195	9.23	A_2	−0.213	10.33	A_4	−0.219	10.42	A_4	−0.191	9.17
5	A_1	−0.102	4.83	E_2	−0.112	5.41	A_1	−0.135	6.43	Y_2	−0.128	6.13
6	Y_2	−0.093	4.40	A_1	−0.098	4.77	Y_2	−0.133	6.32	A_1	−0.099	4.74
7	E_2	−0.087	4.11	Y_2	−0.086	4.19	Y_1	−0.093	4.41	E_2	−0.092	4.42
8	A_7	−0.082	3.90	E_7	−0.074	3.59	E_2	−0.077	3.67	A_3	−0.058	2.78
9	E_7	−0.082	3.87	A_7	−0.074	3.58	A_7	−0.049	2.32	E_3	−0.052	2.52
10	Y_1	−0.059	2.80	Y_1	−0.061	2.97	E_7	−0.048	2.28	Y_1	−0.051	2.45
11	A_3	−0.030	1.44	—	—	—	E_1	−0.026	1.25	A_7	−0.031	1.50
12	E_3	−0.026	1.25	—	—	—	—	—	—	E_7	−0.030	1.44
13	E_1	−0.026	1.24	—	—	—	—	—	—	E_1	−0.029	1.41

　　表 12.31 为四种矢跨比下网壳塑性应变能对各随机变量敏感性。从表 12.31 可以看出,对于矢跨比为 1/3 和 1/4 的网壳,对塑性应变能最敏感的前 9 个随机变量均保持一致,而对于矢跨比为 1/5 的网壳,重要性排序中,前 9 个最重要的随机变量与前二者相同,仅 Y_1 由第 5 位上升至第 4 位、A_2 由第 8 位上升至第 5 位,其他排序保持不变;而对于矢跨比为 1/6 的网壳,塑性应变能对前 13 个随机变量较敏感,与前三个矢跨比不同的是,第 3 位类杆件的横截面面积和弹性模量对塑性应变能的敏感性不可忽略敏感,而且分别位于第 3 位和第 4 位;对于矢跨比为 1/6 的网壳,第 3 类、第 6 类、第 7 类杆件弹性模量和横截面面积的随机性亦不可忽略,该点与表 12.30 前三个矢跨比不同,而四种矢跨比下最大变形对于第 3 类、第 6 类和第 7 类杆件的随机性甚微(表 12.30),均可忽略。

表 12.31　网壳塑性应变能对各随机变量敏感性

次序	1/3			1/4			1/5			1/6		
	变量	敏感性	百分比/%	变量	敏感性	百分比/%	变量	敏感性	百分比/%	变量	敏感性	百分比/%
1	K	0.794	35.39	K	0.780	34.50	K	0.802	36.26	K	0.901	41.99
2	Y_2	−0.321	14.32	Y_2	−0.325	14.38	Y_2	−0.317	14.34	A_2	−0.212	9.88
3	A_1	−0.250	11.13	A_1	−0.261	11.56	A_1	−0.243	11.01	A_3	−0.152	7.07
4	E_2	0.186	8.30	E_2	0.206	9.11	Y_1	−0.183	8.27	E_3	−0.146	6.82
5	Y_1	−0.168	7.50	Y_1	−0.164	7.27	A_2	−0.172	7.76	Y_2	−0.127	5.91
6	E_4	−0.158	7.06	E_4	−0.159	7.01	E_2	0.160	7.25	A_1	−0.123	5.72
7	A_4	−0.154	6.88	A_4	−0.155	6.88	E_4	−0.148	6.70	A_7	−0.093	4.35
8	A_2	−0.148	6.58	A_2	−0.130	5.74	A_4	−0.144	6.50	E_7	−0.087	4.06
9	E_1	−0.064	2.84	E_1	−0.080	3.56	E_1	−0.042	1.91	E_2	−0.074	3.45
10	—	—	—	—	—	—	—	—	—	E_1	−0.070	3.26
11	—	—	—	—	—	—	—	—	—	E_6	−0.068	3.18
12	—	—	—	—	—	—	—	—	—	A_6	−0.062	2.89
13	—	—	—	—	—	—	—	—	—	Y_1	−0.031	1.43

表 12.32 为四种矢跨比下网壳屈服杆件数对各随机变量敏感性,从表 12.32 可以看出,对于矢跨比为 1/3 和 1/4 的网壳,对塑性应变能最敏感的前 4 个随机变量重要性排序一致;屈服杆件数对矢跨比为 1/3 网壳中第 4 类杆件的随机性要比矢跨比为 1/4 的网壳更敏感;对于矢跨比为 1/4 和 1/5 的网壳,对塑性应变能最敏感的前 8 个随机变量均一样,仅 A_2 由第 5 位上升至第 3 位;而对于矢跨比为 1/6 的网壳,屈服杆件数对前 11 个随机变量较敏感,与前三个矢跨比不同的是,第 3 类杆件的弹性模量和横截面面积对屈服杆件数的敏感性不可忽略敏感。

表 12.32　网壳屈服杆件数对各随机变量敏感性

次序	1/3			1/4			1/5			1/6		
	变量	敏感性	百分比/%	变量	敏感性	百分比/%	变量	敏感性	百分比/%	变量	敏感性	百分比/%
1	K	0.741	36.19	K	0.748	36.48	K	0.744	39.49	K	0.736	34.77
2	Y_2	−0.242	11.81	Y_2	−0.271	13.22	Y_2	−0.419	22.27	Y_2	−0.367	17.32
3	A_1	−0.237	11.58	A_1	−0.237	11.57	A_2	−0.366	19.41	E_2	0.195	9.19
4	Y_1	−0.237	11.55	Y_1	−0.219	10.65	A_1	−0.103	5.47	A_1	−0.191	9.04
5	A_4	−0.155	7.56	A_2	−0.153	7.46	Y_1	−0.083	4.41	A_2	−0.186	8.80
6	E_4	−0.143	6.96	E_2	0.147	7.19	E_2	0.067	3.54	Y_1	−0.126	5.97
7	A_2	−0.137	6.66	E_4	−0.140	6.83	A_4	−0.056	2.95	E_4	−0.105	4.98
8	E_2	0.131	6.42	A_4	−0.136	6.62	E_4	−0.046	2.45	A_4	−0.102	4.82
9	E_1	0.026	1.26	—	—	—	—	—	—	E_1	−0.052	2.45
10	—	—	—	—	—	—	—	—	—	E_3	−0.030	1.42
11	—	—	—	—	—	—	—	—	—	A_3	−0.026	1.23

表 12.33 为四种矢跨比下网壳总塑性应变对各随机变量敏感性,从表 12.33

可以看出,对于矢跨比为 1/3 和 1/4 的网壳,对总塑性应变最敏感的前 9 个随机变量重要性排序一致;对于矢跨比为 1/5 的网壳,对总塑性应变最敏感的前 9 个随机变量均一样,仅 A_2 由第 8 位上升至第 3 位;而对于矢跨比为 1/6 的网壳,总塑性应变对前 15 个随机变量较敏感,与前三个矢跨比不同的是,第 3 类和第 6 类杆件的弹性模量和横截面面积对总塑性应变的敏感性不可忽略敏感,第 7 类杆件的弹性模量对总塑性应变的敏感性不可忽略敏感。

表 12.33　网壳总塑性应变对各随机变量敏感性

次序	1/3			1/4			1/5			1/6		
	变量	敏感性	百分比/%	变量	敏感性	百分比/%	变量	敏感性	百分比/%	变量	敏感性	百分比/%
1	K	0.797	36.01	K	0.785	35.23	K	0.799	37.37	K	0.892	39.11
2	Y_2	−0.299	13.51	Y_2	−0.306	13.71	Y_2	−0.348	16.27	A_2	−0.235	10.29
3	A_1	−0.253	11.41	A_1	−0.261	11.72	A_2	−0.237	11.07	A_1	−0.123	5.40
4	Y_1	−0.200	9.03	Y_1	−0.193	8.64	A_1	−0.204	9.56	A_3	−0.115	5.04
5	E_2	0.167	7.53	E_2	0.186	8.32	Y_1	−0.163	7.62	Y_2	−0.111	4.86
6	E_4	−0.160	7.22	E_4	−0.158	7.10	E_2	0.127	5.93	E_2	−0.111	4.86
7	A_4	−0.156	7.07	A_4	−0.156	6.99	E_4	−0.121	5.65	E_3	−0.107	4.69
8	A_2	−0.147	6.66	A_2	−0.133	5.96	A_4	−0.117	5.48	A_7	−0.106	4.67
9	E_1	−0.034	1.55	E_1	−0.052	2.33	E_1	−0.023	1.06	E_6	−0.101	4.44
10	—			—			—			E_7	−0.100	4.39
11	—			—			—			A_6	−0.097	4.24
12	—			—			—			E_1	−0.071	3.10
13	—			—			—			A_4	0.043	1.87
14	—			—			—			E_4	0.038	1.65
15	—			—			—			Y_1	−0.032	1.40

2. 杆件的弹性模量和横截面面积均服从正态分布

本节考虑弹性模量和横截面面积服从不同概率分布时,对网壳结构可靠度的影响。以矢跨比为 1/3 的网壳为研究对象,同样将集中荷载和 7 种类型的弹性模量、横截面面积、屈服强度定义为随机变量,总计 22 个随机变量,详细概率信息参见表 12.34。

表 12.34　随机变量统计参数

随机变量	描　述	分布类型	均　值	标准差
$E_i(i=1\sim7)$/Pa	弹性模量	正态	2.1×10^{11}	4.2×10^9
$A_i(i=1\sim7)$/mm²	杆件横截面面积	正态	0.002	0.002×0.05
P/N	等效节点荷载	正态	$1.06P_i$	$0.074P_i$
$Y_i(i=1\sim7)$/Pa	屈服强度	正态	2.35×10^8	$2.35 \times 10^8 \times 0.05$

考虑弹性模量和截面积服从正态和对数正态分布时,四个指标对随机变量的敏感性见表 12.35 和表 12.36。表 12.35 是弹性模量和截面积服从不同分布时最大变形和塑性应变能对各随机变量的敏感性,表 12.36 是弹性模量和截面积服从不同分布时总塑性应变和杆件屈服数对各随机变量的敏感性。

表 12.35　最大变形和塑性应变能对各随机变量的敏感性

| 次序 | 最大变形 | | | | 塑性应变能 | | | |
| | 正态 | | 对数正态 | | 正态 | | 对数正态 | |
	变量	敏感性	变量	敏感性	变量	敏感性	变量	敏感性
1	K	0.886	K	0.886	K	0.793	K	0.794
2	E_4	−0.224	E_4	−0.224	Y_2	−0.321	Y_2	−0.321
3	A_4	−0.218	A_4	−0.218	A_1	−0.250	A_1	−0.250
4	A_2	−0.195	A_2	−0.195	E_2	0.187	E_2	0.186
5	A_1	−0.102	A_1	−0.102	Y_1	−0.168	Y_1	−0.168
6	Y_2	−0.093	Y_2	−0.093	E_4	−0.159	E_4	−0.158
7	E_2	−0.087	E_2	−0.087	A_4	−0.155	A_4	−0.154
8	A_7	−0.083	A_7	−0.082	A_2	−0.148	A_2	−0.148
9	E_7	−0.082	E_7	−0.082	E_1	−0.064	E_1	−0.064
10	Y_1	−0.059	Y_1	−0.059	—	—	—	—
11	A_3	−0.031	A_3	−0.030	—	—	—	—
12	E_1	−0.026	E_3	−0.026	—	—	—	—
13	E_3	−0.026	E_1	−0.026	—	—	—	—

表 12.36　总塑性应变和杆件屈服数对各随机变量的敏感性

| 次序 | 总塑性应变 | | | | 屈服杆件数 | | | |
| | 正态 | | 对数正态 | | 正态 | | 对数正态 | |
	变量	敏感性	变量	敏感性	变量	敏感性	变量	敏感性
1	K	0.796	K	0.797	K	0.742	K	0.741
2	Y_2	−0.299	Y_2	−0.299	Y_2	−0.241	Y_2	−0.242
3	A_1	−0.253	A_1	−0.253	Y_1	−0.237	A_1	−0.237
4	Y_1	−0.200	Y_1	−0.200	A_1	−0.237	Y_1	−0.237
5	E_2	0.167	E_2	0.167	A_4	−0.156	A_4	−0.155
6	E_4	−0.160	E_4	−0.160	E_4	−0.145	E_4	−0.143
7	A_4	−0.157	A_4	−0.156	A_2	−0.137	A_2	−0.137
8	A_2	−0.148	A_2	−0.147	E_2	0.129	E_2	0.131
9	E_1	−0.035	E_1	−0.034	E_1	0.026	E_1	0.026

表 12.37 为五个指标间的相关系数,可以看出,当弹性模量与截面积服从正态分布时,最大挠度与塑性应变能相关系数达到了 0.871,与总塑性应变的相关系数也达到 0.876;五个指标间的相关系数均高于或等于 0.820,均属于高级相关。还

可以明显看出,弹性模量与截面积服从正态和对数正态分布时,四个指标间的相关系数相差甚微。

表 12.37　弹性模量与截面积服从不同分布时指标间相关系数(矢跨比 1/3)

考察指标	最大挠度		塑性应变能		屈服杆件数		总塑性应变	
	正态	对数正态	正态	对数正态	正态	对数正态	正态	对数正态
最大挠度	1.000	1.000	0.871	0.871	0.820	0.819	0.876	0.877
塑性应变能	0.871	0.871	1.000	1.000	0.905	0.905	0.996	0.996
屈服杆件数	0.820	0.819	0.905	0.905	1.000	1.000	0.921	0.921
总塑性应变	0.876	0.877	0.996	0.996	0.921	0.921	1.000	1.000

表 12.38 为两个随机变量服从不同分布时,最大挠度失效概率值,从表 12.38 可以看出,当将杆件横截面面积和弹性模量假定为正态分布时,结构的可靠度发生了微小变化,在一些挠度阈值下可靠度降低,一些挠度阈值下,可靠度增加,但改变的幅度不大。

表 12.38　横截面面积和弹性模量服从不同概率分布时最大位移失效概率比较(矢跨比 1/3)

挠度阈值	对数正态	正　态
0.065	4.07%	4.1%
0.06	13.16%	13.17%
0.05	67.5%	67.46%
0.04	99.7%	99.71%

12.5　结　　论

针对常规 RIA 算法数值不稳定、耗时多的缺点,首次将近年来提出的功能度量法引入大跨度空间钢结构的非线性有限元可靠度中,功能度量法是基于可靠度的结构优化设计中评估概率约束的一种方法。本章分别采用 RIA 和功能度量法对四种矢跨比的双层柱面网壳和四种矢跨比的双层球面网壳进行可靠度与敏感性计算,结果表明,与可靠度指标法相比,功能度量法具有更高的效率和更好的数值稳定性,其改进均值迭代格式具有简洁、高效的优点。经过数值计算分析,得出如下主要结论:

(1) 功能度量法的优化模型是在半径为 β_t 的球面上寻找最小功能函数点,而可靠度指标法是在极限状态曲面上寻找到坐标原点最近的点,显然前者比具有复杂约束的后者要容易求解得多。

(2) 在处理各种非正态分布随机变量时,功能度量法涉及的非线性变换少,因此功能度量法相对 RIA 要少依赖于随机变量的概率分布类型,具有更高效、稳定和较少依赖于随机变量的概率分布类型的特点。

（3）通常功能度量法和 RIA 的计算结果一致，且功能度量法具有更高效的特点；当网壳几何非线性与材料非线性程度较高，RIA 有时不能正常收敛，而功能度量法可以顺利收敛，表明功能度量法具有更稳定的品质。

（4）对四种矢跨比的双层柱面网壳和四种矢跨比的双层球面网壳进行可靠度与敏感性分析与研究，考虑了几种参数指标，考察了各指标之间的相关性，阐述了各随机变量对所考察指标的敏感性，得出了一些重要的结论。

参 考 文 献

贡金鑫,仲伟秋,赵国藩. 2003. 结构可靠指标的通用计算方法. 计算力学学报,20(1):12-18.

郭兵,苏明周. 2001. 网架中压杆的可靠度分析. 工业建筑,31(3):59-61.

蒋友宝. 2006. 斜拉双层柱面网壳结构可靠度计算及设计方法探讨. 南京:东南大学博士学位论文.

李刚,许林,程耿东. 2002. 基于 ANSYS 软件的大型复杂结构的可靠度分析. 建筑结构,32(5):58-61.

卢家森,张其林. 2006. 基于可靠度的单层网壳稳定设计方法. 建筑结构学报,27(6):108-113.

牛津. 2008. 平板网架螺栓球节点的可靠度及其疲劳寿命估算. 太原:太原理工大学硕士学位论文.

易平. 2007. 概率结构优化设计的高效算法研究. 大连:大连理工大学博士学位论文.

Ditlevsen O,Madsen H O. 1996. Structural Reliability Methods. New York:John Wiley & Sons.

Hasofer A M,Lind N C. 1974. Exact and invariant second-moment code format. Journal of the Engineering Mechanics Division,100(1):111-121.

Jae O L,Young S Y,Won S R. 2002. A comparative study on reliability-index and target-performance-based probabilistic structural design optimization. Computers and Structures,80(4):257-269.

Karush W. 1939. Minima of Functions of Several Variables with Inequalities as Side Constraints [Master Dissertation]. Chicago:University of Chicago.

Kitipornchai S,Kang W J,Heung-Fai L,et al. 2005. Factors affecting the design and construction of lamella suspen-dome systems. Journal of Constructional Steel Research,61(6):764-785.

Kuhn H W,Tucker A W. 1951. Nonlinear programming//Proceedings of 2nd Berkeley Symposium. Berkeley:University of California Press:481-492.

Lee I,Choi K K,Gorsich D. 2010. Sensitivity analyses of FORM-based and DRM-based performance measure approach for reliability-based design optimization. International Journal for Numerical Methods in Engineering,82(1):26-46.

Liu P L,Kiureghian A D. 1991. Optimization algorithms for structural reliability. Structural Safety,9(3):161-177.

Martin R,Delatte N J. 2001. Another look at hartford civic center coliseum collapse. Journal of

Performance of Constructed Facilities,15(1):31-36.

Moore D B,Weller A D. 1990. Lessons from a Canadian roof collapse. Structural Engineering, 68(12):229-230.

Pretzer C A. 1981. Torsional buckling study of Hartford Coliseum:Discussion. Journal of the Structural Division,ASCE,107(1):248-249.

Rackwitz R,Fiessler B. 1978. Structural reliability under combined random load sequences. Computers & Structures,9(5):489-494.

Sobol I M. 1994. A Primer for the Monte-Carlo Method. San Francisco:CRC Press.

Stocki R,Kolanek K,Jendo S,et al. 2001. Study on discrete optimization techniques in reliability based optimization of truss structures. Computers and Structures,79(22-25):2235-2247.

Tong G S,Chen S F. 1990. On the efficiency of an eccentric brace on a column and the collapse of the Hartford Coliseum. Journal of Constructional Steel Research,16(4):281-305.

Tu J,Choi K K,Park Y H. 1999. A new study on reliability-based design optimization. Journal of Mechanical Design,121(4):557-564.

Wang L P,Grandhi R V. 1996. Safety index calculation using intervening variables for structural reliability analysis. Computers & Structures,59(6):1139-1148.

Yi P. 2007. Study on efficient algorithm of probabilistic structural design optimization. Dalian: Dalian University of Technology.

Youn B D,Choi K K. 2004. An investigation of nonlinearity of reliability-based design optimization approaches. ASME Journal of Mechanical Design,126(3):403-411.

Youn B D,Choi K K,Du L. 2005. Enriched performance measure approach (PMA+) for reliability-based design optimization. American Institute of Aeronautics and Astronautics,43(4): 874-884.

Zhang Y,der Kiureghian A. 1997. Finite element reliability methods for inelastic structures. University of California.

第 13 章　双层球面网壳的静动力失效分析

地震等自然灾害一直困扰着人类,近几十年来,全球多次发生大地震,造成了大量严重的工程破坏和惨重的生命财产损失。大跨度空间结构作为城市标志性建筑(如国家体育馆鸟巢、国家游泳馆水立方等)和灾后的主要避难场所(如 2011 年日本海域 9.0 级地震中的新泻体育馆、2008 年汶川 8.0 级大地震中的绵阳九州体育馆和 2005 年美国路易斯安那州新奥尔良市遭受"卡特里娜"飓风袭击中的"超级穹顶"体育馆等),其安全性一直是国内外学术界及工程界共同关注的重要课题。该类结构是人群集合或配置重要设施的场所,一旦发生倒塌,后果不堪设想,因此对该类结构进行抗震性能及其失效机理的研究意义重大。

本章系统地研究双层球面网壳结构在静力极限荷载及三维地震动作用下的破坏过程及失效机理,将网壳结构的变形能力、屈服杆件数、总应变能、总弹性应变能、总塑性应变能、总弹性应变和总塑性应变等指标作为衡量手段,综合评价四种矢跨比(1/3、1/4、1/5 和 1/6)双层球面网壳结构受力性能;深入研究双层球面网壳结构分别在静动力荷载作用下的破坏过程,给出不同区域杆件失效的先后次序,深入探讨双层球面网壳的失效机理,研究不同矢跨比网壳结构的失效机理异同之处,为双层球面网壳结构的合理设计提供借鉴与参考。

13.1　引　　言

近十几年来,日本等国家的一些学者对网壳结构在强震下的失效机理进行了研究,这些研究更多注重实用分析方法的研究和工程案例的分析,而较少进行系统理论研究。网壳结构几何非线性的影响比较明显,无论在静力或动力作用下,都有易于丧失稳定的倾向性,因而国内关于其失效机理的研究是从动力稳定性问题开始的。动力失稳是导致网壳结构在强动力荷载作用下失效的机理之一,国内外学者进行大量的理论和试验研究。

然而,由于结构的几何非线性起主导作用而使结构无法维持稳定振动状态的动力失稳现象并非是网壳结构在强震下的唯一失效形式,有些结构在动力失稳倒塌之前,网壳结构中进入塑性的杆件已经较多,塑性变形发展也比较严重,相应的结构位移较大,此时结构已达到强度承载力的极限,产生动力强度破坏。也有许多场合网壳结构的破坏是塑性变形发展导致的结构刚度削弱和几何非线性导致的结构二阶变形二者综合作用的结果,也就是说是强度破坏和动力失稳的综合,只不过在不同案例中会显示出不同的倾向。

　　大量算例表明,随着荷载幅值的不断增大,每个网壳结构最后都会发生动力失稳而倒塌。但在有些算例中,网壳结构失稳时的位移并不大,内部塑性发展也不严重,结构失稳倒塌比较突然。而在另外一些算例中,结构要经历较长的塑性变形发展、结构刚度严重削弱以后才会发生失稳而倒塌。在后一种情形时,结构临倒塌前内部塑性变形发展已比较严重,相应的位移也相当大,往往已经不能满足正常使用要求,事实上应认为结构在此之前先已达到了强度承载力的极限,也就是说,该类算例属于强度破坏的范畴。

　　许多学者对网壳结构的动力失效及稳定研究多集中于单层网壳结构,如单层球面网壳结构、单层柱面网壳结构、马鞍形和抛物面形等网壳结构,而对双层网壳结构的动力失效和稳定性研究甚少。本章以双层球面网壳为研究对象,考虑静力极限荷载下和不同等级地震荷载作用下该类网壳结构的失效机理与破坏过程。

　　网壳结构的全过程分析方法是通过逐步增大动力荷载幅值进行时程响应分析,考察网壳在不同荷载强度下的宏观、微观特征响应,以确定结构的强度、刚度、稳定性等性态,同时也可以考察这些特征响应随荷载幅值变化的全过程,以获得网壳响应对应不同动力性态时的量化规律。

　　本章选择特征响应包含以下几项:

　　(1) 屈服杆件数目:反应网壳塑性发展深度。

　　(2) 最大节点位移:网壳结构在整个动力时程中最大的变形值。

　　(3) 网壳总应变能、弹性应变能和塑性应变能。

　　(4) 网壳总弹性应变和平均弹性应变。

　　(5) 网壳总塑性应变和平均塑性应变:反应网壳塑性发展深度。

　　(6) 最大单元塑性应变:网壳结构在整个动力时程中最大的杆件塑性应变。

　　(7) 延性比:时间历程中最大节点位移与网壳结构刚进入塑性状态时对应位移的比值。

13.2　网壳结构能量平衡方程及单元介绍

13.2.1　结构耗能机理及动力失效指标

　　由结构动力学可知,考虑阻尼作用的网壳结构在地震动作用下的运动微分方程为

$$M\ddot{U} + C\dot{U} + KU = -M\ddot{U}_g \tag{13.1}$$

式中,M、K 和 C——分别为质量矩阵、刚度矩阵和阻尼矩阵;

　　　　U——相对于地面的位移列向量;

$\dot{U}$——相对速度列向量；

$\ddot{U}$——相对加速度列向量；

$\ddot{U}_g$——地面运动加速度向量。

式(13.1)中，KU 是一恢复力向量，可用 F_s 表示，因此式(13.1)可变换为

$$M\ddot{U} + C\dot{U} + F_s = -M\ddot{U}_g \qquad (13.2)$$

对式(13.2)两边同时乘 $\dot{U}$，并从零时刻积分到 t_0 时刻，可得

$$M\int_0^{t_0} \ddot{U}\dot{U}\mathrm{d}t + C\int_0^{t_0} \dot{U}\dot{U}\mathrm{d}t + \int_0^{t_0} F_s\dot{U}\mathrm{d}t = -M\int_0^{t_0} \ddot{U}_g\dot{U}\mathrm{d}t \qquad (13.3)$$

由于

$$M\int_0^{t_0} \ddot{U}\dot{U}\mathrm{d}t = M\int_0^{t_0} \dot{U}\mathrm{d}\dot{U} = \int_0^{t_0} M\mathrm{d}\dot{U}^2/2 = \int_0^{t_0} \mathrm{d}(M\dot{U}^2/2) = \int_0^{t_0} \mathrm{d}E_d \quad (13.4)$$

$$C\int_0^{t_0} \dot{U}\dot{U}\mathrm{d}t = \int_0^{t_0} C\dot{U}\mathrm{d}U = \int_0^{t_0} F_c\mathrm{d}U = \int_0^{t_0} \mathrm{d}E_c \qquad (13.5)$$

$$\int_0^{t_0} F_s\dot{U}\mathrm{d}t = \int_0^{t_0} F_s\mathrm{d}U = \int_0^{t_0} \mathrm{d}E_y \qquad (13.6)$$

$$-M\int_0^{t_0} \ddot{U}_g\dot{U}\mathrm{d}t = -\int_0^{t_0} M\ddot{U}_g\mathrm{d}U = \int_0^{t_0} F_g\mathrm{d}U = \int_0^{t_0} \mathrm{d}E_t \qquad (13.7)$$

式中，F_c——阻尼力；

F_g——与所施加的地震动对应的动力。

因此，式(13.3)中各项依次分别表示从零时刻到 t_0 时刻的结构动能 E_d、阻尼耗能 E_c、总变形 E_y、网壳结构吸收的总能量 E_t。

网壳结构进行弹塑性分析时，弹塑性恢复力可表示为弹性恢复力和塑性屈服力两部分的组合。

$$F = KU + B \qquad (13.8)$$

式中，B——塑性屈服力列阵。于是

$$\int_0^{t_0} F\dot{U}\mathrm{d}t = \int_0^{t_0} F\mathrm{d}U = \int_0^{t_0} KU\mathrm{d}U + \int_0^{t_0} B\mathrm{d}U = \int_0^{t_0} \mathrm{d}E_e + \int_0^{t_0} \mathrm{d}E_p \qquad (13.9)$$

网壳结构的总变形能 E_y 可表示为弹性应变能 E_e 和屈服后塑性累积耗能 E_p 之和，即

$$E_y = E_e + E_p \qquad (13.10)$$

在网壳结构反应过程中的每一个时刻，根据能量守恒原理，式(13.3)成立。因此，将式(13.10)代入式(13.3)后，网壳结构总能量平衡方程可表示为

$$E_t = E_d + E_c + E_e + E_p \qquad (13.11)$$

13.2.2　Link8 单元

1. 假定和限制

Link8 单元不能承受弯矩作用。应力假定沿着整个单元均匀分布。

下面给出单元矩阵和荷载向量均在单元坐标系统下，需要将其转换至整体坐标系统当中。

单元矩阵为

$$[K_l] = \frac{A\hat{E}}{L} \begin{bmatrix} 1 & 0 & 0 & -1 & 0 & 0 \\ 0 & 0 & 0 & 0 & 0 & 0 \\ 0 & 0 & 0 & 0 & 0 & 0 \\ -1 & 0 & 0 & 1 & 0 & 0 \\ 0 & 0 & 0 & 0 & 0 & 0 \\ 0 & 0 & 0 & 0 & 0 & 0 \end{bmatrix} \tag{13.12}$$

式中，A——单元横截面面积；

　　L——单元长度。

$$E = \begin{cases} E, & \text{杨氏模量,} \quad \text{对于线性} \\ E_T, & \text{切线模量,} \quad \text{对于塑性} \end{cases}$$

一致单元质量矩阵为

$$[M_l] = \frac{\rho AL(1-\varepsilon^{in})}{6} \begin{bmatrix} 2 & 0 & 0 & 1 & 0 & 0 \\ 0 & 2 & 0 & 0 & 1 & 0 \\ 0 & 0 & 2 & 0 & 0 & 1 \\ 1 & 0 & 0 & 2 & 0 & 0 \\ 0 & 1 & 0 & 0 & 2 & 0 \\ 0 & 0 & 1 & 0 & 0 & 2 \end{bmatrix} \tag{13.13}$$

式中，ρ——密度；

　　ε^{in}——初始应变。

集中单元质量矩阵为

$$[M_l] = \frac{\rho AL(1-\varepsilon^{in})}{2} \begin{bmatrix} 1 & 0 & 0 & 0 & 0 & 0 \\ 0 & 1 & 0 & 0 & 0 & 0 \\ 0 & 0 & 1 & 0 & 0 & 0 \\ 0 & 0 & 0 & 1 & 0 & 0 \\ 0 & 0 & 0 & 0 & 1 & 0 \\ 0 & 0 & 0 & 0 & 0 & 1 \end{bmatrix} \tag{13.14}$$

单元应力刚度矩阵为

$$[S_l] = \frac{F}{L} \begin{bmatrix} 0 & 0 & 0 & 0 & 0 & 0 \\ 0 & 1 & 0 & 0 & -1 & 0 \\ 0 & 0 & 1 & 0 & 0 & -1 \\ 0 & 0 & 0 & 0 & 0 & 0 \\ 0 & -1 & 0 & 0 & 1 & 0 \\ 0 & 0 & -1 & 0 & 0 & 1 \end{bmatrix} \tag{13.15}$$

式中

$$F = \begin{cases} AE\varepsilon^{\text{in}}, & \text{首次迭代} \\ \text{轴力由上一步应力计算出}, & \text{其他迭代} \end{cases}$$

单元荷载向量为

$$\{F_l\} = \{F_l^a\} - \{F_l^{r\!r}\} \tag{13.16}$$

式中，$\{F_l^a\}$——施加的荷载向量；

$\{F_l^{r\!r}\}$——牛顿-拉弗森恢复力。

施加的荷载向量为

$$\{F_l^a\} = AE\varepsilon_n^{\text{T}}[-1 \quad 0 \quad 0 \quad 1 \quad 0 \quad 0]^{\text{T}} \tag{13.17}$$

对于线性分析或非线性分析(牛顿-拉弗森)的第一步，ε_n^{T} 表达为

$$\varepsilon_n^{\text{T}} = \varepsilon_n^{\text{th}} - \varepsilon^{\text{in}} \tag{13.18}$$

式中

$$\varepsilon_n^{\text{th}} = \alpha_n(T_n - T_{\text{ref}})$$

式中，α_n——热膨胀系数；

T_n——在第 n 次迭代中单元的平均温度；

T_{ref}——参考温度。

在牛顿-拉弗森分析的后续迭代中有

$$\varepsilon_n^{\text{T}} = \Delta\varepsilon_n^{\text{th}} \tag{13.19}$$

热应变增量通过式(13.20)计算。

$$\Delta\varepsilon_n^{\text{th}} = \alpha_n(T_n - T_{\text{ref}}) - \alpha_{n-1}(T_{n-1} - T_{\text{ref}}) \tag{13.20}$$

式中，α_n、α_{n-1}——分别表示在 T_n 和 T_{n-1} 时刻的热膨胀系数；

T_n、T_{n-1}——分别表示在 T_n 和 T_{n-1} 时刻的单元平均温度。

牛顿-拉弗森恢复力向量为

$$\{F_l^{r\!r}\} = AE\varepsilon_{n-1}^{\text{el}}[-1 \quad 0 \quad 0 \quad 1 \quad 0 \quad 0]^{\text{T}} \tag{13.21}$$

式中，$\varepsilon_{n-1}^{\mathrm{el}}$——前一迭代步的弹性应变。

2. 力和应力

对于线性分析或非线性分析的第一步有

$$\varepsilon_n^{\mathrm{el}} = \varepsilon_n - \varepsilon_n^{\mathrm{th}} + \varepsilon^{\mathrm{in}} \tag{13.22}$$

式中，$\varepsilon_n^{\mathrm{el}}$——弹性应变；

ε_n——总应变，$\varepsilon_n = \dfrac{u}{L}$，$u$ 为轴向节点位移差；

$\varepsilon_n^{\mathrm{th}}$——热应变。

对于非线性分析后续迭代子步，

$$\varepsilon_n^{\mathrm{el}} = \varepsilon_{n-1}^{\mathrm{el}} + \Delta\varepsilon - \Delta\varepsilon^{\mathrm{th}} - \Delta\varepsilon^{\mathrm{pl}} - \Delta\varepsilon^{\mathrm{cr}} - \Delta\varepsilon^{\mathrm{sw}} \tag{13.23}$$

式中，$\Delta\varepsilon$——应变增量，$\Delta\varepsilon = \dfrac{\Delta u}{L}$，$\Delta u$ 表示轴向节点位移增量差；

$\Delta\varepsilon^{\mathrm{th}}$——热应变增量；

$\Delta\varepsilon^{\mathrm{pl}}$——塑性应变增量；

$\Delta\varepsilon^{\mathrm{cr}}$——徐变/蠕变应变增量；

$\Delta\varepsilon^{\mathrm{sw}}$——膨胀应变增量。

应力为

$$\sigma = E\varepsilon^{\mathrm{a}} \tag{13.24}$$

式中，σ——应力；

ε^{a}——协调应变，$\varepsilon^{\mathrm{a}} = \varepsilon_{n-1}^{\mathrm{el}} + \Delta\varepsilon^{\mathrm{cr}} + \Delta\varepsilon^{\mathrm{sw}}$。

因此，在初始子步中，通过应变来计算的应力受到徐变/蠕变和膨胀效应的影响。

$$F = A\sigma \tag{13.25}$$

式中，F——力。

13.3　静力荷载作用下双层球面网壳失效分析

13.3.1　双层球面网壳结构模型

本节以四种矢跨比的双层球面网壳为研究对象，如图 13.1 所示，网壳跨度均为 50m，考虑四种矢跨比分别为 1/3、1/4、1/5 和 1/6。所有网壳均由 2017 个杆件组成，其中上层环向杆件数为 216 个，上层径向及斜杆数为 384，下层环向杆件数亦为 216，下层径向及斜杆数亦为 384，腹部竖向杆件数为 217，腹部环向斜杆件数为 216,腹部径向斜杆件数为 384,杆件尺寸分别有 $\phi60\text{mm}\times3.5\text{mm}$,
$\phi76\text{mm}\times3.5\text{mm}$,$\phi89\text{mm}\times4.0\text{mm}$,$\phi102\text{mm}\times4.0\text{mm}$。总节点数为 434,上层节
点数为 217,下层节点数亦为 217,该网壳上层周边节点三向约束。四种矢跨比
网壳杆件和节点的编号和位置见表 13.1。初始荷载选取 2.0kN/m^2,将荷载等
效为集中竖向(Z 向)荷载施加于上层各节点上[图 13.2(a)];网壳材料采用
Q235 钢材,材料定义为理想弹塑性模型;网壳节点均为铰接,杆件仅受轴向力作
用。极限承载力数值计算同时考虑几何非线性和材料非线性(双重非线性)。将
网壳变形、进入塑形杆件数、塑性应变能,总应变能和弹性应变能作为考察对象。
为后续描述方便,图 13.2(b)给出了网壳顶部上下层节点序号,图 13.2(c)将网
壳的主肋、扇区、环数和圈数进行了编号,由于网壳为双层凯威特型 K6 网壳,因
此上下层均含有 6 个主肋、6 个扇区,根据杆件所处位置的不同,网壳从顶部至
支座依次划分为第 1、2、…、8 环,第 1、2、…、8 圈。

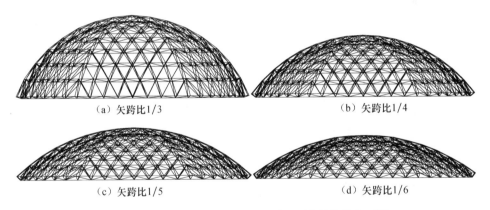

（a）矢跨比1/3　　　　　　　　　　（b）矢跨比1/4

（c）矢跨比1/5　　　　　　　　　　（d）矢跨比1/6

图 13.1　四种矢跨比下 K6 双层球面网壳结构的立面图

表 13.1　杆件、节点编号和分布

杆件位置	数　目	杆件编号	结点位置	数　目	节点编号
上层环向杆件	216	1～216	上层节点	217	节点编号 1～217
上层径向及斜杆件	384	217～600	下层节点	217	节点编号 218～434
下层环向杆件	216	601～816	—	—	—
下层径向及斜杆件	384	817～1200	—	—	—
腹部竖向杆件	217	1201～1417	—	—	—
腹部环向斜杆件	216	1418～1633	—	—	—
腹部径向斜杆件	384	1634～2017	—	—	—
所有杆件	2017	1～2017	所有节点	434	1～434

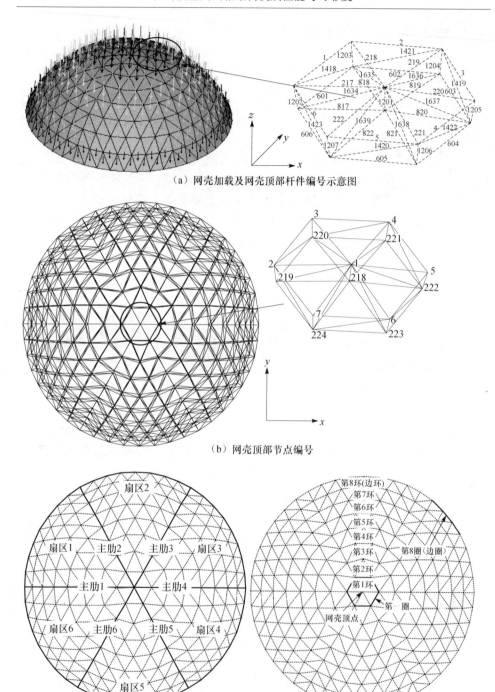

（a）网壳加载及网壳顶部杆件编号示意图

（b）网壳顶部节点编号

（c）主肋、扇区、环数和圈数的分布

图 13.2 K6 双层球面网壳模型（矢跨比 1/3）

13.3.2　矢跨比 1/3～1/6

所选四个网壳的跨度相同,横截面面积亦相同,仅矢跨比不同,目的是为了研究四个矢跨比网壳的极限承载力,以及各项指标(包括各级荷载作用下网壳最大变形、屈服杆件数、总应变能、塑性应变能、弹性应变能、总弹塑性应变、平均弹塑性应变、最大单元塑性应变和延性比)的变化规律。将网壳荷载 $2.0kN/m^2$ 作为基准荷载,在此基准荷载基础上乘以一个放大系数来研究网壳的极限荷载承载力,计算结果见表 13.2 和表 13.3。从表 13.2 荷载缩放系数一列可以看出,当网壳的矢跨比为 1/4 时,该网壳的荷载缩放系数能达到 2.487,即极限承载荷载为 $2.487×2.0=4.974kN/m^2$,极限承载力最高,而矢跨比为 1/3、1/5 和 1/6 的网壳的荷载缩放系数分别为 2.363、2.34 和 2.05,对应极限荷载分别为 $4.726kN/m^2$、$4.68kN/m^2$ 和 $4.1kN/m^2$。对于矢跨比为 1/3 的网壳,在极限荷载 $4.726kN/m^2$ 作用下,节点 1(即顶点,如图 13.2 所示)变形最大,数值大小为 0.161m,此时对应的总应变能、塑性应变能和弹性应变能分别为 $2.37×10^5J$、$1.11×10^5J$ 和 $1.26×10^5J$,塑弹性应变能比值为 0.877,塑性应变能占到总应变能的 46.7%,此时已有 87 根杆件进入屈服状态,塑性发展程度较轻。对于矢跨比为 1/4 的网壳,在极限荷载 $4.974kN/m^2$ 作用下,其最大节点位移为 0.177m(节点 5,如图 13.2 所示),此时对应的总应变能、塑性应变能和弹性应变能分别为 $3.83×10^5J$、$2.23×10^5J$ 和 $1.60×10^5J$,塑弹性应变能比值达到 1.4,塑性应变能占总应变能的 58.3%。可见,在极限状态时,该矢跨比的网壳比矢跨比为 1/3 网壳的塑性发展要深,网壳达到极限状态时,塑性应变能所占权重大,达到临界状态时已有 177 个杆件进入屈服状态,塑性发展程度较深。对于矢跨比为 1/5 的网壳,在极限荷载 $4.68kN/m^2$(缩放系数 2.34)作用下,其最大节点位移为 0.303m,网壳变形很大,此时对应的总应变能、塑性应变能和弹性应变能分别为 $9.56×10^5J$、$7.36×10^5J$ 和 $2.19×10^5J$,塑弹性应变能比值达到了 3.358,塑性应变能占到总应变能的 77.1%。可以看出塑性应变能很大,此时的应变能主要表现为塑性应变能,且此时已有 355 个杆件进入屈服状态,因此塑性发展程度很深。对于矢跨比为 1/6 的网壳,在极限荷载 $4.1kN/m^2$(缩放系数 2.050)作用下,其最大节点位移为 0.228m,网壳变形较大,此时对应的总应变能、塑性应变能和弹性应变能分别为 $7.65×10^5J$、$5.51×10^5J$ 和 $2.14×10^5J$,塑弹性应变能比值亦较大,达到了 2.575,塑性应变能占到总应变能的 72%,此时已有 339 根杆件进入屈服状态,因此塑性发展程度很深。从以上数值计算的结果可以发现,矢跨比较大的双层球面网壳达到屈服状态时,有较少的杆件会进入塑性状态,且临界时刻变形会相对较小,塑性应变能所占总应变能的比例也较小,总应变能也较小。

表 13.2　极限状态时四种矢跨比网壳各指标

矢跨比	荷载缩放系数	最大位移及对应节点号	屈服杆件数	总应变能/J	塑性应变能/J	弹性应变能/J	塑弹性应变能比值	塑性应变能所占比例
1/3	2.363	0.161m(1)	87	237296	110853	126443	0.877	0.467
1/4	2.487	0.177m(5)	177	383032	223413	159619	1.400	0.583
1/5	2.340	0.303m(5)	355	955732	736422	219310	3.358	0.771
1/6	2.050	0.228m(220)	339	765190	551145	214045	2.575	0.720

表 13.3　极限状态时四种矢跨比下网壳各指标

矢跨比	总弹性应变	平均弹性应变	总塑性应变	平均塑性应变	延性比	最大单元塑性应变
1/3	0.678	3.36×10^{-4}	0.169	8.40×10^{-5}	3.730	-0.0093(单元220)
1/4	0.795	3.94×10^{-4}	0.360	1.78×10^{-4}	4.121	-0.0093(单元220)
1/5	0.995	4.93×10^{-4}	1.210	6.00×10^{-4}	6.533	-0.0134(单元220)
1/6	0.992	4.92×10^{-4}	0.925	4.59×10^{-4}	4.444	-0.0096(单元530)

　　图 13.3 为四种矢跨比下网壳的荷载承载力、屈服杆件数、最大变形和应变能（包括总应变能、塑性应变能和弹性应变能）随跨高比（即矢跨比的倒数）的变化曲线。从图 13.3(a)可以看出,矢跨比为 1/4 网壳的荷载承载力最高,矢跨比为 1/3 网壳的荷载承载力次之,矢跨比为 1/6 网壳的荷载承载力最低。对于该四种矢跨比(抑或跨高比)的网壳,达到极限状态时,跨高比为 5 的网壳塑性发展程度最深,进入塑性状态的杆件数最多,达到 355 根杆件,而网壳总计 2017 根杆件,杆件塑性率达到 17.6%;紧接着是跨高比为 6 的网壳,处于临界状态时,屈服的杆件数达到 339 根;而跨高比为 3 时,塑性发展程度最低,处于临界状态时网壳屈服杆件数仅为 87 根。图 13.3(c)为四种跨高比网壳屈服时,各网壳的最大变形值,从图 13.3(c)中可以看出,其变化规律与图 13.3(b)类似,跨高比为 5 时,处于极限状态的网壳的最大变形最大,达到 0.303m,对应节点编号为 5,跨高比为 6 时最大变形次之,跨高比为 3 时,最大变形最小,仅为 0.161m,对应节点编号为 1(图 13.2)。图 13.3(d)为四种跨高比网壳达到临界状态时,总应变能、塑性应变能和弹性应变能的变化曲线图,从图 13.3(d)中可以看出,跨高比为 5 时的网壳,在临界状态时,总应变能、塑性应变能和弹性应变能均最高,且塑性应变能与弹性应变能的比值最高,达到 3.358,塑性应变能占到总应变能的 77%,塑性程度发展最深;接着是跨高比为 6 的网壳,塑性应变能与弹性应变能的比值为 2.575,塑性应变能占到总应变能的 72%,塑性程度发展亦很深;而跨高比为 3 的网壳塑性发展程度最低,塑性应变能与弹性应变能的比值最低,值为 0.877,塑性应变能占到总应变能的 46.7%,塑性程度发展最浅。从图 13.3(d)总体上可以看出,塑性应变能随跨高比的变化趋势与总应变能大体一致,跨高比

越小,塑性应变能所占总应变能比例越高。

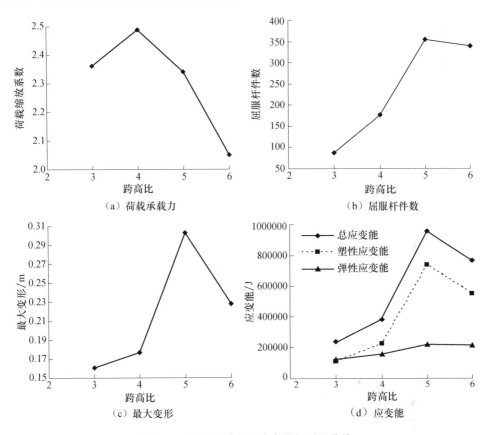

图 13.3　四种矢跨比网壳各指标对比曲线

　　表 13.3 和图 13.4 为四种矢跨比下网壳总弹性应变、平均弹性应变、总塑性应变、平均塑性应变、延性比和最大单元塑性应变数值大小。从表 13.3 和图 13.4 可以看出,当处于极限状态时,矢跨比为 1/5 网壳的总弹性应变、总塑性应变、延性比和最大单元塑性应变均最大,发生最大塑性应变杆件号为 220,位于网壳上层第一环主肋上,对于矢跨比为 1/3 和 1/4 的网壳,也是最大杆件 220 的应变最大,只有矢跨比为 1/6 的网壳,杆件 530(位于上层第 8 环)的塑性应变最大;矢跨比为 1/5 网壳的总弹性应变达到 0.995,矢跨比为 1/6 网壳的总弹性应变接近于矢跨比为 1/5 的网壳,而达到极限状态时,矢跨比为 1/3 网壳的总弹性应变最小。四种矢跨比下网壳的总塑性应变能、延性比和单元最大塑性应变的变化趋势基本一致,矢跨比 1/5 时,该三者数值最大,接着是矢跨比为 1/6 的网壳,矢跨比为 1/3 时,该三个量的数值最小。可以看出,矢跨比较小时,网壳的弹性应变、塑性应变、延性比均较大,而矢跨比较大时,则恰恰相反。

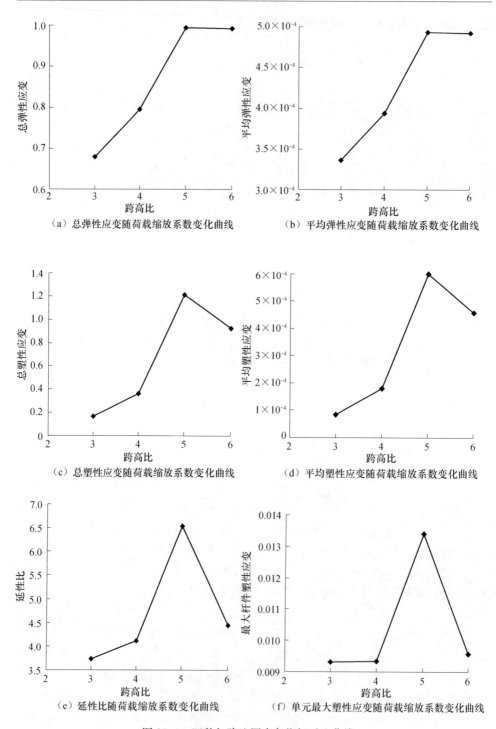

（a）总弹性应变随荷载缩放系数变化曲线　　　　（b）平均弹性应变随荷载缩放系数变化曲线

（c）总塑性应变随荷载缩放系数变化曲线　　　　（d）平均塑性应变随荷载缩放系数变化曲线

（e）延性比随荷载缩放系数变化曲线　　　　（f）单元最大塑性应变随荷载缩放系数变化曲线

图 13.4　四种矢跨比网壳各指标对比曲线

13.3.3 矢跨比 1/3

本节以矢跨比为 1/3 的网壳为研究对象,捕捉网壳在极限荷载作用下的破坏失效过程,进一步分析双层球面网壳的失效机理。计算结果如表 13.4、表 13.5、图 13.5 和图 13.6 所示,从表 13.4 可以看出,网壳在各等级荷载作用下,最大变形均发生于节点 1[网壳上层顶点,如图 13.2(b) 所示]。从图 13.5(a) 可以看出,当荷载缩放系数较小时,网壳最大位移响应呈线性增加,这是由于尚未有杆件进入塑性状态的缘故,当荷载缩放系数较大时,如大于 1.645 时,最大变形显著增加。从表 13.4 和图 13.5(b) 可以看出,当荷载缩放系数较小时,网壳没有杆件进入塑性状态,如荷载缩放系数小于 1.182,此时网壳的应变能均为弹性应变能,塑性应变能均为零;当荷载缩放系数为 1.418 时,有三根杆件进入塑性状态。随着荷载缩放系数的继续加大,进入塑性状态的杆件数量不断增加,塑性应变能亦不断增加,荷载缩放系数越大,塑性应变能所占总应变能的比例亦愈大;当荷载缩放系数大于 1.89 时,杆件屈服数迅速增多。从表 13.4 可以看出,荷载缩放系数较小时,网壳的总应变能主要由弹性应变能构成,总应变能和弹性应变能随荷载缩放系数变化曲线重合,塑性应变能为零,这是由于尚未有杆件进入塑性状态的缘故,当荷载缩放系数为 1.418 时,塑性应变能不再为零,随着荷载缩放系数的增加,塑性应变能随之增加,当荷载缩放系数大于 2.127 时,网壳塑性应变能急剧增加,当荷载缩放系数为 2.363 时,塑性应变能数值大小接近弹性应变能,但尚未超越弹性应变能,此时进入塑性状态的杆件数已达到 87 根。

表 13.4 各种荷载缩放系数作用下网壳基本指标值(矢跨比 1/3)

荷载缩放系数	最大位移/m	进入塑性杆件数	总应变能/J	塑性应变能/J	弹性应变能/J	塑弹性应变能比值	塑性应变能所占比例
0.236	0.007(节点 1)	0	1132	0	1132	0	0
0.473	0.014(节点 1)	0	4531	0	4531	0	0
0.709	0.022(节点 1)	0	10205	0	10205	0	0
0.945	0.029(节点 1)	0	18161	0	18161	0	0
1.182	0.036(节点 1)	0	28406	0	28406	0	0
1.418	0.043(节点 1)	3	40960	12	40948	0.0003	0.0003
1.654	0.051(节点 1)	9	56628	762	55866	0.014	0.014
1.890	0.064(节点 1)	12	80949	72245	73724	0.980	0.892
2.127	0.080(节点 1)	21	112199	16944	95255	0.178	0.151
2.245	0.096(节点 1)	39	138486	305867	107899	2.835	2.209
2.316	0.115(节点 1)	60	168764	51812	116952	0.443	0.307
2.363	0.161(节点 1)	87	237296	110853	126443	0.877	0.467

表 13.5　各级荷载缩放系数下各指标数值(矢跨比 1/3)

荷载缩 放系数	总弹性 应变	平均弹 性应变	总塑性 应变	平均塑 性应变	延性比	最大单元 塑性应变
0.236	0.0637	3.156×10^{-5}	0	0	—	0
0.473	0.1274	6.314×10^{-5}	0	0	—	0
0.709	0.1911	9.476×10^{-5}	0	0	—	0
0.945	0.2550	1.264×10^{-4}	0	0	—	0
1.182	0.3189	1.581×10^{-4}	0	0	—	0
1.418	0.3829	1.898×10^{-4}	1.775×10^{-5}	8.802×10^{-9}	1	-6.153×10^{-6}(单元 220)
1.654	0.4475	2.218×10^{-4}	1.164×10^{-3}	5.773×10^{-7}	1.188	-0.365×10^{-3}(单元 220)
1.890	0.5170	2.563×10^{-4}	1.106×10^{-2}	5.481×10^{-6}	1.480	-1.441×10^{-3}(单元 220)
2.127	0.5895	2.923×10^{-4}	2.603×10^{-2}	1.290×10^{-5}	1.858	-2.748×10^{-3}(单元 220)
2.245	0.6276	3.111×10^{-4}	4.695×10^{-2}	2.328×10^{-5}	2.214	-4.019×10^{-3}(单元 218)
2.316	0.6531	3.238×10^{-4}	7.937×10^{-2}	3.935×10^{-5}	2.669	-5.623×10^{-3}(单元 218)
2.363	0.6781	3.362×10^{-4}	0.169	8.395×10^{-5}	3.730	-9.303×10^{-3}(单元 220)

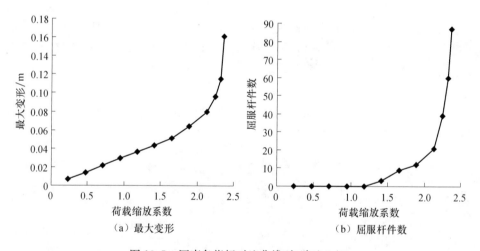

图 13.5　网壳各指标对比曲线(矢跨比 1/3)

从表 13.5、图 13.6(a)可以看出,网壳的弹性应变随着荷载缩放系数的增加而近似线性地增加。从表 13.5、图 13.6(b)可以看出,当荷载缩放系数较小时,塑性应变值为零,这是由于尚未有杆件进入塑性状态的缘故,随着荷载缩放系数的增加,尤其是达到 1.89 时,总塑性应变开始迅速增加。从表 13.5 和图 13.6(c)可以看出,当网壳有杆件进入塑性状态以后,延性比随着荷载缩放系数的增加而增大,荷载缩放系数较小时,其值呈线性增加,当荷载缩放系数达到 2.127 时,其值开始显著增加。从表 13.5 和图 13.6(d)可以看出,当荷载缩放系数较小时,最大单元塑性应变均为零,当荷载缩放系数达到 1.418 时,有 3 根杆件进入塑性状态,此时

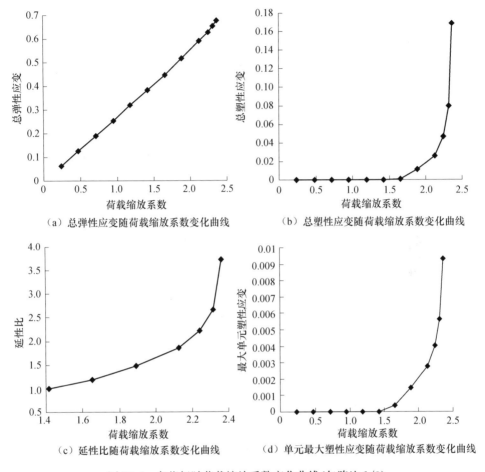

（a）总弹性应变随荷载缩放系数变化曲线　　（b）总塑性应变随荷载缩放系数变化曲线

（c）延性比随荷载缩放系数变化曲线　　（d）单元最大塑性应变随荷载缩放系数变化曲线

图 13.6　各指标随荷载缩放系数变化曲线（矢跨比 1/3）

最大单元塑性压应变仅为 -6.153×10^{-6}，对应杆件编号为 220（上层第一环主肋径向杆件，如图 13.2 所示）；当荷载缩放系数为 2.245 和 2.316 时，杆件 218 的塑性应变最大，对于其他荷载缩放系数，最大塑性应变均发生于单元 220。

　　图 13.7 为典型荷载缩放系数下，网壳杆件的屈服过程示意图，各分图标题中括号内的数字为对应屈服杆件数目。从图 13.7(a) 可以看出，当荷载缩放系数为 1.418 时，位于网壳上层顶部第 1 环的 3 根主肋径向杆件首先进入塑性状态；从图 13.7(b) 可以看出，当荷载缩放系数为 1.654 时，另有上层第 1 圈 6 根环向杆件进入塑性状态；从图 13.7(c) 可以看出，当荷载缩放系数为 1.725 时，另外 3 根上层第 1 环的 3 根主肋径向杆件进入塑性状态；从图 13.7(d)~(f) 可以看出，随着荷载缩放系数的进一步加大，下层第 3 环和第 2 环的部分径向杆件进入了屈服状态；当荷载缩放系数达到 2.174 时，与网壳顶部节点相连的 3 根腹杆进入了塑性状态；

从图 13.7(h)～(j)可以看出，随着荷载缩放系数的进一步增加，下层第 3 环有更多径向杆件进入塑性状态；当荷载缩放系数为 2.316 时，上层边环(第 8 环)的 6 根纵向杆件亦进入屈服状态，且上层第 2 圈有 6 根杆件进入屈服状态；如图 13.7(m)所示，当网壳达到极限状态时，即荷载系数为 2.363，此时有 87 根杆件进入塑性状态，其中包括 42 根上弦杆件、9 根腹杆和 36 根下弦杆件。上层进入塑性状态的杆件分布在第 1 环和边环、第 1 圈和第 2 圈，而屈服的 9 根腹杆分布于第 1 环和第 2环，下层进入塑性的杆件主要分布在第 2、3 和 4 环，下层没有环向杆件进入塑性状态。总体看来，在静力极限荷载作用下，网壳顶部上层杆件首先进入屈服状态，紧接着下层第 3 环、第 2 环有较多杆件进入塑性状态，随着荷载的增加，上层边环的部分径向杆件亦进入塑性状态，随着荷载等级的继续增加，上层环向第 2 圈杆件亦进入塑性状态，下层第 2、3 和 4 环和上层边环有更多的径向杆件进入屈服状态，直到网壳结构最终倒塌破坏为止。

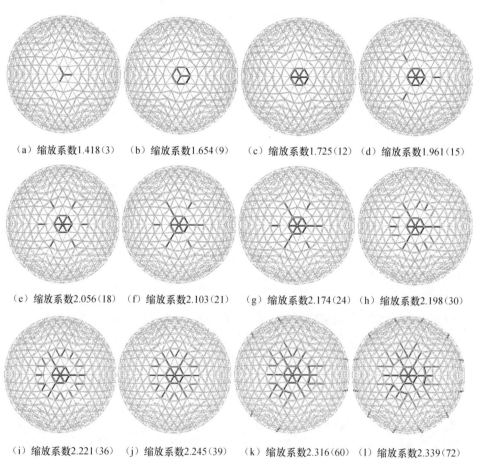

（a）缩放系数1.418（3）　（b）缩放系数1.654（9）　（c）缩放系数1.725（12）　（d）缩放系数1.961（15）

（e）缩放系数2.056（18）　（f）缩放系数2.103（21）　（g）缩放系数2.174（24）　（h）缩放系数2.198（30）

（i）缩放系数2.221（36）　（j）缩放系数2.245（39）　（k）缩放系数2.316（60）　（l）缩放系数2.339（72）

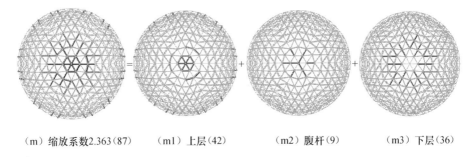

　　（m）缩放系数2.363（87）　　（m1）上层（42）　　　（m2）腹杆（9）　　　（m3）下层（36）

图 13.7　矢跨比为 1/3 网壳杆件屈服过程

13.3.4　矢跨比 1/4

　　本节以矢跨比为 1/4 的网壳为研究对象,计算结果见表 13.6 和表 13.7。从表 13.6 可以看出,当网壳在较低等级荷载作用下时,最大变形均位于节点 1,随着荷载等级的提高,发生最大变形的节点转移至节点 222,随着荷载的进一步增加,最终转移至节点 5。网壳的总应变能主要由弹性应变能构成,总应变能和弹性应变能随荷载缩放系数变化曲线重合,塑性应变能为零,当荷载缩放系数为 1.492时,塑性应变能不再为零,随着荷载缩放系数的增加,塑性应变能随之增加,当荷载缩放系数大于 2.238 时,网壳塑性应变能急剧增加,当荷载缩放系数为 2.487 时,即网壳处于极限状态,塑性应变能超过弹性应变能,此时塑性应变能占据主导地位,有 177 根杆件进入塑性状态,对应的最大变形为 0.177m。

表 13.6　各种荷载缩放系数作用下网壳基本指标值(矢跨比 1/4)

荷载缩放系数 K	最大位移/m	进入塑性杆件数	总应变能/J	塑性应变能/J	弹性应变能/J	塑弹性应变能比值	塑性应变能所占比例
0.249	0.007(节点 1)	0	1394	0	1394	0	0
0.497	0.015(节点 1)	0	5581	0	5581	0	0
0.746	0.022(节点 1)	0	12571	0	12571	0	0
0.995	0.029(节点 1)	0	22372	0	22372	0	0
1.244	0.036(节点 1)	0	34993	0	34993	0	0
1.492	0.044(节点 1)	3	50509	63	50446	0.001	0.001
1.741	0.053(节点 1)	12	70593	1740	68853	0.025	0.025
1.990	0.068(节点 222)	27	100189	9214	90975	0.101	0.092
2.114	0.077(节点 222)	54	120069	16366	103703	0.158	0.136
2.238	0.088(节点 222)	72	146565	28691	117874	0.243	0.196
2.288	0.096(节点 222)	108	165587	41429	124158	0.334	0.250
2.388	0.131(节点 5)	147	249753	109944	139809	0.786	0.440
2.487	0.177(节点 5)	177	383032	223413	159619	1.400	0.583

表 13.7　各级荷载缩放系数下各指标数值(矢跨比 1/4)

荷载缩放系数	总弹性应变	平均弹性应变	总塑性应变	平均塑性应变	延性比	最大单元塑性应变
0.249	0.072	3.568×10^{-5}	0	0	—	0
0.497	0.144	7.139×10^{-5}	0	0	—	0
0.746	0.216	1.071×10^{-4}	0	0	—	0
0.995	0.288	1.429×10^{-4}	0	0	—	0
1.244	0.361	1.787×10^{-4}	0	0	—	0
1.492	0.433	2.146×10^{-4}	1.055×10^{-4}	5.230×10^{-8}	1.019	-3.535×10^{-5}(单元 220)
1.741	0.506	2.510×10^{-4}	2.924×10^{-3}	1.450×10^{-6}	1.229	-5.472×10^{-4}(单元 220)
1.990	0.584	2.894×10^{-4}	1.549×10^{-2}	7.677×10^{-6}	1.577	-1.736×10^{-3}(单元 220)
2.114	0.624	3.093×10^{-4}	2.741×10^{-2}	1.359×10^{-5}	1.799	-2.390×10^{-3}(单元 220)
2.238	0.666	3.302×10^{-4}	4.758×10^{-2}	2.359×10^{-5}	2.047	-3.085×10^{-3}(单元 220)
2.288	0.685	3.396×10^{-4}	6.817×10^{-2}	3.380×10^{-5}	2.228	-3.614×10^{-3}(单元 220)
2.388	0.736	3.647×10^{-5}	0.179	8.867×10^{-5}	3.058	-6.337×10^{-3}(单元 220)
2.487	0.795	3.939×10^{-4}	0.360	1.784×10^{-4}	4.121	-9.327×10^{-3}(单元 220)

　　从表 13.7 中可以看出,当网壳有杆件进入塑性状态以后,延性比随着荷载缩放系数的增加而增大,荷载缩放系数较小时,其值近似呈线性增加,当荷载缩放系数达到 2.228 时,其值开始显著增加;当荷载缩放系数达到 1.741 时,最大单元塑性应变开始迅速增加,此时最大单元塑性压应变仅为 -5.472×10^{-4},对应杆件编号为 220[图 13.2(a)],当荷载缩放系数为 2.487 时,杆件 220 的单元塑性应变最大,达到了 -9.327×10^{-3}。

　　图 13.8 为典型荷载缩放系数下,网壳杆件的屈服过程示意图。从图 13.8 (a)~(c)可以看出,当荷载缩放系数较小时,网壳结构的屈服始于上层顶部 6 根主肋杆件和 6 根环向杆件。从图 13.8(d)可以看出,当荷载缩放系数为 1.96 时,下层第 3 环有 3 根主肋杆件、边环上层有 12 根杆件进入塑性状态,这里与矢跨比为 1/3 网壳的屈服顺序不同。从图 13.8(e)、(f)可以看出,随着荷载缩放系数的进一步加大,上层边环有更多径向杆件进入塑性状态,网壳边环杆件塑性发展程度加深;当荷载缩放系数为 2.16 时,下层第 3 环又有 3 根杆件进入了塑性状态。如图 13.8(m)所示,当网壳达到极限状态时,即荷载系数为 2.487,此时已有 177 根杆件进入了塑性状态,其中上弦杆件、腹杆和下弦杆件进入塑性状态的数目依次为 126、6 和 45,此时最大变形发生在节点 5,数值大小为 0.177m,上层屈服杆件主要集中在第 1 环和边环、第 1 圈和第 2 圈,部分第 7 环的径向杆件也进入塑性状态,合计有 6 根网壳顶部的腹杆进入塑性状态,下层屈服杆件主要集中在第 2、3 和 4 环,第 5 环也有个别径向杆件进入塑性状态。

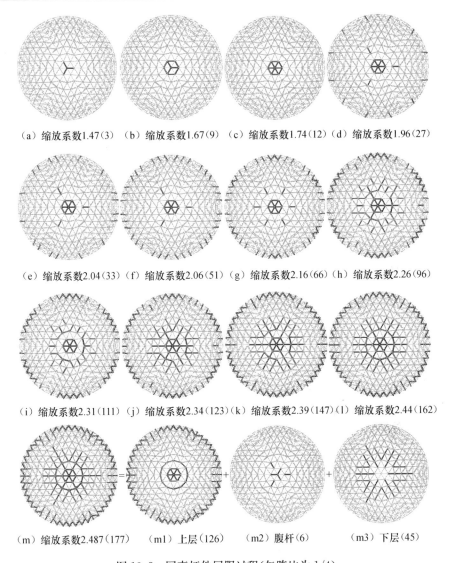

（a）缩放系数1.47(3)　（b）缩放系数1.67(9)　（c）缩放系数1.74(12)　（d）缩放系数1.96(27)

（e）缩放系数2.04(33)　（f）缩放系数2.06(51)　（g）缩放系数2.16(66)　（h）缩放系数2.26(96)

（i）缩放系数2.31(111)　（j）缩放系数2.34(123)　（k）缩放系数2.39(147)　（l）缩放系数2.44(162)

（m）缩放系数2.487(177)　　（m1）上层(126)　　　（m2）腹杆(6)　　　（m3）下层(45)

图 13.8　网壳杆件屈服过程(矢跨比为 1/4)

13.3.5　矢跨比 1/5

本节以矢跨比为 1/5 的双层球面网壳为研究对象,计算结果见表 13.8 和表 13.9。从表 13.8 可以看出,当荷载缩放系数较小时,网壳最大位移相应呈线性增加,当荷载缩放系数大于 1.872 时,最大变形将显著增加。从表 13.8 可以看出,荷载缩放系数较小时,网壳的总应变能主要由弹性应变能构成,当荷载缩放系数大于 1.872 时,网壳塑性应变能急剧增加,当荷载缩放系数为 2.223 时,塑性应变能数值大小超过了弹性应变能,此时进入塑性状态的杆件数已达到 195 根。可以看出,相比矢跨比为 1/3 和 1/4 的网壳,矢跨比为 1/5 的网壳塑性应变能占据比例更大,随着矢跨比的增加,塑性发展程度愈高、愈充分。当荷载缩放系数达到 2.34 时,即达到极限状态时,已有 355 根杆件进入塑性状态,此时塑性应变能占到总应变能的 77.1%,可见塑性发展程度很深。与矢跨比为 1/3 和 1/4 的网壳相比,网壳处于极限状态时,有更多的杆件进入塑性状态,塑性发展程度更深。

表 13.8　各种荷载缩放系数作用下网壳基本指标值(矢跨比 1/5)

荷载缩放系数	最大位移/m	进入塑性杆件数	总应变能/J	塑性应变能/J	弹性应变能/J	塑弹性应变能比值	塑性应变能所占比例
0.234	0.0075(节点 1)	0	1623	0	1623	0	0
0.468	0.015(节点 1)	0	6501	0	6501	0	0
0.702	0.023(节点 1)	0	14649	0	14649	0	0
0.936	0.030(节点 1)	0	26082	0	26082	0	0
1.170	0.038(节点 1)	0	40814	0	40814	0	0
1.404	0.046(节点 1)	0	58861	0	58861	0	0
1.638	0.055(节点 1)	9	81543	1233	80310	0.015	0.015
1.872	0.072(节点 222)	63	119845	13789	106056	0.130	0.115
2.0124	0.086(节点 222)	96	164169	39365	124804	0.315	0.240
2.106	0.106(节点 222)	132	241476	100892	140584	0.718	0.419
2.223	0.148(节点 222)	195	397578	230177	167401	1.375	0.579
2.3166	0.235(节点 222)	285	757873	554440	203433	2.725	0.732
2.340	0.303(节点 5)	355	955732	736422	219310	3.358	0.771

表 13.9　各级荷载缩放系数下各指标数值(矢跨比 1/5)

荷载缩放系数	总弹性应变	平均弹性应变	总塑性应变	平均塑性应变	延性比	最大单元塑性应变
0.234	0.081	4.030×10^{-5}	0	0	—	0
0.468	0.163	8.065×10^{-5}	0	0	—	0
0.702	0.244	1.211×10^{-4}	0	0	—	0
0.936	0.326	1.615×10^{-4}	0	0	—	0
1.170	0.408	2.020×10^{-4}	0	0	—	0
1.404	0.489	2.426×10^{-4}	0	0	—	0
1.638	0.572	2.835×10^{-4}	0.0022	1.079×10^{-6}	1.178	-4.263×10^{-4}(单元 220)
1.872	0.659	3.265×10^{-4}	0.0239	1.183×10^{-5}	1.544	-1.547×10^{-3}(单元 220)
2.0124	0.715	3.543×10^{-4}	0.0666	3.300×10^{-5}	1.859	-2.329×10^{-3}(单元 220)
2.106	0.762	3.777×10^{-4}	0.1680	8.304×10^{-5}	2.280	-3.193×10^{-3}(单元 220)
2.223	0.841	4.171×10^{-4}	0.3800	1.882×10^{-4}	3.197	-5.316×10^{-3}(单元 220)
2.317	0.948	4.701×10^{-4}	0.9090	4.508×10^{-4}	5.064	-9.457×10^{-3}(单元 552)
2.340	0.995	4.933×10^{-4}	1.2100	6.000×10^{-4}	6.533	-1.340×10^{-2}(单元 220)

从表 13.9 可以看出,当荷载缩放系数较小时,最大单元塑性应变均为零,当荷载缩放系数达到 1.638 时,有 9 根杆件进入塑性状态,此时最大单元塑性压应变仅为 -4.263×10^{-4},对应杆件编号为 220;当荷载缩放系数为 2.3166 时,杆件 552 的单元塑性应变最大,该杆件是上层边环的径向杆件。

图 13.9 为网壳杆件的屈服过程示意图。当荷载达到屈服荷载的 79% 时[图 13.9(h)、(i)],网壳下层第 3 环部分杆件进入塑性状态;随着荷载的进一步加大,如图 13.19(j)～(l)所示,第 3 环、第 2 环、第 4 环和第 7 环有更多的杆件进入塑性

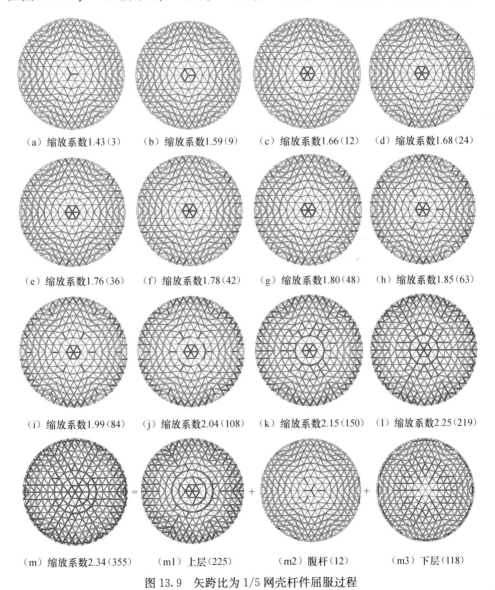

（a）缩放系数1.43（3）　　（b）缩放系数1.59（9）　　（c）缩放系数1.66（12）　　（d）缩放系数1.68（24）

（e）缩放系数1.76（36）　　（f）缩放系数1.78（42）　　（g）缩放系数1.80（48）　　（h）缩放系数1.85（63）

（i）缩放系数1.99（84）　　（j）缩放系数2.04（108）　　（k）缩放系数2.15（150）　　（l）缩放系数2.25（219）

（m）缩放系数2.34（355）　　（m1）上层（225）　　（m2）腹杆（12）　　（m3）下层（118）

图 13.9　矢跨比为 1/5 网壳杆件屈服过程

状态；当网壳达到极限状态时，即荷载系数为 2.34，如图 13.9(m) 所示，此时有 355 根杆件进入塑性状态，与矢跨比为 1/3 和 1/4 不同的是，上层第 3 圈环向杆件均进入塑性状态，上层第 2 环和第 4 环也有个别杆件进入塑性状态，边环上有 6 根腹杆亦进入塑性状态，下层边圈有大量杆件进入屈服状态，下层的第 2～6 环有更多的杆件进入屈服状态。

13.3.6　矢跨比 1/6

本节以矢跨比为 1/6 的网壳为研究对象，计算结果见表 13.10 和表 13.11。从表 13.10 可以看出，当荷载等级较低时，最大变形大多位于节点 1，随着荷载的不断增大，网壳的最大变形大多位于节点 220，有时也会出现在节点 222(位于下层第一环)。从表 13.10 可以看出，荷载缩放系数较小时，网壳的总应变能主要由弹性应变能构成，当荷载缩放系数为 1.435 时，塑性应变能不再为零，随着荷载缩放系数的增加，塑性应变能随之增加。当荷载缩放系数大于 1.64 时，网壳塑性应变能急剧增加，当荷载缩放系数为 1.9475 时，塑性应变能数值大小超过弹性应变能，此时进入塑性状态的杆件数已达到 177 根，随着荷载进一步加大，塑性应变能增速明显高于塑性应变能，最大位移、屈服杆件数等指标均急剧加大，直至网壳结构最终倒塌破坏为止。

表 13.10　各种荷载缩放系数作用下网壳基本指标值(矢跨比 1/6)

荷载缩放系数	最大位移/m	进入塑性杆件数	总应变能/J	塑性应变能/J	弹性应变能/J	塑弹性应变能比值	塑性应变能所占比例
0.205	0.0078(节点 1)	0	1673	0	1673	0	0
0.410	0.0157(节点 1)	0	6705	0	6705	0	0
0.615	0.024(节点 1)	0	15117	0	15117	0	0
0.820	0.032(节点 1)	0	26931	0	26931	0	0
1.025	0.039(节点 1)	0	42169	0	42169	0	0
1.230	0.047(节点 1)	0	60852	0	60852	0	0
1.435	0.056(节点 1)	3	83275	257	83018	0.003	0.003
1.5375	0.062(节点 220)	33	98004	2500	95504	0.026	0.026
1.640	0.071(节点 220)	60	120338	11053	109285	0.101	0.092
1.7425	0.084(节点 220)	93	157968	32972	124996	0.264	0.209
1.845	0.106(节点 220)	141	241625	96896	144729	0.670	0.401
1.9475	0.137(节点 220)	177	357959	186967	170992	1.093	0.522
1.9885	0.161(节点 222)	225	458301	273687	184614	1.483	0.597
2.0295	0.199(节点 220)	285	623913	421482	202431	2.082	0.676
2.050	0.228(节点 220)	339	765190	551145	214045	2.575	0.720

表 13.11　各种荷载缩放系数作用下网壳基本指标值(矢跨比 1/6)

荷载缩放系数	总弹性应变	平均弹性应变	总塑性应变	平均塑性应变	延性比	最大单元塑性应变
0.205	0.084	4.167×10^{-5}	0	0	—	0
0.410	0.168	8.342×10^{-5}	0	0	—	0
0.615	0.253	1.253×10^{-4}	0	0	—	0
0.820	0.337	1.672×10^{-4}	0	0	—	0
1.025	0.422	2.092×10^{-4}	0	0	—	0
1.230	0.507	2.512×10^{-4}	0	0	—	0
1.435	0.592	2.935×10^{-4}	4.675×10^{-4}	2.318×10^{-7}	1.084	-1.560×10^{-4}(单元 222)
1.5375	0.635	3.150×10^{-4}	4.456×10^{-3}	2.209×10^{-6}	1.199	-4.635×10^{-4}(单元 222)
1.640	0.681	3.375×10^{-4}	1.945×10^{-2}	9.641×10^{-6}	1.385	-9.872×10^{-4}(单元 222)
1.7425	0.728	3.608×10^{-4}	5.691×10^{-2}	2.821×10^{-5}	1.629	-1.556×10^{-3}(单元 222)
1.845	0.788	3.908×10^{-4}	0.165	8.161×10^{-5}	2.059	-2.364×10^{-3}(单元 218)
1.9475	0.867	4.299×10^{-4}	0.317	1.572×10^{-4}	2.671	-3.851×10^{-3}(单元 577)
1.9885	0.906	4.493×10^{-4}	0.462	2.292×10^{-4}	3.139	-5.358×10^{-3}(单元 575)
2.0295	0.957	4.746×10^{-4}	0.709	3.516×10^{-4}	3.882	-7.726×10^{-3}(单元 537)
2.050	0.992	4.919×10^{-4}	0.925	4.586×10^{-4}	4.444	-9.585×10^{-3}(单元 530)

　　从表 13.11 可以看出,当网壳结构处于极限状态时,总塑性应变达到 0.925;当荷载缩放系数大于 1.845 以后,最大单元塑性应变相继出现于杆件 218[上层第一环主肋杆,如图 13.2(a)所示]、577(上层边环径向杆)、575(上层边环径向杆)、537(上层边环径向杆)和 530(上层边环径向杆)。

　　图 13.10 为典型荷载缩放系数下网壳杆件的屈服过程示意图。从图 13.10(h)、(i)可以看出,随着荷载缩放系数的进一步增加,下层第 3 环有 3 根杆件进入塑性状态,第 2 圈有 6 根层杆件进入塑性状态,上层倒数第 2 环有部分纵向杆件亦进入塑性状态。如图 13.10(m)所示,当网壳达到极限状态时,即荷载系数为 2.05,此时有 339 根杆件进入塑性状态,在 6 个主肋方向有不少杆件进入塑性状态,上层第 7、8 环有大量杆件进入屈服状态,下层边圈亦有不少杆件进入屈服状态。

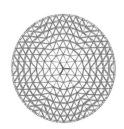
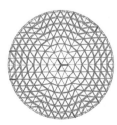

　(a) 缩放系数1.33(3)　　　(b) 缩放系数1.46(9)　　　(c) 缩放系数1.48(21)　　　(d) 缩放系数1.52(33)

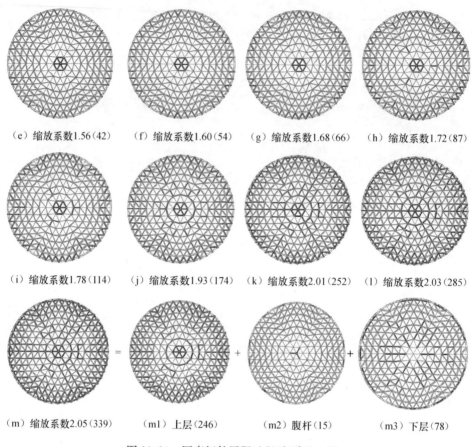

（e）缩放系数1.56（42）　　（f）缩放系数1.60（54）　　（g）缩放系数1.68（66）　　（h）缩放系数1.72（87）

（i）缩放系数1.78（114）　　（j）缩放系数1.93（174）　　（k）缩放系数2.01（252）　　（l）缩放系数2.03（285）

（m）缩放系数2.05（339）　　（m1）上层（246）　　（m2）腹杆（15）　　（m3）下层（78）

图 13.10　网壳杆件屈服过程（矢跨比 1/6）

13.4　双层球面网壳结构动力失效分析

13.4.1　矢跨比 1/3

1. 各等级地震作用

首先以矢跨比为 1/3 的双层球面网壳为研究对象，分析在不同等级地震作用下该网壳的最大变形、屈服杆件数、总应变能、塑性应变能、弹性应变能、总动能、总弹性应变、平均弹性应变、总塑性应变和平均塑性应变的变化规律，研究网壳的屈服过程及其失效机理。选取 Taft 地震波（图 13.11）作为动力激励荷载，这里考虑如下地震等级，200cm/s^2、400cm/s^2、600cm/s^2、800cm/s^2、1000cm/s^2、1200cm/s^2、1400cm/s^2、1600cm/s^2、1800cm/s^2、1900cm/s^2 和 2000cm/s^2，从而系统地研究以上各指标随地震等级变化的规律。计算结果如表 13.12、表 13.13 和图 13.12～图 13.18 所示。

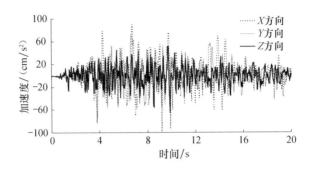

图 13.11 Taft 地震波三方向加速度时程曲线

表 13.12 不同地震等级下网壳各指标大小(矢跨比 1/3)

峰值加速度/(cm/s²)	失效时刻/s	屈服杆件数	最大总应变能/J	最大塑性应变能/J	最大弹性应变能/J	塑弹性变性能比值	塑性应变能所占比例	最大动能/J
200	—	0	37514	0	37514	0.000	0.000	16778
400	—	8	89042	149	88972	0.002	0.002	67066
600	—	81	193947	24787	169449	0.146	0.128	147095
800	—	300	446852	233888	245057	0.954	0.523	201206
1000	—	455	918853	708659	284612	2.490	0.771	239161
1200	—	585	1686760	1451459	305309	4.754	0.861	310847
1400	—	667	2781021	2532474	321390	7.880	0.911	386045
1600	—	740	4109153	3868123	333645	11.59	0.941	456335
1800	6.78	629	1506200	1163397	342802	3.394	0.772	522539
1800	6.80	1448	56735998	56191346	544652	103.2	0.990	28896612
1900	6.78	655	1664123	1317969	346155	3.807	0.792	554985
1900	6.80	1562	68111456	67525226	586231	115.19	0.991	34356199
2000	6.78	668	1830987	1481694	349292	4.242	0.809	585936
2000	6.80	1621	68932312	68335359	596953	114.5	0.991	34958958

注:表中最大塑性应变能和最大弹性应变能可能会出现在不同时刻,因此表中二者之和可能不等于最大总应变能,当二者出现在同一时刻时,二者之和等于最大总应变能;塑性应变能所占比例为最大塑性应变能和最大总应变能的比值。

从表 13.12 中可以看出,峰值加速度为 200cm/s² 时,双层球面网壳没有杆件进入塑性状态;当峰值加速度为 400cm/s² 时,有 8 根杆件进入塑性状态;随着地震等级的不断增加,网壳塑性发展愈来愈深,直至峰值加速度达到 1800cm/s² 时,在 6.80s 网壳最终破坏倒塌。从表 13.13 和图 13.12(a)可以看出,当峰值加速度较小时,网壳的最大变形基本呈线性增加,当峰值加速度大于 600cm/s² 时,网壳的最大变形开始迅速增加,这是由于此后有大量杆件进入塑性状态的缘故。从表 13.12 和图 13.12(b)可以看出,当峰值加速度大于 600cm/s² 时,杆件的屈服数目开始迅速增加,当峰值加速度为 1600cm/s² 时,已经有 740 根杆件进入塑性状态,足见塑性发展程度之深。当峰值加速度大于 1800cm/s² 时,在 6.80s 时最终失效倒塌,在失效的前一刻 6.78s,进入塑性状态的杆件数已经达到 629 根。

表 13.13　不同地震等级下网壳各指标大小(矢跨比 1/3)

峰值加速度 /(cm/s²)	初次进入塑性状态时位移		历程中最大位移		延性比	历程中单元塑性应变		
	时刻 /s	最大位移/m 及对应节点号	时刻 /s	最大位移/m 及对应节点号		时刻 /s	最大单元塑性应变 及对应单元号
200	—	—	6.78	0.0398(节点 5)	—		
400	6.78	0.0562(节点 5)	6.78	0.0562(节点 5)	1.000	6.78	-4.85×10^{-5}(单元 513)
600	6.74	0.0561(节点 5)	6.78	0.0758(节点 5)	1.353	6.78	-0.001(单元 513)
800	4.32	0.0528(节点 5)	6.78	0.0994(节点 29)	1.884	12.66	-0.003(单元 575)
1000	3.86	0.0479(节点 2)	6.80	0.1258(节点 29)	2.625	11.88	-0.0074(单元 599)
1200	3.84	0.0473(节点 2)	11.86	0.1557(节点 5)	3.296	12.50	-0.0148(单元 599)
1400	3.84	0.0522(节点 2)	11.86	0.1959(节点 5)	3.754	12.52	-0.0245(单元 599)
1600	3.82	0.0459(节点 7)	14.58	0.2519(节点 5)	5.493	12.52	-0.0349(单元 599)
1800	3.28	0.0531(节点 5)	6.80	0.7227(节点 387)	13.60	6.80	0.3711(单元 1243)
1900	3.28	0.0549(节点 5)	6.80	0.6208(节点 403)	11.31	6.80	0.3042(单元 1342)
2000	3.26	0.0528(节点 5)	6.80	0.7147(节点 403)	13.54	6.80	0.3475(单元 1386)

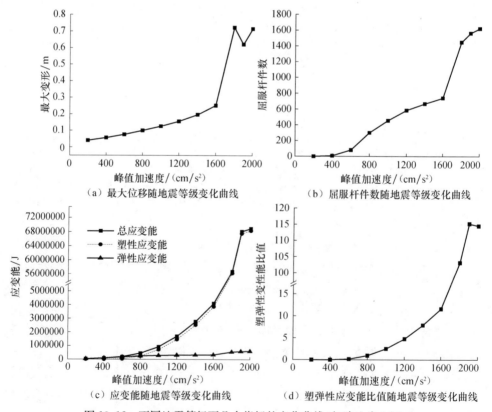

（a）最大位移随地震等级变化曲线　　　　（b）屈服杆件数随地震等级变化曲线

（c）应变能随地震等级变化曲线　　　　（d）塑弹性应变能比值随地震等级变化曲线

图 13.12　不同地震等级下几个指标的变化曲线(矢跨比为 1/3)

从表 13.12 和图 13.12(c)可以看出,当峰值加速度为 200cm/s² 时,网壳的塑性应变能为零,这是由于没有杆件进入塑性状态,总应变能完全由弹性应变能组成,二者数值大小均为 37514J。当峰值加速度为 400cm/s² 时,网壳有 8 根杆件进入塑性状态,在地震作用期间,最大塑性应变能仅为 149J,表明进入塑性状态杆件少且杆件塑性发展不深。从表 13.12 和图 13.12(c)、(d)可以看出,随着地震作用等级的增加,塑性应变能持续增加,当峰值加速度为 800cm/s² 时,网壳达到最大塑性应变能时,数值大于此刻的弹性应变能,此时塑性应变能占总应变能的比例为 52.3%,而整个时间历程中,最大弹性应变能大于最大塑性应变能。当峰值加速度为 1000cm/s² 时,最大塑性应变能远远超过最大弹性应变能,二者比值达到 2.49,随着地震作用的持续增加,最大塑性应变能与最大弹性应变能的比值迅猛增加,二者相差越来越大,网壳的总应变能主要由塑性应变能组成。从表 13.12 可以看出,网壳在未失效前,总动能与峰值加速度(地震等级)大致呈线性关系,在失效时刻,网壳总动能迅速增加。

图 13.13 为不同地震等级作用下屈服杆件数时程曲线,从表 13.12 和图 13.13(a)中可以看出,当峰值加速度为 200cm/s² 时,网壳始终没有杆件进入塑性状态,当荷载加速度为 400cm/s² 时,在 6.78s 有 4 根杆件进入屈服状态,在 12.64s 又有 4 根杆件进入屈服状态,网壳塑性发展很浅。随着地震等级的增加,网壳的杆件屈服数目显著增加,当峰值加速度为 800cm/s² 时,已有 300 根杆件进入了塑性状态,当荷载加速度为 1000cm/s² 时,多达 455 根杆件进入塑性状态。从图 13.13(b)可以看出,随着地震等级的继续增加,网壳进入塑性状态的数目不断增加,塑性不断累积,直至峰值加速度为 1800cm/s² 时,网壳最终失效。从图 13.13 可以明显地看出,在地震作用期间,在 3 个时刻附近网壳的杆件屈服数目激增,即 4.64s、6.78s 和 11.98s。

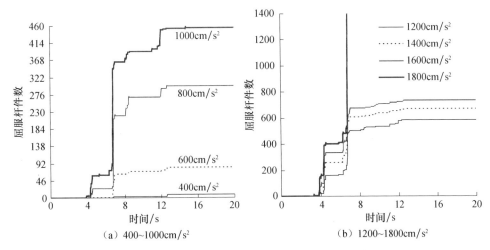

(a) 400~1000cm/s²　　　　　　　(b) 1200~1800cm/s²

图 13.13　不同地震等级作用下屈服杆件数时程曲线

　　图13.14和图13.15分别为不同地震等级作用下总应变能和塑性应变能时程曲线，从图中可以看出，地震等级较小时，二者数值不大，随着地震等级的提高，二者增加显著，当峰值加速度大于800cm/s²时，总应变能和塑性应变能增幅很大，会累积到一定的量直至地震动输入结束。这表明地震动结束后，网壳的塑性会累积到一定程度，此时网壳已有了较大的几何变位，在整个地震动激励期间，随着杆件屈服数目的增加，网壳不断发生几何变位，在新的位置上继续振动，网壳不会破坏倒塌；直至峰值加速度达到1800cm/s²时，网壳进入塑性的杆件大幅增加，塑性发展很深，网壳变位很大，不能在新的平衡位置上继续保持振动，最终失去平衡，发生倒塌破坏。图13.16～图13.18为几个典型地震等级下，弹性应变能、总动能和总弹性应变的时程曲线，从图中可以明显看出，随着地震等级的提高，三者的数值均显著增加。

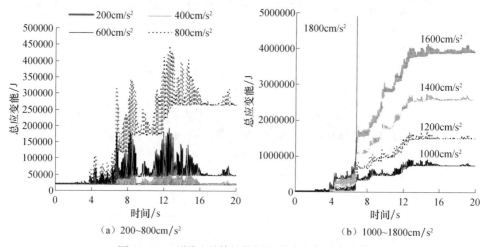

（a）200～800cm/s²　　　　　　　　（b）1000～1800cm/s²

图13.14　不同地震等级作用下总应变能时程曲线

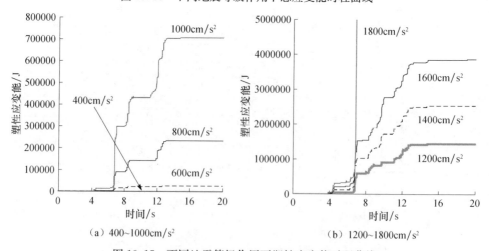

（a）400～1000cm/s²　　　　　　　　（b）1200～1800cm/s²

图13.15　不同地震等级作用下塑性应变能时程曲线

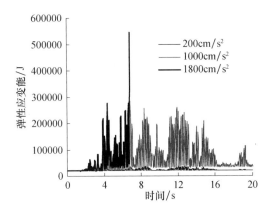

图 13.16　不同地震等级作用下弹性应变能时程曲线

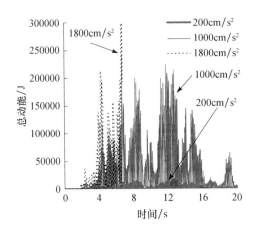

图 13.17　不同地震等级作用下
总动能时程曲线

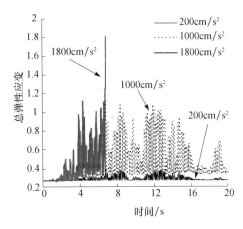

图 13.18　不同地震等级作用下
总弹性应变时程曲线

　　从表 13.13 和图 13.19(a)可以看出,地震等级越高,网壳的杆件越早进入塑性状态,当峰值加速度为 400cm/s² 时,网壳在 6.78s 进入塑性状态,而当峰值加速度为 1000cm/s² 时,网壳在 3.86s 就进入塑性状态。从表 13.13 和图 13.19(b)可以看出,在不同地震等级作用下,网壳进入塑性状态时所对应的变形大小没有特定规律可循,在各级地震作用下,网壳刚进入塑性状态时,最大变形发生于节点 5、2 和 7,这些节点均位于上层第一环。从表 13.13 和图 13.19(c)、(d)可以看出,随着峰值加速度的增加,网壳最大变形逐渐增大,达到最大变形的时刻越来越晚,当加速度峰值大于等于 1800cm/s² 时,网壳均在 6.8s 失效。从表 13.13 和图 13.19 (e)、(f)可以看出,单元最大塑性应变随着加速度峰值的增加而增加,峰值加速度越大,发生最大塑性应变的时刻基本上越晚,峰值加速度为 800cm/s² 时除外。

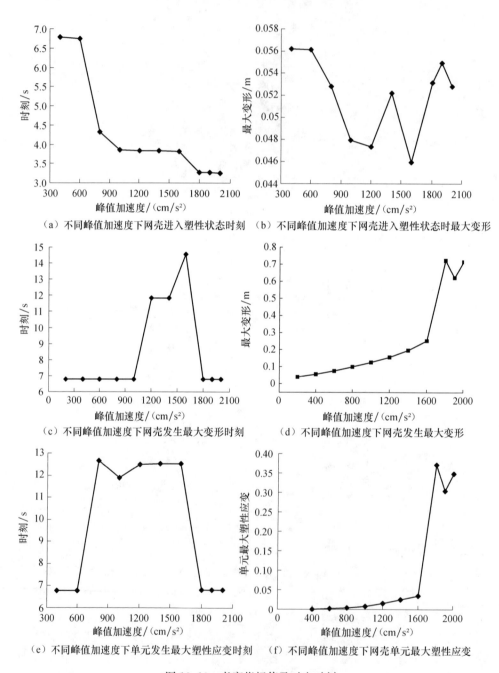

（a）不同峰值加速度下网壳进入塑性状态时刻 （b）不同峰值加速度下网壳进入塑性状态时最大变形

（c）不同峰值加速度下网壳发生最大变形时刻 （d）不同峰值加速度下网壳发生最大变形

（e）不同峰值加速度下单元发生最大塑性应变时刻 （f）不同峰值加速度下网壳单元最大塑性应变

图 13.19　考察指标值及对应时刻

2. 地震加速度峰值 $1800\mathrm{cm/s^2}$

本节以地震加速度峰值 $1800\mathrm{cm/s^2}$ 作用的网壳为研究对象。图 13.20（a）为杆件屈服数目时程曲线，从图中可以看出，在 3.28s 有 3 根杆件进入塑性状态，网壳失效时刻最终合计达 1448 根杆件进入塑性状态，网壳结构完全倒塌破坏。图 13.20（b）为总应变能、塑性应变能和弹性应变能时程曲线，从图中可以看出，三者最大值均发生在网壳失效时刻 6.80s。图 13.20（c）为总动能时程曲线，在失效时刻 6.80s 网壳总动能达到最大值 28896612J。图 13.20（d）为网壳的总弹性应变时程曲线，失效时达到峰值 1.812，总塑性应变达到峰值 92.25。

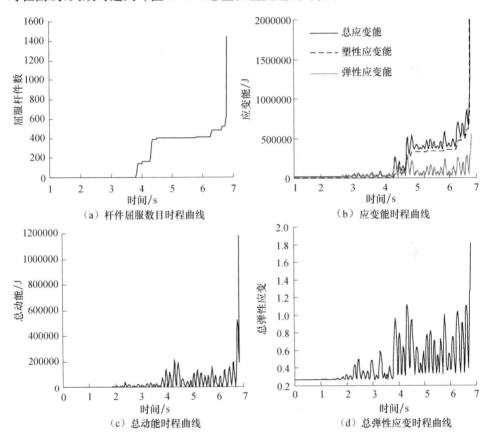

图 13.20　几个指标随时间变化曲线（矢跨比 1/3，$1800\mathrm{cm/s^2}$）

图 13.21 为网壳杆件的屈服过程，图 13.21（a）为 3.28s 网壳首次进入屈服状态示意图，可以看出，此刻上层边环有 3 根径向杆件进入塑性状态，在 3.82s，有 22 根杆件进入塑性状态，杆件均为上层边环的径向杆件；图 13.21（i）～（i3）为网壳失效时刻 6.8s 杆件的屈服分布示意图，在 6.8s 网壳有 1448 根杆件进入塑性状态，

腹杆进入屈服状态数量最多,达到 517 根,下层次之,达到 479 根,上层最少,屈服数为 452 根。此时上层扇区 4、5 有一些杆件未进入塑性状态,其他区域杆件基本上均进入塑性状态,下层 3、4、5、6 有部分杆件未进入塑性状态,其他区域杆件基本上也进入塑性状态,腹杆在扇区 4、5、6 有少量杆件进入塑性状态,扇区 1、2 杆件基本上均进入塑性状态,扇区 3 有不少杆件进入塑性状态。

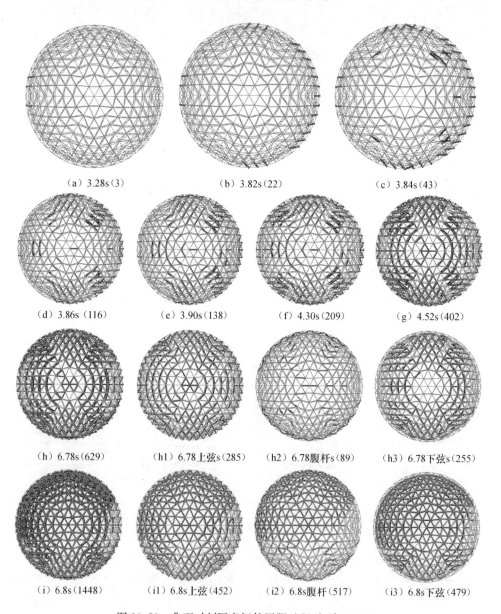

（a）3.28s（3） （b）3.82s（22） （c）3.84s（43）

（d）3.86s（116） （e）3.90s（138） （f）4.30s（209） （g）4.52s（402）

（h）6.78s（629） （h1）6.78上弦s（285） （h2）6.78腹杆s（89） （h3）6.78下弦s（255）

（i）6.8s（1448） （i1）6.8s上弦（452） （i2）6.8s腹杆（517） （i3）6.8s下弦（479）

图 13.21 典型时刻网壳杆件屈服过程(矢跨比 1/3)

13.4.2　矢跨比 1/4

本节以地震加速度峰值 2400cm/s² 作用的网壳为研究对象。图 13.22(a)为杆件屈服数目时程曲线,从图中可以看出,在 2.96s 有 6 根杆件进入塑性状态,在 3.00s 有 16 根杆件进入塑性状态,最终网壳失效时屈曲杆件数量达 1606 根。图 13.22(b)为总应变能、塑性应变能和弹性应变能时程曲线,从图中可以看出,总应变能在失效时刻 6.76s 出现峰值 74602695J〔为清楚显示弹性应变能时程曲线,图 13.22(b)中纵坐标仅给出部分数值〕,塑性应变能在失效时刻 6.76s 出现峰值 74064358J,而弹性应变能在失效时刻 6.76s 出现峰值仅为 538337J,塑性应变能远远超过弹性应变能。总动能在失效时刻 6.76s 达到最大值 37163540J;总塑性应变在失效时刻 6.76s 达到峰值 123.92。

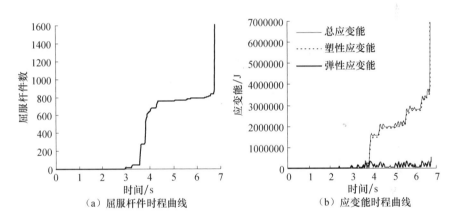

（a）屈服杆件时程曲线　　　　　（b）应变能时程曲线

图 13.22　几个指标时程曲线(矢跨比 1/4,2400cm/s²)

图 13.23 为网壳杆件的屈服过程,图 13.23(a)为 2.96s 网壳首次进入屈服状态示意图,从图中可以看出,此刻上层边环有 6 根径向杆件进入塑性状态;在 3.24s,有 22 根杆件进入塑性状态,杆件均为上层边环的径向杆件;在 3.26s,上层第 1、3、4、5 圈个别杆件进入塑性状态。图 13.23(m)～(m3)为网壳失效时刻 6.76s 杆件的屈服分布示意图,在 6.76s 网壳有 1606 根杆件进入塑性状态,腹杆进入屈服状态数量最多,达到 578 根,下层次之,达到 531 根,上层最少,屈服数为 497 根。此时上层大部分杆件均已屈服,扇区 5 有大量环向杆件未进入塑性状态,扇区 6 有不少环向和纵向杆件也未进入屈服状态,下层杆件屈服情况与上层极为相似,扇区 5 有大量环向杆件未进入塑性状态,扇区 6 有不少环向和纵向杆件也未进入屈服状态,腹杆在扇区 5、6 有少量杆件进入塑性状态,扇区 1 有大量杆件进入塑性状态,扇区 2、3、4 杆件基本上均进入塑性状态。

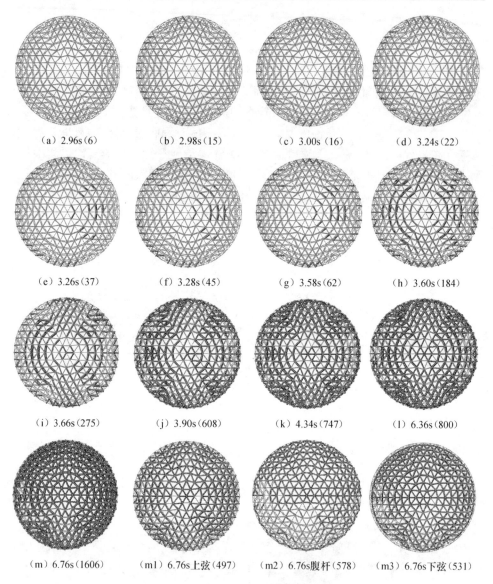

(a) 2.96s(6)　　　　(b) 2.98s(15)　　　　(c) 3.00s(16)　　　　(d) 3.24s(22)

(e) 3.26s(37)　　　　(f) 3.28s(45)　　　　(g) 3.58s(62)　　　　(h) 3.60s(184)

(i) 3.66s(275)　　　　(j) 3.90s(608)　　　　(k) 4.34s(747)　　　　(l) 6.36s(800)

(m) 6.76s(1606)　　　(m1) 6.76s上弦(497)　　　(m2) 6.76s腹杆(578)　　　(m3) 6.76s下弦(531)

图 13.23　双层网壳杆件屈服过程(矢跨比 1/4)

13.4.3　矢跨比 1/5

本节以地震峰值加速度 2400cm/s² 作用的网壳为研究对象。图 13.24(a) 为杆件屈服数目时程曲线,从图中可以看出,在 2.92s 有 13 根杆件进入塑性状态,在 3.58s 有 144 根杆件进入塑性状态,最终网壳失效时屈曲杆件数量达 1692 根。图 13.24(b) 为总应变能、塑性应变能和弹性应变能时程曲线,从图中可以看出,总应变能在失效时刻 15.76s 出现峰值 75022355J[为清楚显示弹性应变能时程曲线，图 13.24(b)中纵坐标仅给出部分数值]，塑性应变能在失效时刻 15.76s 出现峰值 74545937J，而弹性应变能在失效时刻 15.76s 出现峰值仅为 476418J，塑性应变能远远超过弹性应变能，总应变能主要由塑性应变能组成。总动能在失效时刻 15.76s 网壳总动能达到最大值 30033985J；网壳的总弹性应变和平均弹性应变在失效时刻 15.76s 总弹性应变达到峰值 1.768，总塑性应变在失效时刻 15.76s 达到峰值 122.16。

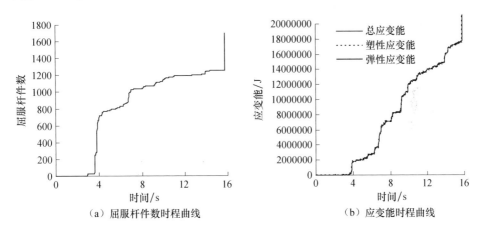

（a）屈服杆件数时程曲线　　　　（b）应变能时程曲线

图 13.24　几个指标时程曲线

图 13.25 为网壳杆件的屈服过程，图 13.25(a)为 2.92s 网壳首次进入屈服状态示意图，从图中可以看出，此刻上层边环有 13 根径向杆件进入塑性状态，在 3.56s，有 40 根杆件进入塑性状态，杆件均为上层边环的径向杆件；在 3.58s，上层扇区 1、6 有许多环向杆件进入塑性状态；图 13.25(i)～(i3)为网壳失效时刻 15.76s 杆件的屈服分布示意图，在 15.76s 网壳有 1692 根杆件进入塑性状态，腹杆进入屈服状态数量最多，达到 576 根，下层次之，达到 569 根，上层最少，屈服数为 547 根。此时，上下层杆件基本上均已屈服，腹杆在扇区 1、2、5、6 有不少杆件未进入屈服状态，其他杆件均已屈服。

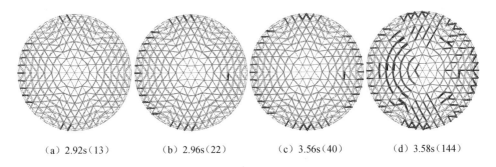

（a）2.92s（13）　　　（b）2.96s（22）　　　（c）3.56s（40）　　　（d）3.58s（144）

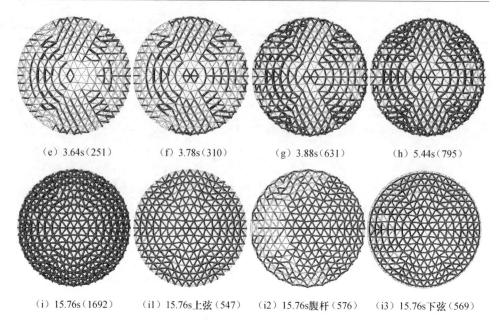

（e）3.64s（251）　　　（f）3.78s（310）　　　（g）3.88s（631）　　　（h）5.44s（795）

（i）15.76s（1692）　　（i1）15.76s上弦（547）　（i2）15.76s腹杆（576）　（i3）15.76s下弦（569）

图 13.25　网壳屈服过程（矢跨比 1/5,2400cm/s²）

13.4.4　矢跨比 1/6

本节以地震加速度峰值 2200cm/s² 作用的网壳为研究对象,分析网壳结构杆件屈服数目、总应变能、弹性应变能、塑性应变能、总动能、总弹性应变、平均弹性应变、总塑性应变和平均弹性应变的变化规律。图 13.26(a)为杆件屈服数目时程曲线,从图中可以看出,在 2.06s 有 3 根杆件进入塑性状态,在 2.92s 有 21 根杆件进入塑性状态,最终网壳失效时屈曲杆件数量达 847 根。图 13.26(b)为总应变能、塑性应变能和弹性应变能时程曲线,从图中可以看出,总应变能在失效时刻 7.28s

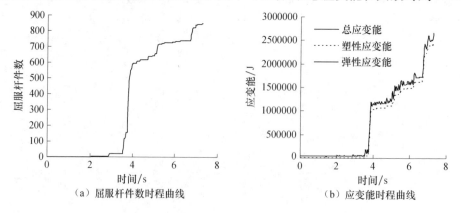

（a）屈服杆件数时程曲线　　　　　　　　　（b）应变能时程曲线

图 13.26　几个指标时程曲线（矢跨比 1/6,2200cm/s²）

出现峰值 2666253J,塑性应变能在失效时刻 7.28s 出现峰值 2437633J,而弹性应变能在 3.82s 出现峰值仅为 275531J,塑性应变能远远超过弹性应变能,总应变能主要由塑性应变能组成。总动能在 3.76s 网壳总动能达到最大值 240506J;总弹性应变和平均弹性应变在 3.82s 总弹性应变达到峰值 1.207,总塑性应变在失效时刻 7.28s 达到峰值 3.546。

图 13.27 为网壳杆件的屈服过程,图 13.27(a)为 2.06s 网壳首次进入屈服状态示意图,从图中可以看出,此刻上层边环有 3 根径向杆件进入塑性状态,在

| (a) 2.06s(3) | (b) 2.08s(4) | (c) 2.9s(12) | (d) 2.92s(21) |

| (e) 3.58s(57) | (f) 3.60s(112) | (g) 3.78s(235) | (h) 3.86s(514) |

| (i) 4.34s(618) | (j) 5.30s(719) | (k) 6.94s(827) | (l) 7.26s(846) |

| (m) 7.28s(847) | (m1) 7.28s上弦(420) | (m2) 7.28s腹杆(91) | (m3) 7.28s下弦(336) |

图 13.27　网壳屈服过程(矢跨比 1/6,2200cm/s²)

2.92s,有 21 根杆件进入塑性状态,杆件均为上层边环的径向杆件;在 3.58s,上层主肋 1、2 附近有个别杆件进入塑性状态。图 13.27(m)~(m3)为网壳失效时刻 7.28s 杆件的屈服分布示意图,在 7.28s 网壳有 847 根杆件进入塑性状态,上弦杆件进入屈服状态数量最多,达到 420 根,下层次之,达到 336 根,腹杆最少,屈服数为 91 根。此时上层大部分杆件均已屈服,扇区 2、5 有许多环向杆件未进入塑性状态,下层杆件屈服分布较为均匀,扇区 2、5 有大量环向杆件未进入塑性状态,主肋 1、4 附近有许多纵向杆件未进入屈服状态,腹杆进入屈服状态的杆件数量很少,仅在主肋 2、3、5、6 有少量杆件进入塑性状态。

参 考 文 献

杜文风,高博青,董石麟. 2007. 单层球面网壳结构动力强度破坏的双控准则. 浙江大学学报(工学版),41(11):1916-1926.

杜文风,高博青,董石麟. 2009a. 单层网壳动力失效的形式与特征研究. 工程力学,26(7):39-46.

杜文风,高博青,董石麟. 2009b. 单层网壳结构的动力破坏指数研究. 西安建筑科技大学学报(自然科学版),41(2):154-160.

范峰,钱宏亮,邢佶慧,等. 2004. 强震作用下球面网壳动力强度破坏研究. 哈尔滨工业大学学报,36(6):722-725.

沈世钊,支旭东. 2005. 球面网壳结构在强震下的失效机理. 土木工程学报,38(1):11-20.

Ishikawa K, Kato S. 1997. Elastic-plastic dynamic buckling analysis of reticular domes subjected to earthquake motion. International Journal of Space Structures,(3&4):205-215.

Kato S, Iida M, Minamibayasi J. 1996. FEM analysis of elasto-plastic buckling loads of single-latticed cylindrical roofs and estimation of buckling loads based on the buckling stress concept. Proceedings of Asia-Pacific Conference on Shell and Spatial Structures, Beijing:720-727.

Kato S, Ueki T, Mukaiyama Y. 1997. Study of dynamic collapse of single layer reticular domes subjected to earthquake motion and the estimation of statically equivalent seismic forces. International Journal of Space Structures,(3&4):191-204.

Kounadis N, Gantes C, Simiteses G. 1997. Nonlinear dynamic buckling of multi-DOF structural dissipative systems under impact loading. International Journal of Impact Engineering,19(1):63-80.

Liu J, Xue S, Yamada M. 1996. Comparison between experimental result and numerical analysis for dynamic response of a single-layer latticed dome. Proceedings of Asia-Pacific Conference on Shell and Spatial Structures. Beijing: China Civil Engineering Society:668-673.

Shen S Z. 2003. The dynamic stability problem of reticular shells. IASS-APCS Symposium, Taibei:44-46.

Wang C, Shen S Z. 1999. Dynamic stability of single-layer reticulated dome under step load // International Conference on Advances in Steel Structures. Oxford: Elsevier.